Vision

A Computational Investigation into the Human
Representation and Processing of Visual Information

视觉

对人类如何表示和处理视觉信息的计算研究

[美] David Marr 著
吴佳俊 译

電子工業出版社
Publishing House of Electronics Industry
北京•BEIJING

内容简介

本书研究了人类对视觉信息的表示和处理，并对视觉计算处理过程提出了全面的计算理论。全书立足于计算机科学、视觉神经科学和心理物理学的进展，是跨学科交叉研究的经典教科书，对多个学科的研究都有深刻启发作用。特别值得一提的是，在近年深度学习的热潮之中，掌握本书介绍的视觉计算理论，对于在人工智能和计算机视觉领域内开展进一步探索是至关重要的。

本书可供心理学、神经科学、计算机科学、人工智能、计算机视觉等相关专业的研究人员、研究生及高年级本科生等学习使用或作为研究参考。

版权贸易合同登记号　图字：01-2019-6021

图书在版编目（CIP）数据

视觉：对人类如何表示和处理视觉信息的计算研究 /（美）大卫・马尔（David Marr）著；吴佳俊译. —北京：电子工业出版社，2022.1

书名原文：Vision：A Computational Investigation into the Human Representation and Processing of Visual Information

ISBN 978-7-121-42370-3

Ⅰ. ①视… Ⅱ. ①大… ②吴… Ⅲ. ①计算机视觉—研究 Ⅳ. ①TP302.7

中国版本图书馆 CIP 数据核字（2021）第 233767 号

责任编辑：郑柳洁
印　　刷：三河市双峰印刷装订有限公司
装　　订：三河市双峰印刷装订有限公司
出版发行：电子工业出版社
　　　　　北京市海淀区万寿路 173 信箱　　邮编：100036
开　　本：720×1000　1/16　印张：21.25　字数：429 千字
版　　次：2022 年 1 月第 1 版
印　　次：2022 年 2 月第 2 次印刷
定　　价：119.00 元

凡所购买电子工业出版社图书有缺损问题，请向购买书店调换。若书店售缺，请与本社发行部联系，联系及邮购电话：（010）88254888，88258888。

质量投诉请发邮件至 zlts@phei.com.cn，盗版侵权举报请发邮件至 dbqq@phei.com.cn。

本书咨询联系方式：（010）51260888-819，faq@phei.com.cn。

献给我的父母和 Lucia

名家力荐

Marr 是一位跨学科的传奇人物，他在 1970 年代将神经科学、心理学的成果与数学方法相结合，提出了视觉计算的理论框架，并理清了计算理论、算法、实现三个研究层次，对计算机视觉在 1980—1990 年代的蓬勃发展提供了指导思想。我在 1989 年作为一名大三学生有幸读到这本书的第一个中译本，从而走上了计算机视觉的科研道路。Marr 在书中试图勾画一个通用视觉（general purpose vision）的蓝图，但局限于当时的理论工具，这个蓝图难免有些模糊和不完整，很多核心问题，比如自顶向下的计算回路，任务驱动的计算进程等还没有得到完美的答案，有待后来者继续探索。

朱松纯

北京通用人工智能研究院院长，北京大学、清华大学讲席教授

我看过的第一本计算机视觉英文书就是 David Marr 的 *Vision*。非常高兴看到吴佳俊教授将此书翻译成中文。Marr 提出的用于研究和理解视觉感知的计算框架，以及如何通过神经科学和认知科学问题来达成闭环的思路，深刻影响了几十年来计算机视觉领域的发展。我也特别喜欢 Marr 在本书第 7 章自问自答的写作风格。在深度学习广泛应用于计算机视觉的今天，再读 1980 年出版的 Marr 的经典著作，同时参考 Ullman、Poggio 和 Grimson 教授们为中文版特别撰写的推荐序和后记，我相信会对人工智能从业者和学生们有非常大的启发作用。

沈向洋

粤港澳大湾区数字经济研究院理事长，美国国家工程院外籍院士

Marr 的《视觉》在三十五年前我开始职业生涯时发挥了极其关键的作用。按照Marr 提出的框架，视觉表示从图像到初草图（边缘提取）到 2.5 维草图（深度图重建）到三维模型表示。那时边缘提取已经非常成熟，深度图重建已经有了长足的发展，但三维模型表示还起步不久，我义无反顾地投入三维视觉的研究以及在移动机器人领域的应用，很幸运参与并为后续近二十年三维视觉的蓬勃发展做出了一点贡献。

Marr 的《视觉》成书于四十多年前，它不是一本计算机视觉的图书，而是关于人类视觉的计算理论。在深度学习时代，有了足够的数据，端到端的训练似乎不需要计算理论，但我观察到，在过去的两三年一个有趣的现象已经悄悄发生。无论是视觉、语音，还是自然语言处理，数据红利慢慢消失，新的突破往往来自在神经网络结构设计中加入对领域的深入理解，而这离不开计算理论的指导。强烈推荐 Marr 的《视觉》一书。

张正友

腾讯 17 级杰出科学家，AI Lab 和 Robotics X 实验室主任

很高兴看到 Marr 的这本经典著作的最新中文版面世，仿佛又回到了 20 世纪 90 年代在 MIT 读书时的课堂。经典永流传，四十年后，在深度学习开启的人工智能时代，本书仍旧在不断启发我们对计算机视觉的研究。

汤晓鸥

香港中文大学教授，工程学院杰出学人，商汤科技创始人

Marr 在《视觉》一书中描述的视觉计算理论的思想，在数十年间主导了计算机视觉的发展。四十年后的今天，我们再读这本书，会发现虽然 Marr 的具体计算理论可能是理想化的，但他对计算理论这一概念的追求，启发了我们找到了物体识别这个新的计算目标，构建了 ImageNet 这样的数据集，并最终影响了今日计算机视觉的发展。在此，我向大家郑重推荐我的同事佳俊翻译的《视觉》中文版。

李飞飞

斯坦福大学红杉讲席教授，美国国家工程院、国家医学院、艺术与科学院院士

推荐序 1

计算理论和深度学习

深度学习和相关领域的进步向 Marr 对视觉和人工智能的看法提出了多重挑战。也许最核心的一点是挑战了 Marr 的基本方法，即为人类视觉和人工智能问题寻求他所谓的“计算理论”。在 Marr 的书中，他提出了如今已众所周知的划分，即将对信息处理系统的理解分为三个层次：计算理论层次、算法层次和硬件实现层次。粗略地说，Marr 的重点是在计算理论层次，而当前的深度网络建模则侧重于算法和实现层次，摒弃了计算理论的概念。

例如，在处理从双眼视觉计算三维形状的问题时，Marr 和 Poggio 描述了许多使该任务成为可能的一般原则。简而言之，计算任务依赖于在左右眼获得的两张图像中建立视觉特征之间的对应关系。为了获得可靠的对应关系，最合适的特征是多个层次上清晰的图像强度变化（边）。通过将问题简化为沿所谓的极线进行一维搜索，对相应特征的搜索就变得容易了。根据这样的分析，他们描述了基于这一任务的基本原理的计算理论，并继续描述了两种均以该理论为指导的不同算法（详见本书第 3 章）。类似地，基于 Horn 从明暗中提取三维形状的工作，第 3 章还使用了图像形成的基本物理方程来描述这个视觉任务的基本理论，并使用了平滑约束来恢复表面朝向，以此恢复表面的三维形状。

相比之下，在深度学习方法中，视觉问题是通过对任务进行端到端的训练来解决的。这些训练基于图像示例，并将其与所需的输出配对。作为计算理论支柱的基本原则在这里并不起直接作用。这些原则可能会被网络模型隐式地发现并使用，但它们不会被从外部提供或显式地使用。这种方法上的差异会对 Marr 的方法和方法论的其他核心问题产生影响。例如，Marr 强调基于计算理论的模块化设计的用处，而深度学习方法则强调端到端训练的价值。由于 Marr 寻求解法背后独立于特定的实现算法的基本原则，他自然认为对人类感知和人脑的研究与计算机视觉和人工智能密切相关。这是因为在基本的层次上，类似的问题很可能以类似的原则为基础进行处理。本书中的大部分讨论都关乎这些相似性的本质。

那么，Marr 的方法和深度学习是两种相反的可能，其在算法层次上是否对比了计算理论与端到端学习？需要注意的一点是，这两种方法其实并不能被明确地区分开来。Marr 在一篇不太为人所知的论文中讨论了这个问题。该论文发表于本书英文版成书之前，题为“Artificial Intelligence – A Personal View”。在这篇论文中，Marr 区分了两种类型的理论，称之为“类型 1”与“类型 2”。类型 1 理论受一套清晰的基本原则支配，而完整的理论正遵循这些原则。相比之下，类型 2 理论被描述为“通过大量进程的同时运作所解决的问题，这些进程的交互是对这个问题最简单的描述”。Marr 强调视觉和人工智能中的许多问题可能是类型 1 和类型 2 的混合，而不属于“纯”类型 1，而有些问题则可能完全是类型 2 的。

对我们人类来说，有充分的理由去寻找理论中类型 1 的那些层面，并在可能的情况下使它们显式化。这是因为这些有原则的理论提供了类型 2 的黑盒理论所缺乏的解释。但是，在解决视觉、人工智能和人类认知方面的问题时，这些原则是否真的必要，或者至少非常有用？可能有人会说并非如此：如果我们将进化视为长期试错学习的一部分，并最终导向了我们目前的视觉和认知系统，那么扩展的端到端学习处理过程，在没有指导原则或模块化设计且结合进化和个体学习的情形下，必须足以获取视觉和认知。然而，使用当今的深度学习来实现这种扩展的学习方法是否可行，仍是一个悬而未决的问题。有很多通过当前的网络模型和训练方法取得成功的视觉算法的例子。与此同时，这种学习仍然存在根本的困难。首先是超大规模的有监督数据集被广泛且越来越多地使用。其次是当前方案在远远超出训练示例所代表的分布的情况下的泛化能力很有限。这种限制可能与当前方法发现和使用的类型 1 原则的短缺有关。最后，目前的学习模型是否走在正确的轨道上，以在视觉、自然语言和一般认知方面达到“真实”的、类似人类的理解，这一点仍不清楚，也难以确定。人类证明了学习此类处理过程是可能的，但我们可能需要额外的学习方法来实现这种学习，而这可能超出了当前的技术能力。

在 Marr 的方法的框架中，为了获得类似人类的理解和通用的人工智能，我们可能需要更能发现他的类型 1 通用原则的方法。对此类方法的发现可能来自理论和计算研究，并且正如 Marr 所建议的那样，我们还可以尝试采用人脑和认知系统已经使用的类型 1 原则。

Shimon Ullman
以色列魏茨曼科学研究所 Samy 和 Ruth Cohn 讲席教授
美国艺术与科学院院士
2021 年 9 月

Marr, D. 1977. Artificial Intelligence - A Personal View. *Artificial Intelligence 9(1)*, 37-48.

推荐序 2

写在《视觉》中文版出版之际

在人工智能研究的早期，大部分活动都集中在简单地寻找数学上合理的问题解决方案上，通常是通过限制问题的参数使其变得可解。计算机视觉中的“积木世界”假设（即所有物体都是被涂成哑光白色的直线型积木）就是一个早期的例子。随着人工智能领域特别是计算机视觉子领域的发展，一种主要的思想流派专注于把问题视为算法上的挑战。它们通常使用搜索方法来查找图像和模型之间的匹配（如在物体识别中）或图像集合之间的匹配（如在从立体图像中恢复三维结构时）。这些搜索方法通常基于图像应如何反映底层结构的相似性的直觉。

在 20 世纪 70 年代，David Marr 为这些计算机视觉问题带来了全新的视角。他利用他在神经科学方面的深厚背景，以及如今会被视为计算视角的工具，论证了人类视觉系统可以为解决此类问题提供有价值的见解。

重要的是，Marr 有力地论证了人们不应该只是尝试“自底向上”地模仿人类系统。相反，他认为应该将理论、算法和实现分开。人类系统可以使用神经元的突触作为一种实现，但人们可以将该机制与系统用来解决问题的算法及可以在理论上严格描述的问题本身分开。一个理论问题可能会有不同的算法，而每种算法又都可以在硬件、软件或“湿件”中以不同的方式实现。利用当代神经科学的知识（如 David Hubel 和 Torsten Wiesel 获诺贝尔奖的工作），Marr 和他的学生与同事们设计了计算方法来从图像中提取边缘信息，从立体图像或运动序列中计算三维结构，以及从推断的结构中识别物体。这些计算方法显示出了传统方法通常没有的稳健性。

自 Marr 在 1980 年（其 35 岁时）英年早逝以来，人工智能技术已经有了长足的发展，而他的观点则为人工智能及如今被称为计算认知科学和计算神经科学的领域的许多进展奠定了基础。在 Marr 去世后出版的《视觉》一书仍然是一份清晰的宣言，说明了如何利用对人类系统的洞察来指导发展计算解决方案，以及这些计算方法如何通过提出人类感知背后的神经科学和认知科学问题来达成闭环。

Eric Grimson
麻省理工学院学术发展校监
Bernard M. Gordon 讲席教授
2021 年 9 月

译者序

Marr 的《视觉》一书做出了至少两个重大贡献：提出了视觉研究需要相对独立地考虑包括计算理论、算法和神经实现在内的三个“理解层次”，以及提出了他自己的视觉计算理论。两者都对包括计算神经科学和人工智能在内的多个领域产生了深远的影响。其中，“理解层次”这个概念的影响或许更大、也更根本。

计算机视觉在过去十年的巨大进展，也与理解层次有本质的关联。非常重要却又常常被忽视的就是计算理论的进展：计算机视觉究竟要计算什么？客观地说，在过去十年中，计算机视觉领域内取得最大进展的是语义上的判别任务。这其中又以语义上的图像识别和分类为代表：图中是有一条狗还是有一只猫？计算图像分类这样的任务，在今天看来似乎是天经地义的。其实不然，探索计算的目的是一个漫长的过程。Marr 关注的低层视觉和三维结构的重建在很长一段时间内主导了计算机视觉的研究。这一点无可厚非，毕竟相对于多少能用数学语言描述的算子和三维结构而言，语义似乎是虚无缥缈的，也更难被解释。究竟是什么让我们知道图像中是一条狗，而不是一只猫、一头牛呢？现在我们知道，统计机器学习和深度学习，以及算力和数据的增强，对图像的语义识别带来了革命性的变化。这也导致了对 Marr 的理论的争议：有些资深的学者认为 Marr 的理论在数十年间带领计算机视觉走了弯路。但这样的批评似乎有些苛刻了。基于当年的研究进展，Marr 的关注点应当是很难被辩驳的。我们也不应该忘记，Marr 最在乎的始终是人类视觉和人类智能，而低层视觉和三维重建确实是人类视觉中不可或缺的部分。而且，即便 Marr 的计算理论的内容与现今深度学习的计算理论不同，但寻找正确的计算理论本身是如此困难，而正确的计算理论又是如此重要，恰恰说明了 Marr 对计算理论这个概念的强调是深刻的。另外，无论是对机器还是对人而言，现今计算机视觉的发展都绝不意味着语义判别就是最重要和最正确的计算任务。它们只是在当下与其他层次更贴合，从而研究人员能在其上取得最大进展。

除了计算理论的进展，计算机视觉领域过去十年的爆发式进展还应当归功于（以卷积神经网络和反向传播算法为代表的）算法、（以 GPU 为代表的）硬件实现和（以 ImageNet 为代表的）数据这几个层次的进展。其中，计算理论、算法和实现三者与 Marr 的三个理解层次完全符合。由于 Marr 在《视觉》中没有探讨学习的作用（参见 Tomaso Poggio 教授写的后记），所以他没有讨论数据或者经验的作用，但数据的进展显然也是计算机视觉过去十年的进展中不可或缺的。相对于算法，计算理论、硬件实现和数据三者的重要性没有得到应有的重视，但我们应当充分意识到它们的意义。同时，这或许也意味着要重现过去十年这样的突破是多么困难。毕竟，在多个层次上都取得充分进展的可能性是可遇不可求的。

再来谈谈第二点，就是 Marr 在书中提出的计算理论。Marr 的理论基于包括初草图和 2.5 维草图在内的中间表示，以及过零点、视差等基本元素或“特征”。这似乎与当今部分深度学习领袖所强调的“完全从数据中学习”的概念格格不入。我无意在此争辩对错，但我想指出两点。其一，现有的深度学习架构有其内在的归纳偏置，如卷积神经网络的空间局部性、循环神经网络的时间局部性、Transformer 的自相似性，等等。而本书中讨论的许多基本元素，恰与这些归纳偏置有内在的关联。其二，如果我们还试图在人工智能和人类智能之间建立联系（这本身也逐渐成为一个有争议的话题），那么任何的偏置是应该被预先设计，还是应该通过学习得到，就与人类认知科学中的先天与后天的概念，以及神经科学的内在机理，产生了千丝万缕的联系。诸如 2.5 维草图及与其紧密相关的包括深度图在内的本征图像这样的概念，在认知科学和神经科学中都有广泛的研究，这也可以至少在一定程度上解释将它们引入计算模型的归纳偏置的合理性。而这种联系也正是本书作为计算神经科学的教科书，可以长期对人工智能有深刻启发和深远影响的原因所在。

我在麻省理工学院求学时，时常与导师和同事们讨论将学习本身的归纳偏置与世界的内在先验建立关联的意义。这样的先验可以来源于人（即认知科学或神经科学，但在现在的发展下更多是认知科学），或是自然（即物理世界，也可以看作“把视觉还给视觉”）。2017 年，我和多位合作者一起发表了一篇论文，将 2.5 维草图这一概念及其在恢复物体的三维结构中的作用与神经网络相结合。我们有些唐突地将其称为 Marr 网络（MarrNet）。斯人已逝，Marr 不能再对我们的工作做出评价。但幸运的是，Marr 在 20 世纪 70 年代最密切的两位合作者，Tomaso Poggio 和 Shimon Ullman 教授，都对 Marr 网络给出了很高的评价。Shimon 多次表达了对 Marr 网络的喜爱，而 Tomaso 则在为本书撰写的后记中特意提到了这项工作。作为译者，同时是在本领域内的科研工作者，我感到由衷的高兴。或许，这也是对我进行这项翻译工作的资格的一种认可。

Tomaso Poggio、Shimon Ullman 和 Eric Grimson 这三位资深教授，作为 Marr 的同事和学生，对翻译工作给予了许多支持。我邀请他们各自为本书写一篇推荐，他们都欣然应允。其中，Shimon 的文章承接他为本书英文第 2 版所写的序，同时作为本书的推荐序。而 Tomaso 的文章与他为本书英文第 2 版所写的后记有密切的关联，同时作为本书的另一篇后记。本书英文第 2 版出版于 2010 年，正是第 1 版出版的大约三十年后，现在这一中文译本的十一年前。读者如有兴趣，可以对比 Shimon 和 Tomaso 所写的两版的序和后记，其中分别讨论了《视觉》出版后约三十年内（深度学习之前）和约四十年内（深度学习之后）相关知识的进展。我个人从中收获良多。

本书在二十世纪八十年代曾有一个来自中科院的译本。三十多年之后的今天，这个译本已经难以找到，许多术语的通用译法也有了改变。这次的译本基于 2010 年麻省理工学院出版的英文第 2 版。在本书的翻译过程中，我主要关注于术语的准确性和一致性。对于许多名词和术语的翻译，如初草图（primal sketch），有多次的反复调整，且在综合考虑下，选择了我认为最准确且无歧义的翻译。在此基础上，我尽全力保持了原意。由于我的能力有限，在贴近原意和语句流畅这两个目标出现冲突时，我都尽可能选择了贴近原意。如果因此带来了语句的不顺畅，我感到非常抱歉。如果读者有任何意见和建议，我非常乐意和大家一起探讨术语和文本的更好译法，并希望和读者一起改进译本。

最后，感谢迄今为止在我的学术生涯中不断教导、启发和帮助过我的老师、同事和学生们，尤其是姚期智、屠卓文、Josh Tenenbaum、Bill Freeman 和李飞飞五位老师。再次感谢 Shimon、Tomaso 和 Eric 三位老师对本书的支持，以及朱松纯、沈向洋、张正友、汤晓鸥和李飞飞五位老师对这个译本的推荐。朱松纯老师合著的新书 *Computer Vision: Statistical Models for Marr's Paradigm*，对 Marr 的计算理论框架构建了统计模型。感谢电子工业出版社的郑柳洁编辑和刘舫编辑给予的帮助和对我延迟交稿的耐心。感谢家人的陪伴。由于我的学识和精力所限，译本中肯定有不少错漏之处。再次恳请读者随时与我联系，不断完善译本。

吴佳俊

2021 年 9 月

序

研究专著的迭代是很快的。随着科学知识的快速积累，对三十年前的一个研究计划的概述仍能保持新鲜和引人入胜是很不寻常的。而 David Marr 的《视觉》是独一无二的：对于脑和认知科学领域广泛的研究人员来说，在今天阅读这本书仍然是一种有益和刺激的体验。

本书描述了 Marr 提出的用于研究和理解视觉感知的一般框架。在这个框架中，视觉过程通过构建一组表示来进行。这组表示从输入图像的描述开始，以对周围环境中的三维物体的描述结束。为什么是这些特定的表示，以及它们是如何被计算和使用的？这些正是本书要探讨的主要的技术方面。但这些具体问题也让 Marr 考虑了更广泛的问题：如何研究和理解脑及其功能。正是对这些更广泛问题的处理，使本书变得独一无二。即便不同意 Marr 三十年前的所有观点，人们还是能享受阅读本书并欣赏他的创造力、智力及整合来自神经科学、心理学和计算领域的见解和数据的能力。

我非常了解 Marr，我先是他的学生，然后是他的同事。他在麻省理工学院的那些年里，我与他进行了许多长时间的讨论。作为朋友和同事，我非常想念他。在这里，我简要回顾了他的一些思想在这些年中的发展，它们当时看起来是怎样的，以及今天看起来又是怎样的。

回顾过去，特别引人注目的是，在 Marr 来到麻省理工学院后不久，他的理论的基本框架就以惊人的速度在发展。在麻省理工学院的人工智能实验室，正在进行的研究经常在被称为“人工智能备忘录”的内部出版物中进行描述。在学院工作期间，Marr 完成了一系列这样的备忘录，反映了他的研究速度和强度。1974 年，他在学院的第一年，他的一系列共三篇人工智能备忘录详细描述了早期视觉理论，并初步实现了所谓的初草图。一如他以往的工作特色，该系列的第一篇文章仔细讨论了低层视觉的总体目标：即这是一个自主处理过程，它能产生对更高层次的处理过程有用的符号表示。随后的备忘录描述了该处理过程的细节，如在强度图中找到峰值和导数，并对边和条及它们的位置、宽度和模糊度给出论断。

从初草图的工作中得到的一个重要见解是对早期视觉计算的内在复杂性的实现，这包括边缘检测。当时，包括所谓的 Sobel 算子在内的许多边缘检测技术被广泛使用。它们快速且易用，但在应用于自然图像上时表现不佳。Marr 与 Ellen Hildreth 一起设计了一种原则化、系统性的边缘检测方法，后来被用于流行的 Canny 边缘检测器。

初草图和边缘检测模型也对皮层回路的研究有影响。在 Hubel 和 Wiesel 对初级视觉皮层的生理学的开创性工作之后，这个皮层区域的细胞通常被描述为“边缘检测器”。边缘检测的计算性工作清楚地表明，初级视觉皮层中的简单细胞本身不能成为边缘检测器。它们可以在该处理过程中发挥作用，但需要涉及多个单元的更复杂的回路才能进行可靠的边缘检测。更一般的影响是，对特定视觉任务（例如，边缘检测和双眼视觉）的计算的研究可以在理解神经回路方面发挥作用，有时甚至是至关重要的作用。

初草图和随后的双眼立体匹配工作促使人们相信，由于低层视觉固有的巨大复杂性，如果没有计算和算法层次的补充研究，那么对视觉系统中的回路和响应的性质的理解会是很困难且不完整的。同时，为了建立与神经生理学的关联，视觉的计算研究必须能够彻底解决特定的视觉问题，而不是追求一般的数学建模。这一结论体现在了 Marr 对 *Physics and Mathematics of the Nervous System* 一书的尖锐批评中。1975 年发表在 *Science* 杂志上的一篇评论以 Marr 特有的直率风格开头：“许多实验生物学家蔑视理论学家解决发展神经科学或神经生理学问题的方法，哪怕这些理论学家是非常有能力的人。局外人只需看这本书就可以理解这是为什么。这里的一些论文描述了对阐明生物信息处理问题的尝试，但它们都以不同的方式犯了相同的策略错误，即在没有解决手头的任何特定问题时，先致力于对一般性理论的探索，甚至实际上以后者代替前者。”

今天的神经生理学和计算视觉研究如何看待初草图呢？Marr 将初草图视为图像中强度变化的丰富符号描述。它由两个主要阶段组成：局部强度变化的提取和分类，以及随后将局部变化聚合为更延展的实体。这些计算在解剖学上的合理候选者是皮层区域 V1 和 V2，其中 V2 在聚合阶段可能扮演更重要的角色。有一些将 V2 与聚合处理相关联的证据，特别是基于 V2 单元对主观轮廓的响应，以及它们对边界所有权和图形—背景关系的敏感性。在神经生理学中，区域 V1 仍然常被认为是应用于图像的一组有朝向的或类 Gabor 的滤波器。不过，在该领域也有许多人怀疑 V1 可能按照 Marr 提出的路线提供了更丰富的图像描述。来自单个单元和脑成像的证据表明，V1 在功能上可能不像 Marr 所建议的那样自主：来自更高层次视觉区域的自顶向下的信号似乎对 V1 执行的计算有显著影响。早期视觉处理的复杂性现在从计算和生物学的角度都得到了广泛认可。由于这种复杂性，对在 V1 和 V2 层次执行的计算的全面理解几乎与三十年前一样难以捉摸。这也许并不让人感到意外。

在开始边缘检测和初草图的工作后不久，Marr 开始考虑从双眼视觉计算深度的问题。在 1974 年的另一份人工智能备忘录中，他考虑使用初草图表示来计算两只眼睛之间的双眼视差。与 Tomaso Poggio 和 Eric Grimson 合作研究这个问题占用了 Marr 数年的时间。

双眼视觉的工作在发展视觉研究中计算理论的概念方面发挥了重要作用。在双眼视觉中，左右眼的图像被组合以获得深度信息。这种组合需要识别左右图像中的对应元素。众所周知，这个“对应问题”是有高度歧义的。为了消除匹配的歧义，Marr 和 Poggio 提出了根据世界上物体的不透明性和连续性，对解施加显式约束的方法。这些约束随后被转化为匹配算法，该算法将唯一性、连续性和建立的匹配数量最大化。很明显，在双眼匹配中，唯一性和连续性的使用可以通过不同的算法，并且可以在不同的回路中实现。因此，一般性的约束独立于特定的实现，而属于称为“计算理论”的层次。

1976 年，Marr 和 Poggio 撰写的题为“From Understanding Computation to Understanding Neural Circuitry”的人工智能备忘录，给出了视觉和脑研究中不同层次的概念的显式建模。这种关于解释层次的概念是 Marr 书中的一个中心主题。自本书英文版出版以来，它在神经科学和认知科学领域都产生了深远的影响。这种影响清楚地反映在 1982 年 Christopher Longuet-Higgins 在 *Science* 上对本书英文版的评论中，这是对这本书最早的评论之一：“当 David Marr 去年 35 岁去世时，他已经成为神经科学家中的传奇人物。他去世后的这本著作是对使他名声大噪的工作，即他的人类视觉系统的计算理论的概要。”

Marr 的视觉表示理论的最后阶段是与 Keith Nishihara 共同提出的可视环境中物体的三维模型的一个具体形式。该模型背后的主要动机是为了识别而创建不变的物体表示。它将独立于特定的观察方向和物体形状中的无关细节。

这种用于识别的不变的三维模型的核心作用受到了随后的心理物理学和计算研究的挑战。计算视觉在过去十年中一直被另一种识别方法所主导，该方法基于描述物体可能的图像外观，而非其不变的三维结构。有趣的是，尽管本书关注于三维模型，但 Marr 还讨论了基于外观的描述对识别的作用。例如，在 1973 年与 C. Hewitt 共同撰写的题为“Video Ergo Scio”的工作论文中，他们做出了以下评论：“我们对使用三维模型作为物体的基本表示的坚持，并没有排除对物体在不同视角的外观编目的使用。我们确实把关于外观的知识看作一种不可或缺的线索。”

我的观点是，两种类型的表示在计算中都需要，并且都可能存在于人类视觉系统中。人类心理物理学中对基于视角的表示和独立于视角的三维表示的激烈辩论，通常假设只有单一的表示方案，但心理物理学、脑成像和发展研究表明，这两种类型的表示实际上都被用于人类视觉。在计算上，物体识别和分类的方法近年来几乎完全专注于基于外观的表示，并取得了令人惊艳的结果。然而，为了处理包括动作识别在内的更广泛的问题，对外观和三维模型的集成是必需的。因此，未来的理论可能范围更广，并会将基于外观的表示与 Marr 提出的那种三维模型集成在一起。

在 Marr 的理论形成三十年后，当时他思考的主要问题仍然是感知研究中的根本性的未决问题。鉴于他在麻省理工学院工作期间新思想的爆发和他的理论的快速演变，人们不禁想知道，如果他能继续从事自己的工作，这个领域会多取得多少进展。

新成像技术的出现和强大计算资源的可用性正在不断加快获取知识和开发新计算模型的速度。然而，要将所有这些放在一起来理解视觉和脑，需要新的理论和概念来整合来自脑、认知和计算科学的见解。David Marr 的这本书为这种努力提供了灵感，这在今天和三十多年前一样重要。

Shimon Ullman

2009 年 9 月于 Rehovot

前言

希望本书能让大家乐在其中。它描述了我在 1973 年应 Marvin Minsky 和 Seymour Papert 之邀来到麻省理工学院人工智能实验室以来的研究历程。得益于 Patrick Winston 高超的管理水平，美国国防高级研究计划局及国家科学基金会的慷慨资助，Whitman Richards 给我提供的研究自由和 Richard Held 的关照，我在这里有最理想的工作环境。我有幸遇到以 Tomaso Poggio 为代表的最优秀的合作者，其中也包括很多学生，他们中的有些人后来成了我的同事，我从他们身上学到很多。他们是 Keith Nishihara、Shimon Ullman、Ken Forbus、Kent Stevens、Eric Grimson、Ellen Hildreth、Michael Riley 和 John Batali。Berthold Horn 让我们了解了光学知识，Whitman Richards 让我们了解了人类认知的能与不能。

1977 年 12 月遇到的事情[1]让我不得不比原定计划提前几年开始写作本书。本书包含了学习视觉的清晰框架及大量具有支持性的有力结果，它们使本书成为一个连贯的整体。书中还有很多重要部分的缺失，我希望能尽快补齐这些部分。

在过去这段困难的时期，我得到了很多人的帮助，尤其是我的父母、姐妹，我的太太 Lucia，还有 Jennifer、Tomaso、Shimon、Whitman 和 Inge，他们给予了我太多，我的感谢之情无法用言语表达。William Prince 向我介绍了阿登布鲁克医院的 F. G. Hayhoe 教授和 John Rees 医生。我感谢他们给了我更多的时间。

David Marr 于 1979 年夏

1 指作者被诊断为白血病患者。——译者注

目录

第Ⅰ部分 引言和哲学基础

第Ⅱ部分 视觉

第Ⅲ部分　尾声

第 I 部分

引言和哲学基础

总述

“看见”到底意味着什么？一个普通人的答案，也是亚里士多德的答案，是通过“看”来了解哪里有什么东西。换句话说，视觉是一个从图像中发现外在世界的物体及它们的位置信息的处理过程。

从这个意义上来说，视觉首先是一个处理信息的过程。但它还不仅是一个处理过程。如果我们可以知道物体和它们的位置，那我们的脑一定可以表示这些信息，包括物体的颜色、性质、美丑、运动和其他细节。因此，视觉研究不仅包括如何从图像中提取各种帮助我们理解世界的信息，还包括探索这些信息的内在表示的本质，以及这种表示如何成为支持我们思想和行动决策的基石。这种信息处理和信息表示的二元性根植于绝大多数信息处理任务之中，也将深远地影响我们对于具体视觉问题的研究。

理解信息处理任务和信息处理智能机器的需求直到近年才逐步体现[1]。在人类开始梦想和建造这样的智能机器之前，似乎没有迫切的需要去深入思考这些问题。然而，一旦人类开始考虑搭建信息处理机器，就很快发现这种信息处理的视角能帮助我们理解周边世界的很多方面。人类所关注的最核心现象，包括生命和进化、感知、体验和

1 本书成书于 1980 年，于 2009 年再版。——译者注

思考的诸多谜团，都是信息处理的现象。如果想完全理解这些问题，就必须从信息处理的视角出发。

我尤其要向对“机器”一词有负面印象的人强调，把一项工作仅仅看作一项信息处理任务，或者把一个有机体仅仅看作一台信息处理机器绝无贬义。我更要强调，我采用这样的信息处理视角绝非为了排除对具体问题的特定层次的论述。恰恰相反，信息处理机器的重要特征之一，就是我们只有认可多个不同层次下对其的论述，才能够真正理解它们。

让我们以视觉感知为例，来看看为了从人类和科学的角度理解它，我们需要认可哪些角度的论述。首先，我认为最重要的是普通人的视角。每个人都知道“看见”是怎么一回事，所以，如果一种关于视觉的理论和普通人的理解不能大致相符，那这种理论很可能是错误的（Austin，1962 年提出了这个优雅而有说服力的观点）。其次，从脑科学家、生理学家和解剖学家的视角。他们了解神经系统是如何构建的，以及其中每部分是如何运作的。任何完整的视觉理论应当能回应他们所关注的问题，包括细胞的连接、反应机理及 Barlow（1972）提出的神经元法则。这一点同样适用于实验心理学家。

另一方面，计算机用户可能有完全不同的视角。他们可能会说：“如果视觉真是一个信息处理任务，那一台装有摄像头的计算机在有足够电能和内存的情况下应该也可以拥有视觉。”这里他们需要的是一个抽象的论述：应该怎么编程，以及什么是最好的算法？他们对于了解视网膜紫质、外侧膝状体和抑制型中间神经元不感兴趣；他们想要知道如何编程实现视觉。

所以，我们的基本论点是：我们需要多种不同视角的论述来理解信息处理系统。这是本书第 I 部分的主要内容。这一部分非常重要，因为本书的核心之一就是希望阐明与其他近期科学发展（如分子生物学）相比，我们需要更严谨地理解到底怎样的论述才能满足我们的需求。就视觉本身而言，没有一个公式或者观点可以解释所有问题。每一个问题都必须从不同角度被加以讨论。这些角度包括信息的表示形式，导出这些表示的计算方法，也包括能高效可靠地存储这些表示和执行这些计算的计算机体系结构。

如果能把论述本质的广度牢记于心，那我们就可以避免犯很多错误。例如，对信息处理的强调可能会引入人脑和电脑的对比。然而不加条件地将两者相提并论是具有误导性的。人脑当然在某种意义上是一台电脑，但人脑又不简单等价于电脑，它是一种习惯于处理某种特殊运算的电脑。电脑一词本身往往指代一种基于通用指令集的机器。它们在已经存储好的程序的控制下以串行结合并行的方式运作。要理解这样的电脑，需要理解它的原材料、组建方法、指令集内容、内存的大小和访问模式及机器运行程序的方式。但这些理解通用电脑的要素对于理解执行具体信息处理任务的电脑来说是远远不够的。

这一点值得我们深思。它阐明了为什么多数现有的对于人脑和电脑的类比都太肤浅，也没有价值。举个例子，用来进行航班调度的电脑执行的任务是将飞机分派给全球数百万旅客。为了理解这个系统，仅仅理解普通电脑的运作要素是不够的。还需要理解飞机是什么，以及它们的用途是什么；还需要理解地理、时区、机票、汇率和转机；甚至需要对政治、餐饮和对这一任务有影响的人性的其他方面有基本的了解。

所以，理解计算机和理解计算本身有本质上的不同。为了理解一台计算机，我们应该去研究这台计算机。为了理解一个信息处理任务，我们应该去研究这个任务。为了充分理解一台有具体信息处理任务的计算机，我们需要同时研究两者，缺一不可。

从哲学角度来看，我描述的方法是对一种被称为心智表征理论的延伸。它在整体上不同于近期知觉哲学中关于包括感官资料、感知分子学和知觉的有效性的观点。相反，我的方法基于一种更古老的观点：知觉主要是为了让我们了解物体是什么及在哪里。现代心智表征理论认为，心智可以访问内在表示系统，这些内在表示系统的特征刻画了心理状态，而心理过程就是这些内在表示的获取和交互。

这一理论框架让我们对于视觉感知的研究得以开展。我也乐于把它作为我们探索视觉的起点。就像我们将要看到的那样，它将引领我们离开传统研究道路而进入崭新的知识领域。一些新发现可能看起来有些奇特，主观上，一些不能不承认的观点和理论可能也和我们用自己的眼睛观察世界时心中的想法格格不入。甚至最基本的对于“论述”的定义都将被延伸和拓宽，这是为了确保我们没有遗漏任何内容，也为了确保对于每个问题，我们充分地回应或者证明我们可以充分地回应所有重要视角的关注点。

本书分为三个部分。第Ⅰ部分包含哲学基础、对我们的方法的基本描述及我们提出的视觉感知总过程的表示框架。我用了一种相当个人化的风格，帮助读者理解在特定问题上选择特定方向的原因，也希望对这些原因的理解可以进一步帮助读者理解总体的方法。

本书的第 2 至 6 章为第Ⅱ部分，包含真正具体的分析。这一部分非正式但详细地论述了我们的方法和表示框架具体是怎样实现的，同时展示了它们已取得的成果。

第Ⅲ部分不太正统，包含了一系列用来帮助读者理解我们的方法背后的思维方式的问答。我们希望它们能激发读者自己的思考，并把我们的解释和自己的个人视觉经验相结合。我常发现第Ⅲ部分中的一两个观点能帮助一个人更好地理解部分理论或者解决一些个人理解中的难点。这也是我希望第Ⅲ部分能起到的作用。已经读完前两部分的读者可能更能体会第Ⅲ部分的意义，但先翻阅一下这一部分也可以激发阅读全书的兴趣。

具体的阐述集中在第Ⅱ部分。当然，人类的视觉感知这一问题还远没有被解决。但在过去六年中，我的同事和我一起有幸建立了一个总体理论框架，也解答了视觉感知中的一些核心问题。这些发现让我们觉得有足够的证据来支持我们的表示理论是有其意义的，而本书就是为了阐明这一点。希望我们一同见证这条路还能走多远。

第 1 章

哲学原理和方法

1.1 背景知识

视觉感知问题已经吸引了几个世纪的科学家的好奇心。牛顿（1704）的早期重要贡献奠定了现代色彩视觉工作的基石。亥姆霍兹（1910）关于生理光学的论文至今仍能激发大家的研究兴趣。20 世纪早期，Wertheimer（1912，1923）注意到视频中连续呈现的图像会产生基于整体（或场）而非单独光点的似动。就像我们看到一群鹅在迁徙过程中飞过天际一样，鹅群有时看起来像是一个整体而非单独的鹅。这一观察开启了心理学中的格式塔学派。格式塔学派致力于用整体性和区别性来描述整体性质，并试图对支配这些整体概念的创造过程的“法则”进行建模。这一尝试因为多种原因失败了，格式塔学派也在主观主义的迷雾之中消散了。随着学派的消亡，它早期很多有深度的见解也不幸被实验心理学的主流所忽略。

自那之后，进行感知心理学研究的学生们再没有努力尝试对感知进行整体上的理解，而是关注于分析感知的具体性质和表现。三色视觉得到了坚实的发展（Brindley，1970）。运动的先占性得到了进一步的充分分析。在所有这些进展中，最有趣的可能是Miles（1931）及Wallach和O’Connell（1953）的实验。这些实验发现，在合适的情况下，人类哪怕不熟悉一个三维物体，也可以从物体不断变化的单眼投影[1]中正确地

1 单眼投影指单眼看到的二维图像。

感知它。

数字电子计算机的发展促进了双眼视觉中的类似发现。1960 年，Bela Julesz 设计了由计算机自动生成的随机点立体图对。当用单眼观测时，图对中的每一张都像是随机的点阵；但如果用一只眼看一张图，用另一只眼看另一张图，并用双眼视觉融合它们，就能感知到具有清晰三维结构的形状和表面。图 1-1 所示的就是一个例子。这里左侧的图是一个由计算机程序随机生成的黑白方块矩阵。右侧的图基本和左图一样，但中间的一个正方形区域被向左平移了，留出的空隙被一个新的随机点阵填充。如果每只眼只看一个矩阵，并让它们叠加在空间中的同一位置，就可以感受到一个浮在空中的方块。实话实说，这一感知现象完全是由呈现在每只眼睛里的图像中的匹配元素的立体视差造成的。这个实验告诉我们，就像对运动的分析一样，对立体视觉信息的分析可以在缺失其他信息的情况下独立完成。这类发现非常重要，它们可以帮助我们把对感知的研究细分为可以被独立处理的具体部分。我把这些部分称为感知的独立模块。

图 1-1　Bela Julesz 常用的随机点立体图对。左图和右图几乎一模一样，唯一的区别是中间的正方形区域被平移了。用双眼视觉融合这两张图时会产生一种中间的正方形浮在背景之上的印象。

心理物理学的最新贡献来自另一个同样重要方向中的一个关于适应性和阈值检测的组合实验。这组实验源于 Campbell 和 Robson（1968）对于感知系统前段里存在独立且被空间频率调整的通道的证明。这种通道对于图像中特定尺度或者特定空间间隔的强度变化尤其敏感。这篇论文启发了随后研究这些通道的方方面面的一批论文，并在十年后达到顶点，取得了令人满意的对第一阶段视觉感知的特性的量化描述（Wilson and Bergen，1979）。我在后面会详细介绍这些进展。

最近，一种完全不同的方法取得了相当多的关注。1971 年，Roger N. Shepard 和 Jacqueline Metzler 设计了一些简单物体的线图对。每对线图之间可以通过三维旋转或者旋转加翻转来得到（参见图 1-2）。他们随后询问被试，每对图之间的区别是仅有旋转还是旋转加上翻转，并测量被试回答问题所需的时间。实验发现，被试的判断时间和旋转这些物体使得它们匹配的三维夹角呈线性关系。这一结果表明，被试确实在心中旋转了这些物体。具体来说，他们渐进地调整这对物体中的第一个物体的朝向的心理描述，直到这一描述和第二个物体的形状匹配。这样的调整在夹角更大的时候自然需要更多的时间。

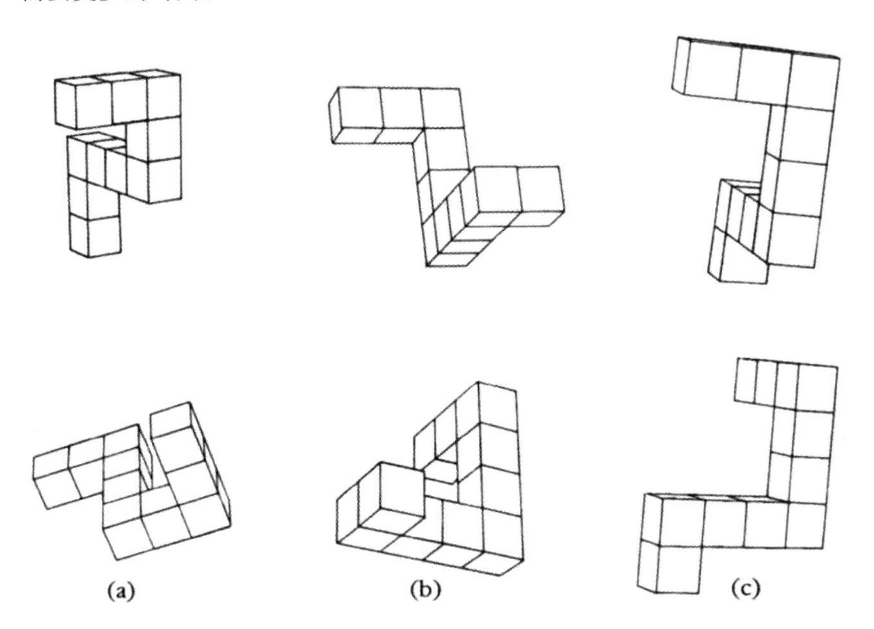

图 1-2　类似于 Shepard 和 Metzler 的心理旋转实验中所用的线图。(a) 中的两个形状是一样的，可以通过将上面的图顺时针旋转 80° 来证明。(b) 中的两个形状也是一样的，相对角度也是 80°，但是将它们匹配需要在深度轴上旋转。(c) 中的两个形状不一样，怎样旋转都不能使它们匹配。实验发现，判断一对形状是否匹配的时间和旋转它们使得它们匹配的夹角大小呈线性关系。对实验者而言，这表明实验中的被试使用逐步的心理旋转来判别形状匹配与否。

这个方法具有重大意义。意义并不主要在于它的结果（事实上，这个结果因为向被试提问的问题类别而引起了很多争议），而在于证明了表示本身的存在。在这个实验之前，视觉心理学家从未真正关注表示这一概念本身。相对于从一开始就要面对“表示是什么”这个问题的计算机视觉研究者来说，视觉心理学家早期的想法比较朴素。但在这个实验的启发之下，视觉心理学家很快就发展出了更深入且复杂的思考（Shepard，1979）。

但具体应该怎么解释这一实验结果呢？在很长一段时间内，似乎最有可能的解释会来自电生理学的研究。放大器的发展让 Adrien（1928）和他的同事得以记录神经信号传递带来的微小电压变化。他们的研究表明，这些电压变化导致的感受的特性取决于由哪条纤维传递了信息，而非像人们之前从解剖学研究中预期的那样，取决于纤维被刺激的方式。这直接启发了这样的观点，即我们可以认为，周边神经纤维直接把身体表面物理事件的简单映射提供给了感觉中枢作为一种朴素的表示（Adrien，1947）。剩下的问题就是心理学家的工作了。

放大器技术的发展还带来了下一次的进步。随着记录单个神经元的活动变得可能（Granit and Svaetichin，1939；Hartline，1938；Galambos and Davis，1943），细胞的“感受野”概念得到发展（Hartline，1940），哈佛大学也开展了一系列对于视觉通路里逐步深入的层次上神经元行为的研究（Kuffler，1953；Hubel and Wiesel，1962，1968）。不过最激动人心的还是一个新视角，即心理学感兴趣的问题可能可以从神经生理学实验中得到启发甚至解答。在这一点上，早期最明晰的例子是 Barlow（1953）对青蛙视网膜上神经节细胞的研究。再没有比他的原文解释得更清楚的了：

> 观察青蛙视网膜上的单个神经节细胞对一个手持目标的响应，我们发现，有一种神经节细胞有效地被在其感受野内的黑点快速向内或向外移动所形成的张角所驱动。只要这种运动持续下去，它导致的活跃的放电行为就可以被几乎无衰减地保持。如果把导致这类细胞剧烈响应的运动给一只没有被束缚的青蛙看，青蛙会有剧烈的反应：它们将转向这个黑点，并反复地做出包含跳跃和咀嚼在内的进食动作。这些视网膜神经元的选择性及当它们被选择性激活后青蛙的动作表明，这些神经元是“虫探测器”（Barlow，1953）。它们完成了一项基本但非常重要的识别任务。
>
> 这一结果突然让人们意识到，青蛙进食反应中的感觉机理的一大部分可能是在视网膜上完成的，而并非是在用生理学方法难以理解的神秘“中心”完成的。一大类神经元中的每一个都有这种像锁一样的特性，仅仅当感官刺激形成特定模式之后才会被打开（放电）。Lettvin 等人（1959）的研究表明，青蛙体内这样的细胞有五种；Barlow、Hill 和 Levick（1964）发现兔子体内这样的细胞种类更多，并把触发它们的这类特定模式称为“触发特征”。Maturana 等人（1960）发现了这些神经节细胞的另一个重要特点：即使外在光线强度有多达几个数量级的变化，这些细胞也能持续对同样的触发特征产生响应。抽象地说，视网膜的特性使得神经节细胞可以主动判断某些特定事件是否在眼前发生。它们需要光作为媒介，但信息本身存在于光的具体模式之中，届时，光的整体亮度则几乎被完全忽略了。

Barlow（1972）进一步归纳了这些发现：

> 我上述介绍的所有变化的总和效应是让我们认识到**单个神经元可以比我们之前所想的完成更复杂也更细微的任务**[1]。神经元并非松散而不可靠地将视觉图

1　此处所做的强调（字体变化）为作者 Marr 所加，并非源于 Barlow 的原文。——译者注

像的亮度映射到感觉中枢。相反，它们检测模式元素，区分物体的深度，忽略不导致信息变化的无关因素，且自身组合为奇妙的层级结构。进一步的证据表明，神经元首先关注包含重要信息的内容，也能以很高的可靠性响应这些内容；而且，神经元的这种模式选择能力可以被早期视觉经验永久改变。这些结论重构了我们的观念。现在再把神经元的单位活动视为对基本而可靠的内在心智活动过程的不准确的指示已经不合时宜了。我们应该把单个神经元看作这些机制的首要驱动者，不能再说"神经元的活动是对思考过程的反映和观察"，因为神经元本身带来了思考，而神经元的活动就是思考过程本身。

这一革命性的变化起源于生理学研究，也让我们认识到单个神经元的活动在感知中起到了重要的作用（参见 Barlow，1972，第 380 页）。

这样的思考让 Barlow 建立了他的五条神经元法则中的第一条，也是最重要的一条："如果我们可以描述单个神经元如何影响其他神经元的活动，也可以描述单个神经元如何响应其他神经元的影响，那么这已经足以充分解释整个神经系统的功能。再没有其他东西在'看着'或者控制着这些神经元的活动。所以，这些神经元的活动本身也一定是我们理解脑对行为的控制的基础。"（Barlow，1972，第 380 页）

我稍后会再来仔细讨论这一论点是否合理，让我们暂且假设它是对的。我无须再强调这些想法有多激动人心了。在那时，还原论似乎就要取得最后的成功。Hubel 和 Wiesel（1962，1968）告诉了大家这条路应该怎么走；Barlow、Blakemore 和 Pettigrew（1967）对立体视觉在单个神经元上的研究，以及 DeValois、Abramov、Mead（1967）和 Gouras（1968）对色彩在单个神经元上的研究又进一步说明了单个神经元的响应和感知的密切联系。随后，Gross、Rocha-Miranda 和 Bender（1972）发现了下颞叶皮层中存在"手检测器"，这似乎说明了还原论的应用并不局限于视觉通路的前段。

当然，人们意识到生理学家是很幸运的：如果我们对早期电子计算机进行探测并记录其中一个单元的行为，那我们恐怕无法从中解释这个单元到底在做什么。不过就像 Barlow 的第一法则所说，人脑的构建似乎基于某些更容易被解构的原则，而人们也确实可以确定脑中单元的具体功能。这么看来，似乎还原论的普遍运用已经指日可待。

那时，我也被这股热潮完全吸引。我也相信真理就存在于神经元里，而我们所有的研究的中心论点就是为了提供一个对中枢神经系统的结构的完整功能分析。我的热情体现在了我提出的小脑皮层的理论里（Marr，1969）。根据这一理论，简单而规则的皮层结构可以被解释为一种简单而强大的用来学习动作技能的记忆装置。基于基础的组合技巧，小脑里 1500 万个浦肯野细胞中的每一个都能够学习超过 200 种不同的模式，并将它们与没有被学习的模式所区分。关于小脑参与学习动作技能的证据正在不断增加（Ito，1978），所以我的这个理论可能确实是正确的。

前路似乎一片光明。我们既有了已证实有效的实验方法，又有了可以把实验方法和对于皮层结构的细粒度分析结合的初步理论框架。心理物理学可以告诉我们什么是需要被解释的重要问题，而以 Nauta 实验室的 Fink-Heimer 法和 Szentagothai 及其他人对电子显微镜的应用为代表的近期解剖学的进展可以提供关于大脑皮层结构的必要信息。

但有些地方似乎不太对劲。二十世纪七十年代的科研进展没有能够维系二十世纪五六十年代初期发现的辉煌。不再有新的神经生理学家能记录清晰的、新的神经元与中高层感知的关联。二十世纪六十年代的领军人物已经换了研究方向：Hubel 和 Wiesel 专注于解剖学，Barlow 转向了心理物理学，而主流神经生理学则更关注神经元的发展和可塑性（即神经元连接的不固定性），或是对已经发现的细胞的更深入的分析（Bishop、Coombs and Henry，1971；Schiller、Finlay and Volman，1976a，1976b），或是对猫头鹰等物种的细胞研究（Pettigrew and Konishi，1976）。这些新研究都没能阐明视觉皮层的功能。

很难解释为什么发生了这样的变化。科学家从未明示这些变化背后的原因，而这些变化在很大程度上恐怕也是无意识的。不过我们还是可以确认这样几点。以我自己为例，对小脑的研究有两重效应。一方面，它表明我们有希望理解皮层结构的功能性，这当然很好。不过另一方面，这项研究让我失望的一点是，即便这一理论是正确的，它也没有对理解动作系统有任何启发。例如，它没法指导我们对一个机械手臂进行编程。我的理论表明，如果我们想要编程使机械手臂能运动自如，那我们终将需要大量的简单且基础的记忆。但它没有告诉我们为什么需要这些记忆，也没有告诉我们这些记忆具体是什么。

视觉神经生理学家的发现也有同样的问题。例如，假设我们最终发现了一个神秘的祖母细胞[1]，这样的发现到底告诉了我们什么呢？它告诉了我们祖母细胞确实存在，不过Gross的手检测器已经告诉了我们类似的内容。它没有告诉我们祖母细胞为什么存在，也没有告诉我们它是怎样从之前已被发现的细胞的输出中组建起来的。除去一种基于经济性和冗余性的非常宽泛的解释，对单个单元（简单细胞和复杂细胞）的记录到底有没有告诉我们如何进行边缘检测，或者为什么人类需要检测它们？如果我们真的知道答案，就应该能在计算机上编程来实现它们。但发现一个脑中的手检测器显然不足以让我们做到这点。

当思考二十世纪七十年代早期存在的这类问题的时候，我们就逐步意识到有些重要的东西在神经生理学和心理物理学中缺失了。神经生理学家和心理物理学家忙于描述神经元和人类的行为，但却没有解释这些行为。大脑皮层的视觉区域到底在做什

1 一种仅在看见自己祖母时响应的细胞。

么？它们的工作过程中有哪些问题需要被解释，这些解释又需要有多深入？

搞清楚一件事情有多难的最好方法就是尝试去做。所以此时我加入了麻省理工学院的人工智能实验室。在那里，Marvin Minsky 已经找来了一批人和一台强大的计算机来回答这些问题。

我们的第一个重大发现是这些问题很难。机器视觉的困难性现在已经是众所周知的了，但在二十世纪六十年代，几乎没有人这么想。机器视觉领域在经历了机器翻译领域在二十世纪五十年代经历的类似的溃败之后，领域内的研究者终于意识到他们应当认真对待这个问题。人类视觉的强大造成了这样错误的判断。Barlow、Hubel 和 Wiesel 的神经科学研究很好地建立起了特征检测器这一概念，导致对于没有真正尝试在机器上实现边缘和线条提取的人来说，他们完全没有意识到这个问题本身其实是非常困难的。这事实上是一个难以捉摸的问题，因为许多在三维意义上非常重要的边往往根本无法从二维图像的强度变化中被察觉。原因很多：任何包含纹理的图像都会产生大量含有噪声的边缘线段；反射率和光照的变化也会导致无穷无尽的麻烦；甚至有些一端非常清晰且看起来不会渐隐的边，在另一端就只以残段的形式存在于图片里了。早期研究者普遍体会了这种让人绝望的感觉：似乎任何事情都可能在图像中发生，而且实际上它们确实都发生了。

研究者们尝试了三种办法来处理这些现象。第一种是由Azriel Rosenfeld代表的完全实证主义的方法。他的风格就是把各种新的边缘检测、纹理辨别或是其他方面的小技巧应用在图片上并观察它们的效果。这种思路产生了一些有趣的想法，例如，同时使用多种大小不同的算子[1]来增加精度并降低噪声（Rosenfeld and Thurston，1971）。但总体而言，因为这些实验从不包含对不同算法的表现的严格评估，所以它们并不像想象中那么有用。不同算子的价值几乎从未被比较过（Fram and Deutsch，1975，这是一个例外），任何算子的最优性也从未在数学上得到过证明。事实上，因为从未有人对这些算子的作用进行严格建模，任何数学证明都还不可能存在。不过话说回来，这个思路还是产生了很多好的想法。其中最巧妙的可能是Hueckel算子（1973）。它创造性地解决了找到能最好描述图像局部邻域中强度变化的边的朝向的问题。

第二种办法是通过局限于研究一个在黑色背景前被照亮的哑光白色玩具积木集来拓展分析的深度。这里的积木可以有多种形状，但它们的表面都是平的，所有的边缘也都是直的。这样的限制让我们可以在没有简化问题的前提下使用更多特殊的技术。Binford-Horn 线检测器（Horn，1973）被提出用来进行边缘检测。它和它的延伸工作（Shirai，1973）都借助了包括所有边缘都是直线等仅存在于这个环境的特殊条件。

1　算子指应用在图像上每一点的一种局部计算。这种计算基于图像中该点和邻近点的强度。

这些方法的效果不错，而且它们也让我们可以初步分析后续问题，主要是在假设当可以从场景中提取完整的线图之后，我们下一步应该做什么。Roberts（1965）和Guzman（1968）早先已经开始了对这一问题的研究。Waltz（1975）和Mackworth（1973）的文章是集大成之作，基本解决了从柱状体的图像中提取线图的解释问题。Waltz 的工作首先证明了穷举分析表面、边和阴影的所有可能的局部物理组合可能可以导出一个正确且高效的解释图像的算法。这项工作具有巨大的影响。图 1-3 及图例传达了 Waltz 理论的主要观点。

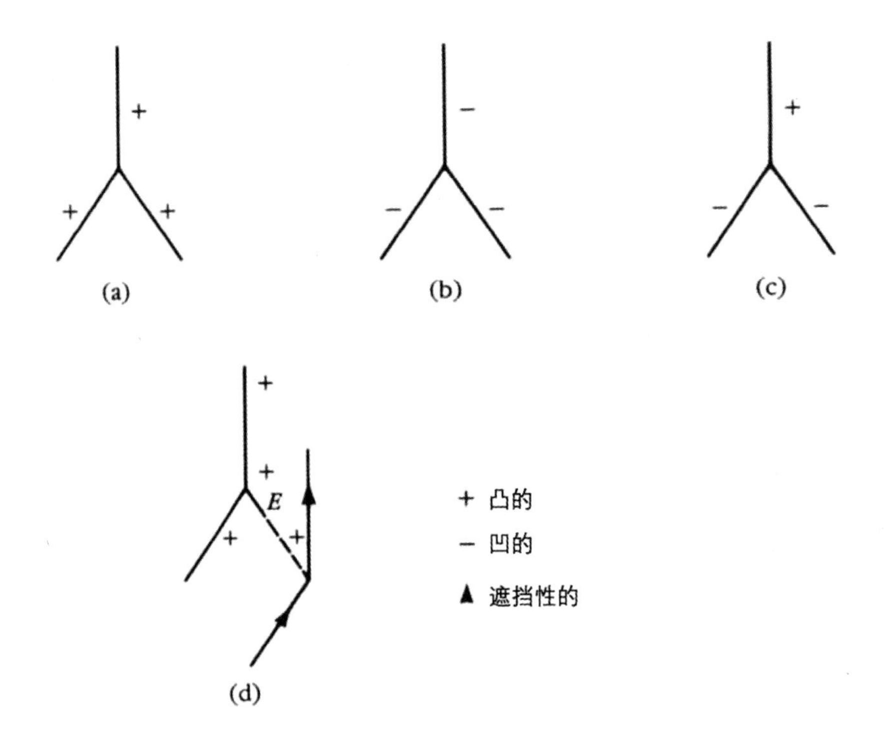

图 1-3 有些边的组态是物理上可以实现的，但有一些不行。三面交点处的三条凸边（a）或三条凹边（b）都是可以实现的，但图（c）中的组态就是不可能实现的。Waltz 把所有可能的上至四边相交的交点，包括所有有阴影的边的情况都进行了编目。他发现，如果用这个目录来确保一致性关系［例如，要求图（d）中的边 E 始终保持同一种类别］，那包含阴影的线图的标记问题的解就时常可以被唯一确定。

当然，这一系列工作都寄希望于我们从理解白色积木组成的简易世界中得到的解法具有泛化能力，可以作为在更多变的视觉环境中解决更复杂问题的基础。遗憾的是，事实并非如此。我们现在来看一下当时的第三条发展之路，也是后来最终取得成功的方法的根基。

这一条路基于两项重要的工作。就这两项工作本身的结果而言，它们对理解人类感知都不太重要，也不太可能反映人类的视觉过程。但它们对问题建模的方法值得重视。第一项工作是由 Land 和 McCann（1971）提出，并由 Horn（1974）发展的色彩视觉的 Retinex 理论。这项工作的起点是把色彩看作反射率在感知上的近似的传统观点。这让我们可以提出一个清楚的计算建模问题：怎样区分反射率变化带来的影响和变幻莫测的广布光照的影响？Land 和 McCann 提出，可以利用这样一个性质，即光照往往是渐变的，而表面或者物体边缘的反射率往往是突变的。因此，可以通过滤去缓慢的变化来分离出反射率造成的变化。Horn 为这个问题设计了一个巧妙的并行算法，随后我提出了一种它可能在视网膜神经元上被实现的方法（Marr，1974a）。

我现在已经完全不相信这是对于色彩视觉或者视网膜的正确分析，但它确实体现了一种正确分析应有的研究风格。在这个例子里，为计算机视觉编写的特设程序已经过时了；问题假定的视觉环境的特异性已经过时了；算法本身基于神经元的解释也已经过时了（用神经元作为实现算法的方式这一整体概念除外）。但留下的是对于什么需要被计算，计算应该怎样被实现，计算方法基于怎样的物理假设和对算法能力的分析的清晰理解。

另一项工作是 Horn（1975）对从明暗中恢复形状的分析。这项工作是后来一系列杰出的研究图像形成的文章中的第一篇。Horn 仔细分析了光照、表面几何形状、表面反射率和视角如何共同作用于图像上被观测到的强度值。基于此，他将图像强度值和表面几何形状通过微分方程建模。如果已知表面反射率和光照，那我们就可以求解表面的几何形状（Horn，1977）。换言之，我们可以从明暗中恢复形状。

这传递了一个清晰的信息。我们对视觉的理解中应该有额外的一个层次。这一层次分析和理解视觉中的信息处理任务的特性，且它独立于我们脑中实现这些任务的具体机理和结构。将问题看作一个信息处理任务就是之前提及的缺失的部分。这种分析并不与其他神经元层次或者计算机程序层次的分析互斥。恰恰相反，它是一个必要的补充。没有这层分析，我们就不能真正理解神经元的功能。

Tomaso Poggio 在图宾根和我一样独立发现了这一点，随后我们一起进行了建模（Marr and Poggio，1977；Marr，1977b）。事实上，这不是一个新的观点：Leon D. Harmon 在大致同样的时间表达了类似的想法，还有一些其他人也提到了类似区分的必要性。但我想强调，如果严肃地对待多层次的理解这样一个概念，那我们就可以严格地研究感知的信息处理基础。通过将理解分为多个层次，就可以显式地论述我们在计算什么，为什么要计算它，并提出理论来阐述被计算的内容在某些意义上的最优性及正确性。特设的元素不再存在，启发式的计算机程序被坚实的地基替代，而我们也可以基于此研究真正的问题。这种对缺失内容的建模及如何补全它的想法的意识是一种新的统合方法的基础，而本书正是要介绍这种方法。

1.2　理解复杂的信息处理系统

我们几乎不可能将任何类型的复杂系统理解为其基本组件的属性的简单外推。以一瓶气体为例，描述它的温度、压力、密度和这些热动力学性质之间的关系的模型并不会对气体里的单个粒子分别列公式。对这些性质的描述存在于它们自己的层次，即大量粒子的集合；而研究难点就在于想要证明原则上微观和宏观的描述是一致的。如果想对神经系统、发育的胚胎、代谢通路的集合、一瓶气体或者一个大型计算机程序这样的复杂系统有完整的理解，那就需要考虑不同描述在不同层次能怎样被原则上统合为一个整体，即便统合所有的细节是不现实的。对于信息处理系统而言，我们还应额外考虑信息的处理和表示这两点。下面我们仔细讨论一下。

表示和描述

*表示*是一种显式化特定实体或特定种类的信息的形式系统，表示同时也包含系统如何将实体和信息显式化的细则。实体在特定表示下显式化的结果也即这一实体在该表示下的*描述*（Marr and Nishihara，1978）。

例如，阿拉伯数字、罗马数字和二进制计数系统都是表示数字的形式系统。阿拉伯数字的表示是从字符集 (0, 1, 2, 3, 4, 5, 6, 7, 8, 9) 中提取的字符串。构建对具体数字 n 的描述的规则就是把 n 分解为 10 的幂次的倍数的和，并将这些倍数按照幂次大小从左到右组成字符串。因此，既然 37 等于 $3\times10^1+7\times10^0$，在阿拉伯数字表示下，这个数的描述就是 37。这个描述显式地表明了这个数在 10 的幂次下的分解。二进制系统中 37 的描述是 100101，这个描述显式地表明了这个数在 2 的幂次下的分解。在罗马数字系统中，37 被表示为 XXXVII。

表示的定义是很宽泛的。例如，形状的表示可以是描述形状特点的形式概型加上定义这一概型如何能被应用于具体形状的规则。乐谱是交响曲的一种表示，字母表是单词的一种书写表示，等等。这里，“形式概型”这个概念对于表示的定义非常重要。但读者无须被这个概念吓到。我们正在讨论的信息处理机器的工作方式就是用符号来代表内容，或者用我们的术语，用符号来“表示”内容。所以，形式概型只是一组符号集合加上组合这些符号的规则。仅此而已。

所以表示并不是一个新的概念。我们时时刻刻都会用到表示。不过对我而言，部分现实可以用符号来描述，而且这种描述具有潜在的用途这件事情是个很让人激动也很厉害的想法。但即便是我们刚刚讨论的最简单的例子也显示了当想要用某种特定表示的时候会遇到一些普遍而重要的问题。例如，如果使用阿拉伯数字这种表示，那我们很容易发现一个数是否是 10 的幂次，但很难发现它是否是 2 的幂次。如果使用二进制表示，这种情况就会反过来。所以，我们要做一个权衡，任何一种表示都是以把某些信息置于次要位置，来让另一些特定信息能够被更显示地表达。而那些被忽略的信息可能很难被恢复。

这是一个重要的问题。因为这说明，表示信息的方式会极大地影响我们用它来完成不同任务的难易程度，之前关于数字的例子就说明了这一点。如果我们使用阿拉伯数字或者二进制表示，那加法、减法和乘法就变得很容易。但如果使用罗马数字表示，那么进行这些运算，尤其是乘法，就会变得很困难。这也是罗马文化没有能够像早期阿拉伯文化那样发展出数学学科的重要原因。

今天计算机工程师也面临类似的问题。电子科技更适用于二进制数字系统，而不是传统的十进制系统。然而，人类提供的数据是十进制的，他们希望获取的结果也是十进制的。所以工程师们就面临这样一个设计抉择：我们应该将输入转化为二进制，在二进制中执行运算，并将结果转回十进制输出，还是应该牺牲电路运算的效率而直接在十进制上做运算？总体而言，商业上和口袋计算器都采取了第二种方法。而泛用的计算机采取了第一种方法。即便我们有时并不受限于只能使用一种表示来表达特定信息，选择使用哪些表示仍旧是一个重要的问题，而且应当被认真对待。因为这决定了哪些信息会被显式地表达，而哪些信息将会被放在次要的位置。这一点对于后续在这些信息上执行哪些操作会更容易有深远的影响。

处理

处理是一个宽泛的概念。例如，加法是一种处理，傅里叶变换也是一种处理。沏一杯茶、去购物都是一种处理。对这本书而言，我想把处理的定义局限于机器执行信息处理任务。让我们以超市收银台的收银机为例，通过这个简单装置来深入分析处理的概念。

为了理解这个装置，我们需要对它有不同层次的理解。其中有三个层次最为重要。第一个最抽象的层次就是这个机器在做什么，以及它为什么要这么做。收银机所做的就是算术，所以它的首要任务就是掌握加法的原理。加法是通过加号 $+$ 来指代的从一对数到一个数的映射。例如，$+$ 把 $(3,4)$ 映射为7，这可以写成 $(3+4)\rightarrow 7$。加法有一些抽象的性质。一是交换律，$3+4$ 和 $4+3$ 都等于 7。二是结合律，$3+(4+5)$ 等价于 $(3+4)+5$。加法还有一个特殊的元素，零。加零没有任何作用 $(4+0)\rightarrow 4$。此外，任何一个数都有一个唯一的逆，4 的逆就是 -4。把一个数和它的逆相加会得到零，即 $[4+(-4)]\rightarrow 0$。

这些性质就是基础加法理论的一部分。无论数字的表示是什么：二进制数、阿拉伯数字、罗马数字，也无论加法是如何被执行的，这些性质总是正确的。所以，对第一层次理解的一部分就是对于计算的内容的描述。

而这一层次的解释的另一部分，就是要回答为什么当我们想要把两件物品的价格统合在最终账单上的时候，收银机要执行加法，而不是譬如乘法等其他计算。这是因为，我们在直觉上感到适合将不同价格组合起来的规则，在事实上定义了加法这一数学运算。可以把这些直觉规则建模为下面几条约束。

1. 如果你什么都不买，那你应该不需要花任何钱。如果你在没有买任何东西的基础上，买了一样新东西，那么你所花的钱应该直接和买的那样东西的价钱是一样的。（加法中加零的规则。）
2. 商品出现在收银台上的顺序不应该影响它们的总价。（加法交换律。）
3. 把商品分为两堆，并对每堆分别付账也不应该影响它们的总价。（加法结合律；计算组合价格的基本运算。）
4. 如果你买了一件商品，随后退回了它并要求退款，那么你的总花费应该是零。（一个数的逆。）

这些情形定义了加法操作，这是一个数学定理。这也是为什么加法在这里是合适的计算的原因。

这就是所谓的收银机的计算理论。这个理论有两个重要的特点。其一，它分立讨论了什么正在被计算及为什么要这样计算。第二，需要被满足的约束唯一确定了最后的运算操作。在视觉处理理论里，我们的任务是可靠地从世界的图像中推断其性质。而我们探索的核心主题就是如何能够分离出这些需要被满足的约束。一方面需要约束足够强，使得处理可以被定义，另一方面又需要约束在这个世界中普遍正确。

我们应当意识到，处理的真正执行依赖于它以某种方式被实现。这一过程需要选择一种处理过程可以操作的实体的表示。所以分析处理过程的第二个层次也包括两件事。第一是这个处理的输入和输出的表示，第二就是可以具体实现从输入到输出的变换的算法。对于加法而言，由于输入和输出都是数字，它们自然可以用同样的表示。但事情不总是这样的。例如，傅里叶变换的输入可能是在时域，而输出可能在频域。我们对第一层的分析关注于运算的内容和动机，而对第二层的分析就要来说明怎样进行这些运算。就加法而言，可以使用阿拉伯数字作为表示，而算法就可以用传统的末位相加法：首先加最后一位，并在数字超过 9 的时候进位。机械或者电子收银机常常就使用这种表示和算法。

这里有三个要点。第一，时常有很多表示可以被选择。第二，算法的选择常常取决于具体使用的表示。第三，即便对一个给定的表示，也往往存在多种执行同样处理的算法。具体选择哪个算法往往取决于算法是否具有我们所期望拥有或者期望避免的特性。例如，一个算法可能比另一个更高效，或者另一个可能稍微低效一些但却更稳健（稳健指对于其所依赖的输入中的些许的不精确更不敏感），又或者一个算法可以被并行实现，而另一个只能串行执行。我们的选择最终取决于最终实现算法的物理硬件和机器的种类。

这就引入了我们分析的第三个层次，即物理上实现处理过程的设备。再次强调，这里的重点是，同样的算法可用非常不同的技术来实现。同样是把两个数从低位到高位相加，且按需进位，一个孩子可能和周边超市中的收银机里的电线和电子管用了同样的算法。但显然，算法在这两种情形下的物理实现很不一样。再举一个例子，很多人都写过井字棋的计算程序。这个问题存在一种可以确保胜利的大致标准化的算法。但 W. D. Hillis 和 B. Silverman 用了一种非常不同的技术——一种名为 Tinkertoys 的儿童积木组——实现了这个算法。这个不怎么优雅的巨大引擎真的可以运转，目前已经被密苏里大学圣路易斯校区的博物馆收藏。

一些特定类型的算法会和特定的物理基质更匹配。例如，传统电子计算机中连接的数目和门的数目大致相等，但脑中连接的数目远远多于（$\times 10^4$）神经元的数目。这是因为生物结构中的连接边可以在三维空间中独立生长，所以相对的开销是很小的。但在传统科技中，布线被局限于二维平面，从而限制了边的数目。这极大限制了并行技术和并行算法在这些计算机中的应用；同样的操作往往更适合被串行执行。

信息处理的三个层次

图 1.4 归纳了我们之前的讨论。如果想要完全理解一个信息处理设备，那我们必须要在不同的层次上理解它。顶端是这个设备的抽象计算理论。这一层把设备的表现描述为从一种类型的信息到另一种类型的信息的映射，精确地定义了这种映射的抽象性质，并揭示了它为什么适合于要被处理的任务。中间这一层是我们所选择的输入和输出的表示，以及将输入变换为输出所需要的算法。另一层则是像具体的计算机体系结构等算法和表示在物理实现上的细节。这三个层次松散地连接在一起。比如，我们对算法的选择会受到它所需处理的任务和将运行它的硬件的影响。但其实在每一层都有很多种选择，对每一层的详细分析主要考虑的是这一层和其他两层相对独立的问题。

计算理论	表示与算法	硬件实现
计算的目标是什么，为什么它是合适的，以及执行计算的策略背后的逻辑是什么	计算理论应当怎样被实现？具体来说，输入和输出的表示是什么，转换输入到输出的算法是什么	表示和算法怎样在物理上实现

图 1-4 需要从三个层次来执行信息处理任务的任何机器。

为了最终理解感知信息处理，这三层中的每一层描述都有它的意义。当然，它们之间也有逻辑上和因果上的关联。但需要说明的是，正因为这三层仅仅是松散的连接，所以有些现象可以仅在一层或两层就被解释。这意味着，对于比如心理物理学的具体发现的正确解释一定要找准它应属于的层次。很多把心理物理学问题和生理学建立连接的尝试往往没有正确地认识到这个问题应该在哪一层被解释。包括主要涉及视觉的物理机制的一些问题，例如，残像（也就是我们盯着灯泡看一阵之后眼里所看到的东西），或是任何颜色都可以被视作三原色的某种混合（这主要是由于人类有三种视锥细胞关系）。另外，Necker 立方体（参见图 1-5）的二义性似乎需要一种不同的解释。当然，对于它的感知翻转现象的解释的一部分自然应当涉及脑中某处的双稳态神经网络（即有两个稳定状态的神经网络）。但如果对这一现象的叙述没有提及对这张二维图像存在两种三维解释，且这两种解释虽然不同但都完全合理，那这样的叙述就似乎很难让人满意。

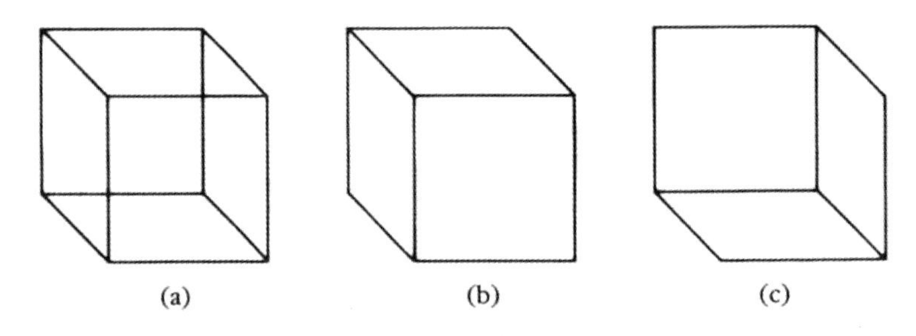

图 1-5　以 1832 年发现这一现象的瑞士自然学家 L. A. Necker 的名字命名的 Necker 错觉。问题的本质是，（a）中的二维表示抽离了立方体的深度信息，所以人类视觉的特定层面就需要恢复这缺失的第三个维度。我们确实可以感知到这个立方体的深度，但是存在着（b）和（c）两种可能的解释。我们感知的特点会从其中一个跳到另一个。

对于某些现象，我们应该在哪一层进行解释是显而易见的。例如，神经解剖学显然主要与第三层，也就是计算的物理实现这一层相连接。突触机理、动作电位、抑制型交互等现象也是如此。神经生理学也主要和这一层相连接。不过它也可以帮助理解我们使用的表示的类别，尤其是如果认同之前我所提及的 Barlow 的观点的话。不过除非已经清楚理解了到底哪些信息需要被表示，以及哪些处理需要被实现，我们在根据神经生理学的发现来推断被使用的算法和表示的时候还是应当多加小心。

心理物理学主要和第二层，也就是算法和表示的层次相关联。当缺失重要信息或是在极限状态下时，不同的算法往往各有各的失败的模式。就像我们将要看到的，主要就是心理物理学的发现，向 Poggio 和我证明了我们最初的立体匹配算法（Marr and Poggio，1976）并不是人脑所使用的那种。而支持我们的第二个算法（Marr and Poggio，1979）大致是人脑所使用的算法的证据同样主要来自心理物理学。当然，这两种情形的计算理论是一致的，只是算法不同。

心理物理学也可以帮助我们确定表示的本质。Roger Shepard（1975）、Eleanor Rosch（1978），以及 Elizabeth Warrington（1975）的工作在这个方向上提供了一些有趣的观点。具体来说，Stevens（1979）根据心理物理学实验的结果发现，表面朝向并不是由传统的梯度空间中的 (p,q) 来表示的（参见第 3 章），而是由侧倾角和俯仰角的坐标来表示的。他进一步发现，被试在表面朝向非常不同的情况下的判断的误差大小大致相等，因而推断人们是用角度，而并非它们的余弦值、正弦值或是正切值来表示侧倾角和俯仰角。

更进一步来说，如果我们时刻记得，不同的现象需要在不同的层次被解释，那可以更容易地评估各种反对意见是不是合理。例如，有一种观点认为，因为人脑是并行的而电脑是串行的，所以这两者非常不同。那我们对此的回应就是，并行与串行的区别仅在于算法层面，并不是本质区别。任何并行实现的算法都可以被重写为串行的（虽然反过来并不一定成立），所以这种区分并不能说明计算机不能编程实现人脑所能完成的任务，更不能以此为由说明人脑和计算机的运行方式有本质不同。

计算理论的重要性

尽管在实践中我们更多接触到的是算法及其机理，但信息处理观点中最重要的还是顶层的计算理论。这是因为，感知背后的计算的本质更取决于需要被解决的计算问题，而非实现解法的具体硬件。换句话说，理解需要被解决的问题的本质，相对于检查算法所存在的机理或硬件，更能帮助我们完全理解一个算法。

同样的道理，仅仅通过研究神经元来尝试理解视觉，就像仅仅通过研究羽毛来理解鸟的飞行一样。这根本是不可能的。为了理解鸟是怎样飞行的，我们需要学习空气动力学。只有这样才能解释羽毛的结构和鸟的翅膀的不同形状。

就像我们将要看到的，就视觉而言，仅仅通过研究解剖学和生理学，是不可能理解为什么视网膜上的神经节细胞和外侧膝状体需要感受野。通过研究它们的连接和交互，我们可以理解这些细胞和神经元的行为。但为了理解为什么会存在这样的感受野，包括它们为什么是环状对称的，以及它们的激发和抑制区域为什么有特定的形状和分布，我们必须要对微分算子理论、带通信道和不确定性原理的数学基础有初步理解。

神经科学这一非常特化的实证学科对于计算理论的缺失的忽视似乎并不让人意外。但让人意外的是，这类方法在人工智能的早期发展中也没有起到很重要的作用。在很长一段时间里，执行具体任务的启发式程序被看作该任务的理论。对于这个程序做了什么及它是怎样做的这两者的区分没有被认真对待。这导致了三个结果，第一，这种解释风格的发展使得人们常使用特化的机理来解决具体问题；第二，以 LISP 程序语言中所谓的特性列表（即属性-值对的列表）为代表的特化的数据结构被等同于知识表示的理论；第三，除非真正执行一个程序，否则我们常常没有办法确定它是否能处理某种具体情况。

不能在理论上区分做什么和怎么做也极大地阻碍了人工智能和语言学之间的交流。根据上述定义，Chomsky（1965）提出的转化语法的理论是一种真正的计算理论。它完全关注于英语句子的句法分解形式是什么，而非怎样算出这种分解形式。Chomsky本人对这一点是非常清楚的。这大致等价于他对于能力和表现的区分。尽管他所指的表现还涉及例如在发声中段的停顿等其他因素，但通过类似计算的转化来定义一种理论确实让很多人感到困惑。例如，Winograd（1972）就试图通过 Chomsky 的理论不能被逆向工程并在计算机上运行来对其进行批判。我也在 Chomsky 的语言学同僚中听到过类似的观点，尤其是当他们开始关注到底怎样能从英语句子中计算得到具体语法结构的时候。

但事实上发现，可以实现 Chomsky 理论的算法和搭建理论本身是完全不同的任务。在我们的定义下，这两者是完全不同层次的研究，且两者都需要被解决。Marcus（1980）指出了这一点。他精准地关注于 Chomsky 的理论怎样能被实现，以及人类的语法处理器的能力所带来的种种限制是否能够导出 Chomsky 发现的句法的结构约束。最新出现的语法的“语迹”理论（Chomsky and Lasnik，1977）或许提供了一种调和两种方法的途径。这种理论表明，某些组成计算理论的特化限制可能是可用于实现句法解码的计算能力的缺陷的结果。

J. J. Gibson 的方法

或许最靠近计算理论层次的感知研究来自 Gibson（1966）。然而，尽管他的思考中的一些部分是在正确的方向上，但他却并没能完全理解信息处理到底是什么。这直接导致他严重地低估了视觉中涉及的信息处理问题的复杂度及解决这些问题所需要的细节。

Gibson 的重要贡献是将研究关注的热点从对感觉材料和感觉的感受性的哲学考量中移开，并强调知觉的重点是它们是感知外在世界的渠道。具体就视觉而言，它是感知可见表面的渠道。Gibson 随后提出了一个重要的问题：人是如何从日常生活中不断变化的感觉里获取恒常的感知的呢？这是一个正确的问题。这也表明 Gibson 正确地将感知问题视为了从感觉信息中恢复外在世界的有效性质的过程。但 Gibson 的问题是，他对于应该如何实现这一点持有一种过分简化的观点。他的方法让他关注于更高阶的变量，包括刺激能量、比率、比例等，并将它们视作相对于观察者的运动和刺激强度的变化的“不变量”。

他写道："这些不变量对应于外在环境中的永久性质，所以它们集体构成了关于永久环境的信息。"他因而得出这样的观点，即脑的功能是在"感知"的光、压力和声音的响度的不断变化中"检测不变量"。所以他说，"和感觉器官一起，脑的功能不是解码信号、解释信息、接收图像或是用现代的术语来说组织感官输入或是处理数据，而是为了从流动的环境能量阵列中寻找并抓取关于环境的信息。"并且，他认为神经系统在某种程度上是在对这些不变量产生"响应"。他由此开始了一系列对于环境中的动物的研究，致力于寻找它们可能响应的不变量。这是生态光学理论的基本观点（Gibson，1966，1979）。

尽管我们可以批评 Gibson 的分析在具体质量上的不足，但在我看来，他主要且致命的缺陷存在于更深的层次，根源于他忽略的两件事：第一，检测像图像表面这样的物理不变量恰恰是一个实打实的在现代术语下的信息处理问题；第二，他极大地低估了这类检测的难度。当讨论从观察者的运动中恢复三维信息的时候，他说："在运动中，透视信息可以单独被使用"（Gibson，1966，第 202 页）。Gibson 认为最关键的可能是下面这一点：

> 当物体在世界中运动的时候，检测没有变化的那些量可能没有看起来这么难。这个问题看起来难，只是因为我们假设感知物体的恒常维度必须依赖于对不恒常形式和大小的感觉的校正。物体的恒常维度的信息实际上存在于光学阵列的不变关系中。刚性已经在其中被注明了。[1]

是的，确实是这样。但是怎么做到这一点呢？发现物理不变量就像 Gibson 所忧虑的那样难。然而我们确实可以做到这一点。而理解是怎么做到这一点的唯一的方法就是把它看作一个信息处理问题。

这本质上是因为视觉信息处理实际上是非常复杂的。Gibson 并不是唯一一个被因为"看见"这件事情看起来似乎很容易而被误导的思考者。对于感知本质的哲学探索传统上似乎从未认真对待其所涉及的信息处理的复杂性。例如，Austin（1962）所著的《感觉与可感物》（*Sense and Sensibilia*）以一种娱乐化的态度处理了这个问题，这显然也是一种早期哲学家所偏好的态度。他的论点是，因为我们有时被错觉所欺骗（例如，一根浸入水中一半的直棍看起来是弯的），所以我们看到的是感觉材料而非实际物质。但事实是，我们的感知处理在绝大多数情况下是正确的（它确实告诉我们哪里有什么东西）；进化已经让我们的处理过程能应对许多的变化（例如，不恒常的光照），但光在水中的折射所产生的扰动并不在其中。不过或许是偶然，尽管早如亚里士多德

1　对"注明"这个词的强调为作者 Marr 所加，并非源于 Gibson 的原文。——译者注

就已经开始讨论这个弯曲棍子的案例，但我从未见到任何对于例如鹭的感知本质的哲学探讨。鹭这种动物在进食过程中需要先从水面上观察到鱼，随后啄取到它们。对于这类鸟，这样的视觉校正可能就存在于它们的视觉之中。

不过我更要强调另一点。Austin（1962）花了大量精力讨论感知是否能真的告诉我们外在世界的真实性质，而他考虑的性质的其中之一就是真实的形状（见其著作的第 66 页）。这是一个在他之前讨论从某种角度“看起来像椭圆”的硬币的时候就已经被提及的概念。他强调，

> 它有一个不变的真实形状。不过硬币事实上是个特例。一方面它们的轮廓可以被清晰定义而且是非常稳定的。另一方面，它们有一个已知的且可被命名的形状，但对很多其他物体而言，事情并非如此。一朵云的真实形状是什么？一只猫呢？在运动的时候它真实的形状发生变化了吗？如果没有，那它处于什么姿势下才表现出真实形状呢？更进一步说，它的真实形状是总体光滑的轮廓，还是包含足够参差不齐的细节来描述每一根毛发？**很明显，这些问题不存在答案，也没有我们可以从中提取答案的规则和过程**（第 67 页）。[1]

但事实上，我们确实有这些问题的答案。我们有办法在任意精度下描述一只猫的形状（参见第 5 章）。而且我们也有导出这些描述的规则和过程。这就是视觉的内容，这也恰恰说明了为什么视觉如此复杂。

1.3 视觉的表示框架

视觉是一个过程，它把外在世界的图像转化为不受无关信息影响的对观察者有用的描述（Marr，1976；Marr and Nishihara，1978）。我们已经看到，这样的处理可以被看作从一种表示到另一种表示的映射。就人类的视觉而言，输入的表示毫无疑问是视网膜的光感受器检测到的图像强度的阵列。

把图像看作一种表示是完全合理的。这里被显式表示的是阵列中的每一处的图像强度。我们用 $I(x,y)$ 来表示在坐标 (x,y) 处的强度值。为方便起见，我们暂时忽略多种不同感受器的存在，而假设只有一种感受器，图像也都是黑白的。在这种情况下，$I(x,y)$ 的值就表明该点的灰度。我们也就可以将每一点看作一个图片中的元素，或是像素，而把阵列 I 整体看作一张图像。

但视觉处理的输出是什么呢？我们知道它一定包含对于世界的有用的描述。但这个要求仍然是相当虚无飘缈的。我们是不是可以做得更好？毫无疑问，输出与输入不同，

---

1 本句的强调（字体变化）为作者 Marr 所加，并非源于 Austin 的原文。——译者注

视觉的输出更难被判别，也更难被精确地阐述。而我们的新方法的一个重要特点就是，它能对视觉的输出结果到底是什么这个问题给出一个相当具体的提案。但在开始讨论之前，让我们先回过头来，花一些时间对这些问题涉及的其他更普遍的要素进行建模。

视觉的目的

一个表示是否有用取决于它本身与用它来达成的目的有多贴合。鸽子用视觉来帮助寻径、飞行和寻找食物。许多种类的跳蛛用视觉来区分食物和与对象交配。例如，一种跳蛛的视网膜由两条构成 V 字形的斜带组成。如果它发现前方物体的背部有一个红色的 V 字，那这只蜘蛛就发现了一个交配对象。否则，它可能就发现了一种食物。我们之前提到过，青蛙用视网膜来检测虫子。兔子的视网膜显然充斥着各种小组件，而其中一种就是用来检测鹰的。它对于在头顶上空盘旋的捕猎的鹰的模式有很强的反应。另外，人类的视觉似乎看起来更加泛用。尽管它显然也包含大量有其特殊用途的机制，但这些机制可以让我们将视线集中于视线范围内的我们没预期到的运动，又或者让我们通过眨眼等方式来避免某些快速接近我们头部的东西。

视觉的用途如此不同。这么看来，不同动物的视觉系统显然也大不相同。我之前所倡导的这种基于表示和处理的模型有没有可能适用于所有这些情形呢？我想可以。这里的主要观点是，正因为视觉在各种动物中有如此广泛的用途，难以想象这些所有能看见的动物都会用同样的表示，所以我们应该有足够的理由相信每种动物都用了一种或多种适用于它们各自目的的表示。

让我们来看一种已经被充分理解的简单却又高效的视觉系统。位于图宾根的 Werner Reichardt 小组在过去十四年间耐心研究了家蝇的视觉飞行控制系统。Reichardt 和 Tomaso Poggio 的卓有成效的合作已经在很大程度上解决了这个问题（Reichardt and Poggio，1976，1979；Poggio and Reichardt，1976）。大致上说，这种苍蝇的视觉器官通过 5 个独立、固定不变而又能快速响应的系统的组合来控制它的飞行（从视觉刺激到力矩变化所需的时间仅为 21 毫秒）。这个组合其中之一是着陆系统。如果因为比如附近的表面浮现等原因，视野中的内容急速“爆炸”，那么苍蝇就会自动着陆在这个表面的中心。如果这个中心是在苍蝇的上部，那么它就会自动翻转并反向着陆。一旦它的脚接触到了表面，翅膀的动力就停止了。反之，苍蝇在起飞前会先跳一下，一旦它的脚不再接触地面，翅膀上的动力就会自动恢复，它也就自己飞了起来。

飞行过程中的控制是由控制苍蝇的垂直速度和水平方向的独立控制系统所完成的。垂直速度的控制取决于翅膀产生的升力；水平方向的控制取决于左右翅膀产生的不对称水平冲力的力矩。这里，水平控制系统的视觉输入可以被下面这两项完全描述：

$$r(\psi)\dot{\psi} + D(\psi)$$

其中 r 和 D 的形式可参见图 1-6。输入描述了苍蝇是如何追踪视野中在角度 ψ 范围内出现的一个角速度为 $\dot{\psi}$ 的物体。这个物体触发了追踪视野中以特定角度运动的物体的系统。对应的动作策略是，如果这个可见物体是几英尺之外的另一只苍蝇，那么它将会被成功地捕获。如果它是 100 码以外的一头大象，那么这种截获就会失败，因为苍蝇的内置参数是为了附近的苍蝇，而不是为远处的大象设计的。

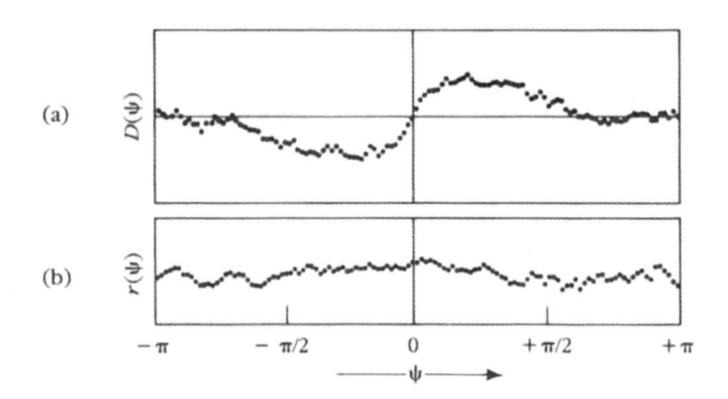

图 1-6　苍蝇的飞行系统的视觉输入 R 的水平分量可以通过公式表述为 $R = D(\psi) - r(\psi)\dot{\psi}$，其中 ψ 是刺激的方向，而 $\dot{\psi}$ 是它在苍蝇视野中的角速度。正如（a）所示，$D(\psi)$ 是一个奇怪的函数，它可以让目标保持在苍蝇的视野的中心；（b）显示 $r(\psi)$ 大致为常数。

所以苍蝇的视觉运用的表示至少包含下面这三点。第一，视野中的内容是否正以足够快的速度出现，从而苍蝇决定是否应该准备降落；第二，是否存在一个小区域，例如，一个小黑点或者是前方地面纹理的一部分，相对于背景在做特定的运动；第三，如果这样的区域确实存在，那它的 ψ 和 $\dot{\psi}$ 应被传输给运动系统。这大概就是苍蝇视觉系统内容的 60%。特别要强调的是，苍蝇几乎不可能对它周围的视觉世界有一个显式的表示。例如，它没有表面的概念，它有的仅仅是一些触发器和一些以它为中心的像 ψ 和 $\dot{\psi}$ 这样的特定参数。

人类的视觉当然要比这复杂得多。不过，人类的视觉也可能引入像苍蝇那样的子系统，以来帮助处理例如控制眼球在追踪中的运动之类的特定的、相当低层的任务。但就像 Poggio 和 Reichardt 所示，我们也可以用同样的方式，也就是把它们看作信息处理任务来理解这些简单的系统。它们的工作中最吸引人的部分就是用微分方程来准确描述视觉控制系统，并且进一步通过 Volterra 级数展开来描述这些方程，使得它们直接显示其背后的神经网络的连接所需的最低复杂度。

高级视觉

苍蝇的视觉系统能够在速度和精度上充分满足其所有者的需求。它们并不复杂，也没有获得太多关于世界的客观信息。它们记录的信息都是非常主观的，像苍蝇看见的刺激的角直径，而非物体的实际大小；或是物体在苍蝇的视野中的视角，而非它相对于苍蝇或是其他外部参考物的实际位置；又或是物体在苍蝇的视野中的角速度，而非其相对于苍蝇或是其他静态参考点的真实速度的估计。

之所以存在这样的简化，原因之一就是这些信息已经给苍蝇提供了足够的信息供其生存。当然，这些信息并不完美，苍蝇有时会浪费它的能量以追逐一个中等距离外的正在飘落的树叶，或是一头非常遥远的大象。这就是因为感知系统不准确的缘故。不过这一点并不很重要，苍蝇有足够多的富余能量来应对这些额外的开销。另一个原因就是将这些相当主观的测量值转化为更客观的数值需要大量的计算。那么我们应该怎样来考量像人类视觉这样更复杂的视觉系统呢？具体的问题是什么？视觉究竟给我们传递了什么信息，其中又涉及了哪些表示上的问题？

我对这些问题的研究深受临床神经学中像 Critchley（1953）及 Warrington 和 Taylor（1973）这样优秀的论述的影响。其中最重要的是 Elizabeth Warrington 在 1973 年 10 月在麻省理工学院做的一场讲座。在讲座中，她主要描述了受到左侧或者右侧顶叶损伤的病人的能力和限制。对我而言最重要的信息是，Elizabeth 能够清楚区分这两类病人（Warrington and Taylor，1978）。右侧顶叶损伤的病人只要能够以相对常见的视角看见一个物体，他们就可以识别它。Elizabeth 在这里用常规和反常来描述这种区别——从侧面看水桶或者单簧管是“常规”视角，但从一端看它们就是“反常”视角。只要病人可以识别这些物体，他们就知道物体的名字和语义，包括物体的用途和目的、大小、重量、材质等。如果他们从反常的视角来看一个物体——比如从上往下看水桶——那么他们不但不能识别这些物体，而且会坚决否认他们看到的内容可能是水桶从某个角度看起来的样子。左侧顶叶损伤的病人的行为完全不同。他们时常不能说话，所以也不能说出看到的物体的名字或者用途和语义，但他们即便从反常视角也可以正确识别物体的几何形状。

Elizabeth 的讲座表明了两点。第一，对物体形状的表示和对物体用途和目的的表示是分开存储的。因此两者完全不同。第二，视觉本身就可以给出可见物体的形状的内在描述。即便人没能理解这个物体的用途和目的，也即没能在传统意义上识别它，这一点仍成立。

这对我而言是个重要的时刻。我想说明两点。第一，计算机视觉领域的主要观点认为因为识别是如此难，所以它需要利用所有可能的信息。几年后，在 Freuder（1974）的程序及 Barlow 和 Tenenbaum（1976）的程序中就体现了这种观点。在后者的一个程序里，诸如桌上应该有电话，电话应该是黑色的之类的关于办公室的知识被用来帮助“分割”图片中上方的黑斑点，并“识别”它是一个电话。Freuder 的程序用了一种类似的方法来“分割”和“识别”场景中的锤子。当然，我们确实会在现实生活中使用这些知识。有一次，我在我的菜园里发现了一个晃动的棕色斑点，而且在视觉信息不充足的情况下认出这是一只兔子。不过在这里，年轻的 Warrington 女士冷静地告诉我们，不仅她的病人可以在无法命名这些物体或者说出它们是什么的时候，清楚地向她传达他们已经理解了她给他们看的物体的形状。而且哪怕她已经通过例如仅展示物体的反常视角，或用反常的方式照亮物体这些方式来把这个视觉问题变得非常困难，病人们仍然能做得很好。这似乎清楚地表明了计算机视觉研究者的直觉是彻底错误的。即便在非常困难的情形下，视觉本身也可以确定物体的形状。

我想说明的第二点就是，Elizabeth Warrington 似乎已经触及了人类视觉的核心所在，即视觉告诉我们形状、空间和空间排布。这让我们可以为视觉的目的建模：视觉的目的就是构建一种对图片中的物体的形状和位置的描述。当然，这绝不是视觉可以做的全部。视觉还可以告诉我们光照、形状表面的反射率（包括明度、色彩和视觉纹理）及物体的运动。但这几点看起来是次要的。对于把导出物体形状的表示作为视觉的主要任务的理论而言，这几点可以先被搁置。

目标与可行性

最终我们需要与冰冷的现实达成和解。我们可能期望视觉从图像中给我们一种完全不变的形状描述，不管这一点具体是什么意思。但这件事几乎不可能一蹴而就。我们只能做当下可能达成的，并借此再向我们所期望的目标前进。所以，我们自然会考虑一个表示序列：出发点是可以从图像中直接获取的描述，不过这种描述是被仔细设计过的，以用来帮助后续对于物体形状的更客观的物理性质的逐步恢复。达成这个目标的主要步骤就是描述可见表面的几何形状。这是因为图像中的立体视觉、明暗、材质、轮廓和视觉运动所包含的信息，都是由形状的局部表面性质所造成的。许多早期视觉计算的目标就是要提取这些信息。

然而，这种对于可见表面的描述似乎并不适合于许多识别任务。这里有许多原因。不过就像许多其他早期视觉处理过程一样，最主要的问题在于视角。所以，视觉处理过程的最后一步就是需要将以观察者为中心的表面描述转化为一个不取决于观察物体的视角的关于其三维形状和空间排布的描述。最终的描述应该以物体为中心，而非以观察者为中心。

所以，我们的总体框架描述就将从图像中导出形状信息的过程分为三个代表性阶段（参见表 1-1）：第一是关于二维图像的特性的表示。这包含表示图像强度的变化和局部二维几何。第二是关于可见表面在以观察者为中心的坐标系里的特性的表示，其中包含表面朝向，物体距离观察者的距离，以及这些量的不连续点。这一阶段也包括表面反射率和对广布光照的粗略描述。第三是对三维结构和对被观察的形状的组织结构的一种以物体为中心的描述，以及对其表面特性的描述。

表 1-1 是对这个框架的总结。第 2 章到第 5 章会详细介绍它。

表 1–1　从图像中推导形状信息的表示框架

表示的名称	目的	基本元素
图像	表示强度	图像中每一点的强度值
初草图	显式化二维图像中的重要信息，主要是其中的强度变化和它们的几何分布和组织	过零点 斑点 端点和不连续点 边缘段 虚拟线 组 曲线组织 边界
2.5 维草图	在以观察者为中心的坐标系里显式化可见表面的朝向和大致深度，以及这些量的不连续点的轮廓	局部表面朝向（“针”基元） 和观察者的距离 深度的不连续点 表面朝向的不连续点
三维模型表示	在以物体为中心的坐标系内，运用一种包含立体基元（即表示形状占据的立体空间的基元）和表面基元的模块化的层级表示，描述形状和它们的空间组织关系	有层级结构的三维模型，每一个都基于一些条或轴线的空间排布，立体基元或者表面形状基元附着其上

第Ⅱ部分

视觉

第 2 章

图像的表示

2.1 早期视觉的物理背景

为了发展早期视觉（即视觉过程的初段）背后的严格理论，我们必须理解理论的目标。在宏观层面，我们已经知道，我们的目标是提出一种对形成图像的形状和表面的有用的标准描述。现在，我们更直接地叙述这些目标（Marr，1976，1978）。

图像的强度值由四种主要因素决定。第一是几何，第二是可见表面的反射率，第三是场景光照，第四是视角。在图像中，这些因素被混在了一起。有些强度值的变化是由这些因素之一导致的，有些则是这些因素的共同作用。早期视觉处理的目的就是要区分具体哪些变化是由哪些因素造成的，同时建立一种把这四个因素区分开的表示。

大致来说，可以分两步达成这个目标。第一步是获取图像的变化和结构的表示。这包括对强度变化的检测，对局部几何结构的表示和分析，以及对诸如光源、强光和透明性之类的光照效果的检测。第一步的输出就是一种叫作*初草图*的表示。第二步包含一系列在初草图上的处理，并最终导出另一个同样以视网膜为中心的关于可见表面的几何的表示。第二个关于可见表面的表示被称作 *2.5 维草图*。因为初草图和 2.5 维草图都是在以观察者为中心的坐标系下构建的，所以在这一点上它们都属于草图。

表示空间关系是必要的，而这种表示在多大程度上应是显式的，多大程度上可以是隐式的则很复杂。必要性和复杂性共同造成了视觉中相当典型却又特殊的问题。尤其对于没有数学背景的读者而言，请不要被坐标系这样的概念吓到，因为它可能比你想象中的意义更宽泛。所谓的早期视觉表示是以视网膜为中心的，并不是字面意义上的代表在纹状皮层中存在一个用弧分来标记的笛卡儿坐标系，一旦人看到一条线或者边缘，它们就以某种方式被连接到了具体的 x 和 y 坐标，随后神经机理就会来传递这些数值。当然，这确实是一种表示方法，只不过恐怕没有人会认为它是人类视觉使用的表示。人脑有很多方式来实现视觉机制。例如，一种可能的实现是一个大致保持视网膜上空间组织的隐式解剖映射，加上一种显式记录局部关系的表示（如 A 点在 35 度方向距 B 点 5 弧分）。

以视网膜为中心的坐标系的重点是指，它表示的空间关系是在观察者的视网膜上的二维关系，而不是相对于观察者的周围世界的三维关系，其他观察者视网膜上的二维关系，或是相对于诸如山顶这样的外在参考点的三维关系。“图中的 A 点在 B 点下方”是在以视网膜为中心的坐标系里的论述。“他的手在胸的左下方”是在以被描述对象为中心的三维坐标系中的论述。“一只猫的尾巴在身体的左上方”是在以这只猫为中心的坐标系中的论述。它们都可以很好地描述大致的空间关系，而且都没有用到很多数字。我们当然可以，但不是必须用像 (x, y, z) 这样的具体数字来描述每个坐标系。应该时刻记住这一点。

虽然把早期视觉的目的直接建模为分离出的四项因素，即几何、反射率、光照和视角，是一个很有用的观点，但我们也需要认识到这把问题简单化了。最重要的简化就是我们严格区分了表面反射率和表面几何。但事实上，这两个概念是相关的，它们之间的区别可能是很模糊的。所以在运用这些概念的时候一定要小心。从近处看，我们很容易发现单独的麦秆构成了反射表面。但从远处看，图像的分辨率不足以让我们区分这些麦秆。麦田作为一个整体形成了可见表面，而它的反射函数可能非常复杂，因为其中涉及很多可能应被看作空间层面的变化（Bouguer，1957；Trowbridge and Reitz，1975）。把一片遥远的麦田或者猫的皮毛看作一个表面可能是对感知理论的一种大致真实的近似。我们确实看到它们有光滑的表面。Taylor（1973）就发现，如果立体图上的表面的空间频率超过了四周（cycle）每度，那它们看起来就不再是参差不齐的了。

在这些复杂性之外，只有很少的情况下我们可以简单地描述场景光照。漫射照明、反射、部分可见的多光源及表面之间的光照往往共同导致了非常复杂的光照条件，这几乎不会有解析解。然而，我们粗略的四分类法还是有它的用处的。只要相对观察者而言，反射光表面本身的深度变化不大，我们就认为被观察的是一个反射表面。那么，我们就可以用一个反射函数 ρ 来描述它的入射光和反射光的关系。这个函数对于给定的光照和视角可能有复杂的空间结构。

最后我还想就我们的论述谈一点。这些表示最终是为了对现实世界的某些方面提供有用的描述。所以，现实世界的结构就对我们使用的表示的性质和推导并维护这些表示的处理过程的性质有重要的影响。我们进行的理论分析的一个重要部分就是要说明在设计这些表示和处理过程时所用到的物理约束和假设。我会仔细做到这一点。

图像的表示

从信息处理的视角来看，我们现在的主要目标就是要定义表面反射率变化的图的表示。这种表示应当适用于检测图像的几何组织的变化，无论这种变化是源于表面反射率本身的变化，还是源于表面相对于观察者的朝向或距离的变化。如果我们考虑一个光滑的表面，那它的朝向和距离的变化就可能会导致图像强度的变化。如果这个表面有纹理，那反映了它表面上细小元素的朝向或是大小（如长度和宽度）的量，以及反映这些元素在一个小区域内的密度和分布的计量都传递了图像的重要信息。

所以我们可以认识到表示大体应当包含什么内容。它应当包含可以可靠地且可重复地从图像中推导出的某些“标记”。这些标记也应该可以被赋予诸如朝向、明度、大小（长宽）和位置（如深度和间距）等属性的值。很重要的是，这些标记应该和可见表面的实际物理变化相对应。斑点、线、边、组等这些我们使用的概念不应是成像过程中的产物；否则，从它们的结构中反向推断表面的结构就没有意义了。让我们来看一下表面反射函数的普遍性质，它会告诉我们关于应该如何构建早期表示的重要信息。

基本物理假设

表面的存在性

我们的第一个假设关于表面本身的存在性。这涉及我们之前对麦田和猫皮的讨论。准确地说，第一个假设就是可见的世界可以被看作由拥有复杂空间结构的反射函数的光滑表面组成。

层级组织

第二个假设关于空间结构的组织。或许用例子来介绍这一点更容易。就像我们已经看到的，在最精细的层面，猫皮由单根的毛发所组成，其中每一根毛都有各自的反射函数。在下一层，它们组织成邻近而又相互平行的表面。更进一步，表面记号和色彩在更高一层组织并构成了猫的毛皮。河流的表面也有类似的组织结构。这里，底层就是水平面，其中包含由石块等凸起导致的随机扰动。在这之上的是风引发的涟漪和河的流向所产生的植被。类似的层次结构存在于其他许多表面中，例如，篱笆、纺织品、灯心草编织物、树皮、木纹、石块等（参见图 2-1 展示的表面）。

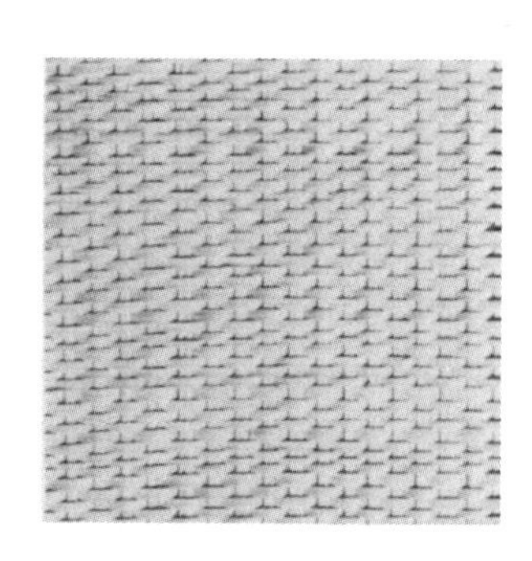

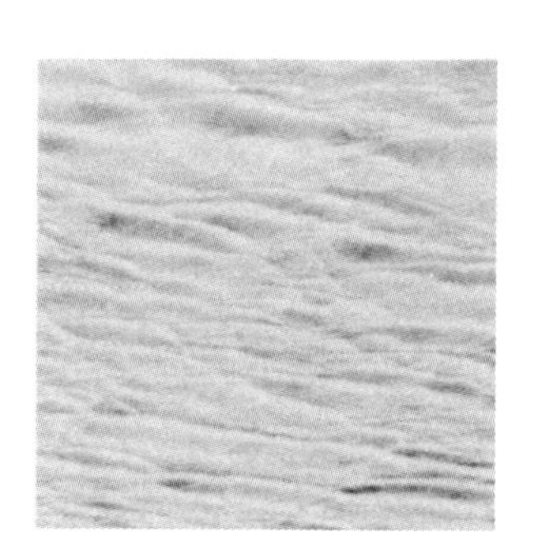

图 2-1 一些表面的图像。请特别注意不同尺度下的各种空间组织结构。如何捕获这些不同的组织结构是早期视觉的重要课题。（重印自 Phil Brodatz 的 *Textures: A Photographic Album for Artists and Designers*，Dover，1966，原图 D11，已获授权。）

我们可以从这些例子中发现，包含重要信息的属性在现实生活中可能以任意尺度显现。在图像中就更是如此，这是因为成像过程中引入的额外变换。所以，不管表示中的标记是什么，它们都应该可以在不同尺度下显式表示图像的特征。而且我们应该认识到，这些不同层次的组织并不简单对应于中带通空间频率滤波器[1]在不同频率中心下所能看到的内容。尽管有几种组织类别可以用这种方式检测到，但这并不适用于以图 2-2 所示的竖纹图样为代表的组织。

所以我们可以这样描述第二条物理假设：*表面反射函数的空间组织往往由许多在不同尺度下运作的处理过程所产生*。所以，利用这些表面的图像的变化来寻找深度和表面朝向变化的表示也必须捕获能适用于图像中各种大小的标记的属性变化。换句话说，表示中的基元必须能在许多不同的尺度下工作。

1 这些滤波器除去了图像在某个固定频率范围外的所有空间频率分量。

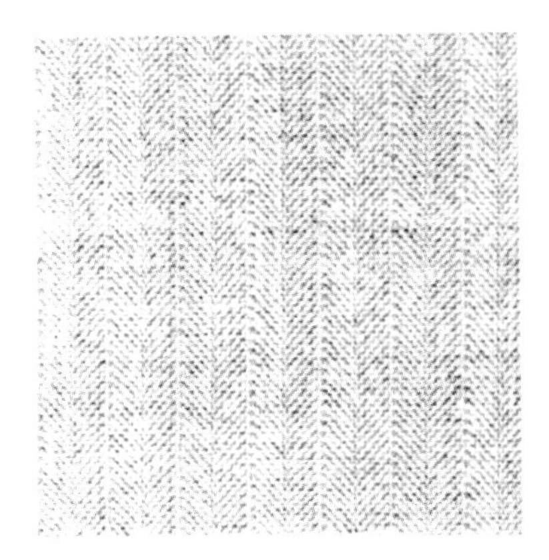

图 2-2 诸如此类人字形的图像的空间组织结构，其清晰的部分是它的竖纹。它们并不能通过诸如带通滤波器之类的傅里叶技巧来得到，但却很容易从聚合过程中显现。（重印自 Phil Brodatz 的 *Textures: A Photograpbic Album for Artists and Designers*，Dover，1966，原图 16、17，已获授权。）

相似性

我们的第三个假设来自另一个类别。假设我们已经有了一个包含不同大小的基元的表示，那么在直觉上，它应该在某种意义上是可以被区分的。例如，一个大尺度的描述子应该和其他大尺度的描述子相比较，而不是和小尺度的描述子相比较。同样明显的一点是，非常不同的甚至是符号相反的标记和描述子也应该被区别对待。

事实上，我们可以为应该这样做的缘由找到它的物理基础。正如之前的例子中所显现的那样，在动物皮毛、河流表面、树皮、羊毛织物和其他表面存在的多层组织中，产生反射函数的不同尺度的处理过程是相对独立的，而每个处理过程对应的对象也和彼此，而不是表面上的其他东西看起来更相似。举个例子，猫身上的一根毛和它附近的毛很相似，而和有数千根毛的排布所构成的条带却不那么相似。我们可以用多种方式来测量这种相似性，但基于局部对比、大小（长宽）、朝向和颜色的简单度量往往就足够了（Jardin and Simpson，1971，其中有对不相似性度量的总述）。

这告诉了我们，在给图像的表示指派基元时应该如何从图像中选择元素。这一点很重要，也可以被认为是我们的第三条物理假设：由特定尺度的反射产生过程在给定表面上产生的对象，在大小、局部对比、颜色和空间组织上往往和彼此更相似，而非和表面上的其他对象更相似。

图 2-3 阐述了这种相似性的重要性。我们用类似 Glass（1969）的方法，通过把一组随机点旋转或扩张后放置在原点组之上的方式创造了一些图样［参见图 2-3 中的（a）］。可以从方块标记［参见图 2-3 中的（b）］中或是从由不同方式构建的标记对中

看到这样的效果［参见图 2-3 中的（c）］。不过，如果标记看起来过于不同（参见图 2-3 中的（d）)，那么这种图样就看不见了。Glass 和 Switkes（1976）展示了如果这些点有相反的对比或颜色，那么就看不到这种效果。Stephens（1978，原图 51a）展示了如果三组点被重叠在一起，其中一组为原始点，另两组为旋转过的和扩张过的点，那么也看不到任何组织结构。如果旋转过的点组比另外两组更亮，那么能看到在较暗的那一对点组中存在的组织结构。这证明了这种效果基于把局部标记的属性进行符号化的对比，而不是基于直接在图像上进行 Hubel 和 Wiesel 那样的可以用于简单细胞的度量。

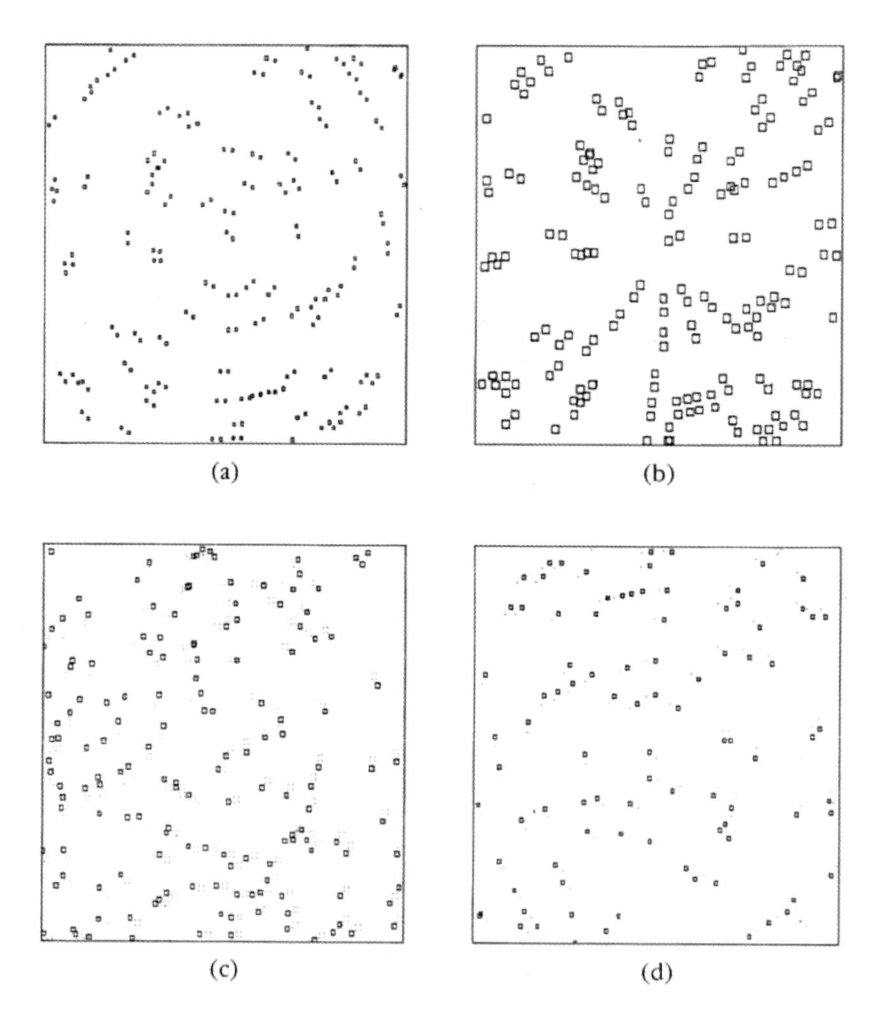

图 2-3　这些图样是通过把一组随机点旋转或扩张后放置在原点组之上的方式得到的。这里的标记可以是点或是小方块（a）或是大一些的方块（b)。这些标记也不需要是一模一样的，（c）中就包含了一组方块标记和一组四个点组成的标记，但它们要比较相似。（d）中包含了一组大方块标记和一组小点标记，它们看起来太不一样了，所以我们也无法观察到其后的扩张结构。

空间连续性

除了它们的内在相似性，通过同一处理过程产生的表面上的记号也常有其空间组织结构——它们常会形成曲线或直线，也可能构成更复杂的图案。这些记号最基本的特征就是它们往往在表面上组成光滑轮廓，因此图像上的符号也会有这样的特点。我们自己对空间连续性很敏感，一眼就能看到图 2-4 所示的对象是共线的（图来自 Marr，1976，原图 10）。尽管在这个例子里，这条线上的每一个元素都是用不同的方式被定义的：其中之一是一个斑点，另一个是一个小点组，还有一个是竖条的一端，等等，但它们的大小都大致相等。图 2-5（图来自 Marroquin，1976，原图 7）提供了另一个有意思的例子。图中包含了许多连续组织，而且其中每一个似乎都试图压制其他结构以占据我们的视线。

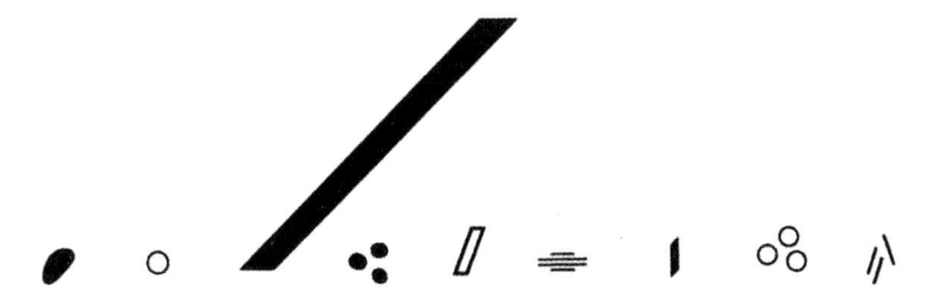

图 2-4　位置标记的更多证据。这张图里的每个小组各不相同，但一眼就可以看出它们是共线的。这说明每组都对应了一个位置标记，而只要标记对应的对象足够相似，标记的定义方式和共线性的检测就几乎是独立的（可与图 2-3 的 d 图进行对比）。（重印自 D. Marr 的“Early processing of visual information”，伦敦皇家学会自然科学会报 B 系列第 275 卷，1976，原图 10。）

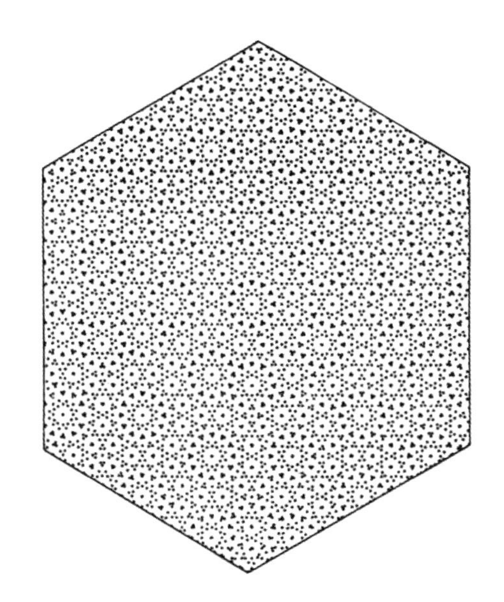

图 2-5　主动聚合过程的存在性的证据。这张图里显然充斥着由于各种对立的组织结构彼此竞争而导致的活动。（重印自 J. L. Marroquin 的“Human visual perception of structure”，麻省理工学院电气工程与计算机科学系硕士论文，1976，已获授权。）

不连续点的连续性

物质的紧密性使得物体在世界中有界存在，这就导致了深度或表面朝向中的不连续点，而我们关注如何能检测到它们。这些边界的一个重要特征就是它们往往在图像上光滑行进。我们事实上可以假设，深度和表面朝向的不连续点的轨迹是几乎处处光滑的。这样的物理约束使得光滑的主观轮廓这一概念有很多用处（参见图 2-6 和 4.8 节）。

图 2-6 主观轮廓。视觉系统显然认为深度的变化是如此重要，使得它们哪怕在没有直接视觉证据的地方都一定要被处处显式表示。

流的连续性

最后，我们不应该忘记运动对视觉的重要性。运动无处不在。观察者或者实物的运动都会导致物体在图像中的运动。对于一个刚体，其表面的邻近区域在图像中的运动是大致相似的。所以，在图像中相近的物体的区域的实际运动也应该是大致相似的。图像中的运动的速度场几乎处处连续变化。如果速度场在不止一个孤立点不连续，那就表明外在世界存在非刚性（例如，存在物体的边界）。也就是说，如果运动的方向在超过一点（如在一条边上）是不连续的，那么这里就存在物体的边界。

图像表示的一般性质

这些物理约束告诉我们的重要的一点是，尽管图像中的基本元素是强度的变化，物理世界仍旧对这些强度变化值施加了各种在不同尺度上大致独立的空间组织结构。这种组织也体现在图像的结构上。而且，因为组织提供了关于可见表面的结构的重要信息，所以它应当在图片的早期表示中体现。具体而言，我认为可以通过一组“位置标记”来达成这一点。位置标记可以大致对应有朝向的边缘和边界的片段，在朝向上不连续的点，条纹（大致等价于平行边对）和它们的端点，又或是斑点（即两端有界的条纹）。我们可以非常具体地定义这些基元，譬如完全从强度的不连续点中定义它们；也可以非常抽象地定义它们。斑点可以被定义为点的云团，或是定义为特定种类（但非全部种类）的材质变化的边界，又或者定义为一组标记的排列。其中，标记本身可以像图 2-4 所示的例子那样有相当复杂的定义。

图 2-7 大致描绘了我的总体想法。这种表示机制被称为初草图（Marr，1976）。其背后的重要想法大致有以下几点。

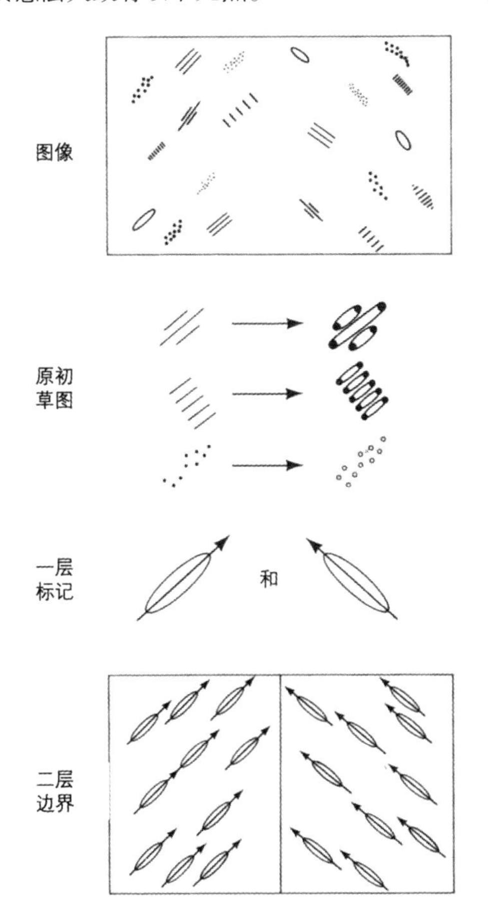

图 2-7　示例图像在不同尺度下的描述的表示，这些描述一起构成了初草图。在最底层，原初草图严格追寻了图像强度的变化及端点（图中用实心圆点表示）。下一层形成的有向标记表示了图像中的元素组。再往下一层，图像中两侧元素组朝向的区别形成了其间的边界。初草图的复杂性取决于图像在各个尺度被组织的程度。

1. 在不同尺度下，初草图包含的基元种类大致相同。例如，无论在何种尺度下，斑点都有其粗略的位置、长宽和朝向。但基元本身可以从图像中以不同的方式被定义。这其中包括非常具体的方式（黑色墨水标记）到非常抽象的方式（点团）。

2. 这些基元是逐步被构建的。首先通过分析和表示强度的变化，并从中直接形成标记。其次，通过添加关于它们的排布的局部几何结构的表示。最后，通过在此基础上的主动选择和聚合过程，形成能反映图片中的更大尺度的结构的更大尺度的标记。如此往复。
3. 整体上，如此获得的基元本身，以及它们的参数和测量它们得到的准确率是被设计来描述和匹配图片中的结构的。其最终的目的是方便恢复关于可见表面的几何信息。这就导致我们需要在辨别的准确性及这些辨别本身的价值之间做出复杂的权衡。例如，当表面朝向发生变化的时候，图像中的投影朝向也会变化。但整体上投影的朝向变化量很小，而且往往小于表面记号本身的客观分布的典型朝向变化。这就意味着只有在很特殊的情形下，强大到可以分辨这样细微朝向的机制才会有价值。另外，因为只有很小的相对运动才是表明两个表面是分离表面的有力证据，所以能敏锐识别这类相对运动就很有价值。

推导出初草图的处理过程包含三个主要阶段：第一，检测过零点（Marr and Poggio，1979；Marr、Poggio and Ullman，1979；Marr and Hildreth，1980）；第二，形成原初草图（Marr，1976；Marr and Hildreth，1980；Hildreth 1980）；第三，构建全初草图（Marr，1976）。

2.2 过零点和原初草图

过零点

三个阶段中的第一个就是关于检测强度变化的。这里的两个基本思想是，第一，强度变化会在图像的不同尺度上发生，所以检测它们也需要用到不同大小的算子；第二，如图 2-8 所示，突然的强度变化会导致一阶导数出现峰值或谷值，或是在等价的二阶导数中出现过零点（过零点指函数的值从正到负的位置）。

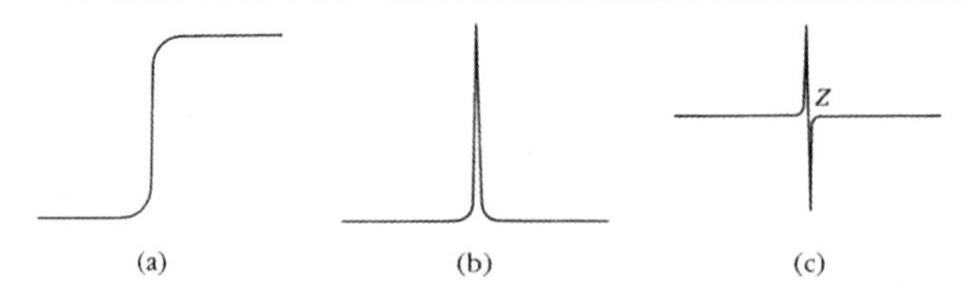

图 2-8 过零点的概念。（a）图所示的强度变化导致了其一阶导数中出现这样的峰值（见图 b）和二阶导数中出现这样的陡峭的过零点Z（见图 c）。

这些思想表明，为了有效检测强度变化，我们应该寻找包含以上两个特点的滤波器。首先，它应该是一个微分算子，会对图像的一阶或二阶空间求导。其次，我们应该能够调整它，使其在任何期望的尺度上工作。这样，大的滤波器就可以用来检测模糊的阴影的边缘，而小的滤波器就可以用来检测图像中精准聚焦的细节。

Marr 和 Hildreth（1980）表示，满足这些条件的最好的算子就是 $\nabla^2 G$ 滤波器。其中 ∇^2 是拉普拉斯算子 $(\partial^2/\partial x^2 + \partial^2/\partial y^2)$，而 G 是标准差为 σ 的二维高斯分布

$$G(x,y) = \mathrm{e}^{-\frac{x^2+y^2}{2\pi\sigma^2}}$$

$\nabla^2 G$ 是一个圆对称的墨西哥帽状的算子，它的二维分布可以用离原点的弧度距离 r 来表示

$$\nabla^2 G(r) = \frac{-1}{\pi\sigma^4}\left(1 - \frac{r^2}{2\sigma^2}\right)\mathrm{e}^{\frac{-r^2}{2\sigma^2}}$$

图 2-9 所示的是这个算子的一维和二维形式及其傅里叶变换。

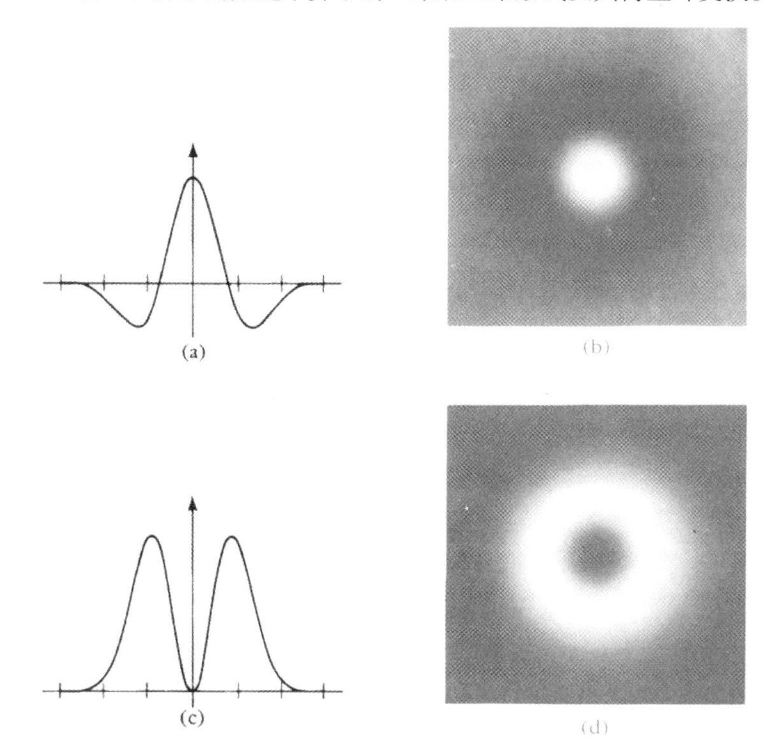

图 2-9　一维函数形式（a）和二维函数形式（b）下的$\nabla^2 G$。强度代表函数在该点的值。（c）和（d）分别对应一维和二维情形下的傅里叶变换。（重印自 D. Marr 和 E. Hildreth 的“Theory of edge detection”，伦敦皇家学会报告 B 系列第 204 卷，301 至 328 页，已获授权。）

选择 $\nabla^2 G$ 滤波器基于两点。第一点就是它的高斯部分，G，其模糊了图像，有效去除了图像中所有尺度上比高斯的空间常数 σ 还要小的结构。为了说明这一点，图 2-10 展示了一张图被两个不同大小的高斯滤波卷积之后的结果。其中一个的空间常数 σ 是 8 像素，参见图 2-10（b），而另一个是 4 像素，参见图 2-10（c）。我们用高斯滤波而非用例如柱面函数来进行模糊，是因为高斯分布有我们所期望的光滑性和在时域和频域的局部性。严格意义上来说，它是唯一一个在时域和频域内同时有最优局部性的概率分布。为什么这是我们期望所选择的模糊函数拥有的性质呢？因为如果一个模糊函数在时域和频域内都尽可能光滑，那么它就最不可能引入任何不在原图中存在的变化。

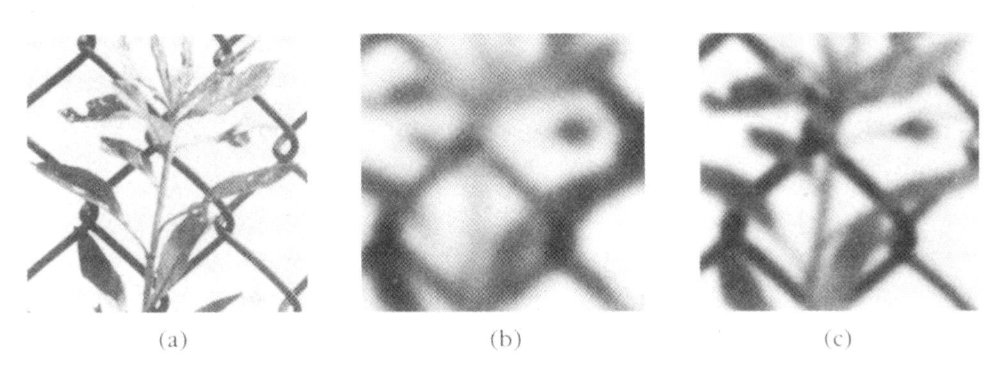

图 2-10 模糊图像是检测强度变化的第一步。（a）在原图中，强度的变化可以在不同尺度上存在。不存在一种单一算子可以有效检测所有的这些变化。而当图像被高斯滤波模糊之后，这个问题就简单多了，因为这里强度变化可能发生的频率就存在了上界。边缘检测处理的第一步可以被认为是把原图分解为一组副本，并对每一个都进行不同大小的高斯滤波处理，随后分别检测其中的强度变化。（b）为被标准差$\sigma = 8$像素的高斯函数滤波后的图像；（c）为被标准差$\sigma = 4$像素的高斯函数滤波后的处理结果。图像的大小是320 像素 × 320 像素。（重印自 D. Marr 和 E. Hildreth 的“Theory of edge detection”，伦敦皇家学会报告 B 系列第 204 卷，301 至 328 页，已获授权。）

第二点是关于滤波器的微分项，∇^2。使用它的最大好处是计算上的简便性。也可以用例如 $\partial/\partial x$ 和 $\partial/\partial y$ 等一阶方向导数，我们随后就需要寻找它们在每个方向上的峰值和谷值，如图 2-8（b）所示。还可以用二阶方向导数 $\partial^2/\partial x^2$ 和 $\partial^2/\partial y^2$，这时强度变化对应于它们的过零点，参见图 2-8（c）。然而，这些算子的劣势是它们都是方向性的，涉及具体的朝向（图 2-11 用神经心理学的术语解释了各种一阶和二阶微分算子的空间组织或者感受野）。为了使用一阶导数，我们需要同时测量 $\partial I/\partial x$ 和 $\partial I/\partial y$，也需要在整体幅值中寻找其峰值和谷值。这就意味着，我们还需要计算有符号的量$[(\partial I/\partial x)^2 + (\partial I/\partial y)^2]^{-1/2}$。

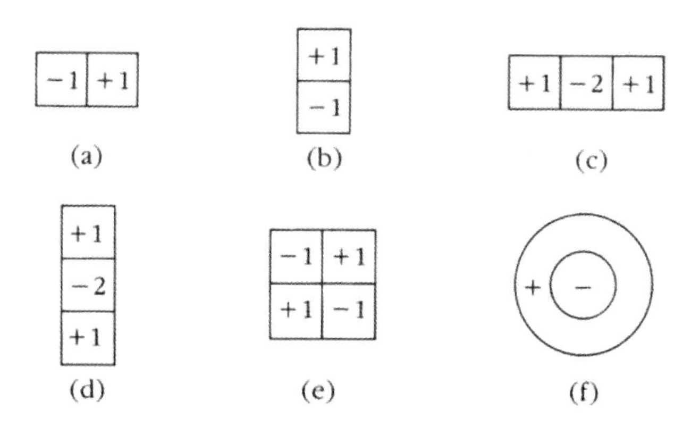

图 2-11　低阶微分算子的空间组态。像 $\partial/\partial x$ 这样的算子可以大致被具有图中所示的感受野的滤波器实现。(a) $\partial/\partial x$ 可以看作对 x 轴上相邻两点的值求差。(b) 中类似表示了 $\partial/\partial y$ 算子。$\partial^2/\partial x^2$ 可以看作 $\partial/\partial x$ 中两个邻值的差，所以有 (c) 中所示的形式。(d) 和 (e) 分别对应了其他的二阶算子 $\partial^2/\partial y^2$ 和 $\partial^2/\partial x\partial y$。最后，最低阶的各向同性的算子，即我们用 ∇^2 表示的拉普拉斯算子 $(\partial^2/\partial x^2+\partial^2/\partial y^2)$，具有 (f) 中所示的圆对称的形式。

用二阶有向导数算子会导致比使用一阶导数更糟糕的问题。唯一能避免这些额外计算开销的方法就是选择一种独立于方向的算子。最低阶的各向同性的微分算子就是拉普拉斯算子 ∇^2。幸运的是，只要被模糊的图像满足一些很弱的假设（Marr and Hildreth，1980），拉普拉斯算子就可以被用来检测强度的变化。[1]因为整体图像确实在局部满足这些假设，所以我们完全可以用拉普拉斯算子，因此在实践中找到图像在某一尺度上的强度变化的最好方法就是先用算子 $\nabla^2 G$ 来进行滤波，其中 G 的空间常数的选择反映了想要检测的变化的尺度，然后再在滤波后的图像中定位过零点。

图 2-12 至图 2-14 展示了图像被这样处理之后的样子。用 $\nabla^2 G$ 滤波之后的图像的数值有正有负。平均值是零。在这里我们用白色表示正值，用黑色表示负值，中间的灰色表示零。正如我们看到的那样，关于算子 $\nabla^2 G$ 的最重要事实就是它的过零点代表了在高斯滤波的特定尺度上图像强度的变化。图片中这一点显示得很清楚。例如，图 2-12 的（c）图是二值化后的被滤波的图像，正值都变成了 $+1$，而负值都被变成了 -1，而图 2-12 的（d）图只显示了过零点。二值化表示的优势就是它同时显示了过零点的符号，即图像的哪一侧更暗。

1　用高斯函数 G 来模糊图像强度函数 $I(x,y)$ 的数学记号是 $G*I$，读作 G 与 I 的卷积。作用于其上的拉普拉斯算子记作 $\nabla^2(G*I)$。也可以在数学上等价地把算子 ∇^2 移到卷积的外部，即 $\nabla^2(G*I)=(\nabla^2 G)*I$。

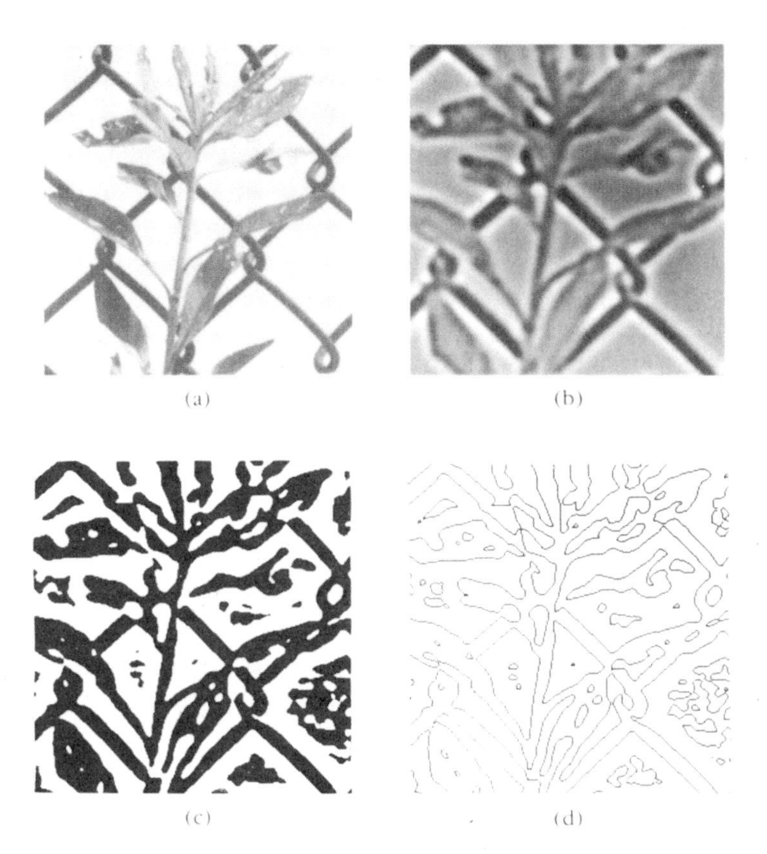

图 2-12 展示了用$\nabla^2 G$检测过零点的例子。每张图中（a）表示原图（320 像素 × 320像素）；（b）表示图像与$\nabla^2 G$的卷积，其中$w_{2-D}=8$（零用灰色表示）；（c）中用白色表示正值，黑色表示负值；（d）仅显示过零点。

图 2-13 展示了用$\nabla^2 G$检测过零点的例子。每张图中（a）表示原图（320 像素 × 320像素）；（b）表示图像与$\nabla^2 G$的卷积，其中$w_{2-D}=8$（零用灰色表示）；（c）中用白色表示正值，黑色表示负值；（d）仅显示过零点。

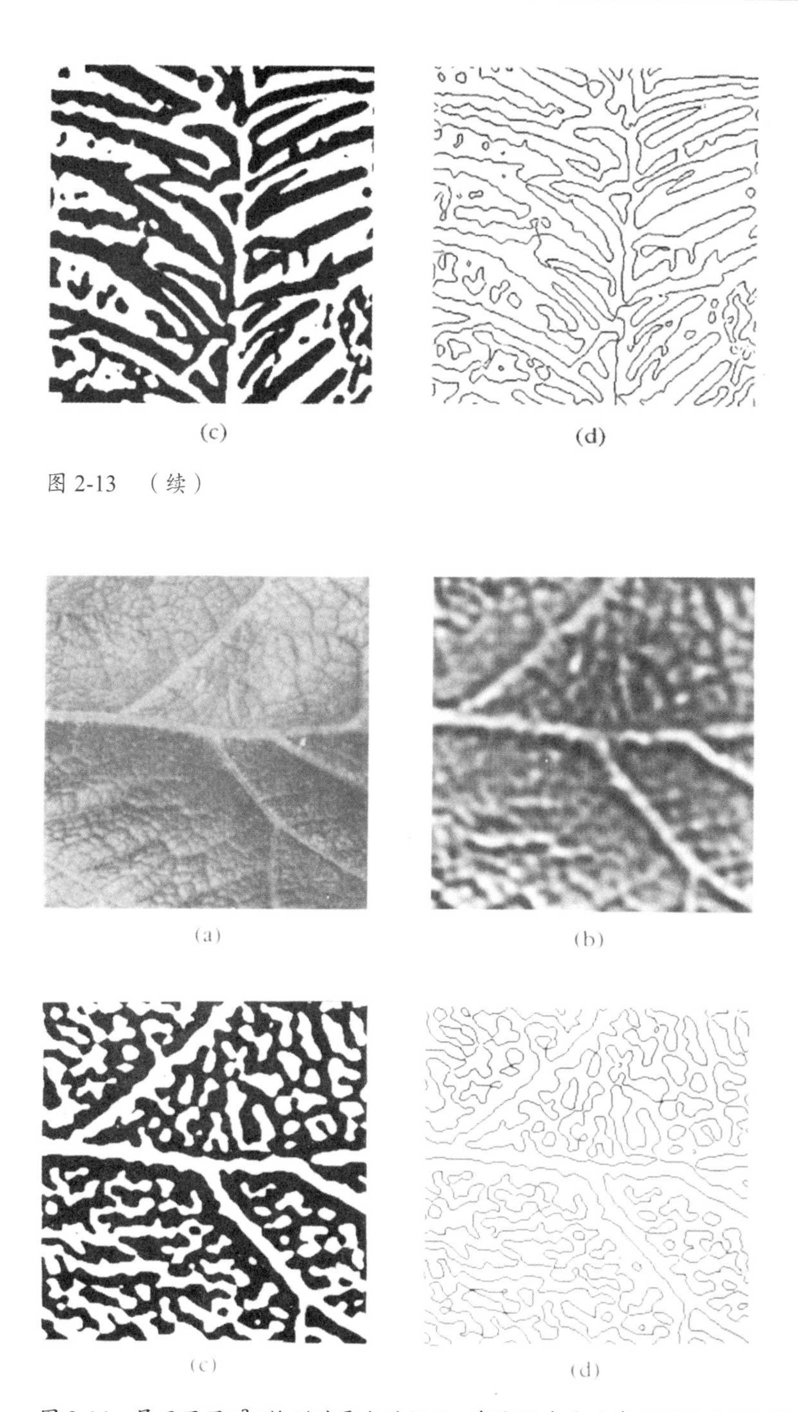

(c)　(d)

图 2-13 （续）

(a)　(b)

(c)　(d)

图 2-14　展示了用$\nabla^2 G$检测过零点的例子。每张图中（a）表示原图（320 像素 × 320像素）；（b）表示图像与$\nabla^2 G$的卷积，其中$w_{2-D} = 8$（零用灰色表示）；（c）中用白色表示正值，黑色表示负值；（d）仅显示过零点。

此外，尽管并不非常直接，但过零点的斜率实际取决于强度变化的对比。图 2-15 展示了这一点。图中包含原图和已经用不同强度的曲线标记的过零点。曲线的对比越强烈，该处的过零点在垂直于其局部方向的斜率就越大。

(a)

(b)

图 2-15　另一个过零点的例子。这里线的强度随着过零点的斜率而变化，所以我们更容易看到哪些线对应了更强的对比。（感谢英国广播公司地平线栏目供图。）

像图 2-12 到图 2-15 中展示的这些过零点，可以用不同的方式来进行符号化表示。我选择把它们表示成一组叫作过零段的有向基元。每一段都描述了一个轮廓，其强度的斜率（指卷积在段上变化的速率）和局部方向都是大致统一的。由于它们最终的在物理上的重要性，我们应当显式标记过零点在方向上“不连续”改变的地方，这里的引号是必需的，因为我们可以证明 $\nabla^2 G * I$ 的过零点永远不会不连续地改变方向。不过仍然可以给出一个不连续的现实定义。此外，我们用斑点来表示小而闭合的轮廓。它们中的每一个都有各自的朝向、平均强度的斜率和通过它的外延的长短轴定义的大小。最后，和总体计划一致，我们需要不同大小的算子以覆盖强度变化可能存在的不同尺度。

生物学的意义

从计算的角度看待极早期的视觉处理，让我们可以解释许多生理学和神经生理学对早期视觉的研究结果。这也是对视觉通路初段的设计背后的机理的一种可能解释。

心理物理学视角中的早期视觉

1968 年，Campbell 和 Robson 开展了一些适应性实验。他们发现，被试在被暴露于高对比的格栅之后，对且仅对同样方向和空间频率的格栅的敏感性会减弱。实验者由此认为，视觉通路包含一系列的具有方向和空间频率选择性的通道。

这一发现激发了大量探究这些通道的细节结构的方方面面的论文，并最终得出了一个关于它们在人体中的结构的优雅的定量模型。这一模型的构建基于 Wilson 和 Giese（1977）及 Wilson 和 Bergen（1979）的阈值检测实验的数据。这个模型很容易理解。基本的概念就是，视野中的每一点都存在四个用来分析图像的大小可调的滤波器或是掩膜。这些滤波器的空间感受野大致具有一个 DOG 函数的形状（DOG 函数指两个高斯分布的差）。但这四个中较小的两个滤波器表现出了相对持久的时间性质，而较大的两个则转瞬即逝。这些通道按照它们的尺寸从小到大被标记为 N、S、T 和 U。它们的大小和同样从小到大的离心率（指距离视网膜中央凹处的角距离）呈线性关系。S 通道对于持久的和转瞬即逝的刺激都最为敏感；而 U 通道则最不敏感，仅有 S 通道敏感度的 1/11 到 1/4。Wilson 自己并没有论述这些滤波器是否是有向的，但他用亮线和暗线测量了它们的维度。对于这些一维的刺激，这些感受野的中心部分的宽度（用 w_{1-D} 表示）如下：N 通道的为 3.1 弧分；S 通道的为 6.2 弧分；T 通道的为 11.7 弧分；U 通道的为 21 弧分。这些感受野的大小随着离心率线性增加；在大约 4 度离心率时其大小大约为在中央凹处的两倍。这一模型，加之检测过程基于通道中空间概率和的形式的假说，几乎可以解释对比阈值下，所有空间频率小于每度 16 周的空间模式的检测的心理物理学数据。

我认为 $\nabla^2 G$ 滤波器构成了这些心理物理学定义下的通道的基。$\nabla^2 G$ 算子近似了一个半功率带宽在 1.25 倍频程的带通滤波器。而 DOG 函数可以很好地近似它。在工程学角度最优的近似，是当 DOG 函数中的两个高斯函数的空间常数在 1∶1.6 时取到的。图2-16展示了这一近似有多接近。Wilson 对于自己的可持续通道的比率的估计是 1∶1.75。

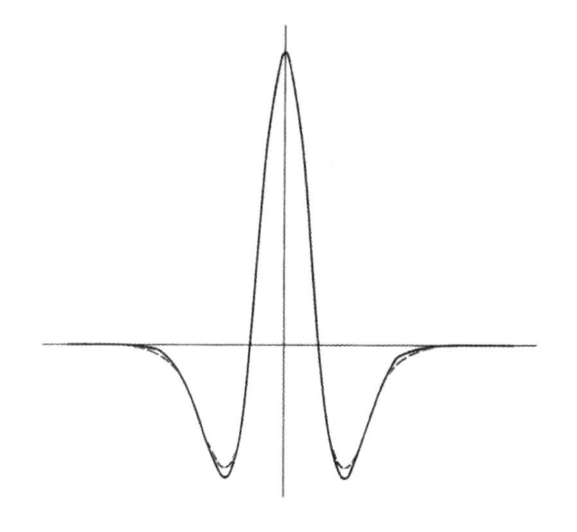

图 2-16　连续线表示用两个高斯分布的差（即 DOG 函数）来近似$\nabla^2 G$的结果。最优的工程近似在抑制和激发空间约束的比例大约为1∶1.6时取到。虚线表示 DOG 函数。这两条线是非常接近的。（重印自 D. Marr 和 E. Hildreth 的“Theory of edge detection”，伦敦皇家学会报告 B 系列第 204 卷，301 至 328 页，已获授权。）

为了将 Wilson 和 Bergen 测量的 w_{1-D} 的数值与其后的 $\nabla^2 G$ 算子的感受野的中心部分的直径 w_{2-D} 的数值相关联，我们要把 Wilson 测量的值乘上 $\sqrt{2}$。这是因为，Wilson 做的所有测量都对应了一个圆对称的感受野的线性投影。所以，Wilson 的 N 通道就对应于一个 $w_{2-D} = 3.1\sqrt{2} = 4.38$ 弧分的 $\nabla^2 G$ 滤波器，大概对应 9 个中心凹视锥细胞的直径。考虑到 N 通道是最小的，这个直径看起来还挺大的。基于对精度和分辨率的理论分析的论述表明，存在更小的直径。感受野的中心部分的直径 w_{2-D} 大概应是 1 弧分 20 弧秒。由于眼内衍射，它可以对应感受野中心仅由单个视锥细胞所驱动的侏儒神经节细胞（Marr、Poggio and Hildreth，1980）。

所以，如果 Wilson 的数字是正确的，那它们代表了初期中心——周边算子为产生我们所观察到的心理物理学的适应性和其他效果应有的大小。原则上，就像我们在下一节中所要推导的那样，这些数字可以和生理学家的度量相关联。最后要强调的一点是，Campbell 也发现了这样的适应性是方向特定的（而且可能是特定于运动的方向）。我们把这一点归因于检测过零点的阶段，神经生理学为这一点提供了最好的解释。

$\nabla^2 G$滤波器的生理学实现

Kuffler（1953）首先指出，视网膜神经节细胞的感受野的空间组织是圆对称的，包含一个中央兴奋区域和一个周边抑制区域。其中一部分细胞是中央兴奋型的，它们被感受野的中间的光亮点所激发，而其他细胞则被这种刺激所抑制。Rodieck 和 Stone（1965）表明这样的组织结构是将一个小的中央激发区域放置在一个大的包含整个感受野的抑制“穹顶”上所导致的结果。Enroth-Cugell 和 Robson（1966）把这两个穹顶看作两个高斯分布，因而也就把感受野定义为了这两个高斯分布的差，即 DOG 函数。此外，Enroth-Cugell 和 Robson 还基于较大的视网膜神经节细胞的空间响应特性将它们分为 X 和 Y 两类。X 细胞展现了相对持久的响应，而 Y 细胞展现了相对短暂的响应。这种区分在外侧膝状体中被保留。前述 Wilson 发现的持久的通道很可能对应生理上的 X 细胞，而短暂的通道对应 Y 细胞（Tolhurst，1975）。

所以我们有理由提出 $\nabla^2 G$ 函数是由视网膜上的 X 细胞和外侧漆状体来执行的。中央兴奋型的 X 细胞载有其正值，而中央抑制型的 X 细胞载有其负值。图 2-17 展示了这一生理学观点。图中对比了 $\nabla^2 G$ 滤波器预测的 X 细胞的响应与视网膜和外侧膝状体的X细胞对边、细条和宽条三种不同刺激的响应的实际记录数值。正如我们所见，它们在量化上是一致的。我会在 3.4 节讨论 Y 细胞的功能。

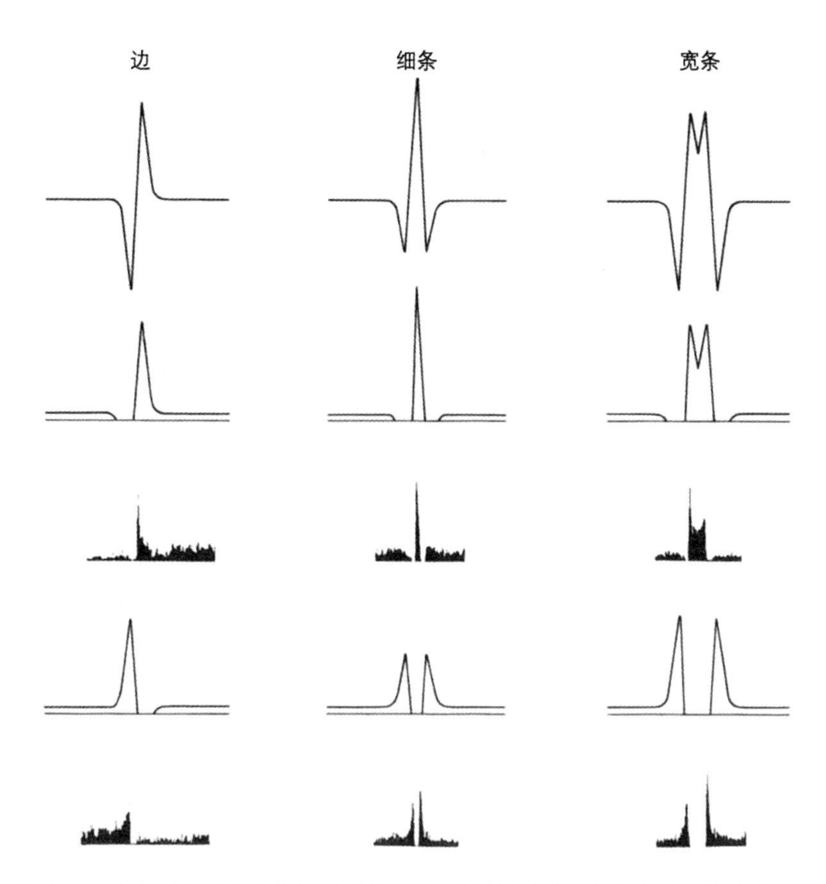

图 2-17 中央兴奋型和中央抑制型的 X 细胞的预测响应和电生理记录的对比。第一行是孤立的边、细条（宽度= $0.5w_{1-D}$，其中 w_{1-D} 是感受野的中央兴奋区域投影到线上的宽度）和宽条（宽度 $=2.5w_{1-D}$）对 $\nabla^2 G * I$ 的响应。通过将$\nabla^2 G * I$的正值部分（第二行）或负值部分（第四行）叠加在小的静息或背景放电上，可以计算出预测的迹线。对应的边的生理学响应（第三和第五行，第一列）取自 Dreher 和 Sanderson 的著作（1973，原图 6d 和 6e）。细条和宽条的响应（第三行和第五行，第二列和第三列）取自 Rodieck 和 Stone（1965，原图 1 和 2）中对宽度为 1 度和 5 度的条的迹线。（重印自 D. Marr 和 S. Ullman 的“Directional selectivity and its use in early visual processing”，皇家学会自然科学会报 B 第 275 卷，483 至 524 页，已获授权。）

对过零点的生理学探测

从生理学角度看，检测零值虽然不太可能实现，但过零段的检测很容易通过不依赖检测零值的方法来实现。这是因为，过零点的一侧会导致在滤波后的图像 $\nabla^2 G * I$ 上的一个正峰值，而另一侧会导致一个负峰值。这些峰值大概会相距 $w_{2-D}/\sqrt{2}$ 远，其中 w_{2-D} 是滤波器 $\nabla^2 G$ 的感受野的中心宽度。所以，其中一侧的中央兴奋型的 X 细胞会产生猛烈的响应，而另一侧中央抑制型的 X 细胞也会产生猛烈的响应。它们的响应总和对应于过零点的斜率——强对比的强度变化会比弱对比的变化导致更强烈的响应。所以，正如图 2-18（a）所示的那样，一个用与门连接中央兴奋型和中央抑制型的细胞的机制就可以检测过零点的存在。

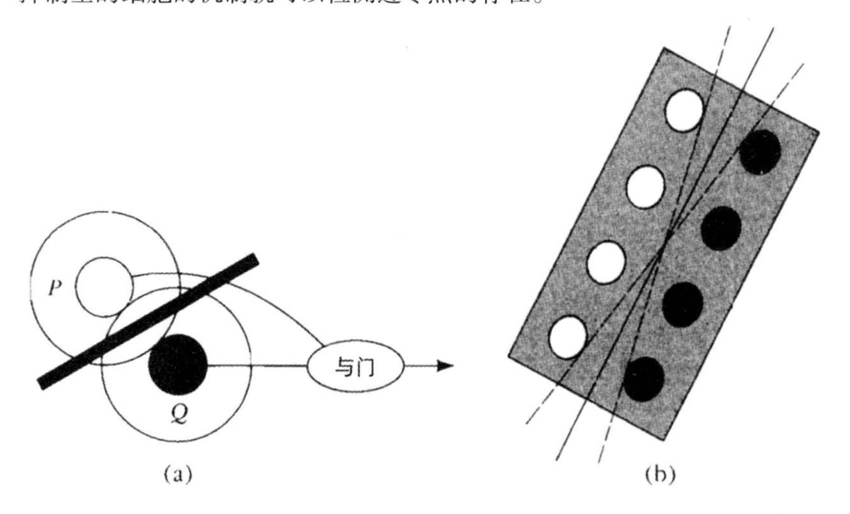

图 2-18 一种检测有向过零段的机制。在图（a）中，P代表了一个中央兴奋型的膝状 X 细胞的感受野，Q代表了一个中央抑制型的膝状 X 细胞的感受野，仅当过零点从中穿过的时候两者才会同时响应。所以，如果它们像图中那样连接到一个与门，那这个门就能检测过零点的存在。如果多个这样的细胞像图（b）中那样并列排布，同时也通过与门相连接，那这一机制就可以检测朝向大致在虚线范围内的有向过零段。理想情况下，我们可以用仅当所有的 P 和 Q 输入都活跃时才响应并给出它们的总和信号的逻辑门。（重印自 D. Marr 和 E. Hildreth 的“Theory of edge detection”，伦敦皇家学会报告 B 系列第 204 卷，301 至 328 页，已获授权。）

这个想法很容易被用来检测有向过零段。如图 2-18（b）所示，我们只需简单地把中央兴奋型和中央抑制型的 X 细胞排成两列即可。如果这些单元都被与门[1]或是其他适当的近似所连接，那我们就得到了一个检测朝向大致在图 2-18（b）中的虚线范围内的过零段的单元。这是我们在 3.4 节中讨论的皮层简单细胞的模型的基础。在这里，我们只需要知道这些单元有特定的朝向，同时也是在空间频率上可调的（3.4 节中的改动会使它们也具有方向选择性）。我认为，这就是Campbell和Robson在 1968 年的实验中发现的具有适应性的单元。

图像的第一个完整的符号表示

过零点让我们可以自然地从一个模拟或连续的表示，例如，二维图像的强度值 $I(x,y)$，过渡到一个离散的符号化的表示。这个变化吸引人的地方是，它没有导致任

1 一个简单的逻辑设备，仅当其所有输入均为正时才产生正输出。

何信息损失。对这一点的论据还不充分（Marr，Poggio and Ullman，1979），且依赖于 Logan（1977）提出的最新定理。这一定理表示，只要特定的技术条件被满足，那倍频程的带通信号就可以完全从过零点中被重建（至多差一个常数因子）。图 2-19 展示了这一思想。这个定理的证明非常困难，其本质是要说明：如果一个信号的带宽不足一个倍频程，那它跨越 x 轴的频率至少要与标准的采样定理所给出的频率一样高。

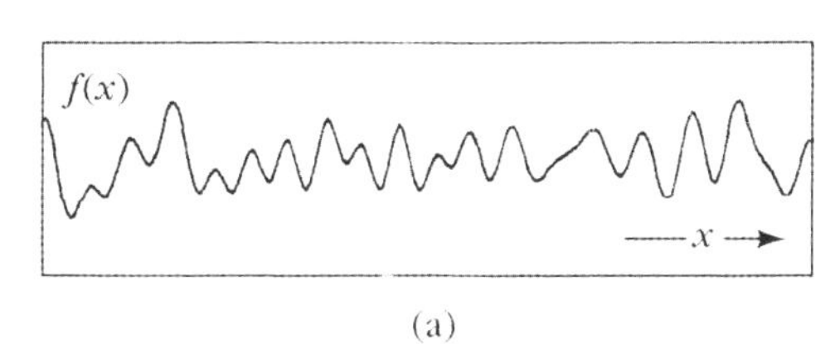

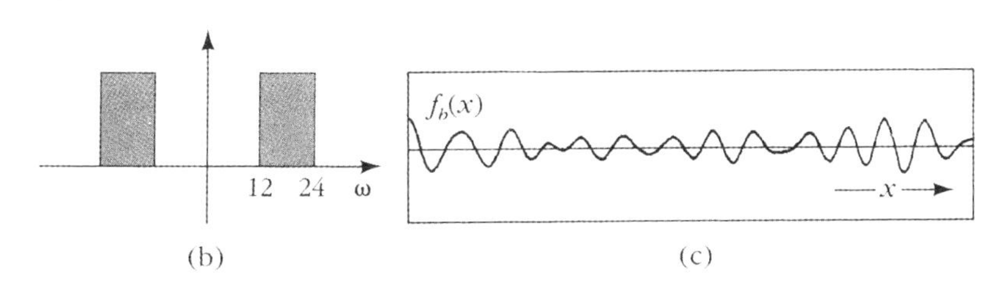

图 2-19　Logan 定理的意义。（a）所示的是随机带限高斯信号$f(x)$。（b）所示的是一个理想的倍频程带通滤波器在频域内的通带。（c）将（b）中的滤波器作用于（a）上得到的结果$f_b(x)$。如果（c）和它的希尔伯特变换没有共零，那 Logan 定理告诉我们，（c）由它的过零点的位置唯一确定（至多差一个常数因子）。Logan 定理对早期视觉处理的重要性在于，它告诉我们在合适的条件下，过零点本身就包含了丰富的信息。（重印自 D. Marr、T. Poggio 和 E. Hildreth 的 "Bandpass channels, zero-crossings, and early visual information processing"，美国光学学会期刊第 69 卷，1979，原图 1。已获授权。）

遗憾的是，Logan 定理还不足以强到让我们可以从中做出任何对于视觉的论断。这里有两个问题。第一，视觉应用中的过零点存在于二维而非一维平面中。然而，把关于采样的论断从一维拓展到二维通常是很困难的。第二，$\nabla^2 G$ 算子并不是一个纯粹的倍频程带通滤波器；它的半功率带宽是 1.25 倍频程，而半敏感性带宽则是 1.8 倍频程。不过，我们确实也获得了额外的信息，即曲线跨越零值时的斜率，因为这大致对应于图像中边的对比。对这个问题给出一个解析解似乎非常困难。但在一项实证研究中，Nishihara（1981）发现了有力的证据来支持这样一种观点，即一张滤波后的二维图像可以被它的过零点和它们的斜率所重建。

图 2-20 用图像总结了我们目前已经得出的结论，其中包含通过三个不同大小的通道的 Henry Moore 的雕像的图像。它展示了图片通过三个 $\nabla^2 G$ 滤波器时的过零点，这些滤波器的高斯函数 G 具有不同的空间常数。接下来的问题就是我们应该怎样来处理这些信息。

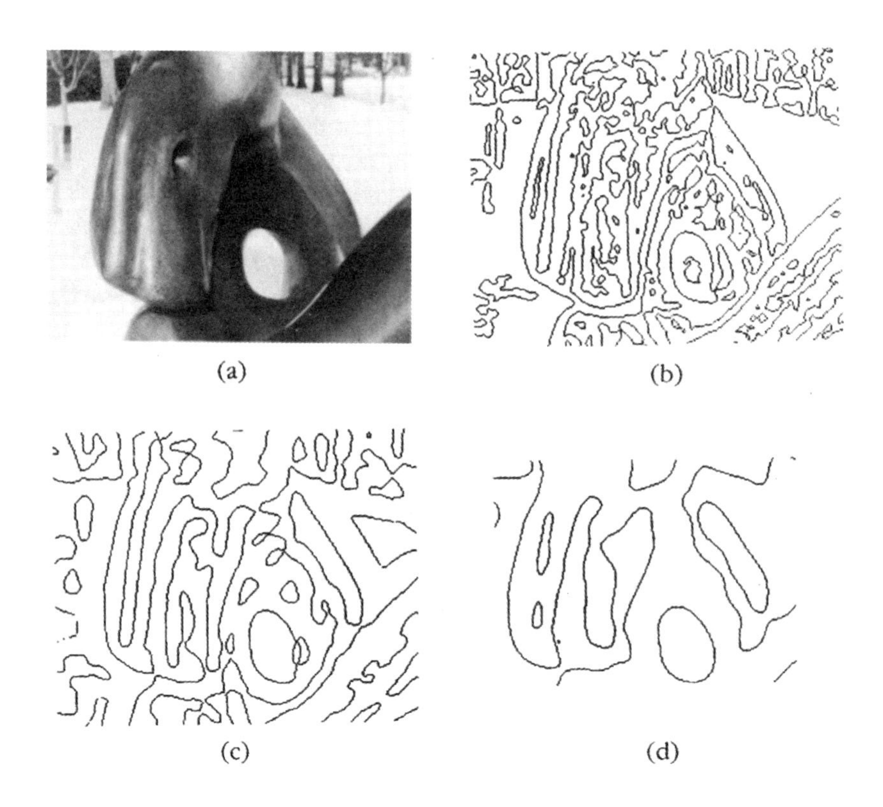

图 2-20 图（a）被$w_{2-D} = 2\sqrt{2}\sigma = 6$、12或24像素的$\nabla^2 G$卷积后的结果。这些滤波器覆盖了人眼的中央凹处滤波范围。图（b）、图（c）和图（d）展示了这样得到的过零点。注意最小的滤波器得到的细节。这组图清楚地展示了下一个问题——如何能将这些信息结合成一个统一的描述？（重印自 D. Marr 和 E. Hildreth 的“Theory of edge detection”，伦敦皇家学会报告 B 系列第 204 卷，301 至 328 页，已获授权。）

原初草图

到目前为止，我一直刻意避免使用边缘这个词，代之于讨论对强度变化的检测和用有向的过零段来表示它们。这是因为边缘这个词有一定的物理意义，例如，它让我们想到实际存在的物理边界。而到目前为止，我们讨论的只是一组大致是带通型的二阶导数滤波器的零值。我们没法把它们称作边缘。或者，如果一定要这么说的话，那么我们一定要解释清楚这一点，并说明这么称呼的原因。这种区分对视觉理论甚至对其他感知系统的理论至关重要，因为视觉感知的真正核心就是从图像的结构推断出在外部真实世界中的结构。视觉理论恰恰是关于如何做到这一点的理论，它的主要关注点就是使这一推断变得可能的物理约束和假设。

现在，当我们想要解决图 2-20 中提出的问题时，我们第一次遇到了这一问题，即应该怎样统合不同通道的信息。视觉系统实际使用的 $\nabla^2 G$ 滤波器相距至少一个倍频，所以不存在先验原因说明为什么通过不同大小的滤波器获取的过零点应该相关。但确实有物理上的原因来说明它们应该相关的原因。这是上一章中我们的第一个物理假设的结果，它被称为空间局部性约束（Marr and Hildreth，1980）。引起图像强度变化的原因包括：第一，光照变化，包括阴影、可见光源和光照梯度；第二，可见表面的朝向或与观察者的距离的变化；第三，表面反射率的变化。

这里的关键观察是，这些事物在它们各自的尺度上都可以被看作是具有空间局部性的。除了偶然的衍射图样外，视觉世界并不是由波纹状的波浪形基元延伸于表面并加总而构成的（比较 Marr，1970，第 169 页）。总的来说，视觉世界是由轮廓、褶皱、划痕、标记、阴影和明暗构成的，而它们都是有空间局部性的。所以，如果在通过 $\nabla^2 G$ 滤波器的图像中的某一尺度出现了可见的过零点，那它在更大的尺度下也应在同一位置出现。如果在某一更大的尺度下它不再出现，那可能是由于以下两个原因之一：或者是两个或更多的局部强度变化在较大的通道下互相干扰（被平均了），又或者是两个独立的物理现象共同导致了图像中同一区域在不同尺度下的强度变化。第一种情况的一个示例是细条。它的边缘可以被小通道准确地定位，却不能被大通道定位。我们可以通过在小通道中存在的两个邻近的过零点来识别这种情况。第二种情况的一个示例是在反射率急剧变化的位置上叠加的阴影。这种情况可以通过在大通道中的过零点相对于它们在小通道中的位置的偏移来识别。如果阴影恰好有正确的位置和朝向，那么这些过零点的位置可能就没有包含足够的信息来区分这两种物理现象。不过实践中这样的情况非常少见。

所以，物理世界对于不同大小通道中的过零点的几何形状有约束。我们可以利用这点来构建空间重合假设：

> 如果一个过零段在一个连续大小范围内的独立的 $\nabla^2 G$ 通道中存在，而且它在每一个通道中有同样的位置和朝向，那么这一组过零段就表明了图像中存在一个由单一物理现象（反射率、光照、深度或表面朝向的变化）造成的强度变化。

换句话说，相邻大小的独立通道中的重合的过零点可以被合并。如果过零点不重合，那它们就往往来自不同的表面或物理现象。所以，第一，建立物理现实最少需要两个 $\nabla^2 G$ 通道；第二，通过在频域被充分分开且又覆盖了足够的频谱范围的一组通道大小，我们可以推导出一组规则来将它们的过零点统合成由物理上有意义的基元构成的描述（Marr and Hildreth，1980）。

这些规则的具体细节相当复杂，因为我们需要考虑很多特殊情况，但其总体思路是非常直观的。如果较大通道中的过零点可以被较小通道中的内容所解释，或许是因为它们与小通道中的过零点一一对应，又或者是因为它们是小通道中的过零点的模糊且平均化的副本，那所有证据都指向一种大致对应于较小通道中的内容的物理现实。或许较大通道中那些噪声更小、更平均的效果可以用来修改和平滑这一物理现实。为了确定这种可解释性是否存在，较小通道中的过零点组态中邻近的过零点一定要被显式地检测，因为这些情况可能会“欺骗”较大的通道。这就是为什么我们需要显式检测诸如细条和斑点之类的空间组态的原因。

如果较大通道中的过零点不能被较小通道中的内容所解释，那这些大通道就正在记录不同的物理现象，而我们就需要寻找新的描述元素。这可以以多种形式发生。例如，可能存在一个软阴影，或是在失焦的背景景致之前的被聚焦的网格，又或是水甲虫快速掠过荡着涟漪的池塘表面，而底部的水草构成了失焦的背景。

这些想法最终导向了一种我们称为*原初草图*的图像描述(Marr and Hildreth, 1980; Hildreth，1980)。其中的基元包括边、条、斑点和端点。它们都有朝向、对比、长度、宽度和位置这些属性。图 2-21 提供了一个示例。

(a)

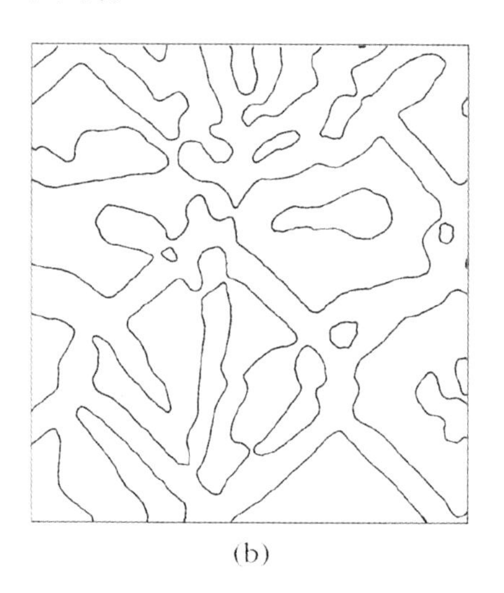
(b)

图 2-21 从两个通道中计算出的原初草图。图（a）和图（b）是用 $w_{2-D}=9$ 和 18 像素的掩膜从图 2-12 所示的图像中得到的过零点。因为较大通道中的过零点不会在较小通道中找不到对应的过零点，在统合的描述中，边缘的位置也对应于图（a）。而图（c）、图（d）和图（e）是图（a）中的过零点的描述子的符号化表示，其中（c）是斑点，（d）是边的片段的局部朝向，（e）是条。这些图仅展示了这些描述子中包含的空间信息。完整描述子的典型例子如下：

斑点	边	条
（位置 146 21）	（位置 184 23）	（位置 118 134）
（朝向 105）	（朝向 128）	（朝向 128）
（对比 76）	（对比 −25）	（对比 −25）
（长度 16）	（长度 25）	（长度 25）
（宽度 6）	（宽度 4）	（宽度 4）

上述这些例子对应的描述子已在图中用箭头标出。图 2-12 中图像的分辨率大致相当于人与这张图相距 6 英尺时看到的结果。(重印自 D. Marr 和 E. Hildreth 的 “Theory of edge detection”，伦敦皇家学会报告 B 系列第 204 卷，301 至 328 页，已获授权。)

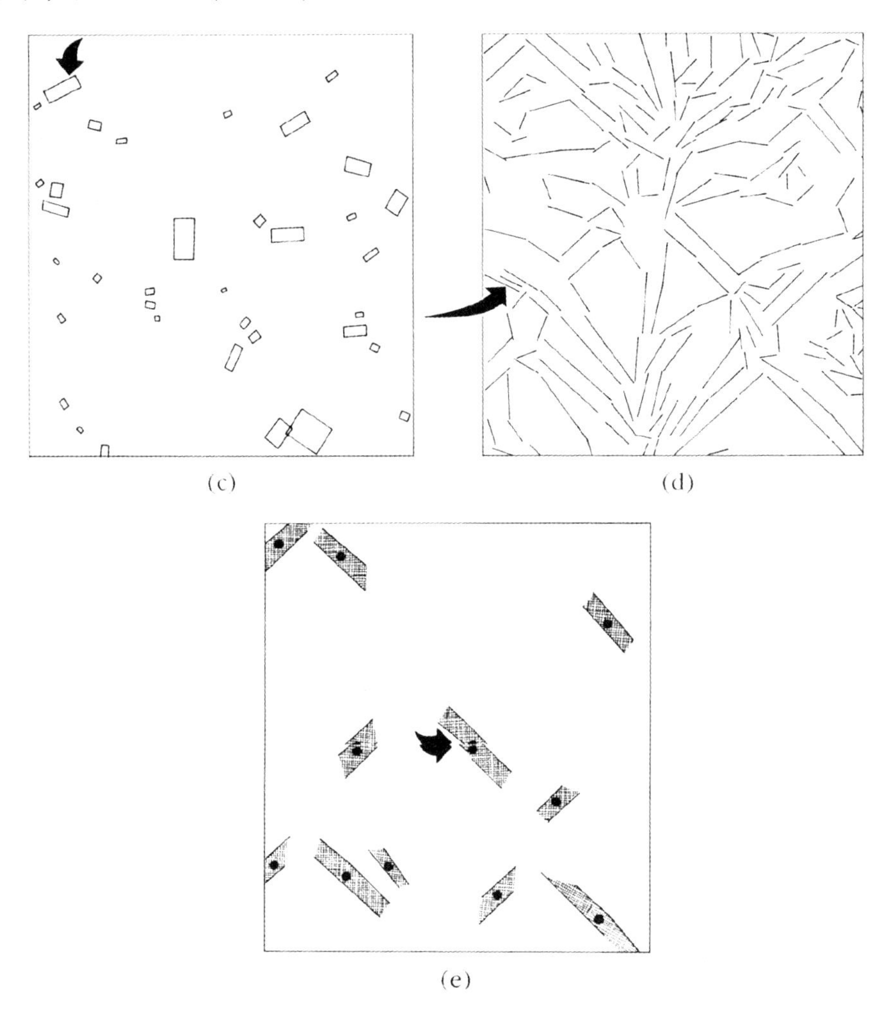

图 2-21（续）

它可以被看作一个二值图［参见图 2-21 中的（a）］，其中标明了所有边缘段的精确位置及其上每个点的局部方向和强度变化的种类和程度［参见图 2-21 中的（d）］。用同样的方式可以显式地表示斑点［参见图 2-21 中的（c）］、条［参见图 2-21 中的（e）］和不连续点（端点）等基元。如图 2-22 的（a）图所示，一条长直线的表示包含一个端点、几个有着同样朝向的线段，以及一个另一侧的端点。原则上，表示也包括对边上的点处处指明其宽度、对比和朝向。但实际上，我们往往只需在合适的采样间隔下提供这些信息就足够了。如果这条线比最小可用通道的值 w 要粗，那么线的表示也自然应该包括对其两侧的边的独立描述。如果这是一条曲线，那其上线段的朝向也会逐步变化［参见图 2-22 中的（b）］。如果线上某处的朝向不连续，那表示也会通过一个端点或不连续点来标明其位置［参见图 2-22 中的（c）］。

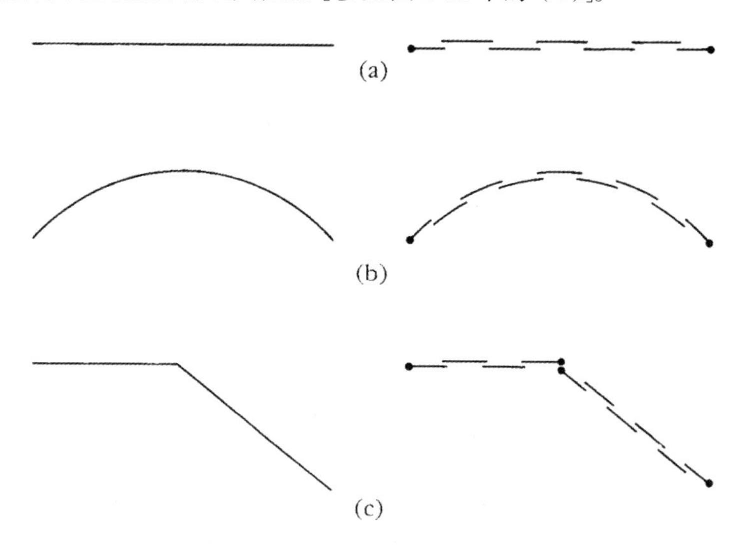

图 2-22　原初草图把一根直线表示为一个端点、几个有向段和另一个端点，参见图（a）。如果这条线被一条光滑曲线取代，那么其内在的段的朝向就会逐渐变化，参见图（b）。如果这条线在中间突然转变朝向，那它的表示就会包含一个指向这个一不连续点的显式指针，参见图（c）。所以，除非有显式的否定论断，否则我们都假设光滑性和连续性得以在这一表示中被保持。

原初草图是对图像的一种非常丰富的描述，因为它实际上包含来自多个通道（图 2-21 所示的示例中为两个）的过零点的所有信息。它的重要性在于，它是从图像中导出的第一个表示，其基元有很大概率直接反映物理现实。

主观上说，我们能意识到原初草图及 2.5 节中将要介绍的全初草图，但我们却意识不到构成它们的过零点。为了能看到较大的通道所告诉人脑的信息，需要让我们的眼睛不那么敏锐，或者通过某种方法让图像失焦。只有这样，我们才可以看到 L. D. Harman 的离散采样和量化的亚伯拉罕·林肯的图像（参见图 2-23）。也只有这样，我们才能看到沿棋盘对角线方向的线（参见图 2-24）。尽管较大的通道始终能“看见”这些东西，但正如图 2-23 所示，它们看见的东西被较小通道中存在的过零点所充分解释了。如果林肯图片里的中频信息被去除，那情况就不再是这样了。统合过零点的过程不再能发现较小通道和较大通道“看见”的内容之间的关系，而这两者就会同时产生原初草图中的基元。正如 Harmon 和 Julesz（1973）所发现的，结果是我们会看到亚伯拉罕·林肯在一个可见的网格之后，初草图机理会假定这两种不同的信息源于两个不同的物理现象，所以我们能同时看见两者。

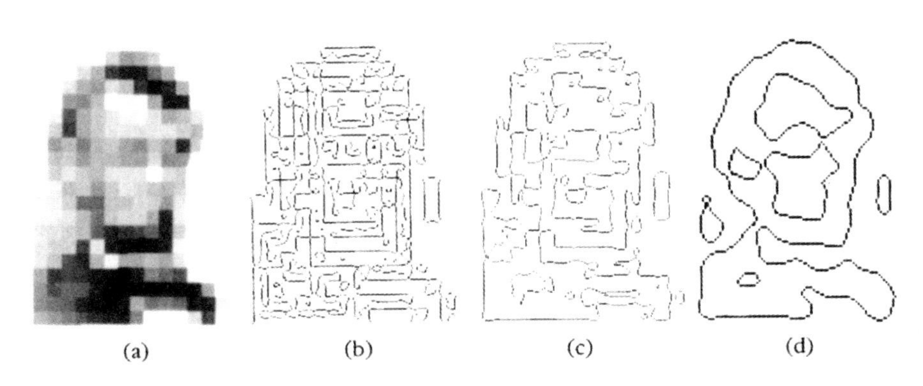

图 2-23　我们不能感知原始的过零点，只能感知它们产生在原初草图上的描述。这可以从 L. D. Harmon 的离散采样并量化的亚伯拉罕·林肯的图像中看到，参见图（a）。尽管其较大通道的过零点确实产生了一个对林肯的脸的近似表示，但我们却不能轻易地识别出林肯，除非眯起眼睛或者让图像失焦。图（b）、图（c）和图（d）是图 2-20 中的三种不同大小的$\nabla^2 G$算子得出的过零点。

哲学私语

视觉系统如此依赖基于空间和物理属性的方法这件事是很有意思的。显然，它不让我们直接感知过零点本身，而依赖于诸如过零点在不同通道的重合这样的额外证据。过零点也被认为是构成立体匹配处理过程的输入（参见第 3 章）。在这里，我们同样需要结合来自两个通道的输入，只是这一次的两个通道是来自左右眼的。对基于方向选择性的分析也有类似的论断。方向选择性很可能是在过零点的层面就被检测到了（参见 3.4 节），然而我们再一次需要额外的信息才能利用它。这种情况下的额外信息是对于视野中局部运动的连贯性的分析。我们从这些现象中得出的结论是，只有过零点是不够的。对整体方法而言，这里传达了一个更深层次的信息，即视觉系统总是想要处理物理现象。它利用由世界的物理结构所提供的约束导出的规则来构建其他有物理意义的描述。

这也就意味着，我们在构建理论时需要额外小心，因为自然似乎非常仔细而又精确地引导着我们的视觉系统的进化。在这个意义上，有一个如第 1 章所示的明晰的三层次分析框架是很有帮助的。构建视觉处理的计算理论对这一学科提供了一个很重要也很有用的规则。我们再也不能简单地提出一种看似和问题有某些共同特征的机制，并断言这种机制与对这一问题的处理过程的工作方式类似。相反，我们应该仔细地分析什么才能工作，并准备好去证明它。例如，立体匹配和其他很多事物相似，但又和它们中的任何一个都不完全一样。这像是一种关联性，但又不只是一种关联性。而如果我们把它仅仅看作一个关联性问题，那么所选择的方法就不可靠。实际上，因为物理规律只能保证如果图像中的对象与具有明确定义的物理位置的空间中的事物相对应，则这些对象才是可匹配的，所以立体融合任务的目标就是匹配有明确物理关联的对象。灰度像素值不属于其中，所以通过寻找灰度的关联来解决问题就会失败。

图 2-7 展示了寻找图像中不同尺度上的结构的过程。我们将在之后的章节中进一步讨论这一过程。它又一次让我们联想到诸如用不同的带通滤波器过滤图像这样的想法。例如，Campbell（1977）明确表明可以使用高通滤波器来探索坦克上例如注册号在内的详细信息，而用通过低通滤波器的图像来研究可以让我们认识到它是坦克的物体的整体轮廓。再次要指出的是，就像前述灰度关联和立体视觉的关系一样，基于傅里叶理论的这些想法看起来像是我们想要的，却不是我们所真正想要的。物理世界的结构并不允许我们推导出这样的结论，即低通滤波器过滤的图像包含了世界在对应尺度上是怎样进行物理和空间排布的重要信息。我们可以从图 2-24 所示的棋盘中看到这种情况。这张图的组织结构的一个重要方面就是黑白方块在水平方向和垂直方向及对角线方向上排成一列。严格来说，低通频谱滤波这样的方法可以告诉我们对角线方向的组织结构，却不能告诉我们水平方向和垂直方向的组织结构。而检测水平方向和垂直方向排布的机制（为方块做标记并注意它们如何聚类）也能发现对角线方向的组织结构。所以这种基于滤波的方法既没有必要，又有缺陷。

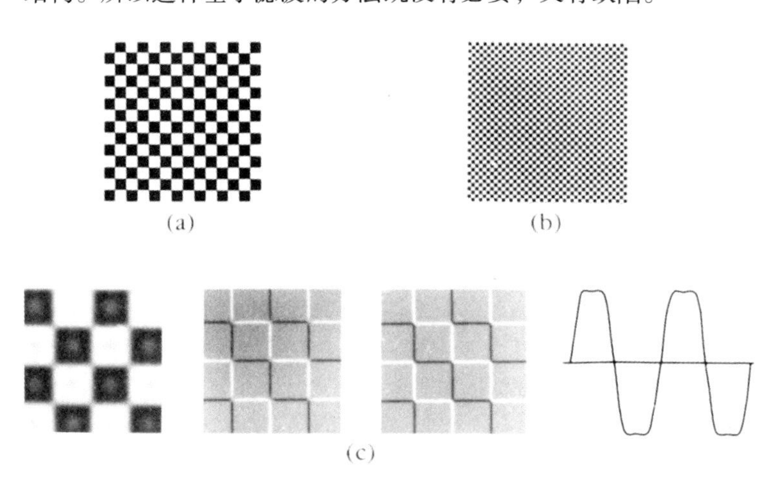

图 2-24　（无穷大的）棋盘图样的傅里叶频谱在对角线方向上集中了所有的功率，而在水平方向或垂直方向上没有功率。然而，在图（a）中，我们看到水平、垂直和对角线方向的空间组织是同等可见的。在图（b）中，对角线的组织相对更明显一些。图（c）、图（d）和图（e）分别展示了在方块大小为24像素的图样上应用大小为$w_{2-D}=12$、24和48像素的$\nabla^2 G$算子得到的过零点的分析。这也包含了从方块大小的一半到两倍的w值的取值。其中，第一列是卷积的输出；第二列是过零点，它的斜率由强度表示（浅和深的强度分别代表正向和负向的对比）；第三列中所有的过零点都以同样的强度被显示；最后，第四列所示的是卷积输出在靠近过零点轮廓部分的横截面。图（f）和图（g）符号化地展示了从远远小于和远远大于方块大小的通道中得到的描述。对比它们和我们对图（a）和图（b）中的棋盘的感知，特别注意，我们从图（b）中看到的大致沿对角线方向的组织结构。

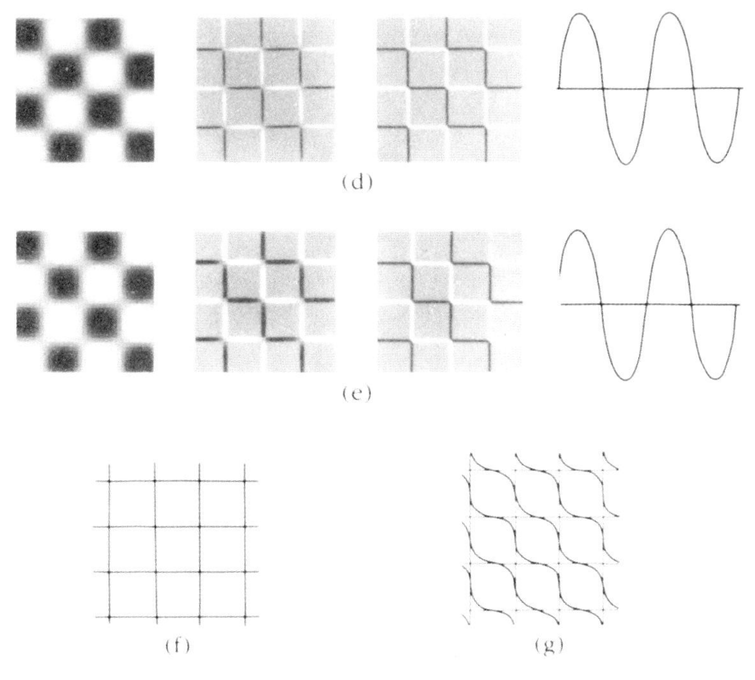

图 2-24 （续）

图 2-2 所示的人字形图样是另一个例子。条纹的垂直组织是重要的空间组织结构的明显示例。然而，因为它在垂直方向上的功率为零，所以不能被傅里叶方法检测到。但这样的组织结构很容易用基于空间和物理信息的方法来检测。这类方法可以从表示基本强度变化的表示开始，使用基于相似性、空间邻近性和空间排布的聚类方式（Marr，1976）。Mayhew 和 Frisby（1978b）首先意识到了这一点的重要性。他们在探索执行纹理辨别任务的能力的实验中提供了进一步的证据。我稍后会再次讨论他们的工作。

最后，让我们讨论关于端点也在这一阶段被显式化表示的证据，以及为什么端点很重要。我认为，在这里讨论这一点是有益的。相对边缘、条和斑点这些比较明显的东西，端点更符号化也更抽象。所以我们可能需要额外的证据来说服读者，端点确实在一个相对低层的位置就被创建了。

图 2-25 对这一点提供了一些示例。我们已经把端点定义为了过零点朝向上的不连续点或者是条的一端。图 2-25 中的（a）至（c）展示了此类端点排列的清晰的示例。同时，我们所能想到的检测这一点的方法，很难不依赖于显式描述这些不连续点的实际位置。来自 Julesz（1971，原图 3.6-3）的图 2-25 中的（d）更有意思。因为在这个立体对中被匹配的东西很可能是水平线上的小的不连续点，而哪怕这些不连续点非常小（小于 20 弧秒），我们也仍可以把这些图像看成是立体的。所以，这些端点不仅

正如我们主观意识到的那样在立体视觉中被使用，而且哪怕是这些不连续点超出敏度范围的时候（即小于一个视网膜受体），我们仍在相当常规地使用它们。人类的视觉系统真是一个了不起的机器！

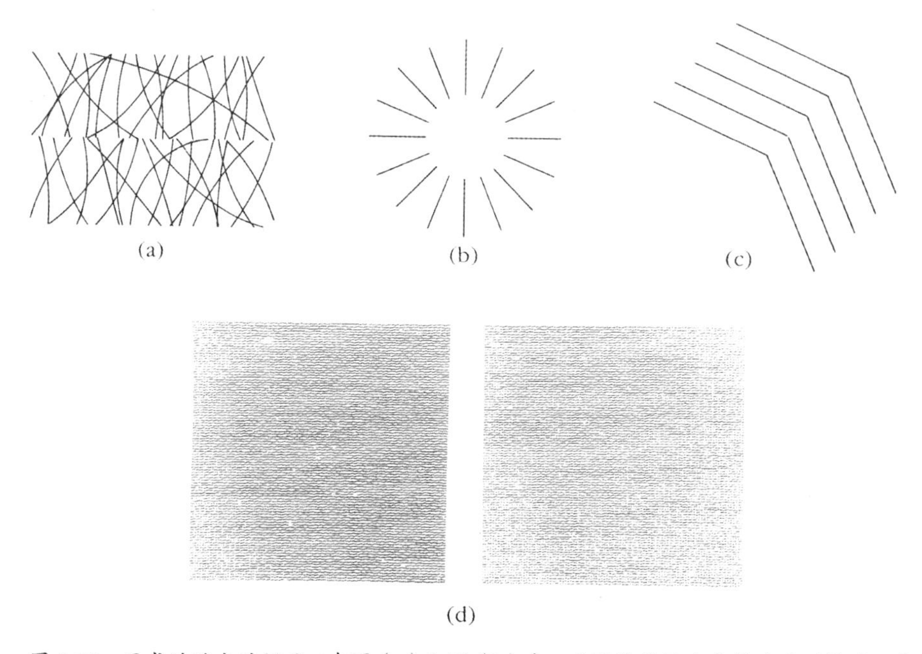

图 2-25　显式的端点的例子。在图（a）和图（b）中，通过连接端点来构建主观轮廓。在图（c）中，方向上的不连续点被看作一个线性排布。而在立体图（d）中，两张图里短水平线上的端点或不连续的点被匹配，以在深度上产生一个方块。（图（a）和图（b）重印自 D. Marr 的 "Early processing of visual information"，伦敦皇家学会自然科学会报 B 第 275 卷，1976，原图 9 的（a）（d）。图（d）重印自 B. Julesz 的 *Foundations of cyclopean perception*，芝加哥大学出版社，1971，原图 3.6-3。均已获授权。）

2.3　图像的空间排布

我们现在来讨论表示空间关系的问题。到目前为止，我假设每一个对象（过零点或原初草图中的描述性元素）都通过图像中的坐标来确定它的位置。这也反映在计算机实现中：使用图像的位图来表示基本位置信息。正如图 2-21 中的（a）图所示，每当存在一个描述性元素时，对应于图像大小的二维数组中的相应位置就记为 1。这个 1 还与指向元素实际描述的指针相关联。该指针具有图 2-21 的图例中所示的形式。就像我之前的研究者一样，我发现这种字面上的描述让我想起了早期视觉通路中的基于拓扑结构组织的投影，它为检查图像中的几何关系提供了最方便的出发点。

这是因为，我们需要显式地表示很多种空间关系以获取图像中的有用信息。一般来看，像密度、共线性和局部平行这样的空间关系在每个对象的位置中都是隐式的，就好像当我们把 37 表示为 XXXVII 的时候，它的二进制分解也是隐式的那样。但如果这个数字的二进制系数在某些情况下是必需的，那么它们就需要在某一阶段被显式表示。这时，用 100101 这样的表示就更好。

位图表示是一个好的起点，因为它让我们能相对容易地把对例如原初草图的搜索限制在感兴趣的局部邻域内。所以，假如我们想要知道圆形邻域内的特定元素的密度，就只需在位图中搜索该邻域即可。在寻找共线排布时，我们可以对一对元素，沿着大概被指定的朝向在位图上向外侧双向搜索。重要的是，位图让我们免于搜索原初草图全体描述子的列表，并逐一检查它们的坐标来确认其是否属于指定的领域。使用这样字面意义上的位图图像表示效率更高的根本原因是，需要在早期检查的绝大多数空间关系都是相对局部的。如果需要检查任意的、分散的、像椒盐噪声那样的组态，那位图就可能不比列表更高效。

不难看出位图表示对神经元细胞的意义。如果神经元要测量一个固定大小的邻域内特定类型标记的密度，那只要表示这些标记的神经元大概是根据拓扑结构组织的，测量其密度的神经元就只需统计有多少对应这一标记的神经元被激活了即可。类似地，如果神经元要统计特定朝向上存在多少局部活动，那么只要神经元表示大概是根据拓扑结构来组织的，“检测朝向活动的神经元”就只需统计皮层的特定物理邻域内有多少被大致调向了目前所关注的方向的神经元被激活了。当然，如果此物理邻域是圆形的，那么其所对应的图像坐标系中的邻域将不是完全圆形的。但其形状会大概类似，往往这样也足够了。

我之所以详述这一点，是因为很多人很难把计算机程序中所用的那种 xy 坐标系和神经元所用的思考模式相关联。我之前提到过建立这种关联应该并不是什么问题。我希望现在至少在局部几何的某些方面，我们已经可以清楚看到，大致上是拓扑表示的概念和局部连接的感受野可以提供足够强大的机理。现在我们来看这个问题的另一半：如何精确地表示特定的局部几何关系？

这里的关键问题是，哪些空间关系重要到需要被显式表示，以及为什么它们要被显式表示。当然，答案取决于要使用表示达成的目的。对我们而言，这一目的就是推断其下的表面的几何形状。我们也可以利用 2.1 节阐述的物理假设及深度和表面朝向变化对图像的自然影响。这让我们归纳出了下面这个图像性质的列表。检测这些性质可以帮助我们解码表面几何。

1. 基于第一条物理假设得出的平均局部强度（平均强度的变化可能是因为由深度变化引起的光照的变化，也可能是因为表面朝向或是表面反射率的变化）。

2. 基于第二条和第三条物理假设得出的表面上彼此相似的对象的平均大小（这里的大小也包含长度和宽度的概念）。
3. 上述第二条性质中定义的对象的局部密度。
4. 上述第二条性质中定义的对象的局部朝向（如果存在的话）。
5. 类似对象的空间排布的局部距离（基于第三条和第四条物理假设），也即类似对象的邻对之间的距离。
6. 类似对象的空间排布的局部朝向（基于第三条、第四条和第五条物理假设），也即连接类似对象的邻对的线的朝向。

从表示的观点来看，我们在这里需要的三个主要概念是：第一，表示对象的标记，我们已经看到了它们是构建原初草图的支柱之一。第二，这些标记之间的相似性的概念，这点在之前的图 2-3 中也已经看到了。第三，空间排布，最后这一点包含两个部分。我们已经遇到的一点和各种密度度量相关，且可以通过在邻域内计数来达成。这也就产生了上述的第三条和第四条所述的图像性质。不过第五条和第六条图像性质需要一种新的表示基元，从而我们可以基于它进行对标记的局部组态的分析。这里我们需要的显式表示的信息是两个类似标记之间的距离和它们的相对朝向。为了达成这一点，我提出一种称为虚拟线的基元。它在相邻的相似标记之间构建，并具有朝向和长度的属性。它还在某种程度上表明了它连接的两个标记是否及如何相似。所以，在第三条物理假设的意义上，连接两对不相似的标记的两条虚拟线也被视为是不相似的。

虚拟线在感知上并不对应主观轮廓，尽管前者可能是后者的先导。我们的理论在后面才会构建主观轮廓。它们在 2.5 维草图中被创建，其部分作用是显式表示可见表面与观察者的距离的不连续点。另一方面，虚拟线主要关注图像而非表面的组织结构的表示。它们使我们可以看到 Glass 图样中的流（参见图 2-3）或者图 2-5 中具有不同竞争性的组织结构。

从计算角度看，虚拟线的概念非常吸引人。Stevens（1978）开展的对 Glass 图样的研究就是为了获取此类线在心理物理学上存在的证据，同时也为了探索图像中的标记这一概念，即我们假定虚拟线所连接的实体。

Stevens 的研究非常有趣。通过一个简短的实验探究，他就提出了 7 个引人入胜的观点，其中有许多是出人意料的。

1. 如图 2-26 所示，Glass 图样中的局部朝向组织可以被纯局部化的算法所恢复。基本思想是使用虚拟线来连接相邻的点，然后在这些虚拟线中局部搜索占主导地位的朝向。与 Glass（1969）的意见不同，Stevens 通过把图样分割成几个有不同变换的部分（参见图 2-27），展示了对全局格式塔的感知对于恢复局部朝向不是必需的。

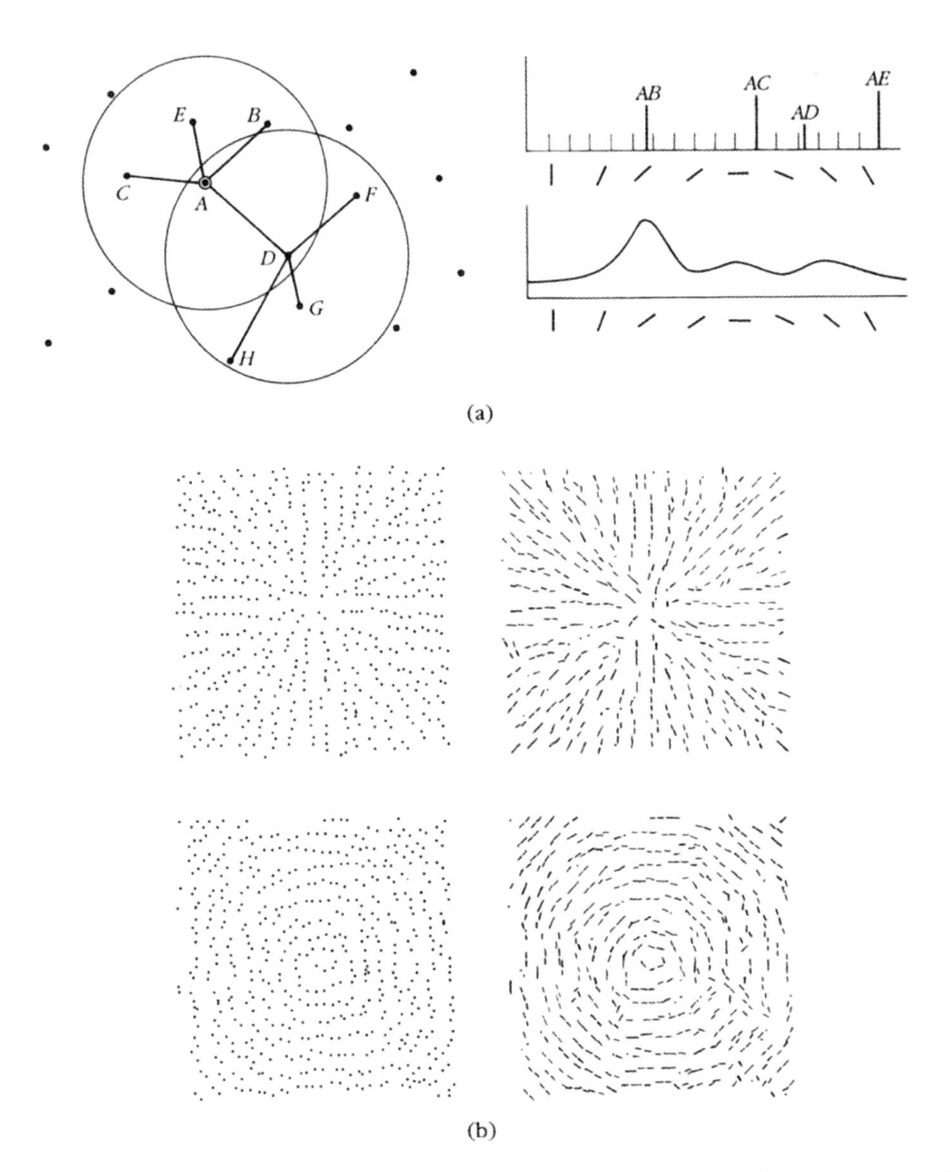

图 2-26 （a）Stevens 提出的从 Glass 图样中恢复局部朝向组织结构的算法包含三个重要步骤。图像中定义的位置标记是算法的输入，算法被并行应用在每一个标记上。因为在 Glass 点图样中，每一个点都产生一个位置标记，所以算法的第一步就是构建从特定点到（以该点为中心的邻域内）每一个邻点的虚拟线。虚拟线代表了邻点对的位置、分离度和朝向。为了体现对相对更近的邻对的偏好，算法通过一个简单的加权函数来强调相对较短的虚拟线。第二步是计算这些从每个邻对中构建的虚拟线的朝向的直方图。例如，邻点*D*对直方图的贡献包括*AD*、*DF*、*DG*和*DH*的朝向。平滑化直方图后，最后一步就是确定直方图的峰值的朝向，并选择最接近该朝向的虚拟线（*AB*），将其作为算法的输出。（b）图的右图为对左图中的模式应用该算法的结果。（重印自 K. A. Stevens 的“Computation of locally parallel structure”，生物控制论第 29 卷，1978，19 至 28 页，原图 4 和 5。已获授权。）

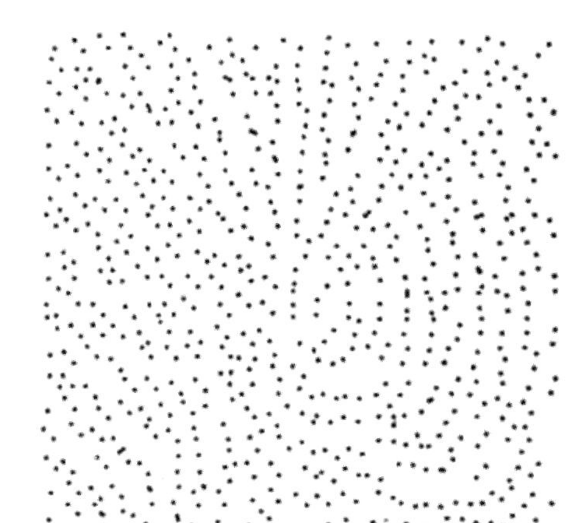

图 2-27　从图中的模式可以发现，我们的视觉系统用来检测局部朝向结构的算法具有局部性。很容易发现图中模式的不同区域有不同的局部结构。（重印自 K. A. Stevens 的“Computation of locally parallel structure”，生物控制论第 29 卷，1978，19 至 28 页，原图 4 和 5。已获授权。）

2. 如果我们的感知分析像 Stevens 的算法一样，依赖于分析连接图样中点的虚拟线的朝向的分布，那虚拟线就只存在于邻近点对中。这有两个原因。第一个也是更显然的原因，是占主导地位的局部朝向会随着在图像全局上的移动而变化。第二个不那么明显的原因，是我们从每个点所创建的虚拟线越多，局部朝向分布也就变得越随机，而我们所用来恢复占主导性的局部朝向分布的直方图的桶也就需要更细。如果我们在 10° ~ 15°的精度上分析朝向，那么平均对每个点最多只能建立 4 条虚拟线。此外，Stevens 的研究指出，对每个点创建的虚拟线超过一条；而他在与我的个人交流中进一步说明，其实只需创建两条虚拟线就够了。
3. 这一现象相对于跨越两个数量级范围的密度线性变化。
4. 图 2-28 中的例子支持了这样的想法，即虚拟线连接了可以用多种不同方式定义的抽象标记。图中的点集之一被具有随机朝向的短线所取代。

图 2-28　正如我们在图 2-3 中看到的那样，空间组织结构的显现并不要求两个模式的标记一模一样，不过它们确实需要大致相似。（重印自 K. A. Stevens 的“Computation of locally parallel structure”，生物控制论第 29 卷，1978，19 至 28 页，原图 4 和 5。已获授权。）

5. 然而，为了使分析成功进行（在我们的例子里，就是为了能插入虚拟线。参见图 2-3；Glass and Switkes，1976），这些标记确实需要足够相似。我在 2.1 节已经描述过，Stevens 自己对这一点给出的例子包含了三个叠加的点阵图。其中两个是暗的，一个是亮的。而我们只能看到暗点的内在组织结构。这同时支持了标记的概念和相似性的概念。它证明，即使是在图像分析的早期（即便在展示 Glass 图样前后立即展示随机点，我们也可以在少于 80 毫秒内观察到 Glass 图样），分析过程也运用了相当抽象的项。
6. 有趣的是，如果图 2-28 所示的朝向随机的短线被图 2-29 所示的朝向统一的短线所取代，那我们就会看到由短线的总体朝向和 Glass 图样的结构所造成的冲突。用我们的话来说，就是实际线和虚拟线的朝向的冲突。这会影响我们如何实施和控制对图像的全局分析。

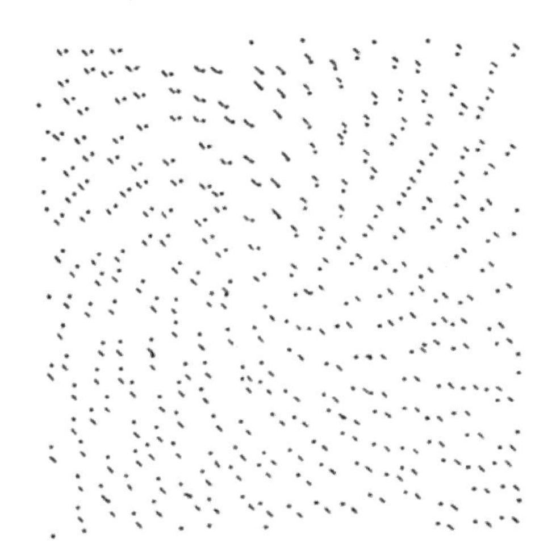

图 2-29 图中叠加模式的短线都有同样的朝向。有趣的是，我们观察到了这些线的朝向和模式的空间组织构成的朝向的冲突。（重印自 K. A. Stevens 的“Computation of locally parallel structure”，生物控制论第 29 卷，1978，19 至 28 页，原图 4 和 5。已获授权。）

7. 最后，Stevens 展示了我们对于这些图样的感知几乎没有滞后性。这些组织结构随着点的图样的分离而似乎要消失的时刻，和它们随着点的图样的重组而又重现的时刻是非常接近的。我们对此感到惊讶。我们之所以探寻这一点，是因为 Fender 和 Julesz（1967）展示了立体视觉中存在很强的滞后性。这促使 Poggio 和我随后对立体匹配问题设计了一个协作算法。而把协作处理过程作为一种直接从约束中编写算法的想法是一个刚出现的激动人心的想法（Zucker，1976）。基于局部朝向的唯一性和连续性的约束，Glass 图样问题看起来非常适合于这样的协作算法。然而，Stevens 的发现说明，我们的感知系统很可能并未针对这个问题采用协作算法。不久，我们也意识到我们的协作立体视觉算法并不是我们自己的视觉系统所用的。而且相反，我们的视觉系统很可能用了一种几乎不需要协作的算法来实现匹配。所以我们逐渐认为我们的视觉系统会尽可能避免使用协作或者纯迭代算法。我稍后会讨论几种可能的原因。

Stevens 的发现让我们对所问的问题和原初草图的细节都更有信心了。大约在那个时候，Schatz（1977）还认为原初草图和虚拟线本身就足以解释对纹理的辨别，但这一论述并没有成功。为了弄清原因，我们需要把注意力转向图像表示的更复杂的层次，也就是我们所说的全初草图。

2.4　光源和透明度

尽管我们论述的主体关注图像和可见表面的空间性质，但不要忘了我们对于其他视觉世界中有用的物理性质也很敏感。其中之一就是对光源的检测，即荧光的主观感受性质。

Ullman 在 1976 年写了一篇典型的有其个人优雅风格的论文（1976b），这篇论文对光源的视觉检测做出了重要贡献。他在其中讨论了 6 种方法，是 6 种视觉系统可以帮助检测光源的方法，Ullman 用 Land 和 McCann（1971）在其亮度研究中引入的那类无色的“蒙德里安式”的刺激来实证检验了这些方法。这些由著名画家皮特·蒙德里安命名的刺激由黑色、灰色和白色的矩形组成，如图 2-30 所示。在 Ullman 的显示中，这些矩形之一有时是光源。

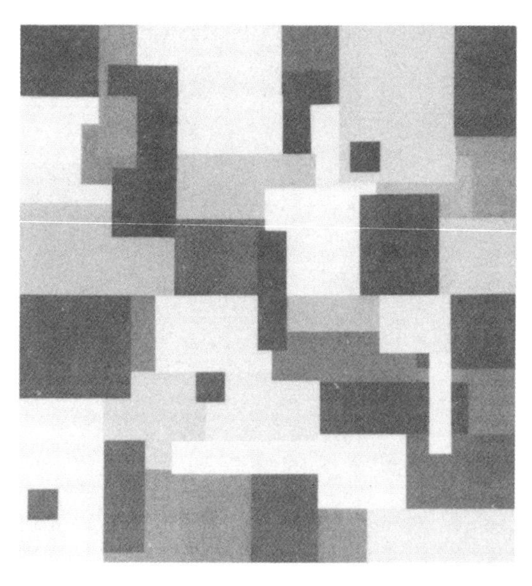

图 2-30　由 Land 和 McCann 引入，并被 Ullman 用于荧光的研究中的蒙德里安式的刺激。

Ullman 讨论了基于域中最高强度、最高绝对强度、相对于域中平均值的最高强度、最高对比和一些其他参数的多种光源检测方法。他发现这些参数无一定义了感知光源的必要条件。不过，大约 30:1 的对比确实是一个充分条件。然而，强对比并不是必需的。例如，在强度对比处处不超过 3:1 的蒙德里安式刺激中，我们仍可以感知到光源。

Ullman 随后基于图 2-31 所示的想法提出了一个方法。图中 x 轴表示沿一个从右侧被照亮的表面与观察者的距离。该表面由三个区域 A、B 和 C 组成。在 A 区域中，该表面的反射率为 r_1，而在 B 区域和 C 区域中，其表面反射率为 $r_2 < r_1$。C 区域中同时存在一个表面之下的光源。相机俯视这个表面，并记录图像中不同位置的强度 I，图中绘出了 I 的值。

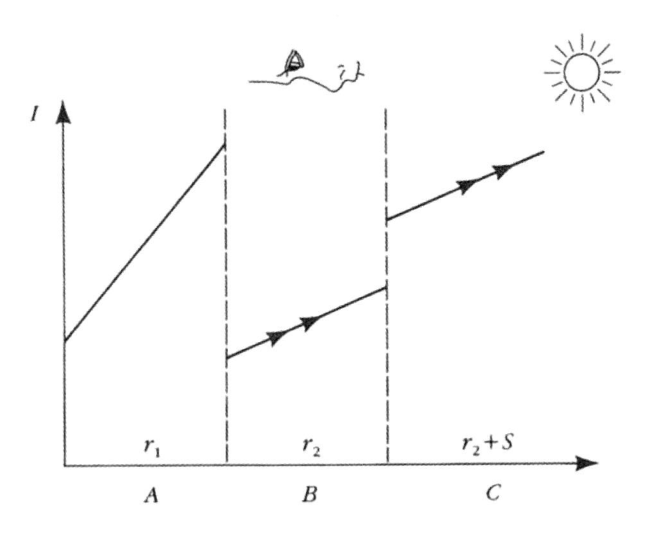

图 2-31 光源的视觉检测背后的原理。A区域和B区域的反射率分别为r_1和r_2，由此得到的图像强度I如图中所示。I的值和它的梯度∇I在A和B之间协同变化，从而保持$\nabla I/I$为常数。然而C区域新增了一个光源S。如图所示，它改变了I而非∇I。所以$\nabla I/I$在光源的边界会发生变化。这一事实可以被用在检测蒙德里安式图像上的光源。

Ullman 的方法背后的思想是：在 A 区域和 B 区域的边界处，强度 I 和强度的梯度 ∇I 都发生了变化，但它们变化的量的比率相等，所以比率 $\nabla I/I$ 保持不变。而在 B 区域和 C 区域的边界处并非如此。这里的变化是，固定光源的值 S 被加到了 I 上。所以 I 变了，而 ∇I 没有变化，因而 $\nabla I/I$ 就变了。也就是说，比率 $\nabla I/I$ 跨光源边界变化，但不跨反射率边界变化。

这个想法可以转化为在简化的蒙特里安世界中检测光源的办法。而 Ullman 认为，就是这样的算法解释了人类在这样的环境中对光源的感知。

其他光源效果

Forbus（1977）表明 $\nabla I/I$ 算子也可以被应用于其他光照效果，包括对阴影的检测，以及激起了 Beck（1972）和 Evans（1974）的兴趣的表面湿度、金属光泽和光滑表面产生的效果。例如，阴影边界在度量 $\nabla I/I$ 意义下就像光源的边界一样，它们在很多情况下也比表面或反射率的边界更模糊，因为阴影处的强度变化很少是清晰的。这可以通过对比不同大小的 $\nabla^2 G$ 滤波器的相应过零点的斜率来检测，而原初草图实际上也通过边的宽度这一参数纳入了对于强度变化的空间程度的度量。

表面光泽源于表面反射函数的高光或镜面分量。所以，对于光泽的检测，本质上可以被看作对表面反射的光源的检测（Beck，1972）。这最终取决于检测光源的能力。Forbus 把这个问题分为三类：第一，高光太小，以至于无法测量梯度；第二，高光和梯度的度量都可用，但高光本身是局部的（如对于曲面或是点光源而言）；第三，表面是平的，而光源是延展的。他对每种情况都推导了判别条件。

就像阴影和光源检测本身一样，这个问题也需要进一步研究。这是因为表面朝向的变化本身也可以引起 $\nabla I/I$ 的变化。不过朝向的变化必须非常显著，才能够产生 $\nabla I/I$ 上可被注意到的变化。这意味着在不考虑表面朝向的情况下，$\nabla I/I$ 不能被用作纯粹的光照效果的检验指标。初步研究发现，尽管在自然图像中我们可以发现仅由表面朝向变化导致的可观察到的 $\nabla I/I$ 的变化，但这种变化在绝大多数情况下都很小。而且，如果我们构造一张图像，其中 $\nabla I/I$ 在跨越边界的时候发生少量变化，那人类并不会把它看成是朝向的变化。事实上，除非这样的变化非常大，否则我们不会观察到任何特别的情况。而在变化很大的时候，我们就会把某个区域视作光源。

透明度

另一个最近得到广泛关注的有趣现象是透明度。一个例子是 Metelli（1974）在 *Scientific American* 上发表的一篇文章。他在文章中指出，当图像强度使多种不等式成立时，那人就可以感知到透明度。

正如我们所预期的那样，Metelli 的不等式可以基于场景的物理性推导得到。假设表面的反射率沿边界从 r_1 变到 r_2。又假设其上以如图 2-32 所示的方式覆盖了一张纸，没有这张纸时的有效光照是 L_2，而有了这张纸后（经过两次衰减的）的有效光照是 L_1。显然，如果 4 个象限的强度分别是 i_{11}、i_{12}、i_{21} 和 i_{22}，则我们有

$$\frac{i_{11}}{i_{21}} = \frac{i_{12}}{i_{22}} = \frac{r_1}{r_2}$$

和

$$\frac{i_{11}}{i_{12}}=\frac{i_{21}}{i_{22}}=\frac{L_1}{L_2}$$

强度值之间的这些关系在透明度边界和阴影边界处保持；它们不适用于一般四向的反射率变化。然而，与阴影边界不同，透明度边界几乎总是很清晰（“宽度”为零）的，并且它们不会导致 $\nabla I/I$ 发生变化。

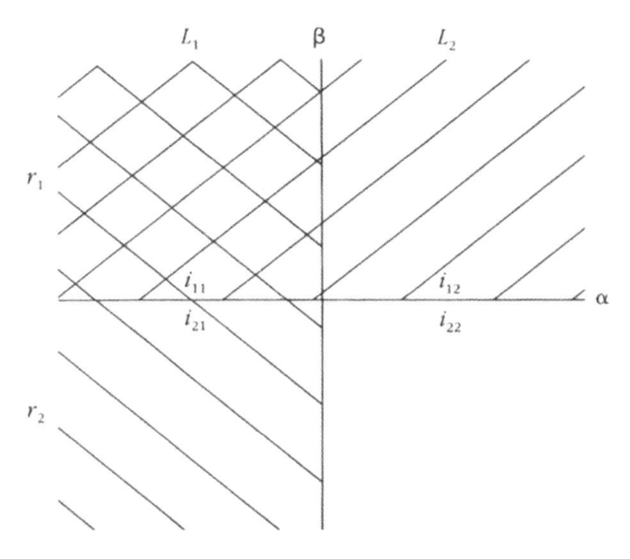

图 2-32　边界α代表了一个反射率边界，而β代表了一个透明度边界。这里r_i代表反射率，L_i代表亮度，而i_{ij}是测量到的强度值（其中$i, j = 1,2$）。

结论

尽管这些实验还不完整，但它们已经表明，哪怕是物理世界中诸如荧光和透明度这样相当抽象的性质，也可以通过早期自主处理过程来检测。从表示论的角度来看，这意味着我们可以期望诸如初草图边界这样的早期阶段就应包含这些性质。我们需要额外的基元来表示它们，但这应该不是一个问题。如果能知道在这样相对早期的处理阶段，还有什么其他的视觉世界中的性质同样可以被检测到，那就再好不过了。

2.5　聚合过程和全初草图

现在让我们继续对图像空间组织结构进行分析。现在的分析有两个主要目标：第一，构建可以描述表面反射函数中更大尺度结构的标记；第二，检测与这些标记相关的测量参数的种种变化。这些变化可以帮助检测可见表面的朝向变化和它们与观察者的距离的变化。大致上讲，这些目标就是为了建立标记及发现边界。这两个任务都需要功能为禁止结合非常不同的标记的选择处理，同时也都需要功能为把大致相似的标记结合成更大的标记的聚合处理，以及在某种意义上，在两组不相似的标记之间建立边界的辨别处理。

一般来说，我们的方法大致是递归地构建描述性基元。作为这一切的出发点的原材料就是，从图像中获得的我们称为原初草图的基元描述。我们一开始从中选择大致相似的元素，并且把它们结合并聚类，以在图像结构允许的情况下，构成线、曲线、更大的斑点、组和小块。一次又一次之后，我们就构建起了各个尺度上描述对应尺度空间结构的标记或者基元。所以，如果图像是对一只猫的近距离观察，那它的原初草图可能主要包含猫毛这一结构的描述。毛皮上的记号可以从强度变化中直接检测到，不过也可能会在高一层的表示中出现。而更高一层就存在这些记号的平行条状结构。整体描述的组织大致如图 2-7 所示。每一步所用的基元都是性质相似的符号（包括边、条、斑点及端点或不连续点），但它们会逐步对应图像中越来越抽象的性质。

图 2-7 给出了这些基元的一些例子。其他例子包括图 2-33（a）和（b）中的中心斑点状的群组，图 2-33（c）和（d）里的小簇，构成图 2-33（e）中群组的相对异质的对象集合，图 2-33（f）和（g）里的方块的边和图 2-33（h）里的中心线。把任何一种局部簇、斑点或群组视为单个对象的能力，就是这一层负责构成标记的处理的结果。而例如像两条线之间的三维角，或是正方形和三角形这样的概念的表示不属于初草图的描述范围，因为它们涉及形成这张图像的现实世界中的性质，而非图像本身的性质。

一旦这些基元被构建，它们就可以告诉我们关于可见表面几何的信息。这或者是通过检测表面反射率的变化，又或者是通过检测可能是由于表面朝向或深度的不连续导致的变化。因为每当表面变化的时候，反射率函数的变化往往都非常大，从而可以被几乎所有检测发现，所以我们对于第一种检测没有太多要说的。让我们主要来看第二种检测，即可能由于表面不连续所导致的边界的检测。检测这些边界有两种完全不同的办法。一是寻找因物理不连续性而存在，并在几何上沿着物理不连续点组织的标记集合。这里的一个例子是图 2-25（a）和（b）中端点和不连续点的排列。我认为，找到这些内容的机制也能处理图 2-33（a）至（d）中的圆和图 2-33（e）中的线。

而第二种关于表面不连续的线索是描述图像空间组织的各种参数的不连续。在 2.3 节，我们分离出了 6 种值得测量的图像性质。其中 3 种是关于标记的内在特性的：平均明度、大小（包括长度和宽度）和朝向。另外 3 种则是关于标记的空间排布的，即它们的局部密度、距离和（如果存在的话）空间排布的朝向结构。这些性质中的任何变化都能帮助我们推断可见表面的几何。而且依据我们的第二物理假设，我们会希望在不同的尺度上测量这些变化。

图 2-33　初草图中的高阶基元的本质在于，它们把广泛的图像对象视作一个小组或一个标记的能力，也在于它们可以被用来构成组或是边界的能力。这些图展示了用不同方式来定义位置标记并对它们进行聚类的方式。在每个例子中，一根短线、一组线或是一组点被结合在一起，并被视作一个单元。

图 2-34 包含了这一类线索的例子。图 2-34 中的（a）展现了一个由于点的密度变化而产生的边界。图 2-34 中的（b）展示的是由于方块平均大小变化而产生的边界。图 2-34 中的（c）展示的是由于朝向的 45° 变化而产生的边界。而图 2-24 中的（d）所示的是由以上多种因素共同变化导致的边界。

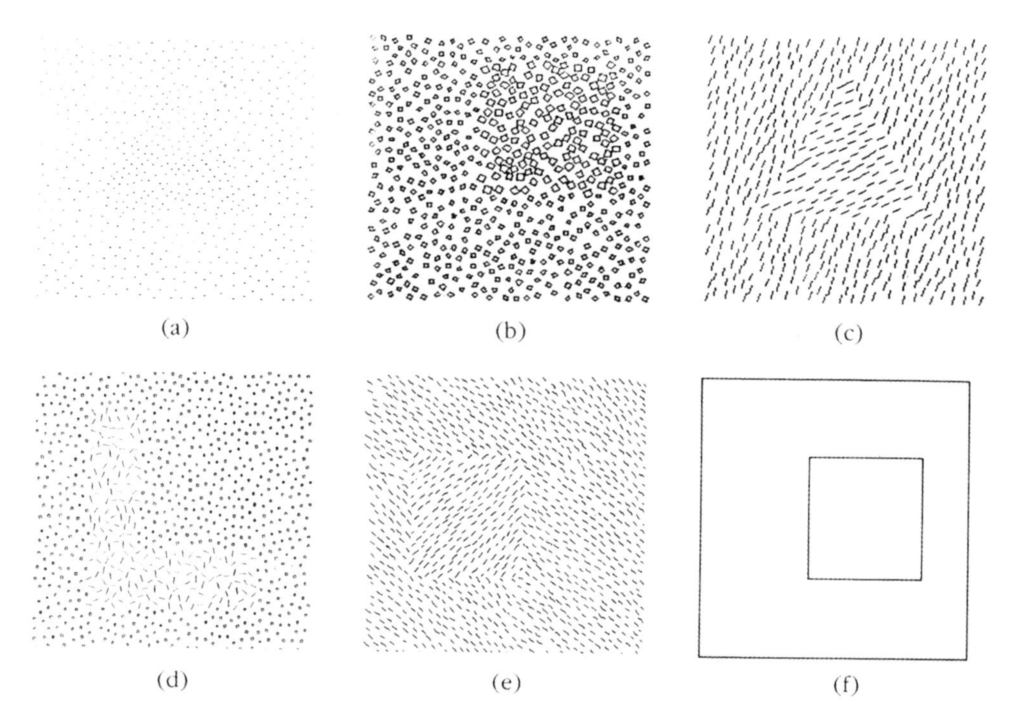

图 2-34 初草图的另一个重要方面就是，基于可能由表面朝向的不连续点或表面和观察者的距离的不连续点导致的特征来构建区域之间的边界。M. Riley 提供了图中所有的例子。它们都在心理物理学意义上产生了正文中定义的边界。(a)至(c)中的边界可能是由于几何因素的作用，但(d)中的边界由几种因素共同产生。(e)和(f)中的边界之间存在运动的对应。

所以第二类任务的要点就是要（在不同尺度上）局部测量上述定义的 6 种性质，而且通过诸如边界和边的基元的集合的方式，显式化描述在这些度量中不连续点出现的位置。把这样的边界加入图像表示的原因是，它们提供了关于表面不连续的位置的重要证据。这种观点的重要结论是，可能由于表面不连续而引起的参数变化就应该是引起感知边界变化的原因，而那些无法将其起源追溯到几何原因的参数变化产生感知边界的可能性就要小得多。我将此称为*感知纹理边界的几何起源假说*。其实用性的主要限制在于反射函数很少具有精确的几何结构。例如，如果表面结构包含有向成分，则其通常不是很准确。因此，可能由表面朝向的细微变化产生的图像朝向上的细微变化通常不会产生清晰的信号。尽管密度可以产生感知上更敏感的辨别量，但这一结论仍旧适用于图像中表观大小的变化。因此，只有当图像结构极为规则时，我们才能期望在这些辨别任务上的高感知敏锐度。总体而言，正如图 2-35 所示，我们对此应该很不擅长。

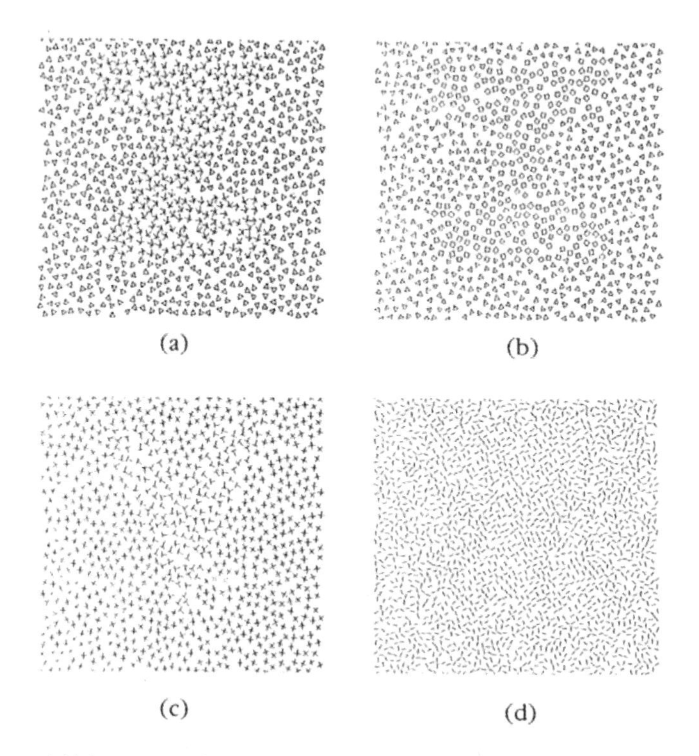

图 2-35 同样由 M. Riley 提供的这些例子的纹理差异不单是由于几何因素的作用。我们或许可以说，这里存在在某种意义上有区别的两个区域，但它们却并不能在心理物理学意义上产生正文中所定义的那种边界。在（d）图所示的例子里，内部区域中的线仅有两个不同朝向，而外在区域中的线则有各种不同的朝向。把这些例子和图 2-34 中的例子进行对比会很有趣。

在总结这一论点之前，我也许应该提出最后一点。尽管将聚类过程分为标记构建和边界形成这两个类别很方便，但实际上它们并不是那么独立的。这两个类别是有重叠的。例如，在图 2-7 中，一些点密度的边界也是标记的边界。这些标记既可以从这些边界中，也可以从那里的点云簇中构建。当然，它们也可以同时通过两种方式来构建。在图 2-34 的（a）中，三角形的构建既可以通过对邻近点进行线性分组，也可以通过寻找点密度的局部增强，又或是通过平均明度的局部减小。通常我们有多种方式来定义单个边界，这一事实有助于视觉系统对其的重建，但却给实验心理物理学家带来了困难。

主要论点

我们的主要论点，即从原初草图开始，通过选择、聚类和辨别处理以形成不同尺度上的标记、虚拟线和边界。我前述的方法给出了这样做的原因：它使我们能够推断出应该创建哪种类型的标记，应该使用哪种类型的选择和聚类处理，哪些情况会或不会产生感知边界，甚至也包括如何比较不同辨别导致的敏锐度差异。例如，当标记大小被视为指示表面朝向变化的辨别量时，对标记大小的分析的分辨率应与对标记朝向的分析的分辨率相当。这些论点为某些类型的纹理的视觉辨别基于初草图上的一阶辨别这一观点提供了物理依据（Marr，1976）。现在，我们来更详细地探讨这个问题。

纹理辨别的计算方法及其心理物理学意义

从纯粹的心理物理学角度很难准确定义*纹理辨别*的含义。Bela Julesz 在其有关该主题的著名系列文章中（如 Julesz，1975），区分了可以被立即（即所谓的前注意感知）辨别的纹理，以及在没有进行细致的、往往需要较长时间的观察（即所谓的慎察）就无法辨别的纹理。他将他的研究限于前者，即可以在 200 毫秒以内完成的辨别——这大致上也就是可以在没有眼动的情况下进行的辨别。

我也许应该指出，我建议的方法在某种程度上局限性更强，因为它还要求在纹理之间的边界处形成感知边界。并非所有 Julesz 设计的纹理都具有这一性质。例如，图 2-35 中的所有示例都没有这一性质，而图 2-34 中的所有示例都有这一性质。因此，从心理物理学角度来看，我们的方法要求迅速进行辨别（严格来说，应在不到 160 毫秒），并且必须存在清晰的心理物理学意义上的边界。第二个要求有多种判别条件。其中之一是，我们应该在能够表述诸如图 2-34 所示的 Julesz 的图样中存在两个纹理之外，还能够提供有关可分辨区域形状的信息。Schatz（1977）就将这一条件作为他的实验标准之一。

另一种由 Shimon Ullman 向我建议的可能性是，尝试在两帧中以不同方式生成的纹理边界之间寻找似动。例如，第一帧可能是图 2-34 中的（e），而在比如 100 毫秒间隔之后出现第二帧，是图 2-34 中的（f）。如果其中的边界存在明显的移动，则这进一步证实了它们实际上已经被构造了。如果边界遵循与强度边界相同的局部对应规则（Ullman，1979b），那这就是强有力的支持边界是被显式化表示的证据。图 2-34 所示的示例均通过了形状测试和似动测试。

Kidd、Frisby 和 Mayhew（1979）的发现可能提出了感知上何时构造边界的第三个标准。他们发现，通过使用适当构造的立体图，某些类型的纹理边界能够导致非共轭眼动，而这些运动会导致两条视线的辐合或辐散。

如果所有这些标准在不同的边界类型上同时成功或失败，我们将拥有一种能根据视觉纹理的变化来表述感知边界的创建时间的强大技术。类似的组合方法还可以通过告诉我们哪些类型的标记在前注意感知中被显式表示，从而帮助我们确定是否从图像中获得了诸如全初草图之类的东西。

最后，在我看来，如果使用类似 Barlow（1978）的对效率的绝对度量之类的方法，那对不同辨别过程的相对能力的心理物理学研究可能就会有说服力。在这项研究中，Barlow 询问人类如何敏感地检测嵌入在随机点背景中的点密度更大的目标。他发现他的受试者能够使用显示的客观信噪比的三分之二。这大致相当于可用统计信息的50%。他还提出了一个有趣的而又经济的模型来解释他的结果。该模型由大致为圆形且大小可变的“点数估计”元素组成。它们的数量足以覆盖直径为 1 弧分至 4 弧分的邻域的视觉中心区域，平均失配和重叠率为 50%。它们在时间上的积分约为 0.1 秒。我希望这样的研究可以扩展到其他辨别任务。

我们对如何表示图像的讨论到此为止。接下来，我们考虑如何使用这些表示以导出关于表面的信息。

第3章

从图像到表面

3.1 人类视觉处理的模块化组织

我们的总体目标是完全理解视觉，即理解如何从图像中有效而可靠地获得对世界的描述。人类的视觉系统就是一种能够有效获取此类描述的机器。并且，正如我们已经看到的那样，我们的目标之一是在各个层面上全面理解它：人类视觉系统表示了哪种信息，它执行了怎样的计算以获得这些信息，为什么？它又如何表示这些信息，如何执行这些计算，使用了什么算法？一旦回答了这些问题，我们就最终可以问，如何在神经机理中实现这些特定的表示形式和算法？

对可运作的视觉系统的研究可以帮助我们实现这一目标。这一点在对视觉处理过程的研究中是最清楚的了。在计算理论层面，研究人员的第一个问题是：它正在解决哪些计算问题，又需要哪些信息来解决这些问题？

像往常一样，最好用一个例子来说明这一点。由于眼睛的位置和控制方式，人脑通常会从同一水平位置的两个相邻点接收到场景的两张相似的图像。如果两个对象相距观察者的深度不同，则它们的图像的相对位置在两只眼睛中也会有所不同。要想验证这一点，可以在某一背景前竖起拇指，并将其保持在距眼睛不同位置。轮流闭上两只眼睛，就会发现在投射到每个视网膜上的图像中，世界中物体的位置是有所不同的。将这一位置的相对差异称为*视差*。它通常以弧分为单位进行测量，并且随着拇指越来越靠近眼睛，拇指和背景在两只眼睛中留下的图像之间的视差也会增加。对于 5英尺远的物体来说，一弧分的视差大约相当于 1 英寸的深度差。

人脑能够测量视差并使用它来产生深度感。纪念品商店里售卖的立体镜就可以演示这一点：当一次只用一只眼睛看单个视图时，它们看起来是平的。但是，如果我们有良好的立体视觉并用两只眼睛来看，情况就会大不相同。场景不再是平的了：景观跃然而出，让我们有了清晰而生动的三维感知。

立体视觉是如何工作的？遗憾的是，仅仅依赖于上述证据，我们甚至都还不能开始提出正确的问题。这是因为，从日常生活的经验中，甚至从上述立体镜的小型实验中，我们都不清楚如何将立体视觉处理与我们更熟悉的对每张图像分别进行的单眼分析分开。可以说，如果立体视觉处理是一个孤立的模块，那么我们就可以单独处理它。但它可能不是孤立的——例如，立体视觉可能涉及每只眼睛的各个处理之间的复杂且逐渐增加的交互作用及对两只眼睛的处理结果进行比较。这并非不可思议，也不难想到这样的方案为什么是可行的。例如，我们可以从找到左眼和右眼独立看到的橡树图像开始。我们可以在每张图像中找到树干，然后或许就可以找到树干右侧最低的分支。很快我们就会在左右图像的细微差别之间找到对应关系，并由此精确测量它们的视差。此外，由于匹配是通过这种自一般到特殊的方式得到的，因此我们在确定图像中究竟什么应该互相匹配这一点上，从不会遇到任何真正的问题。

顺便说一句，这种方法是所谓的自上而下的思想流派的代表。这个流派在二十世纪六十年代和七十年代初的机器视觉研究中盛行，而我们目前的方法在很大程度上是作为对其的回应而发展起来的。我们的一般看法是，尽管有时有必要使用一些自上而下的信息（请参见图 3-1 和 Marr，1976，图 14），但这在早期视觉处理中是次要的。这方面的证据来自心理物理学，由于某种原因，计算机视觉界故意忽略了这一证据。该证据提出的论点很简单。如果我们可以在人类的视觉处理系统中通过实验分离出一个处理过程，并证明它仍然可以正常工作，那么它就不可能需要与视觉的其他部分进行复杂的交互。因此相对来说，我们也就可以孤立地分析和理解它。

分割出单独的视觉处理过程的一种方法是提供特定的图像。我们在这些图像中尽可能去除了除某一种信息之外的其他所有信息。然后，就可以观察我们是否可以仅使用这一种信息。在立体视觉中，Bela Julesz 通过发明计算机生成的随机点立体图实现了这一点。如图 1-1 所示，左右两张图都是由计算机生成的黑色和白色正方形的组合。这些组合在除了中心方形区域以外的地方都是相同的，而这个方形区域则在两张图像中存在水平方向的相对位移，也就导致了不同的视差。除此以外，这一立体图对不包含任何其他有关可见表面的信息。

当立体地观察并融合这对图像时，一个人可生动而明确地感知到一个漂浮在背景平面上方空间中的正方形。这证明了两件事：（1）仅凭视差就可以产生深度感；（2）因为两张图像都没有任何可通过单眼识别的大型组织，所以如果处理中存在任何自上而下的成分（实际上，我们认为很可能有一点），那一定是非常有限的。

图 3-1 对某些图像的解释涉及更复杂的因素及更直接的视觉技能。这张 R. C. James 设计的图像就是一个例子。我们不考虑此类图像。

这种观察是定性而非定量的。它没有任何技术性，并且像 Julesz 的许多演示一样，绝对且惊人地令人信服。这样的观察是我们的方法的基础，因为它使我们能够开始把视觉处理分解成可以被单独理解的部分。计算机科学家将处理的各个部分称为模块。而可以将大型计算分解并实现为一组部件，且这些部件在整体任务允许的情况下几乎彼此独立的想法是如此重要，以至于我将其提升为一个原则，即模块化设计原则。这个原则很重要，因为如果不以这种方式设计处理过程，那么一个地方的微小变化就会影响许多其他地方。因为为改进部件而进行的小改动会要求在其他地方同时进行许多补偿性的改动，那无论对于人类设计师还是自然进化过程，整个处理都会变得极其难以调试或改进。模块化设计的原则并不禁止任务中不同模块之间的弱交互，但它确实要求组织整体必须是近似模块化的。

像 Bela Julesz 这样的观察理论上非常有价值，因为它们使我们能够提出明确的计算问题。而因为人类视觉系统可以执行这些问题里的任务，所以我们知道这些计算问题一定有答案。正是 Julesz 的发现，使我们得以建立关于人类立体视觉的理论（Marr and Poggio，1979）。Miles（1931）及 Wallach 和 O'Connell（1953）的类似发现使 Ullman（1979b）发展了他关于从运动中恢复结构的理论。Julesz（1971，第 4 章）的其他一些实验及 Braddick（1974）对似动中的短距离、短期处理的识别，对我们的方向选择性理论的建立做出了贡献。

人类视觉处理中模块化组织的存在证明了我们可以相对孤立地分析不同类型的信息。正如 H. K. Nishihara（1978）所说，关于可见表面的几何形状和反射率的信息以各种方式被编码在图像中，并且可以通过几乎独立的处理过程进行解码。当这一点得到充分理解时，就引发了有关可能的解码处理过程的理论的爆炸式增长。本章就介绍了这些我们现在已经充分理解的解码处理过程的计算理论。这些处理包括（1）立体视觉、（2）方向选择性、（3）从运动中恢复结构、（4）从光流中恢复深度、（5）从表面轮廓中恢复表面朝向、（6）从表面纹理中恢复表面朝向、（7）从明暗中恢复形状、（8）光度立体视觉（根据在不同光照条件下由固定传感器观察到的场景辐射，也即反射光的强度，来确定表面朝向和反射率）及（9）作为对反射率的近似的光度和色彩。当然，还有如遮挡在内的其他线索可用。但我在此只介绍我能够相当完整地讨论的处理过程。这里介绍的方法并非都具有生物相关性，光度立体视觉显然就与之毫不相关。但作为从图像中推断可见表面的几何形状和反射率的方法，它们都是很有意义的。

3.2　图像的处理、约束和可用表示

在开始对不同理论进行详细描述之前，我应先对这些理论的一般性质及读者应从中寻求和预期得到的内容做一些评述。

首先要提醒读者，我们希望在三个层次上分析处理过程（请记住图 1-4），即计算理论、算法和实现。当然，视觉问题尚未完全解决，因此我们不能在分析人类视觉系统中的每一个处理过程时都考虑所有三个层次。但是我们可以在三个层次上分析一部分处理过程，而在一两个层次上分析很多处理过程，这其中或许包括了大多数可以从图像中识别出表面的处理。

因为本书是关于视觉的计算方法的，所以我们总是从第一层次（即计算理论）开始分析。在这一层次，读者应关注使处理能够完成其工作的物理约束。这很像第 2 章中发生的情况。在那里我们考虑的是表示图像的方法，而为了得出哪些表示有用，哪些没有用，我们再三提及成像过程与产生图像结构的物理世界的性质之间的交互。我们在本章中考虑的是处理过程，而非表示形式。这两种情况极为相似，但表现形式略有不同。我们其实已经见过这种新情况的例子，即在如何组合来自不同大小的滤波器的过零点来构建原初草图中具有物理意义的基元的理论中。其关键点在于，一般并没有将来自频域中不重叠的两个通道的过零点相关联的理由，而它们在早期视觉中的关

系正是因为由表面上的记号、物体的边缘等引起的强度变化，而这些记号、边缘等恰好具有空间定位这一关键性质。

成像过程与物理世界的基本性质之间的这种交互在研究视觉处理过程时会时常遇到。在此我们举几个例子。研究中时常出现诸如图 1-1 左侧图案中的哪些点应与右侧图案中的哪些点匹配这样看似无法解决的问题。仅凭图像，我们是无法分辨的。建立立体视觉的计算理论的关键步骤是发现处理过程中的额外约束。这些约束是自然施加的，并且会充分限制结果的可能性以导出唯一的解。找到这样的约束是一个真正的发现，因为它是具有永久性价值、可以被积累且立足于其上的知识，也正是这些知识使这一研究领域成为一门深刻的科学（Marr，1977b）。

一旦分隔出了额外信息的来源，或者说信息是以何种方式收到世界的约束的，我们就可以将其纳入处理过程的设计之中。例如，对于组合过零点而言，这就是通过空间重合假设完成的，即重合的过零点是物理边缘的适当证据。因此，我们通过将约束转化为内部可验证或不可验证的假设来使用它们。

这就是处理过程的顶层计算理论的一个方面，但还有另一个几乎同样重要的方面。我们在第 1 章中看到，处理过程可以被看作从一种表示到另一种表示的转换。例如，加法将一对数字映射为一个数字。我们将要讨论的所有处理都将图像的性质作为其输入，而将表面的性质作为其输出，即向我们表明有关表面的几何形状或反射率的内容。

在下一章中，我们将讨论表示这些处理过程的输出的方式，但是现在我们关注它们的输入。这些处理的输入应该是什么？我们已经有了四个选择：图像本身、过零点、原初草图和全初草图。计算理论的一部分必须指明它使用这四种输入中的哪一种（或是否适合完全使用其他的输入）及其原因，并且对每个处理的研究都应探讨这一点。

当然，如果某个处理过程确实存在于人类视觉系统中，心理物理学会最终告诉我们它使用了哪种输入表示。但是，有一个需要牢记的要点（Marr，1974b）：本质上，由于约束条件使处理能够运作，并且由于约束条件是现实世界施加的，因此在很大程度上，处理所操作的基元应与具有可识别的物理属性并在世界的表面上占据确定位置的物理对象相对应。因此，我们不应该尝试在灰度强度阵列之间进行立体匹配。这恰恰是因为像素仅隐式地而非显式地对应于可见表面上的某个位置。

这一点很重要。例如，Wallach 和 O'Connell（1953）承认他们由于没有认识到这一点，耽误了好几年的时间。他们不明白为什么弯曲的导线的阴影应该不同于光滑的实心物体的阴影。如果旋转电线，则其阴影会移动，而我们可以立即感知到电线的三维形状。如果旋转一个实心物体，则其阴影也会移动，但我们却无法感知其形状。原因是，导线的阴影产生的轮廓与导线上的定点实质上一一对应。每个定点的确切物理位置在帧与帧之间变化，但始终对应于导线上的同一位置。对于旋转的物体而言却不是这样的。随着时间变化，阴影上的点会对应于物体表面上完全不同的点。基元不再能与恒定的物理实体相连接，恢复形状的处理过程也因此失败。

另一方面，从图像中推导表示的过程越复杂，则推导的时间就越长。在现实生活中，时间通常至关重要。对运动的分析尤其需要尽快得到答案，至少在图像过时或在移动者吃掉观察者之前。因此，总的来说，演化会偏向于能尽快得到结论的推导。

因此，尽管原则上处理图像信息的过程可以使用多种输入表示中的任何一种，但实际上它们可能会使用最早能使用的表示。我们讨论的范围包括灰度图像、过零点、原初草图和全初草图。其中较早的还不是“物理”的，因此有点不安全，也可能会导致我们犯错。但是在一些情况下，值得为了更快的速度而允许可能的误差。这些情况包括为响应图像的突然变化而控制眼睛运动，也许也包括方向选择性理论中的渐进检测器（请参见 3.4 节）。此外，仅仅因为一条边界是物理的，也并不能保证使用它总是安全的。均匀圆柱状灯柱的边缘在左眼和右眼看到的图像中产生了完美的边，但是这些边对应于物理表面上的不同线条。当立体视觉处理过程在匹配图像后尝试计算灯柱有多远时，就会遇到由此带来的问题。

因此，我们的规则（即处理的输入应由具有紧密物理关联的元素组成）只是一个一般的规则。对于如从明暗中恢复形状或光度立体视觉这些情形，显然是不适用的。但它对于诸如似动中的对应处理（Ullman，1978），或从表面轮廓或纹理中分析形状等情形则可能相当重要。这一规则自然有其附带的风险，并且在某些处理中只能勉强被遵循——例如，我认为立体视觉和方向选择性都可以直接使用过零点。但重要的是，它足够强大并且显然是有效的。因而，对这一规则的违背不应被忽视，而应该被解释。

对计算理论层次的讨论暂告一段落。理解处理过程的三个层次中的第二个层次是算法层次。在这一层次，我们构建了实现计算理论的特定过程。对于人类视觉系统中的早期视觉处理过程而言，任何严肃的可能性都应该满足两个指导算法设计的原则。一个原则大致是说算法必须是稳健的；另一个原则是算法必须表现得很流畅。对这两个原则的叙述如下（Marr，1976）：

1. *柔性降级原则*。该原则旨在确保在任何可能的情况下降低数据质量都不会阻止至少传递部分结果。它等于处理中不同阶段之间的关系的连续性条件。例如，对于视觉系统可以从图画中计算出的那种粗略的二维描述，应该要求其可以使系统能够计算出图画所代表的粗略的三维描述。
2. *最少承诺原则*。该原则要求不做以后可能不得不撤销的事情。我相信它适用于所有表现流畅的情况。它指出，应该避免根据假设检验策略构造的算法，因为很可能存在更好的方法。我的经验是，如果必须违背最小承诺原则，那么我们要么是做了错事，要么是在做非常困难的事。

如果能在第三层分析（即神经实现的层次）上给出有关处理过程的一般规则就太棒了。遗憾的是，目前只有很少的处理理论达到了可以提出特定的神经实现的地步，而且我们还没有通过实验在所有细节上证实这些实现中的任何一个，因此我们还无法构建这种规则。

不过，我们可以从对立体视觉和局部并行组织的协作算法的经验中得出关于规则的一个建议（Marr and Poggio，1976；Stevens，1978）。我在此谨慎指出，这仅仅是一个建议。它是说神经系统会尽可能避免使用迭代方法，即每个周期中不引入新信息的纯迭代。相反，它似乎更偏好单步方法，例如，Stevens（1978）用于在 Glass 图样中找到局部朝向的单步算法。神经系统似乎也更偏好从粗略到精细的方法，在每种状态下都做本质上同样的事情，但是通过在每轮中引入新的信息来避免纯迭代。我们将在下一节中看到我们的立体视觉算法就具有这种形式。这也可能是一个合理的设计原则，因为它毫不费力地结合了柔性降级原则和最少承诺原则。

但从某些角度来看，协作方法（一种非线性的迭代算法）看起来很合理。例如，它们非常稳健，且通常具有易于转换为合理的神经网络的抑制型和兴奋型连接的结构。那为什么它们没有被使用呢？

一种可能的解释可能是协作方法花费的时间太长，并且它的任何直接实现都需要太多的神经硬件。迭代的问题在于它需要围绕某种环来进行数据的流转。这可以通过某些具有侧支循环或神经元连接的闭环的系统来执行。但是，除非所涉及的数字能够在流转时被准确地表示出来，否则错误通常会很快地累积。要使用神经元来表示哪怕精度低至十分之一的数量，都必须使用长到能充分容纳 1 到 10 次发放的时间间隔。对于中型细胞，这意味着每次迭代至少需要 50 毫秒，也即 4 次迭代至少需要 200 毫秒——这是协作算法解决立体图所需的最短时间。这太慢了。

反对纯粹的迭代算法的论点并不有力，但这足以让我怀疑它们是否能成为人类视觉处理系统使用的处理过程的候选者。并且，它建议人们在设计实现处理过程的方法时应该尽力使用具有更开放和更灵活的结构的算法。

从 Torre 和 Poggio（1978）的工作中，我们也许可以学到关于神经实现的另一课。他们展示了如何在树突的突触交互的层面上实现“蕴含—非”这一非线性运算。他们使用电缆理论分析显示根据树突的几何形状计算其随时间变化的电特性，图 3-2 中所示的突触排布具有图 3-3 中所示电路的电特性及图 3-4 所示的行为。它近似地计算了 $g_1 - \alpha g_1 g_2$，其行为类似于“蕴含—非”。他们指出这可能是 Hassenstein 和 Reichardt（1956）及 Barlow 和 Levick（1965）关于果蝇和兔视网膜的方向选择性的想法得以实现的方式（请参阅 3.4 节）。Poggio 和 Torre（1978）扩展了这个想法，表明可以使用局部突触机制来实现各种基本的非线性操作。

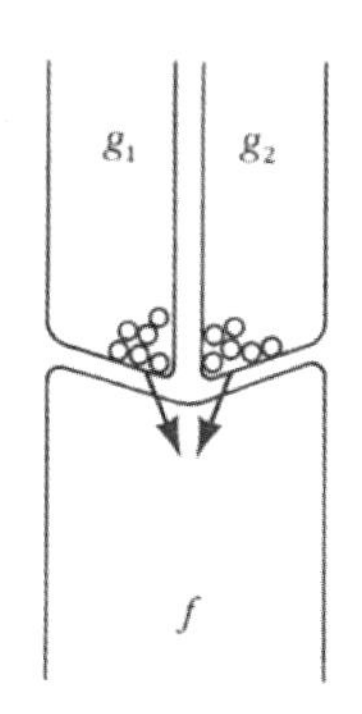

图 3-2　Torre 和 Poggio（1978）考虑的突触排布。这样的排布可以近似一个“蕴含—非”门。

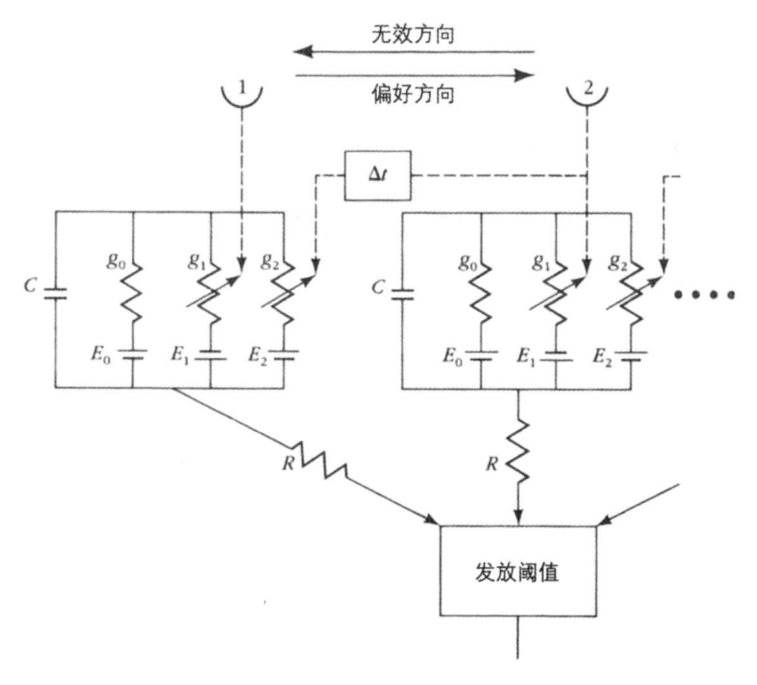

图 3-3　在 Torre 和 Poggio（1978）建议的实现方向选择性的组态中，等效于图 3-2 所示的突触排布的电路。这一电路实现的交互具有形式$g_1-\alpha g_1g_2$。该形式近似于一个逻辑“蕴含—非”门。逻辑与门也可以由类似的电路实现。

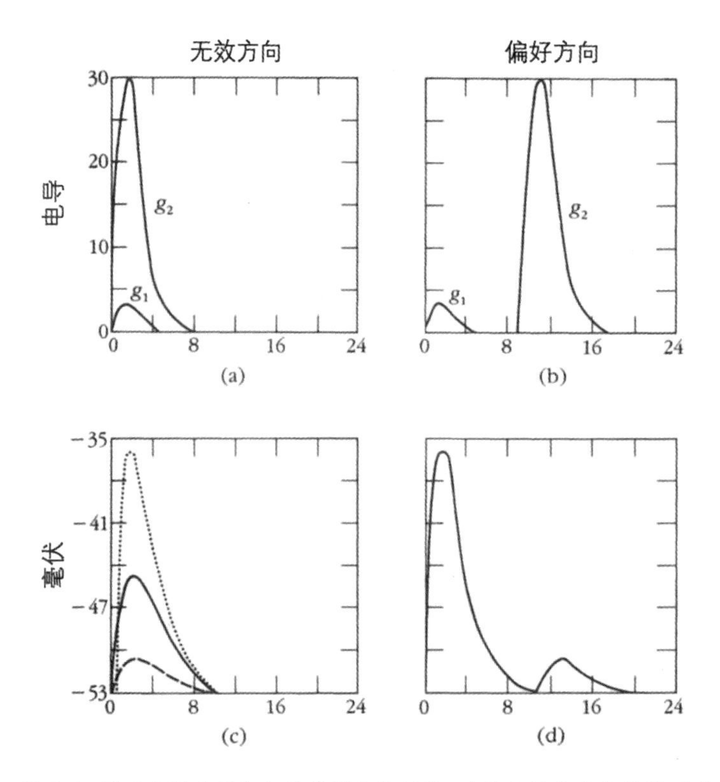

图 3-4 图 3-3 所示的电路计算得出的行为。对于无效方向上的运动，(a)中显示了输入g_1和g_2的时程，而（c）中的实线是电路的输出。点线和虚线分别显示了g_1和g_2的响应。对于相反方向的运动，输入如（b）所示，而电路的输出如（d）所示。注意（c）相对于（d）的衰减程度。这种方式可以使系统的输出具有方向选择性。时程（横轴）以膜时间常数为单位绘制。

这项工作传递的一个信息是，神经元可能做的比我们想象的要多。早期如 McCulloch 和 Pitts（1943）的模型倾向于将神经元视为基本上是线性的设备，可以通过阈值实现非线性功能。如果阈值由抑制型中间神经元产生，则其可能是可变的。这种思维方式导致 Barlow 和 Levick 建立了他们的方向选择性模型，我自己对小脑皮层感兴趣，因而也使用了它（Marr，1969）。但我们已经看到，局部非线性可能很重要。例如，图 2-18 中所示的过零点检测方案就基于使用大量的与门。Poggio 和 Torre 的工作的意义在于诸如与门之类的东西可能不需要完整的细胞来实现，而或许可以通过小块树突体中的局部突触交互来更紧凑地执行。

我们对一般性的讨论足够了。接下来让我们来看处理本身。我将从立体视觉开始，因为它是第一个被理解的心理学处理过程，也因为它引出了很多已经融入我的论述中关于早期视觉的一般性知识。因为我的目的是使读者对各种处理的工作方式有一个大致的了解，并给出它们工作的例子，所以我尽量避免过于技术化地描述它们。读者可以查阅原始论文以获取完整的细节。

对于论述的组织，我还有最后一点想说。许多处理过程都可以自然地被分为两部分，第一部分可以说是建立和进行测量，第二部分是使用测量值来恢复三维结构。例如，在立体视觉中，第一步是匹配处理以确定两只眼睛之间的对应关系，以便可以测量视差。第二步是三角学，可以从视差中恢复距离和表面朝向。第一步很难，第二步很容易。在方向选择性中，第一步是确定运动的局部方向，第二步是使用这种稀疏的局部信息来帮助将图形与背景分开。这两个步骤都不是特别困难。在似动中，第一步是在相继“帧”之间建立对应关系，以便可以测量帧间的位移。第二步是使用这些测量值来恢复三维结构。这两步都很困难。

因此，我将一些章节也分成了两部分。当然，有时人类的视觉处理系统是否确实实现了一个处理过程也是未知的。即使这一点是已知的，它是否能按照我的描述进行划分仍然是未解的心理物理学问题。在这种情况下，我试图弄清当前的证据是什么，以及需要做什么来解决这些悬而未决的问题。

3.3　立体视觉

我们已经知道，两只眼睛形成了关于世界略微不同的图像。这两张图像中物体位置的相对差异称为视差。它是由物体与观察者之间的距离的差异造成的。人脑能够测量视差，并用它来估计物体与观察者之间的相对距离。我将用*视差*一词来指代物体在两只眼睛中形成的图像上的位置的角度差；用*距离*一词来指代通常从两只眼睛中的一只测得的观察者到物体的客观物理距离；而将*深度*一词保留给观察者所感知到的物体的主观距离。

我将叙述分为两部分，第一部分关于测量视差，第二部分则关于使用视差。这两部分都可以分为图 1-4 所示的三个层次。我的叙述基于 Marr（1974b）、Marr 和 Poggio（1976）所讨论的计算理论；Marr 和 Poggio（1979）所提出的人类视觉系统所使用的算法；Grimson 和 Marr（1979）及 Grimson（1981）所描述的 Eric Grimson 对这一算法的计算机实现。在 1977 年至 1979 年间，其他有关过零点的工作（Marr, Poggio, and Ullman，1979；Marr and Hildreth，1980）使得算法的实现有所简化。最值得注意的是，我们从数学论证中发现可以使用圆对称的感受野，而非有向的感受野来处理初始卷积。Mayhew 和 Frisby（1978a）从心理物理学角度也独立发现了这一点。

测量立体视差

计算理论

测量立体视差涉及三个步骤：（1）必须从一张图像中选择场景表面上的特定位置，

（2）必须在另一张图像中标识相同的位置，（3）必须测量两张图像中对应点之间的视差。

如果可以通过诸如用光点照亮某一点这样的方法，在两张图像中无疑义地确定一个位置，那就可以不使用前两个步骤，而问题本身也会变得很容易。但在实践中，我们不能仔细巡回照亮表面上的每一个点，并记录其图像落在双眼中的位置。因此，我们必须找到某种更被动地感知环境的方式来识别位置。

识别两张图像中的对应位置这个任务之所以困难，是由于所谓的假目标问题。Julesz 的随机点立体图中就出现这个问题的极端形式（见图 1-1），而图 3-5 展示了问题的本质。问题在于点是如何对应的？此处左眼看到了 4 个点，右眼也看到了 4 个点，但是左眼中的某个点对应于右眼中的哪个点呢？所有 16 个可能的匹配在先验上都是合理的候选者，但是当我们观察到这样的立体图对时，我们只会建立实心圆表示的、而非空心圆表示的对应关系。后者就被称为假目标。

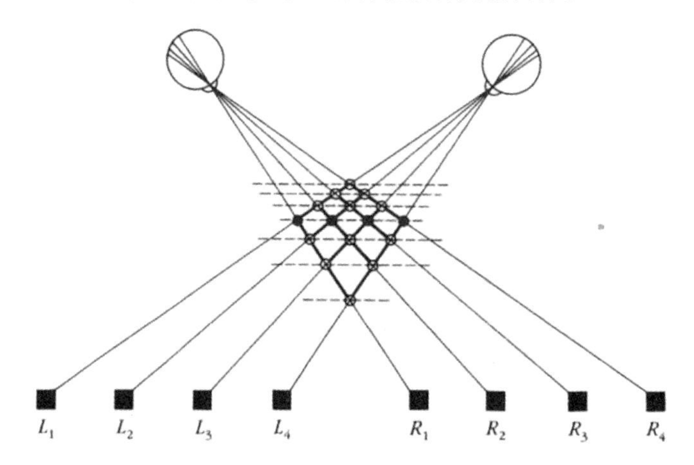

图 3-5　在两个视网膜投影之间的对应关系中存在歧义。在此图中，一只眼睛的 4 个点中的每一个都可以匹配另一只眼睛的 4 个投影中的任何一个。在16个可能的匹配中，只有4个正确（实心圆），而其余 12 个是假目标（空心圆）。如果没有基于全局考虑的进一步约束，这种歧义就无法解决。这里我们假设目标（实心正方形）对应于从左图和右图中获得的可匹配的描述性元素。（重印自 D. Marr 和 T. Poggio 的“Cooperative computation of stereo disparity”, *Science* 194, October 15, 1976, 283-287，已获授权。美国科学促进会 1976 年版权所有。）

这当然有些道理，不过还是让人感到惊讶。而我们又是怎样知道哪些匹配是正确的，而哪些应该被忽略呢？而且，对于这个特定的对应问题，还存在另一种似乎同样有效的解决方案。再来看一下图 3-5，试试发现这个方案是什么。它就是 4 个中央垂直的匹配，其中 R_1 与 L_4 配对，R_2 与 L_3 配对，R_3 与 L_2 配对，R_4 与 L_1 配对。但是我们从不会感知到这种形如渐行渐远的正方形组的匹配。为什么感知不到呢？为什么只能感知到另一个正方形排成一列，且间距都差不多的匹配呢？

读了第 2 章之后，读者自然会提议使用更高层的图像描述。例如，首先将两行点作为匹配单元，然后再匹配各个正方形，最后匹配每个正方形的边缘。我认为确实存在这类情形，但是首先要弄清的一点是，这种提议本身仅仅是一种机制，而真正要问的问题则是为什么它会有效？显而易见的是，仅凭图 3-5 中的一对图像，不存在任何让 L_1 匹配 R_3，L_2 匹配 R_1，甚至 L_3 匹配 R_1 的理由。

我们需要额外的信息以通过某种方式来约束可能的匹配，从而帮助我们确定哪些匹配是正确的。为此，我们必须考量在两张图像间建立对应的物理世界基础。

我们需要的约束看起来很简单。第一，物理表面上的给定点在任何时候在空间中都有唯一的位置；第二，物质是聚合的，并形成了单独的物体。物体的表面通常是光滑的，也即由粗糙裂纹造成的表面变化，或其他因与观察者距离的改变造成的明显差异，相比到观察者的总距离是很小的。

这些观察结果是物理表面的属性，而它们限制了表面位置的表现。因此，如果想利用这些观察来帮助我们在一个表面的两张图像之间建立对应关系，则必须确保将应用它们的项与物理表面上定义明确的位置一一对应。为此，我们必须使用与表面标记、阴影、表面朝向不连续等相对应的图像谓词。

正如我们在第 2 章中所看到的，这些物理上的考虑恰恰是初草图的动机。这也是为什么我们可以使用初草图，即其中的描述性项——包括线段和边缘段、斑点、端点和不连续点，以及通过分组并从中获得的标记——通常对应于物理存在于表面上的东西。也许在这里值得指出，由于分组处理过程需要能够处理各种不同的内容，因此更大、更抽象的标记往往不如原初草图中的早期、原始的事物可靠。还有一个原因使得这一点与立体视觉特别相关，即大型标记或许有几度这么大，而有用的视差往往却很小，只有弧分级别，所以为了进行精确的测量，首选较小、更原始的描述子。另一方面，即使在很高的处理层次，清晰的统计效果也很可能是物理变化的可靠指示。因此对立体视觉而言，我称之为纹理辨别边界的那种高层次边界可能比同层次的聚合更有用。将在稍后见到我认为是由此产生的一些结果。

因此，我们可以将物理约束重写为匹配约束，这限制了匹配两个原始符号描述子（每只眼睛一个）的可能方式。为了使匹配约束有效，匹配描述中的元素必须对应于成像的物理表面上定义明确的位置。我们可以认为这些元素仅携带位置信息，就像随机点立体图中的黑点一样。不过，存在对于完整图像的规则，以指定描述性元素之间的哪些匹配是可能的，哪些是不可能的。这些规则同样是从物理情况中推导出来的。如果两个描述性元素可能来自相同的物理记号，那它们就可以匹配。而如果不可能就无法匹配。这是我们的第一个匹配约束。我将其称为相容性约束。

第二个和第三个匹配约束来自两个物理约束。唯一性约束意味着，除极少数情况外，每个描述性项只能与另一张图像中的一项进行匹配。可能的例外来自成像过程中，两个记号在一只眼睛中位于一条视线上，但却可以被另一只眼睛分别看到。第三个约束是连续性约束，意味着视差几乎在所有地方都平滑变化。这一约束存在的原因是，第二物理约束意味着除了在物体边界上，观察者与可见表面的距离都连续变化，而物体边界仅占图像区域的一小部分。

这就是我们的三个约束。我将它们称为立体视觉的基本假设：对于包含足够多细节的场景的左右图像，如果在从中提取的具有物理意义的基元之间建立了对应关系，并且如果这一对应关系满足了三个匹配约束，则该对应关系在物理上是正确的。从这一假设中可以立即得出该对应关系也必须是唯一的。

持怀疑态度的读者会说，这一切是都很好，匹配约束看起来非常合理，还很有力；但是要把它们变成一个基本的假设，以断言它们不仅是物理世界的必要结果，而且实际上足以充分唯一确定正确的对应关系，就完全是另一回事了。

这一点是绝对正确的，公平而直接地说中了构成这种处理方法的基础之一的哲学观点。我通过关于处理过程的计算理论所要表达的，正是要分离这个基本假设并确定其成立。建立这种假设的充分性比建立第 2 章中空间重合假设的充分性要困难得多。这是因为那是一个相当简单的假设，完全直接来自物理世界的结构。

但我们仍可以在广泛的情况下确定其有效性。在这里，我将尝试以更一般的方式来讲述如何进行论证。这是因为基本的方法论观点是如此重要，而我们将在每一个处理过程的理论核心中运用它。

如上所述，立体视觉的基本假设包含诸如“包含足够多细节的场景”和“具有物理意义的基元”之类的短语，这些短语对于数学推演来说太不精确了。因此，我将通过使用白色的物理表面（上面带有黑点）的特殊情况来替换短语“具有物理意义的基元”，并通过指定点的密度（记为 v）足够高这一条件来替换第一个短语。具体来说，为了使推演正常进行，我们需要将 v 设为至少 2% 左右。通过这些有些曲折的手段，类似于将黑色斑点喷洒到世界上，我已将现实世界的情况转换为图像，这些图像与 Julesz 的一个随机点立体图极为相似。现在，两张二进制图像之间的匹配条件可以被看作如下三条规则：

规则 1：相容性。黑点只能匹配黑点。

规则 2：唯一性。一张图像中的一个黑点几乎总是只能匹配另一张图像中的至多一个黑点。

规则 3：连续性。匹配的视差几乎在图像的所有位置都平滑变化。

我们现在的任务是证明这些规则会在两张图像之间产生唯一的对应关系，可以通过以下方式做到这一点。首先，注意到由于两只眼睛是水平的，因此我们只需要考虑水平线上所有可能的匹配；因此，我们可以将问题简化为如图 3-6（a）所示的简单一维情况。L_x 表示左视网膜上的点的所有可能位置，R_x 表示右视网膜上的点的所有可能位置。垂直实线和水平实线分别代表左眼和右眼的视线；对角虚线标记了在左右图像中速率相同的遍历，因此代表了视差恒定的平面。

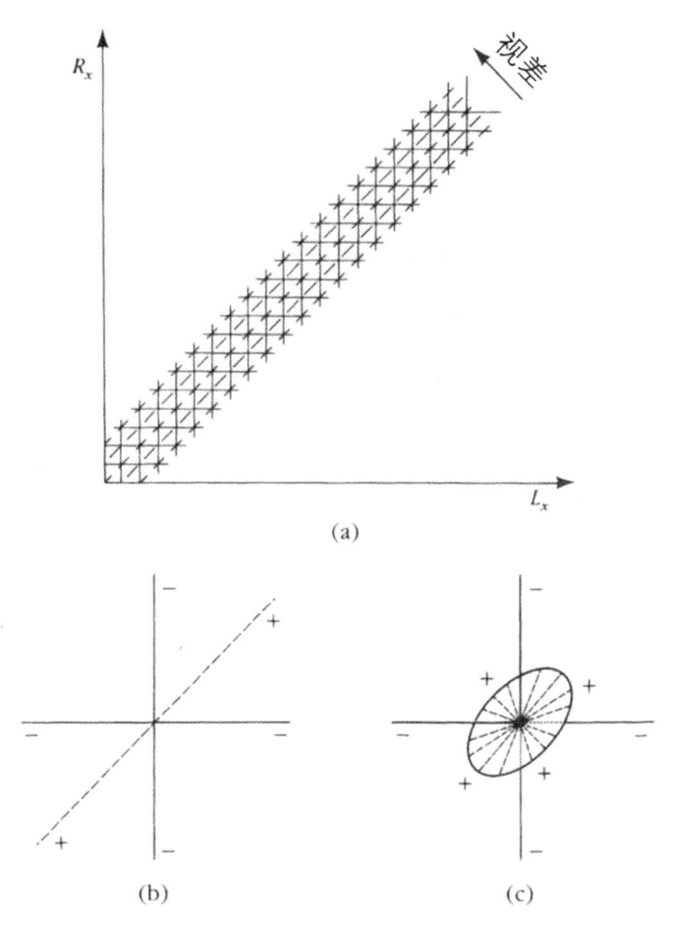

图 3-6 （a）中的L_x和R_x代表左图和右图中描述性元素的位置。垂直实线和水平实线表示左眼和右眼的视线。这些线的交点对应于可能的视差值。对角虚线代表视差恒定的线。

本文描述的协作算法在每个节点上都放置一个元件；实线代表抑制型交互，虚线代表兴奋型交互。（b）中给出了（a）中网络的每个节点的局部结构。该算法可以扩展到二维图像。在这种情况下，对应网络中的每个节点都具有（c）中所示的局部结构。该图中的椭圆形表示从书页平面伸出的二维圆盘。（重印自 D. Marr 和 T. Poggio 的“Cooperative computation of stereo disparity”, *Science* 194, October 15, 1976, 283-287，已获授权。美国科学促进会 1976 年版权所有。）

现在，我们的证明至少在概念上是很容易的。规则 1 告诉我们仅考虑黑点。规则 3 告诉我们，正确的匹配总体上沿着或接近这些对角线聚集。而规则 2 告诉我们，在每个点上，仅应选择沿这些平面之一的匹配。每张图像中点的密度为 v，因此在正确的平面上可能的匹配的密度为 v，而在错误的平面上只有 v^2。因此，如果视差变化足够缓慢，以使得在每个视差平面上的面积 A 足够大，以使得 Av 与 Av^2 显著不同，则这三个规则就将产生一个唯一的解。由于有 Av 个匹配的情形下解是唯一的，而物理上正确的情况又必会导出一个解，所以这一个解也一定是在物理上正确的。这就是论证的要点。当然，这里的论述有些粗略，还必须注意各种细节。

我给出的论述确立了两点。首先，立体视觉的基本假设是正确的。这也是为什么它包含的约束是从基于物理世界结构的论证中推导出来的。第二，因为满足基本假设的匹配保证是正确的，所以基本假设为定义匹配处理过程提供了充分的基础。此外，在正常的物理情况下，总存在这样的匹配。这就完成了立体视觉的计算理论。

立体匹配算法

协作算法

我们可以设计多个算法来实现特定处理过程。为了说明这一点，我将为立体匹配处理提供两种算法。第一种（Marr and Poggio，1976）是从上一节的想法中自然得出的。可以很容易地从图 3-6 中理解它。

正如我们在前面看到的，规则 2 和规则 3 确定了匹配问题的解。规则 2 实际上表示，沿着图 3-6（a）中的任何垂直线或水平线都只能进行一次匹配。规则 3 指出正确的匹配点往往位于对角虚线上。

我们现在要做的是建立一个并行、相互连接的处理器网络，以直接实现这两个规则。我们在图 3-6（a）的每个交叉点或节点放置一个小处理器。这里的想法是，如果该节点表示一对黑点之间的正确匹配，则它最终应具有值 1。如果它表示一个不正确的匹配，即如前所述的假目标，那么处理器的值应为 0。

我们通过处理器之间的互联来实现这些规则。如我们所见，规则 2 告诉我们，沿着每条水平线或垂直线只允许进行一次匹配。因此，我们使每条垂直线或水平线上的节点的所有处理器相互抑制，即在由每条线导致的竞争中，只有一个处理器的值可以为 1，其他所有处理器的值都将为 0。这就满足了规则 2。规则 3 指出正确的匹配点往往沿着虚线，因此我们在这些方向上的处理器之间插入了兴奋型连接。这为每个局部处理器提供了如图 3-6（b）所示的结构。每个这样的处理器将沿着那里的水平线和垂直线（对应于两只眼睛的视线）发送抑制型连接，并沿着对角线（恒定的视差线）发送兴奋型连接。我们甚至可以将算法扩展到二维图像。在这种情况下，抑制型连接保持不变，但是兴奋型连接覆盖了恒定视差的二维小邻域。这种情况如图 3-6（c）所示。

我们预载处理器网络，把两张图像中的黑点可以匹配的位置（包括所有假目标在内）设为 1，将其他位置设为 0。然后运行网络。每个处理器将其兴奋型邻域中的 1 加起来，再将其抑制型邻域中的 1 加起来，然后在将两者之一与适当的加权因子相乘后，把所得的数字相减。如果结果超过某个阈值，则处理器取值为 1，否则取值为 0。严格地说，此算法可以由迭代关系表示为

$$C_{x,y;d}^{t+1} = \sigma\left\{\sum_{x',y';d' \in S(x,y;d)} C_{x',y';d'}^{t} - \varepsilon \cdot \sum_{x',y';d' \in O(x,y;d)} C_{x',y';d'}^{t} + C_{x,y;d}^{0}\right\}$$

其中，$C_{x,y;d}^{t}$表示图 3-6（a）中的位置 (x,y)、视差 d 和时间 t 对应的元件的状态；$S(x,y,d)$ 是局部兴奋型邻域，$O(x,y,d)$ 是抑制型邻域。希腊字母 ε 是抑制常数，而 σ 是阈值函数。初始状态 C^0 包含规定的视差范围内的所有可能的匹配，包括假目标；在这里，它是在每次迭代时被加入的。这一点并非必需的，但是这样可使算法收敛得更快。注意如何通过抑制型邻域 O 和兴奋型邻域 S 的几何形状来实现规则 2 和规则 3。

该算法成功地解决了随机点立体图。图 3-7 中显示了一个示例，说明了网络如何逐步将其自身组织为正确的解。立体图本身被标记为“左”和“右”，网络的初始状态被标记为 0，而 n 次迭代后的状态则被标记为相应的数字。要了解这些图像如何表示了网络状态，请想象从上方（即从图 3-6 顶部的方向）观察网络。网络中的不同视差层位于平行平面中，因此观察者是在向下观察它们。在每个平面中，一些节点处于打开状态，一些处于关闭状态。网络中七层中的每一层都被分配了不同的灰度值，因此在顶层中打开的节点（对应于 +3 像素的视差）为图像提供了暗点，而在最低层（视差为 −3）中打开的节点提供了亮点。最初（0 次迭代）的网络是杂乱无章的，但秩序在最终状态下是稳定的（14 次迭代），并且找到了倒置的婚礼蛋糕结构。该立体图的点密度为 50%。

由上面的迭代关系定义的算法，结合用于图 3-7 所示示例的参数值，能够求解点密度从 50% 降至小于 10% 的随机点立体图。算法对于越小的密度收敛得越慢。如果在每次迭代中允许使用简单的稳态机制来将阈值 σ 控制为平均活动（打开的元件的数量）的函数，则该算法可以求解密度非常低的立体图。第二个示例（见图 3-8）的密度为 5%，并且中心正方形相对于背景具有 −2 像素的视差。该算法填充了那些不存在点的区域，但与密度为 50% 的情况相比，要花更多的迭代时间才能到达解的附近。当看一张稀疏的立体图时，我们感知到的形状会比算法找到的形状更干净。这似乎是由于出现在形状边界上的点之间的主观轮廓。

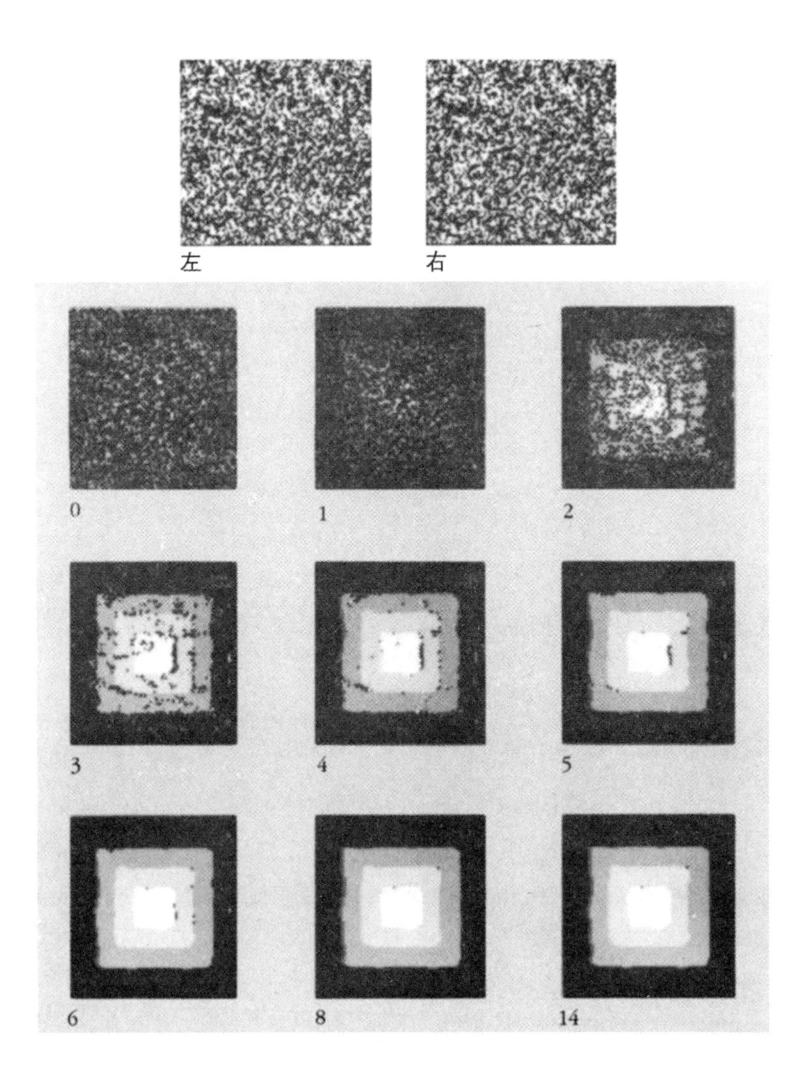

图 3-7 通过文中描述的协作算法对随机点立体图对进行解码。立体图显示在顶部，而网络的初始状态（包括在规定的视差范围内的所有可能匹配）标记为 0。如图所示，该算法进行了多次迭代，并逐渐揭示了结构。不同的灰色阴影代表不同的视差值。

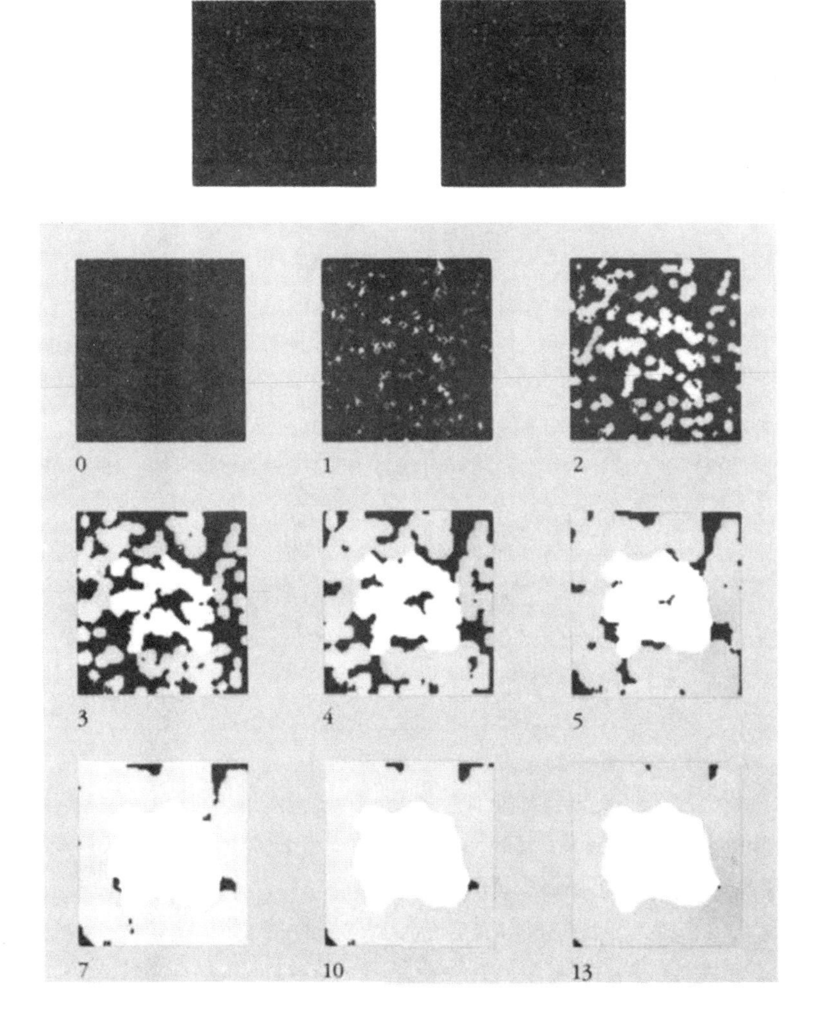

图 3-8 在图 3-7 中使用的算法也可以解码和填充非常稀疏的立体图。这张图的密度为5%。

从这些示例中，我们可以直观地看到算法的工作原理。它似乎从来没有在立体图上有任何麻烦，但是仅凭这一点还不足以使人们对它有信心。但我们确实做到了使其在智识上更可取；在对该算法的数学分析（Marr, Palm, and Poggio，1978）中，我们证明了遵守规则 2 和规则 3 的状态是该算法的稳定状态，我们还证明了该算法在广泛的参数值范围内收敛。

这是协作算法的一个示例。它之所以被称为协作算法，是因为局部操作正似乎在良好的监管下协作以形成全局秩序。协同现象在物理学中是众所周知的，如铁磁性、超导性和一般相变的 Ising 模型。协作算法具有许多与这些现象相同的特征。

协作算法和立体匹配问题

直到 1977 年，几乎所有作为人类立体视觉模型提出的立体视觉算法都基于 Julesz 的提案，即立体匹配是一个协作处理过程（Julesz，1971，第 203 页；Julesz and Chang，1976；Nelson，1975；Dev，1975；Hirai and Fukushima，1976；Sugie and Suwa，1977；Marr and Poggio，1976）。两个例外是 Julesz（1963）的 AUTOMAP 程序，该程序使用了基于聚类搜索的方法；Sperling（1970）的模型，该模型基于灰度相关性，但确实就立体视觉和辐辏运动之间的联系提出了一个有趣的观点。

我们可以从这些尝试中发现一个值得注意的教训：除我们自己基于计算方法的算法之外，这些算法中没有一种伴随着对立体匹配问题的基础计算理论的分析。这直接导致的结果就是，它们都没有在计算正确的东西——在立体视觉的基本假设中，至少有一个约束要么被忽略了，要么没有被正确地实现。Sperling 的模型基于灰度相关性，这如我们所见是不正确的。因为这个模型没有被实现，所以它没有指定计算相关性所需的邻域的面积和位置。而正是在做这件事的过程中，人们才遇到了问题。

Dev 的算法可以被认为是最早精确体现 Julesz 的思想的尝试之一（Dev，1975，等式 1 和 2）。该算法实现了规则 3，但是使用了规则 2 的错误版本。它没有用两条抑制线（沿每条视线各一条），而是仅用了一条平分视线间的角度的抑制线。图 3-9 是对该算法的图示，可以将其与图 3-6 所示的几何结构进行对比。从物理上讲，图 3-9 中的连接大致对应于这样一条规则，即从观察者出发向外的任何方向都只会遇到一个表面。这通常是不正确的。例如，当一个人看着一个浅湖时，他会看到两个表面，即湖面及湖底。如图 3-6 所示，正确的版本是任何特定的可见标记都会位于湖面或湖底（或一条游过的鱼上）；只是在这些表面中，它只会位于其中一个表面上。

Sugie 和 Suwa（1977）的算法仅实现了规则 3 的一部分，以及规则 2 的错误版本。Nelson（1975）没有给出精确的算法，也没有以任何形式实现他的想法，但是他的意思似乎也是指向一种实现规则 2 的错误形式的算法。Hirai 和 Fukushima（1976）正确实现了规则 2（第 48 页，函数 [1]），但没有实现规则 3，而是使用了一种偏好低视差的解的网络。

Julesz（1963）的 AUTOMAP 程序无法实现规则 2，但是以检测聚类的方式隐式实现了规则 3。Julesz 的偶极子模型更有趣。它被定义为一种机械类比，其中左右立体图像分别由罗盘针（磁偶极子）网络表示，而每个针都表示一个要被匹配的图像记号。针指向两个网络重叠时另一图像网络中的附近位置。每侧相邻针的端点通过弹簧耦合在一起，并且根据该位置处图像的强度（黑色或白色）选择每个针的极性（北或南）。这里的想法是，当左右网络以粗略的对齐方式重叠时，在两侧相似排列的针组之间的磁吸引力将使网络进入稳定状态，其中针将指向另一侧中的正确匹配。尽管除随机点立体图外，磁体的极性与视网膜强度值之间的关系尚不清楚，但偶极子模型隐式实现了唯一性（规则 2），因为给定的偶极子一次只会有一个朝向。相邻偶极子尖端之间的弹簧耦合实现了规则3要求的连续性。因此，该模型离实现我们的要求最近。但是它有个有趣的特性，即与其他协作模型不同，它并未明确表示图3-6（a）中的所有可能的节点。也就是说，该图中的每条垂直线或水平线实际上只对应于一个处理器，而其上的不同节点则由单个偶极子的不同角位置表示。看看这样的模型是否能工作将会是很有趣的。

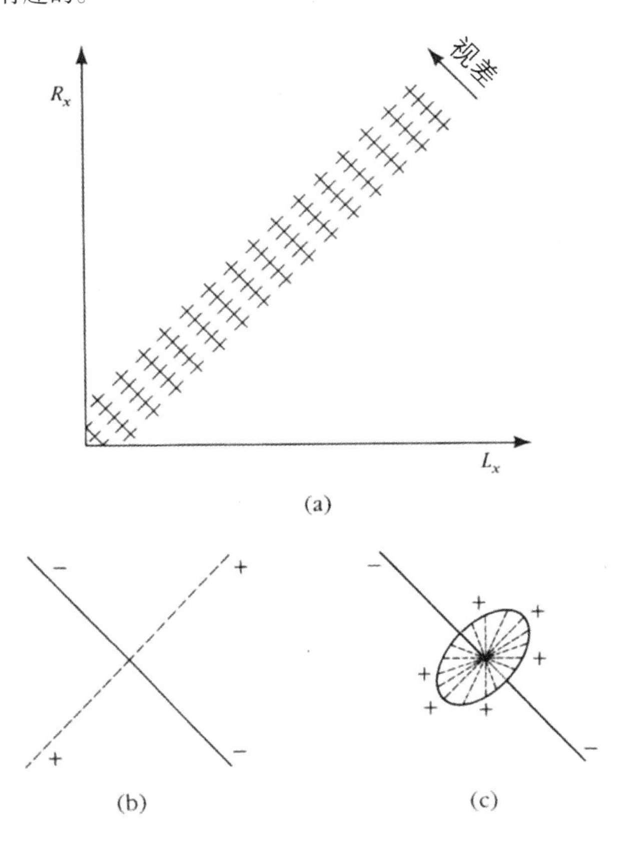

图3-9　已被提出的几种协作立体视觉算法，在相同视网膜位置处的不同视差的检测器之间仅包含一组抑制型连接。如果我们以与图3-6中相同的方式表示这些连接，则很明显能看到它们实现的是略有不同的约束。这些连接并没有禁止沿每条视线进行双重匹配（如图3-6所示），而是禁止沿径向从观察者向外进行双重匹配。以这种方式来构建立体对应处理过程是不正确的。

我之所以详细说明这一点，仅仅是为了帮助提出一个整体论点，即方法的智识精度对于研究视觉系统的计算能力至关重要。除非我们正确地构建了处理过程的计算理论，否则设计出的算法几乎肯定是错误的。

最后，这些算法都还没能在自然图像上工作。灰度关联性有时有用，但也会犯必须要人类才能纠正的错误。Marr和Poggio（1976）提出初草图是合适的输入表示形式，但其他提案并未就其所需的输入表示形式给出具体建议。

生物学证据

所有这些算法都是为了在假目标大量出现的情况下能选择正确的匹配而设计的。因此，除了 Julesz 的偶极子模型的早期版本外，这些算法并没有对眼动有关键性的依赖。这也是因为从原理上讲，它们无须依赖眼动也能够解释随机点立体图。但是，眼动对于人类的立体视觉似乎很重要。实际上，如果没有眼动，人们几乎看不到深度——一个人可以融合两幅图像的范围（称为 Panum 融合区）很小，大约只有 6 到 18 弧分（Fender and Julesz，1967；Julesz and Chang，1976）。而且没有眼动的话，除了很小的视差之外（Mayhew and Frisby，1979），人几乎看不到任何结构（Richards，1977）。对于诸如 Julesz 的螺旋形（1971，图 4.5-4）之类的复杂立体图，眼动很可能是必不可少的（Frisby and Clatworthy，1975；Saye and Frisby，1975）。实际上，鉴于 Fender 和 Julesz 的早期发现，直到最近人们对眼动的关注还是如此之少是很令人惊讶的。

就我们一直在讨论的算法类型而言，还存在其他几种难以解释的心理物理学现象。例如，一些人可以容忍一张图像扩大 15%（Julesz，1971，图 2.8-8）。如果人对立体图对中的一张图严重散焦，那融合仍然很容易实现（Julesz，1971，图 3.10-3）。这只是对一个可以通过其他几种方式显示的现象的最惊人的演示。实际上，正如读者可能会在图 3-10 中体会到的那样，一个人可以同时感受到立体图中不同频谱分量的双眼竞争与融合（Kaufman，1964；Julesz，1971，3.9 和 3.10 节；Julesz and Miller，1975；Mayhew and Frisby，1976）。这样的发现提供了一个有趣的可能，即视差信息在某个阶段是通过独立的立体视觉通道传输的，这些通道被调谐为不同的频率，且大约为 1.5 倍频程宽。这实际上使人想起了我们在第 2 章见过的不同大小的 $\nabla^2 G$ 算子。

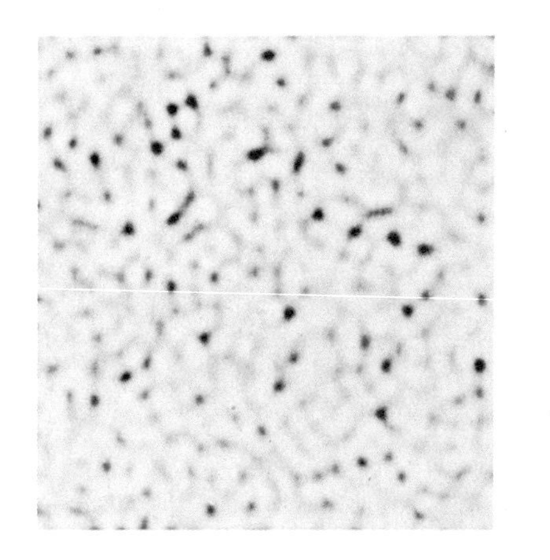

图 3-10　这对立体图的高频分量是竞争性的，但低频分量却反倒是可以融合的。这表明立体视觉涉及独立的空间频率调谐通道。（重印自 B. Julesz 和 J. E. Miller 的 “Independent spatial-frequency-tuned channels in binocular fusion and rivalry”，Perception 4, 1975,125-143, fig. 6，已获授权。）

其他有趣的发现是关于 Richards 的双池假说的生理学、临床和心理物理学证据的

（Richards，1970，1971；Richards and Regan，1973；Poggio and Fischer，1978；Clarke, Donaldson, and Whitteridge，1976）。Richards 的基本发现是，立体视盲表现为对所有辐合视差、所有辐散视差或两者兼有的视盲，而某种程度的立体视觉能力丧失是很常见的，发生率约为 30%。换句话说，立体视觉检测器似乎被组织为两个池，一个池用于处理辐合视差，另一个用于处理辐散视差，又或许有第三个池用于处理零视差。神经生理学家报告了类似的发现——大约存在三类视差调谐的神经元，一类宽泛地调谐为辐合视差（所谓的近神经元），另一类宽泛地调谐为辐散视差（远神经元），而第三类则精确地调谐为近零视差。这不是人们对上述讨论的算法所预期的神经实现，因为除了偶极子模型之外，所有算法都需要许多“视差检测”神经元，其峰值灵敏度涵盖的视差值范围远比单个神经元的调谐曲线要宽。

最后谈谈协作算法方法的动机。正如我已经提到的，这些想法都受 Fender 和 Julesz（1967）描述的立体视觉的迟滞现象的启发。在他们的实验中，他们相对于眼动稳定了图像，并表明一旦实现了双眼融合，那就可以在融合“破裂”之前将两张图像“拉”开多达 2° 的视差。但是，一旦融合破裂，图像就必须重新回到 6 到 14 弧分的范围才能重新被融合。迟滞是协作算法的一个属性。填充也是如此。填充似乎也在立体视觉中发生——正如读者已经看到的那样，图 3-8 所示的稀疏立体图给出的印象是光滑的固体表面，而不是孤立挂在空间中的几个点。因此，包括 Julesz 和我们自己在内的每个人都在寻找某种协作算法。

但我们的寻找并不是很智能的。毕竟，Fender 和 Julesz 实验的关键点是，迟滞在超过2°视差时仍存在，而匹配仅发生在 20 弧分以下。因此，迟滞似乎不太可能是匹配处理的结果，而更可能是来自存储了匹配处理的结果但与之不同的皮层记忆。Fender 和 Julesz 甚至提出了这种可能。当然，这并不禁止协作在匹配处理中存在，且随后由 Julesz 和 Chang（1976）描述的所谓的牵引效应很可能是其存在的证据。但教训是，我们可能不应该再强调协作处理的想法，而应该寻找一种截然不同的解决立体视觉问题的方法。

第二个算法

双眼融合中要克服的基本问题是消除或避免假目标。其难点由两个因素决定：图像中可匹配特征的丰富程度和寻求匹配的视差范围。如果某个特征很少出现在图像中，则在遇到假目标之前，对其匹配的搜索可以覆盖相当大的视差范围。但是如果该特征很常见或者匹配标准很宽松，则可能会在很小的视差范围内就出现假目标。

那么对于给定的视差范围，如果要简化匹配问题，就必须减少可匹配特征对的发生率；也就是说，我们必须使特征变得稀少。有两种方法可以做到这一点。一种方法是使它们变得非常复杂或具有特定性，以便即使它们在图像中的密度很高，也会因为特征有很多不同的种类而很少会产生相容的特征对。另一种方法是，例如通过降低检查图像所用的空间分辨率来大幅降低图像中所有特征的密度。

我们从 Julesz 关于随机点立体图的工作中知道，第一种方法的前景相当渺茫。我们知道匹配是在局部进行的，但是所有边都是完全垂直或水平的，且都具有相同的对比度，因此即使将非常特定的标准强加到它们上也无济于事。此外，这样做会严重损害算法在真实图像上的性能，因为真实图像上两个对应边的朝向和对比度可能会有惊人的差异。读者自己可以从图 3-11 中看到，具有不同对比度的立体图也可以融合。但是，对比度必须具有相同的符号。对朝向的标准也很宽松。

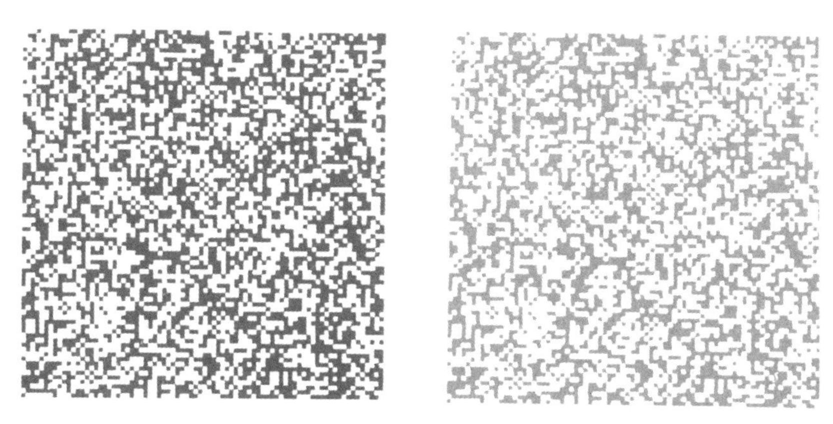

图 3-11　左图和右图具有不同的对比度，但仍可以被融合。

不过另一种可能性更有前途。实际上，双眼融合中独立空间频率调谐通道的存在现在引起了新的特殊兴趣，因为它表明融合中使用了通过逐次精细过滤获得的图像的多个副本，从而以减小视差范围为代价，提供了逐步增加并且在极限处非常高的视差分辨率。

沿着这些路线组织的系统的显著特征是，它依靠眼动从两个视角构建了全面而准确的视差图。其原因是，最精确的视差值是从高分辨率的通道中获得的，而为了让这样的场景的每个部分最终进入高分辨率通道运作所需的小视差范围，眼动就必不可少。人类对辐辏眼动的控制具有极高的精确度，这也是它们的重要性的另一个值得关注的原因（Riggs and Niehl，1960；Rashbass and Westheimer，1961a）。

这些观察结果提出了以下解决融合问题的方案：（1）通过粒度不同的通道来分析每张图像，并在两只眼睛的相应通道之间进行匹配，以得到对应于通道的分辨率所在量级的视差值；（2）粗略的通道控制辐辏运动，从而使精细的通道得以对应。

该方案没有迟滞现象，因此不能解释 Fender 和 Julesz（1967）的观察结果。但是，根据我们关于中期视觉信息处理的新兴理论，早期视觉处理的一个主要目标是对观察者周围的可见表面构造类似于朝向和深度图这样的东西（参见第 4 章）。图中的信息是由许多不同且很可能独立的处理过程组合而成的。这些处理过程解释了视差、运动、明暗、纹理和轮廓信息。这些想法通过图 3-12 中的表示进行了说明，Marr 和 Nishihara（1978）将这一表示称为 2.5 维草图。

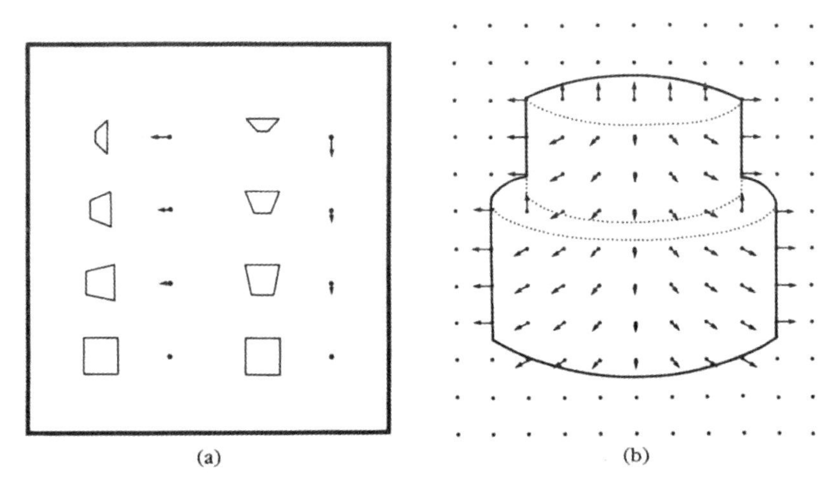

图 3-12　2.5 维草图图示。(a) 中显示了以各种朝向对着观察者的小正方形的透视图。带有箭头的点象征性地表示该表面的朝向。(b) 中的此符号表示用于显示位于正对于观察者的背景前面的两个圆柱表面的表面朝向。完整的 2.5 维草图将包括到表面的粗略距离及其朝向；如虚线所示的表面方向急剧变化的轮廓；如实线所示的深度不连续处的轮廓（主观轮廓）。更多有关详细信息，请参见第 4 章（D. Marr and H. K. Nishihara，1978）。

现在假设 Fender 和 Julesz 观察到的迟滞不是匹配中的协作处理的结果，而实际上是使用记忆缓冲区（如 2.5 维草图）以存储发现的图像深度图的结果。这样，匹配处理本身就无须协作（即使它仍然可以）：只要在此中间记忆中建立并维护了被观察表面的深度图，那甚至不需要同时对整张图像进行匹配。

现在可以通过增加以下两个步骤来完成我们的方案：（1）达成对应后，将其保存并记录在 2.5 维草图中；（2）记忆和通道之间存在通过控制眼动运作的相反的关系，使得我们一旦在记忆中建立了表面深度图，就可以轻松地融合任何表面。

先匹配粗略、相距甚远的特征，然后再使用获得的信息逐步在更精细的分辨率上重复进行匹配处理，这个想法听起来很有希望。但是在这些不同的分辨率下，我们应该匹配哪些特征呢？我们已经看到了足够多的早期视觉处理过程，可以提出各种可能性。是过零点、原初草图、全初草图还是全部这些的某种组合呢？Poggio 和我的提议是，立体匹配处理的输入表示形式包括原始的过零点，以其对比变化的符号及其在图像中的大致朝向来标记；还包括端点，即局部不连续点，同样以其对比又或许是大致朝向来标记。

匹配处理过程。对输入表示的选择导出了图 3-13 和图 3-14 中所示的匹配算法。这些图显示了 Eric Grimson 将算法运行在一对随机点立体图上的计算机实现。这是对该算法而言最困难的一种输入。

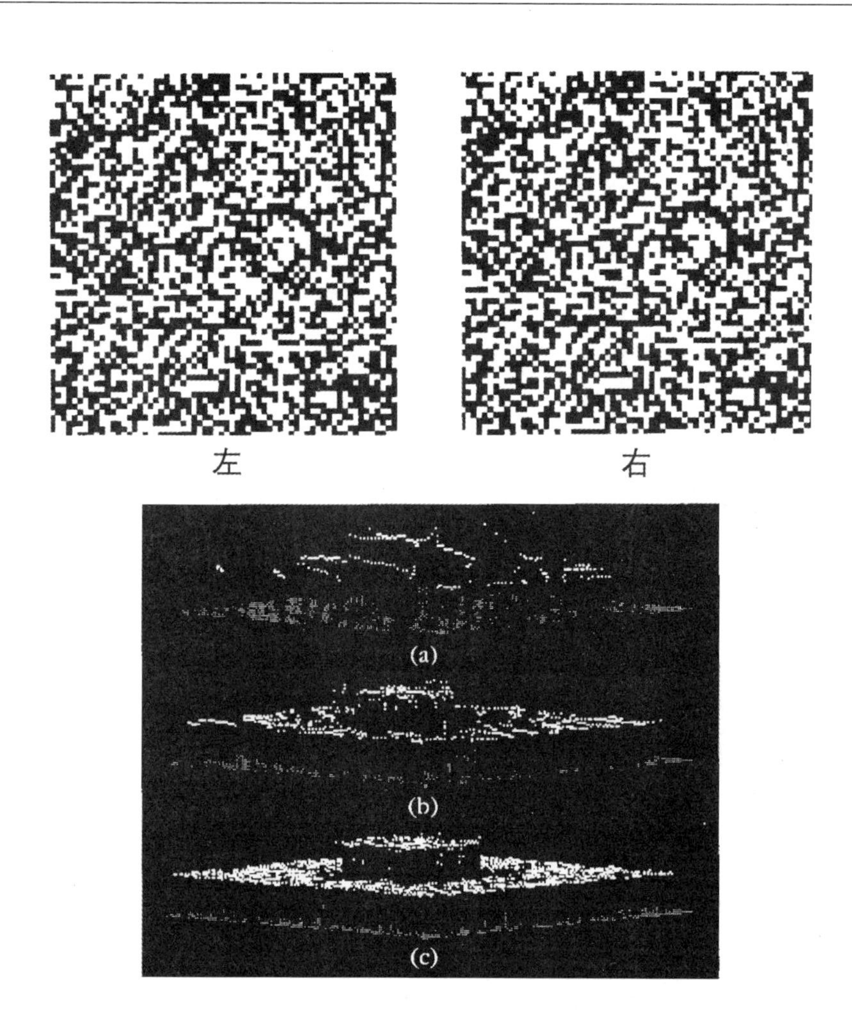

图 3-13　50%密度的随机点图样的解。左右图像显示在顶部。下方的三张图是通过匹配图 3-14 中的过零点描述而获得的视差图的正视图。在这一三维系统中，将图像中坐标为(x, y)且分配的视差值为d的点描绘为点(x, y, d)。此处平面上方亮点的高度代表了其视差值。

显示在图 3-13 的顶部的左右图像以 50% 的密度形成了一个随机点立体图。算法的第一步是对每张图像应用大 $\nabla^2 G$ 滤波器以获得过零点。这就像我们在第 2 章中所做的那样。尽管从理论上讲，图像之间要匹配的元素包括过零点和端点，但实际上只有过零点会带来假目标所造成的困难。因此，图 3-14 仅显示了过零点。此外，因为水平段不容易被匹配，所以它们实际上被忽略了。

除其位置外，过零点还带有符号和粗略的朝向。该符号对应于在整个过零点处从左到右的对比变化的符号，并且在图中用过零点的明暗表示。如果两个过零点具有相同的符号并且其局部朝向相差不超过 30°，则它们是可匹配的。匹配本身是沿着过零点逐点进行的。

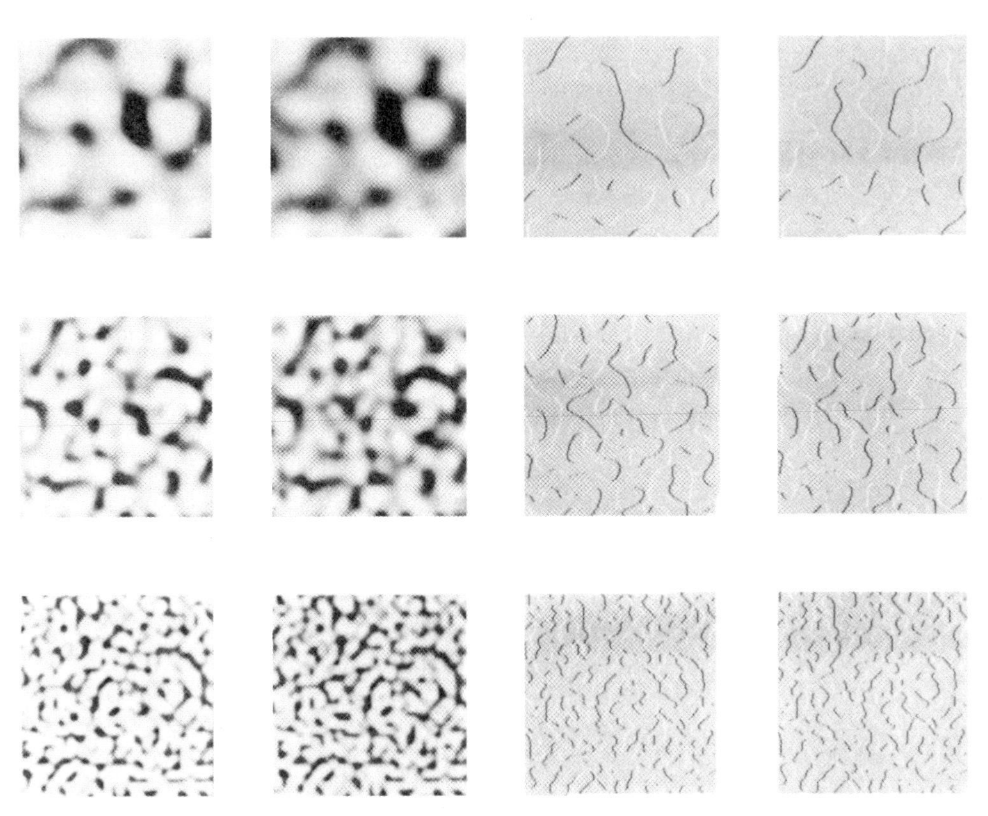

图 3-14　求解图 3-13 所示的立体图时涉及的卷积和过零点。左侧两列表示对左图和右图进行卷积得到的结果，从上到下的掩膜大小分别是$w_{2-D}=35$、17和9。右侧两列表示从左侧两列的卷积结果中获得的过零点。注意较小的掩膜会显示更多细节。

图 3-14 显示了三种大小的 $\nabla^2 G$ 滤波器的卷积值和有符号的过零点。读者可以看到，从掩膜最小的通道获得的过零点远远多于从掩膜最大的通道获得的过零点。这意味着对于较大的通道，可以在不增加假目标的发生率的情况下考虑更大的视差范围。

概括地说，从图 3-13 和图 3-14 可以清楚地看出算法的整体结构。首先匹配粗略的图像；图 3-13（a）是所得视差图的正视图。该粗略结果被用作在中等大小通道上进行相同的匹配处理的初始点。允许的视差范围的减小被从大通道获得的关于其近似值的信息所抵消。这给出了图 3-13（b）所示的视差图。其次考虑最小的通道，其较小的视差范围使得获得准确的视差变得可能。结果如图 3-13（c）所示。在这个示例中，中心正方形具有 12 个像素的视差，且每个黑色正方形为4 像素 × 4像素。在最终的视差图中，只有不到 0.1% 的点被错误地匹配了，并且所有这些点都出现在正方形的边界处。

过零点的更多性质。这个算法基本上是通过规避来解决假目标问题的。但这个问题究竟是怎么解决的其实是很有趣的，而且从心理物理学的角度来看也是很重要的。

我不会在这里给出证明，但是给出一般性论点无须依赖太多技术细节。

中心思想如图 3-15 所示。为了便于讨论，假设图像中的强度变化是纯正弦的，即仅由垂直朝向的正弦光栅组成。这样的信号具有图 3-15（a）所示的傅里叶变换，并能无损地通过 $\nabla^2 G$ 得到一维横截面，该横截面是如图 3-15（b）所示的曲线。现在的问题是在两张滤波处理后的图像之间匹配过零点。因此，假设我们已经在左图中固定了一个特定的由负到正的过零点，其真实匹配是图 3-15（b）中标记为 M 的点。那么 F_1 和 F_2 就是假目标。但由于它们也必须是由负到正的过零点，因此它们必须至少与 M 相距 λ，其中 λ 是正弦波的波长。因此，只要我们将可能匹配的搜索限制在最大为 λ 的视差范围内，就可以保证仅找到一个可能的匹配。此外，只要我们通过其他某种方式大致知道在哪里进行搜索，就能确保找到的匹配是正确的。

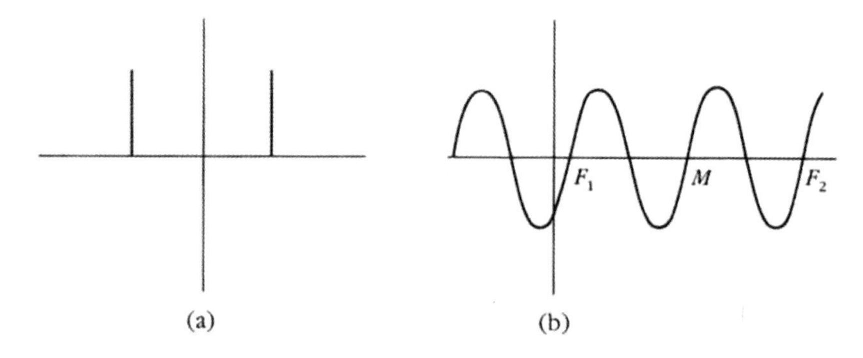

图 3-15 纯正弦波的由负到正（或由正到负）的过零点之间一定相距λ，其中λ是波长。请参见正文中的讨论。

这就是基本思想，但现实世界并不局限于纯正弦波光栅。但是，正弦波恰是带通函数中带宽为零的极端情况。同样性质的论证也适用于更宽的带宽。这可以从图 2-19 和图 3-16 中大致看出。例如，考虑理想的倍频程带通滤波器的情况，该滤波器的傅里叶变换如图 2-19（b）所示。来自这种滤波器的典型信号的一部分如图 2-19（c）所示。该信号的平均值为零，因此该信号像正弦波一样非常频繁地过零。但是，由于它是一个带通信号，其过零点不会相距太远。平均而言，它们出现的频率对应于滤波器通带的中间。

对我们来说重要的是，平均而言过零点不会太过靠近。对任何带通滤波器而言都是如此。而滤波器 $\nabla^2 G$ 也大致是一个带通滤波器——读者可能想再看一看图 2-9（c）中它的一维傅里叶变换。一个一维随机信号［见图 3-16（a）］通过 $\nabla^2 G$ 的结果如图 3-16（b）所示。读者可以看到它具有与图 3-15 相同的定性特征，即平均值为零，并且过零点之间的距离既非很近，也非很远。

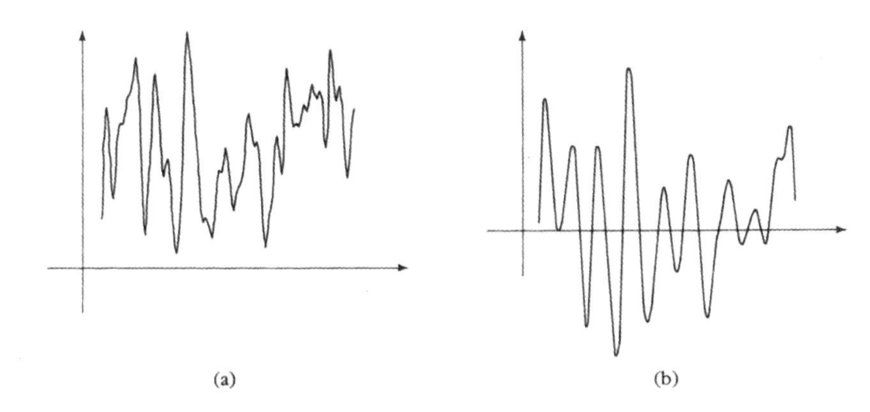

图 3-16 （a）中的信号在0到100的范围内随机变化。在通过滤波器$\nabla^2 G$后，它的形式如（b）中所示，包含了多少有些规律的过零点。图 2-19 也就纯倍频程带通滤波器给出了一个类似的例子。对于一般的带通信号，例如，通过$\nabla^2 G$或纯倍频程滤波器传递的信号，过零点平均而言不会相距太近或太远。过零点之间的间隔受图 3-17 所示的统计规则支配。

那论证的基本思路现在就非常简单了。它与对正弦波的论证的基本思路相同。由于 $\nabla^2 G$ 大致是一个带通滤波器，因此它的过零点之间的距离通常不小于某个最小值。如果我们知道大约在哪里寻找匹配，并且没有在太大的范围内进行搜索，我们就将为匹配找到一个唯一的候选者，而这也将是正确的匹配。

这向我们展示了有望解决匹配问题的方法，而同时也提出了另一个相当令人激动的可能性。从心理物理学的角度来看，$\nabla^2 G$ 是单眼的，但匹配是双眼的。也就是说，$\nabla^2 G$ 滤波器的参数（如其宽度 w_{1-D}）是完全通过单眼测量获得的。匹配的视差范围通常称为 Panum 融合区，这里我用 ∇ 表示。它本质上是一种双眼现象。如果我们的理论是正确的，那它就预测了这些先验上无关、测量方式也完全不同的量之间存在一个明确且出乎意料的关系。这也为检验这一理论提供了一种极好的方法。

所以，推导出我们期望在 w_{1-D} 和 ∇ 之间存在精确的定量关系就很重要。为此，我们需要一个为建立早期处理的通道的定量模型，并需要某种方法来估算过零点之间的可能距离。也许应该说明，使用过零点这一想法来自初草图的早期工作（Marr，1976）。在初草图中，视觉通路早期的许多细胞都不被认为是特征检测器，而被认为是差分算子。Hubel 和 Wiesel（1962）将皮层简单细胞定义为线性的，这使我们将诸如条形的感受野视作有向的二阶导数算子。我们随后从中发现了过零点。直到后来我们才意识到，如图 2-18 所示（另请参见 3.4 节），简单细胞本身很可能就是过零检测器。数学上这种轻微的混淆并不重要，因为这两种观点在非常弱的假设下就是等价的（参见 Marr and Hildreth，1980，附录 A）。但这种观点在实现上和心理物理学角度上却是完全不同的。我之后会再谈到这一点。

那就我们的分析而言，我们需要定量描述视觉系统实际使用的滤波器的过零点之间的距离。在提出现在讨论的这个基于在不同分辨率层次进行匹配的立体视觉理论时，我们还不知道 $\nabla^2 G$ 就是最优的滤波器。但我们知道有同样好的滤波器，因为芝加哥的 Hugh Wilson 刚刚构建了他关于通道结构的四机制模型，他用 DOG（高斯函数的差分）描述了它们的结构。如图 2-16 所示，这与 $\nabla^2 G$ 几乎没有区别。

在这个问题的数学层面，我们同样幸运，因为估计带通信号过零点之间的可能距离实际上是非常困难的。从 1945 年 Rice 的工作到 M. Longuet-Higgins（1962）和 Leadbetter（1969）的工作可知，各路数学家都已经研究过这个问题。它本身很有趣，因为涉及许多物理现象，其中一些非常重要，而有些则不那么重要。重要的现象包括，由于电子在电路中（及在放大器中，诸如在其电压过零而开关时）的随机运动引起的布朗噪声的影响，以及对海浪高度分布的分析。后者因为人们正在尝试利用这种能源而得到了特别关注。顺便说一句，对闪烁点的研究也涉及相同类型的数学知识。闪烁点是海洋中恰巧将太阳光反射进眼睛的表面。这些表面闪闪发光，而且一闪一闪的。

因此，至少对于一维带通信号，我们可以分析其过零点的空间分布。图 3-17 就两个例子给出了结果：第一个是图 2-19 所示的纯倍频程带通滤波器的例子（左列）；第二个是图 3-16 中所示的 $\nabla^2 G$ 滤波器，它非常接近于 Wilson 认为出现在人类视觉系统的早期阶段的滤波器（右列）。

图例说明了细节，但重要的是图 3-17（c）中的两张图。它们显示了当原点上有个过零点时，在距离 ξ 处遇到另一个同符号过零点的概率。在绘制 ξ 的单位下（注意右列有生物学意义），w_{1-D} 的值为 2.8。值得记住的两个概率值是：在距离 w_{1-D} 处概率约为 5%，在距离 $2w_{1-D}$ 处概率约为 50%，并且迅速增加。其下滤波器形状的适度变化不会对这些数字造成太大改变。

匹配算法。在这种背景下，我们现在可以构建匹配算法并证明它可以工作。让我们首先研究一个简单的案例，其本质上回避了假目标问题。最容易解释的方式是通过观察图 3-18（a）。左图中有一个标记为 L 的过零点，它与右图中另一个同号且位移为视差 d 的过零点匹配。我们将正确的匹配标记为 R。可能的假目标 F（如虚线所示）潜伏在附近。假设我们仅考虑范围为 $w/2$ 的视差，则我们是安全的，因为即使 R 恰好位于范围的右侧一端（如 $d=w/2$），统计分析可以确保在 95% 的情况下，它仍是大小为 w 的视差范围内唯一的同号过零点。即使忽略所有存在两个候选匹配的情况，我们仍将在 95% 以上的情况下成功。

当然，这假定 R 是正确的匹配，也就是说，正确的匹配位于所检查的 $w/2$ 范围内。但是，我们可以判断出正确的匹配何时不在此范围内。这是因为，如果可见表面的视差在该范围之内，则几乎所有左图中的过零点都将在右图中找到多个匹配，且所有过零点都将找到至少一个匹配。如果表面的视差在该范围之外，则实际上左图过零

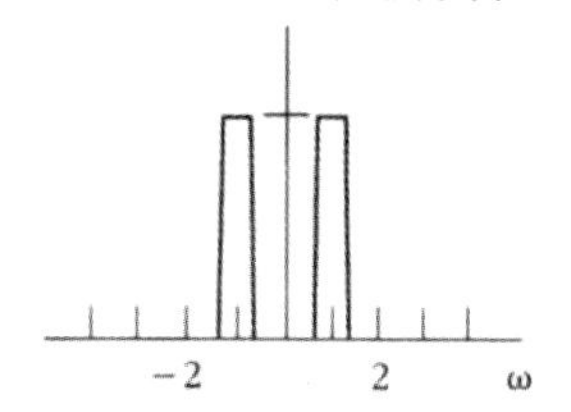

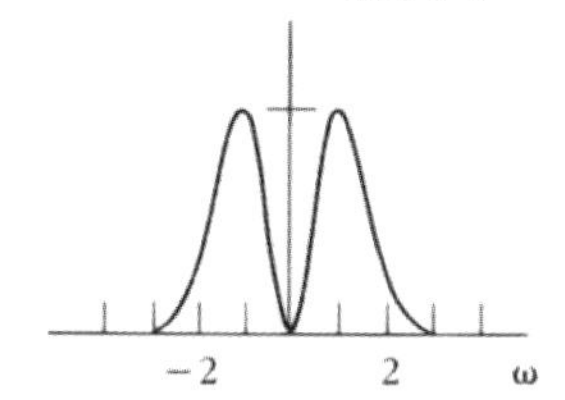

(a)

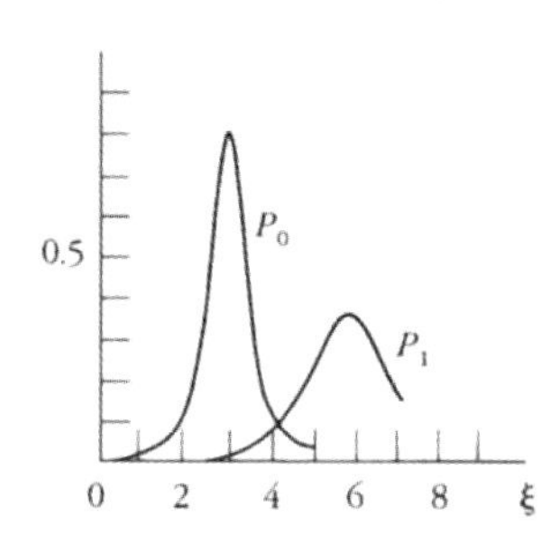

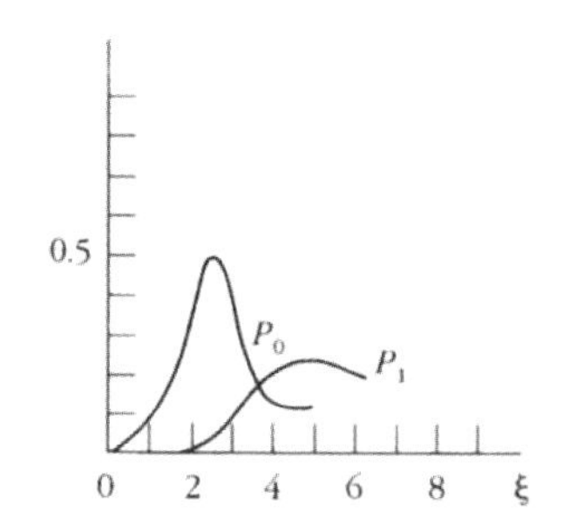

(b)

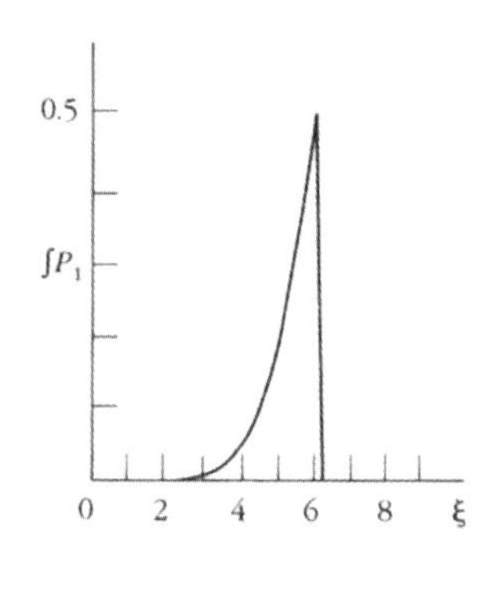

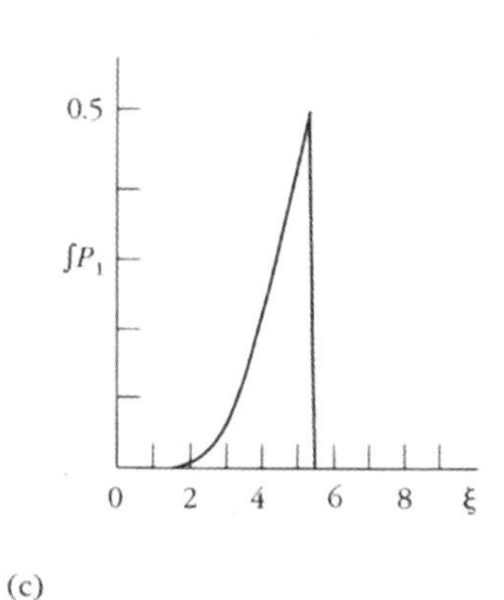

(c)

图 3-17　过零点的间隔分布。“白”高斯随机过程通过具有（a）中所示频率特性（传递函数）的滤波器。（b）中显示了所得零均值高斯过程的第一个（P_0）和第二个（P_1）过零点的近似间隔分布。如（c）所示，给定原点为正过零点，距离ξ以内存在另一个过零点的概率由P_1的积分近似表示。左列中的量是针对理想的倍频程、中心频率为$\omega = 2\pi/\lambda$的带通滤波器所给出的。右列中的量是针对 Wilson 和 Giese（1977）描述的感受野的情况给出的。兴奋和抑制的空间常数之比为1 : 1.5。感受野的中央兴奋部分的宽度w在绘制ξ的单位下为2.8。对于左列中描绘的情况，$\xi = 2.3$处发生的概率为$\int P_1 = 0.001$，$\xi = 6.1$处发生的概率为0.5。右栏中所示情况的相应数字为$\xi = 1.5$和$\xi = 5.4$。如果空间常数比为1 : 1.75，则$\int P_1$的值的变化不会超过 5%。（重印自 D. Marr 和 T. Poggio 的“A computational theory of human stereo vision”，伦敦皇家学会报告 B 系列第 204 卷，301 页至 328 页，已获授权。）

点在右图中找到范围内的候选匹配的可能性，就只是同号过零点偶然落在右图的特定空间区间 $w/2$ 之内的可能性。这种可能性约为 40%。因此，如果表面位于视差范围之外，则将仅能达成 40% 的匹配，而如果表面落在该范围内，则将达到近 100% 的匹配。因此，很容易分辨匹配处理何时成功。顺便说一句，注意我们依赖于基本假设的第三个约束条件，即连续性，因为我们假定可以查看图像中足够大的邻域，以使我们能够实证测量 40% 匹配概率的情况与 95% 匹配概率的情况间的区别。这样的邻域不必很大，但是必须存在，这就是为什么我们需要连续性假设的原因。

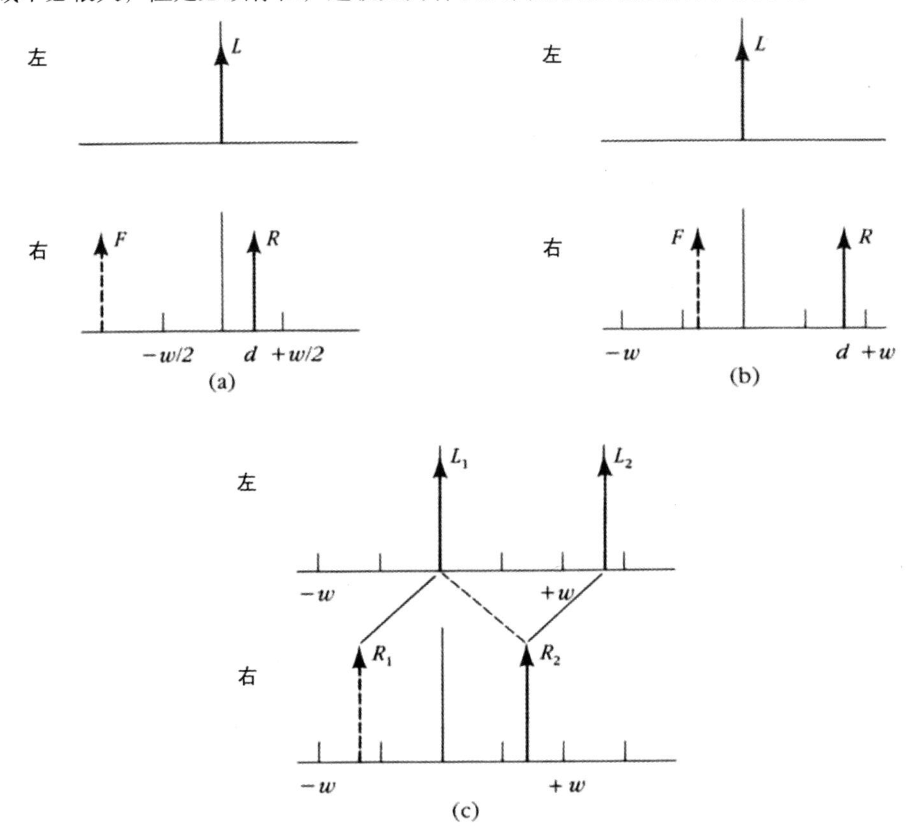

图 3-18　由左图驱动的匹配处理过程。左图中的过零点L与右图中相距视差d的R相匹配。出现与R相距不足w的假目标的可能性很小。因此，如果$d < w/2$（a），则在视差范围$w/2$中几乎不会出现假目标。这给出了第一种可能的算法。此外，也可以考虑范围w内的所有匹配（b）。此时标记为F的假目标会在大约50%的情况下出现，但也存在正确的解。如果正确的匹配是辐合的，则假目标就有很大概率是辐散的。因此，在第二种算法中，来自任一图像的唯一匹配都被认为是正确的，而其余则被认为是有歧义的，并且如（c）所示受到牵引效应的影响。在这里L_1可以匹配R_1或R_2，但是L_2只能匹配R_2。因此，也因为两个匹配具有相同的视差，L_1就被分配给了R_1。（重印自 D. Marr 和 T. Poggio 的“A computational theory of human stereo vision”，伦敦皇家学会报告 B 系列第 204 卷，301 页至 328 页，已获授权。）

现在，这个简单的算法给了我们基本的想法，我们可以对其进行改进，并由此将允许的视差范围从 $w/2$ 增大到 w。图 3-18（b）在左图中显示了过零点 L，但是这次它在右图中的匹配 R 的视差 d 可能高达 w。要注意的第一点是，如果 d 为正，则根据上述论证，R 至少有 95% 的概率可以被确定是视差范围 0 到 w 内的唯一候选者。第二点是，从统计数据中我们知道，即使正确匹配位于该范围的一个极端，从 $d=-w$ 到 $d=+w$ 的 $2w$ 视差范围内假目标存在的可能性也最多为50%。将这两个事实放在一起，我们看到至少 50% 的匹配是无歧义且正确的，而剩余的情况则是有歧义的。这主要包含两种替代选择：一种是辐合的，在 $(0,w)$ 范围内；另一种是辐散的，在 $(-w,0)$ 范围内。其中之一将是正确的。在有歧义的情况下，可以仅基于相邻匹配的符号来选择正确的替代（注意此处用到了连续性）。顺便说一下，如果匹配接近于零视差，则同样根据该情况的统计数据，很可能 $(p>0.9)$ 是唯一的候选者。因此，这种匹配技术自然地引出了三个视差范围的概念（辐合、辐散和近零）。

同样地，如果表面位于视差范围内，则几乎 100% 的过零点将找到匹配；如果不是，则本例中的数字是 70%，而非 40%。但这仍与 100% 有足够大的差距，使我们能够判断匹配何时成功。

如果不使用更强大的技术来消除假目标，我们就无法对范围 w 进行很大的改进。这是因为对 $2w$ 以上的范围，假目标出现的可能性会急剧增加。例如，无歧义匹配的百分比在 $1.5w$ 时就已降至 20%。

唯一性、协作性和牵引效应

Eric Grimson（1981）提出了一个重要的观点，即匹配可以从一张图像出发，也可以从两张图像出发。例如，在图 3-18（c）中，如果从左图开始匹配，则 L_1 的匹配是有歧义的，而 L_2 的匹配则是唯一的。从右图可以看出，R_1 的匹配是唯一的，而 R_2 的匹配则是有歧义的。这两个唯一的匹配共同给出了正确的解。

两个唯一匹配应该是正确的，而不是相互矛盾的。这是立体视觉的基本假设中唯一性的结果。由此，我们可以将算法设计为可接受从任一图像出发的无歧义匹配。这种设计确实会产生一些有意思的结果。因为这意味着算法无法在内部对唯一性假设进行验证，而可对连续性假设进行验证。

该事实是通过以下方式确定的。我们已经看到，该算法需要检查局部候选对象中被匹配的比例，以判断表面是否在考量的视差范围内。如果比例接近 100%，那就一切都好。如果不是（在这种情况下可能是 70%），则这个解就要被拒绝。要混过这个测试非常困难。而由于其有效性依赖于连续性，所以它就等同于对可见表面局部满足了连续性的内部检查。

但对唯一性就不是这样。如果该算法接受从任一张图像出发的唯一解，那么它就可以融合诸如 Panum 极限情况（参见图 3-19）这样的图样。这不仅适用于图像中如

图 3-19（a）所示的罕见情况，也适用于常见的情况。Oliver Braddick 通过构造如图 3-19（b）所示的立体图来研究这一点。其中，右图中的每个点与左图中的两个点匹配。而从左图开始的匹配则是唯一的，因此算法会接受它。由此得到的感知是两个平面，其中一个在另一个之后。视觉系统并不特别关注它用的是哪只眼睛。一个人可以将匹配对混合起来，使得其中一部分存在于右图中，而另一部分存在于左图中。这没什么区别。

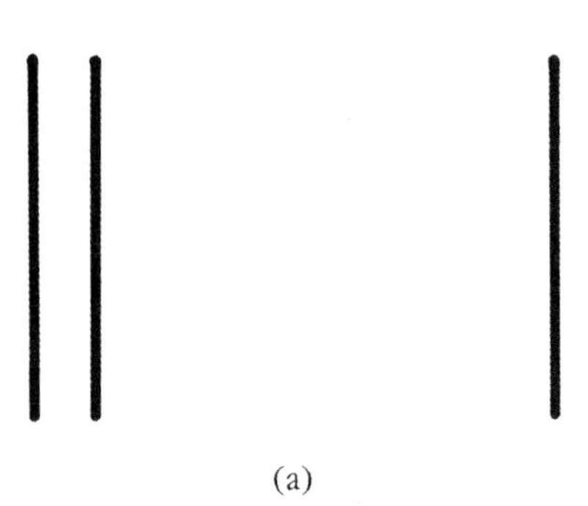

(a)

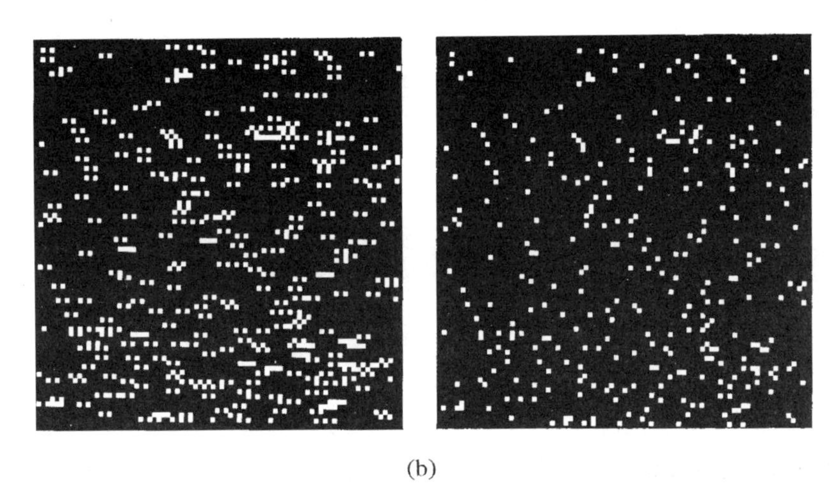

(b)

(c)

图 3-19 （a）原始的 Panum 极限情况。融合时的印象是深度上分开的两条线。在（b）中，右图中的每个点与左图中的两个点配对。融合后，观察者会看到两个平面。重影不必限于一张图像。（c）是在（b）上运行立体视觉算法的结果，显示视差的方式与图 3-13 相同。算法找到了两个平面。

当然，从物理上讲，两个真实表面实际上不可能产生这种情况。这也许就是为什么我们没有发展内部唯一性检查的原因。不过这里的观点是很有趣的。一些假设可以也确实在内部被检查了，例如此处的连续性；一些则可以但没有被检查，例如唯一性；还有一些则在原则上没法被检查。我们稍后会举一些这样的例子，但是在这里值得一提的是，Ames 房间错觉可能就是其中之一。没有立体视觉或运动提示，就无法在内部测试直角假设。

最后，还存在一些两只眼睛的匹配都有歧义的情况。在这种情况下，可以通过查询相邻匹配的符号并选择具有同号的匹配来消除歧义。不过，实现这一点的两种最显然的方式之间有一个重要的区别。要么我们考虑从一开始就无歧义的相邻匹配的符号，要么我们考虑到目前为止已分配的相邻匹配的符号。第二种方案引入了协作性，第一种则没有。

要看到这一点，想象一个巧妙构造的立体图，其中除了例如位于边框上的无歧义区域外，每个匹配都是有歧义的。采用第一种方案时，立体图内部区域中的所有匹配都不会被消除歧义，因为不存在任何无歧义的匹配作为出发点。然而，对于第二种方案，消歧过程将逐渐从可以确定匹配的边框开始向内部传播，并最终将内部的匹配的符号确定为边框上的匹配的符号。

Julesz 和 Chang（1976）进行了这个实验。图 3-20 显示了他们使用的立体图类型的示例。结果表明，来自边界的信息可以把内部进行的匹配牵引向一侧或另一侧。这表明我们的视觉系统使用了上述两种选择中的第二种。

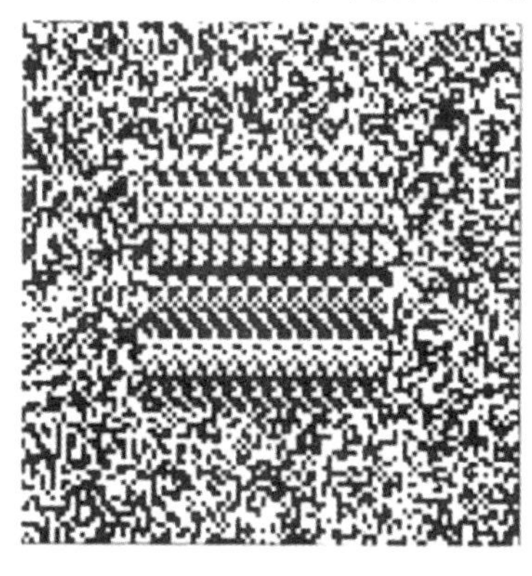

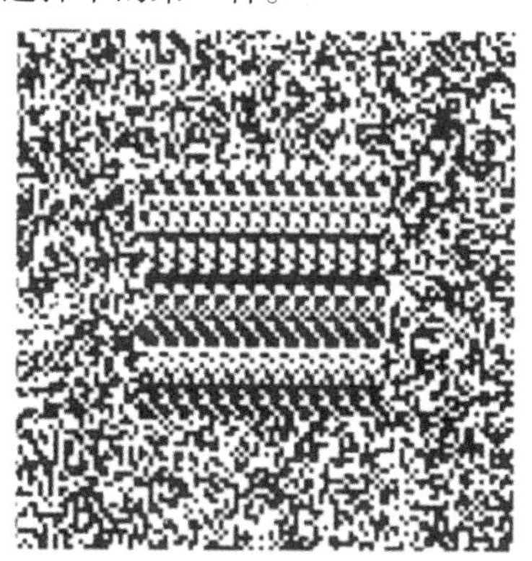

(a)

图 3-20　（a）有许多可能的方法可以匹配此立体图的中心，但是通常只会感知到视差最小的匹配。但可以通过在特定视差处插入无歧义的可匹配点来偏置找到的特定匹配。在（b）中，正方形上半部分里 6% 的点在大小为两个点的交叉视差处（即沿从眼睛到鼻子的方向偏移）具有无歧义的匹配，而下半部分则有大小为两个点的非交叉视差的偏差。即使是在边框中插入偏差也会将融合牵引到中心的一种可能的解上。这证明了人类的立体匹配算法具有一定的协作性。（重印自 B. Julesz 和 J. J. Chang 的“Interaction between pools of binocular disparity detectors tuned to different disparities”, *Biol. Cybernetics 22*, 1976, 107-120，原图 1、2，已获授权。）

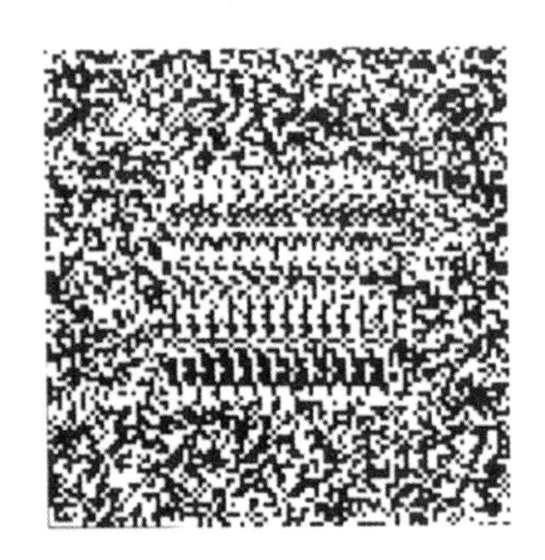

(b)

图 3-20　（续）

Panum 融合区

通过使用上述的第二个方案，可以为大小为 w 的视差范围正确分配匹配。这样获得的视差值的精度应该很高，且相对于 w 有大致恒定的比例（可以从立体视点结果估计为 $w/20$ 左右）。对于 Wilson 的中央凹通道，这意味着最小视差大小为 3 弧分，分辨率为 10 弧秒；最大视差大小可能达到 20 弧分，分辨率为 1 弧分。在 4° 偏心距下，范围则为 5.3 弧分至约 34 弧分。

在这些假设下，预测值显然与无眼动的融合极限的现有度量值非常吻合。Mitchell（1966）使用了小的闪光线目标，并发现与早期研究一致，无复视的最大辐合或辐散视差在中央凹处约为 10 至 14 弧分，在偏心距为 5° 时约为 30 弧分。因此，所谓的 Panum 融合区的范围就是它的两倍。

在稳定的图像条件下，Fender 和 Julesz（1967）发现线目标（13 弧分长、1° 高）之间发生了融合，最大视差为 40 弧分。该值可能代表了 Panum 融合区的全部范围。Fender 和 Julesz 在随机点立体图上使用同样的技术得出的数字为 14 弧分（立体图内 6 弧分的位移和 8 弧分的视差）。由于点的尺寸仅为 2 弧分，我们预期高频通道中的能量比低频通道中的要多，这也会倾向于减小融合区。Julesz 和 Chang（1976）在 5° 的视角上使用 6 弧分大小的点，常规地实现了 18 弧分视差的融合。考虑到所有因素，这些数字似乎与我们的预期相符。

该理论的一个关键预测是，最大的可融合视差应随刺激的空间频率变化。这是因为较低的空间频率仅能由较大的通道检测到。已经有迹象表明事实可能确实如此（Felton, Richards, and Smith，1972）。

来自大视差的深度感

我们已经假设了 Panum 区域对应于纯立体融合。但是，我们仍会多少感受到这一视差范围以外的深度，尽管这种印象不能准确反映实际存在的视差。有两个有趣的案例可以研究。

第一个是复视，即人们看到了重影但仍能感觉到深度。我上面描述的立体匹配算法旨在处理复杂图像。当图像非常稀疏时，因为不存在需要避免的假目标，所以匹配它们并没有真正的难点。例如，如果在范围 w 内根本没有可能的匹配，则可以参考在此范围之外运行的检测器，而该检测器可能对很宽的区间内的任何匹配都敏感。这里的想法就是，如果能有一些对视差的符号的指示，就足以在正确的方向上开启辐辏眼动，从而将图像带入可融合的范围。

还有另一种使用这些检测器的方式。正如我们在关于立体视觉的计算理论那一节中看到的，如果图像包含密度为 v 的可匹配特征，则在正确的视差下的匹配密度为 v，而在错误的视差下的匹配密度仅为 v^2。如果存在一系列视差检测器，而我们只想提取正确匹配所在的视差的符号，则可以设想一种方案，其中对辐合匹配的数目进行加总（也包含所有假目标），并与相应的辐散匹配的数目进行比较。我们可以想到各种方法来做到这一点。例如，最简单的方法是同时对整个辐合和辐散视差范围求和。可以想象将求和范围逐渐扩大，直到获得显著的差异为止。不管怎么说，在图 3-21 所示的这类生物学上可行的实现中，我们期望检测器的数量随视差增加而减少。出于统计原因，这将在未融合的立体图中的视差与检测视差符号所需的区域之间产生心理物理学上的相互依赖。

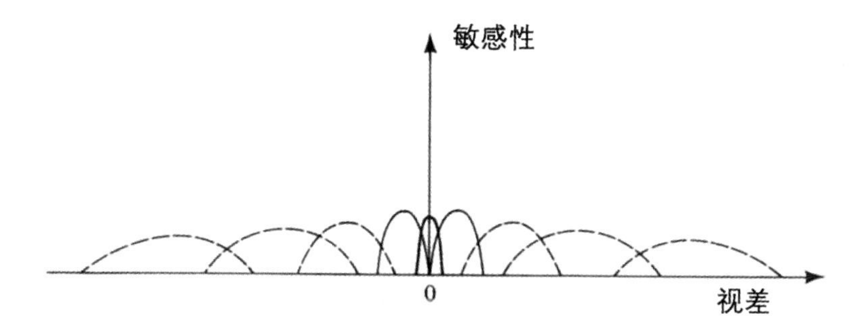

图 3-21 除了匹配算法所需的三个窄视差池（实线）之外，还可能存在一组如虚线所示的外围视差检测器。它们的功能是估计融合平面是位于辐合位置还是辐散位置，以便可以在适当的方向上开启辐辏眼动。

有趣的是，Tyler 和 Julesz（1980）报告说这种关系也适用于动态随机点立体图。这些立体图会以每秒 30 帧左右的速度变化其图样，但不一定会变化其视差。在高达几度的视差下，人们仍可以检测到视差的符号，但不能检测到诸如有视差的图样的形状。他们的发现是，检测能力取决于面积 A 的平方根，$\sqrt{A}$。这可以通过我提议的方案来解释。在该方案中，视差检测器的密度随视差的倒数 $1/d$ 下降。这产生了对 $\sqrt{A}$

的依赖性（Marr and Poggio，1980）。当然，这些发现还有其他可能的解释。这些解释可以基于相继帧之间诸如运动提示或是感受器层次的非线性时间总和之类的东西。

最后，我们回到为什么要使用过零点来作为匹配处理过程的输入表示。我仍然认为这是立体视觉的一个谜。为什么不等待并使用原初和全初草图和一个具有同样的一般特性的方案，而用初草图中粗略的大型基元代替低空间频率的过零点，且用原初草图代替高空间频率的过零点呢？例如，Julesz 和 Miller（1975）关于不同空间频率的独立融合的发现，似乎是支持纯过零点方法的最佳证据。但也可以用其他方案来解释它们。这是因为在如图 3-10 所示的那类 Julesz 和 Miller 的图样中，来自空间频谱不同区域的信息并非属于同一来源，这就违反了空间重合假设。因此，初草图中将包含对各个区域的独立描述。

除此之外，我们还有 Kidd、Frisby 和 Mayhew（1979）的证据。我在第 2 章中已经描述过，一些纹理边界可以驱动立体视觉的辐辏运动。这是一些后期的初草图描述已被用于立体视觉的确凿证据。

但另一方面，同一小组发现立体融合在某种意义上可以抢先行动，因此可能早于纹理视觉识别（Frisby and Mayhew，1979，图 1b、c 和 d）。图 3-22 显示了一些示例。用单眼观察时，不同的纹理区域清晰可见。但用双眼观察时，它们就消失了。这是在一定程度上支持过零点方法的证据，但并非毫无争议。

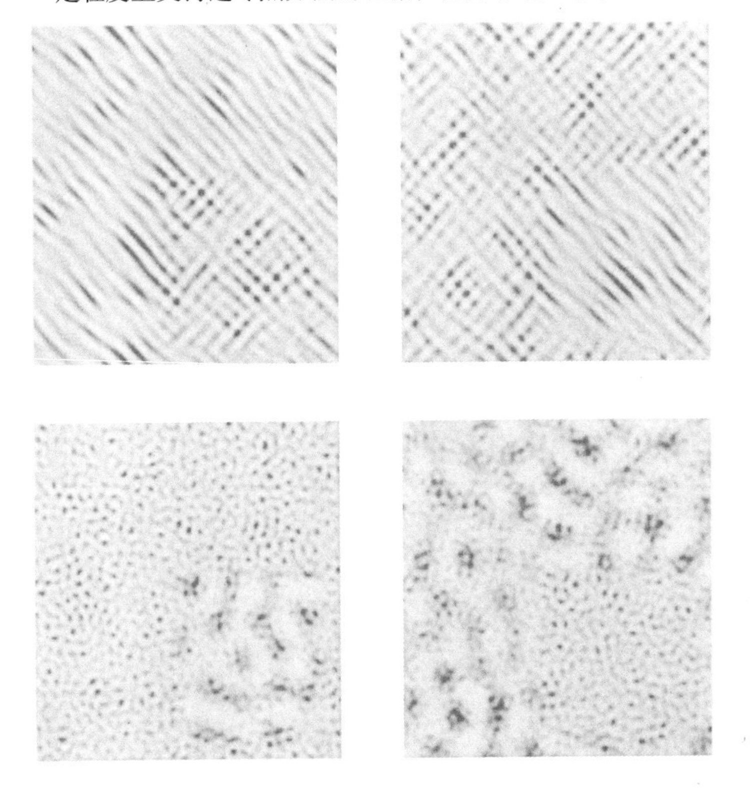

图 3-22 单眼清晰可见的纹理差异在对两张图像进行立体融合时消失了。（重印自 J. P. Frisby 和 J. E. W. Mayhew 的“Does visual texture discrimination precedebinocular fusion?” Perception 8,1979, 153-156, figs. 1,2，已获授权。）图 3-22 在下一页上继续。

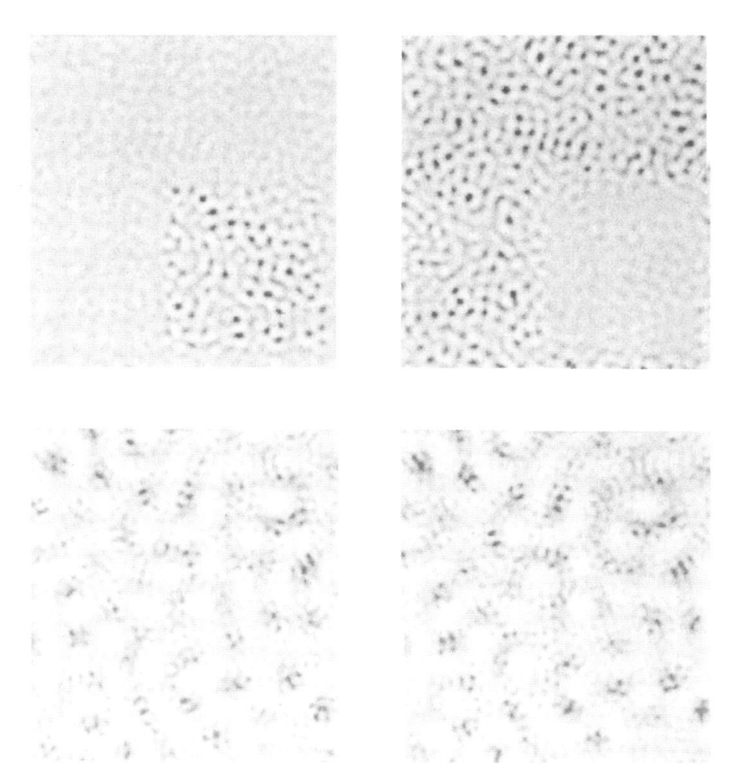

图 3-22 （续）

我自己的观点是，实际使用的是这两者的某种组合，但主要基于过零点方法。过零点的决定性优势很可能是速度（因为它们是最早得到的）和精度（因为它们可以被非常精确地定位）。人们对它们的理论就这一点有所保留，即它们只是近似而非严格与物理变化相关联的，并不是很有力。这是因为过零点其实是有相当物理意义的（例如，其物理意义远高于灰度）。实际上，我们知道它们有足够的物理意义，因为过零点理论的计算机实现在自然图像上效果很好（Grimson and Marr，1979；Grimson，1981）。

我们是否解决了正确的问题

立体匹配算法的设计者面临的基本问题是：哪些问题是困难的，哪些是容易的？神经生理学家可以有理由反对这一点，并认为立体融合问题根本不难，而立体视觉真正值得称道之处在于其精度：在 75% 的成功率下，其精度可以达到 2 弧秒，这大约是中央凹视锥细胞直径的十二分之一（Berry，1948）。他们可能会辩称，如果我们匹配稀有的特殊特征，那么假目标问题并不困难。

由于以下原因，我不同意这些论点。立体匹配中的关键问题当然是：多少才算是稀有？稀有度与所查询的视差范围有何关系？心理物理学证据表明可以匹配的特征是低层次的，且并非是针对于对比或朝向的。因此，随机点立体图一定会产生假目标，但我们仍然可以融合它们。实际上，我们的第二种算法的理论恰是致力于了解多少才算稀有这个问题，且其特别联系到这样的建议，即立体融合的输入表示是粗略有向、有符号的过零点。

另一方面，立体视觉的敏锐度虽然相当出色，但却是一个工程而非理论问题。它位于我们三层次理论的第三层次，即实现机制层次。这是因为它提出的唯一问题是，过零点的定位准确度如何？它们可以定位到 2 弧秒的精度这件事非常引人注目，但却很容易将其包含在计算机程序中。例如，我们只需要非常精确地计算 $\nabla^2 G$ 卷积通过零的位置。这里不存在任何原理问题。神经硬件可以执行此计算是非常了不起的，它很可能意味着在某个阶段有很多小细胞用于查找和定位这些位置，但这种计算不是像立体融合这样的理论问题。我会在神经实现那一节里再谈到敏锐度这个问题。

辐辏运动和 2.5 维草图

根据第二种立体匹配理论，过零点匹配一旦由特定尺寸的掩模在 $\nabla^2 G$ 滤波后的图像间获得，就将被表示在临时缓冲区中。这些匹配还控制了两只眼睛的辐辏运动，从而允许来自大掩模的信息将小掩模带入它们的对应范围。对辐辏的控制可以直接源于匹配的神经元本身，也可以间接途经内存缓冲区，又或（最有可能）同时通过这两条路径。

我们推定记忆存在的原因有两种，一种来自对早期视觉处理的一般考虑，另一种则具体关乎立体视觉。在一般情况下，像 2.5 维草图这样的记忆（参见图 3-12）在计算上是可取的，因为它提供了一种表示形式，以便组合从多个早期视觉处理中获得的信息（参见第 4 章）。具体关乎立体视觉的原因是匹配处理过程的计算简单性。它需要一个缓冲区，以便在不连续的眼动改变注视平面及物体在视野中移动时保留其结果。在这个意义上，2.5 维草图就成了实际实现全局立体视觉的地方。它将不同的通过独立提供的匹配进行组合，将所得的视差图提供给其他视觉处理过程，并形成了我们从可见几何表面的立体图中获得的主观印象的表示基础。

我将在下一章详细讨论 2.5 维草图。在这里，我简要介绍一下立体视觉中对眼动的控制。

非共轭眼动改变了两只眼睛的注视平面。它与共轭眼动相独立（Rashbass and Westheimer，1961b），是平滑而非跳动的，反应时间约为 160 毫秒，并且遵循相当简单的控制策略。眼睛辐辏的（渐近）速度与视差的幅度线性相关，比例常数约为每度视差对应 8°/s 的速度（Rashbass and Westheimer，1961a）。辐辏运动的精度在约 2 弧分以内（Riggs and Niehl，1960），而自主的双眼扫视几乎完全保留辐辏（Williams and Fender，1977）。此外，Westheimer 和 Mitchell（1969）发现，用视速仪显示有视差的图像能使适当的辐辏运动启动，但不能使其完成。这些数据强烈表明，辐辏运动不是弹道式的，而是连续受控的。

我们的假说是，辐辏运动由多种通道获得的匹配所控制。这些通道包括先前描述的能产生粗略的深度感的机制，也包括可以直接或间接通过2.5维草图产生作用的某些更高类型的边界。这个假说与观察到辐辏控制的策略和精度是一致的，并且也解释了感知时间在一定程度上取决于场景中的视差分布这一发现（Frisby and Clatworthy，1975；Saye and Frisby，1975）。朝着观察者上升的螺旋楼梯的立体图不会产生像视差范围相似的双平面立体图那样长的感知时间。在这一理论的框架内，这是可以预期的。这是因为对螺旋楼梯这样视差平滑变化的场景，即使在最小掩膜的输出的连续控制下，辐辏运动也可以扫描很大的视差范围。另一方面，具有相同视差范围的双平面立体图需要很大的辐辏调整，但却无法为其连续控制提供准确的信息。

因此，可以通过辐辏控制系统采用的随机搜索策略来解释这种立体图所需的长感知时间。换句话说，辐辏运动控制是一个简单、连续、闭环的处理过程，且通常在更高层次上是不可访问的。图3-23所示的立体图能让读者自己看到，不管怎么说，这在主观上是正确的。

图3-23 这两个立体图具有大约相同的视差范围，但（a）中的视差连续变化，而（b）仅由两个视差平面组成，需要更长的时间才能看出第二张图。这大概是因为辐辏控制系统所有的关于如何覆盖视差范围的信息较少。

有趣的是，有一些证据表明，观察者可以学会构建高效的辐辏运动序列(Frisby and Clatworthy，1975)。但是，这种学习效果似乎仅限于闭环辐辏控制系统所使用的信息类型。有关立体图的先验、口头或高层次提示都是无效的，就像它们在直到并包括 2.5 维草图在内的所有处理层次上那样。

立体融合在神经系统中的实现

刚刚描述的第二种立体匹配算法的完整神经实现尚未被构建。原因之一是，在我们通过对实现的研究和心理物理学足够确信算法是有效且大致正确的之前，构建神经实现所需的大量工作是不值得的。不过我们已经迈出了第一步。这就是对 $\nabla^2 G$ 和过零检测的计算的潜在神经机制的分析（Marr and Hildreth，1980；Marr and Ullman，1979）。

双眼融合仍是一个悬而未决的问题，也是我们应当能够对其建模的许多未解决问题中的第一个。但是，我们可以对这个话题做一些初步的评论。首先，视差敏感性不应在过零检测前出现。因此，如果 17 区（纹状皮层）的简单细胞，也即视觉通路中的第一个皮层细胞，是对视差敏感的，就像猫的这类细胞很可能是视差敏感的那样（Barlow, Blakemore, and Pettigrew，1967），那么它们一定还可以检测过零点。

这可以通过多种方式发生，图 3-24 显示了两个示例，第一个提出在树突中进行两个独立的过零检测，每个检测都如图 2-18 所示，并依赖于 Poggio 和 Torre（1978）类型的局部突触机制。

这样的机制确实有缺点。首先，因为每只眼睛定位过零点的精度都不会比 w_{1-D} 好很多，所以它并不对视差特别敏感。其次，该机制响应的视差范围取决于左眼中过零点的确切位置。这是因为右眼中过零点位置的范围已经由该处的连接的几何关系固定下来了。

图 3-24 所示的第二个模型是另一种可能。该细胞是左眼主导的，由左眼的过零点所驱动。但是，它受到过零点处的左眼卷积和右眼卷积之间的差的门控。如图 3-24 所示，视差通常在差值为负时取一个符号，而在差值为正时取另一符号。对于在视野中从左到右由亮变暗的边缘，负的差值就对应于辐散（近）视差。该机制可以相当直接地测量右图中（具有固定符号）的过零点是在左图中过零点的左侧还是右侧，因而消除了第一种机制的一些不精确性。不过它也有缺点。对于太过接近的过零点或两眼中的对比非常不同的情况，它可能是不可靠的。

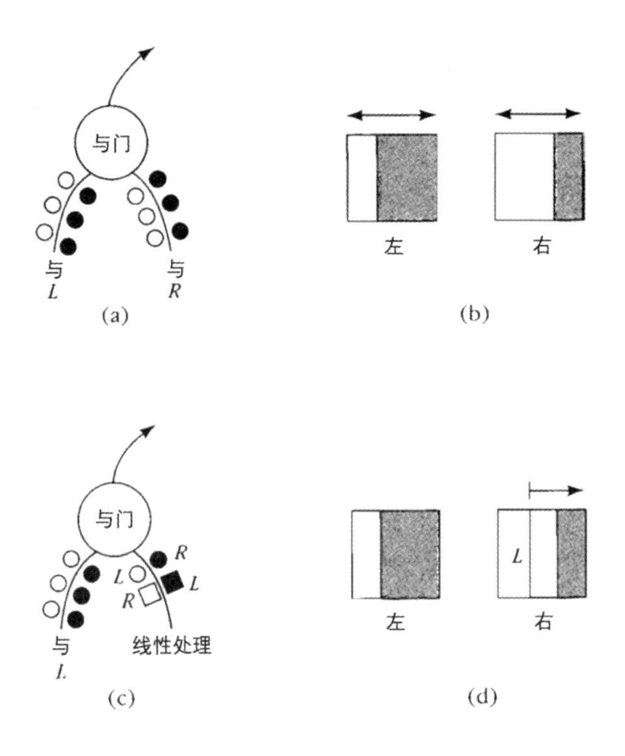

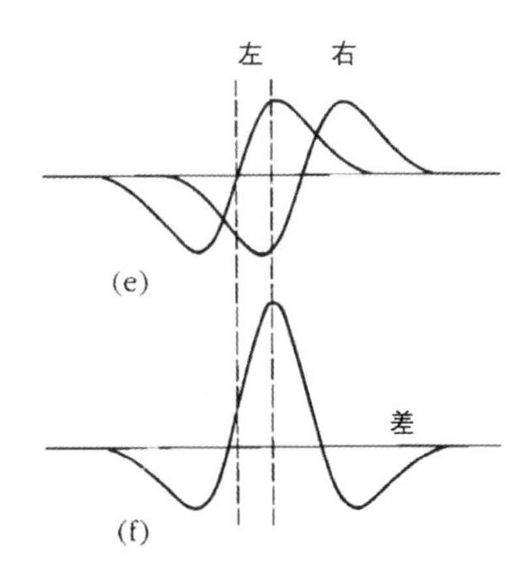

图 3-24　视差检测器的两种可能的神经实现。第一种实现中，细胞（a）在两个树突中独立检测给定符号的过零点，每个树突各由一只眼睛驱动。然后，它通过与门合并结果，从而使每当在细胞的左眼和右眼的感受野中同时出现适当的过零点时，就会使细胞发放。这一点如（b）所示。但是，这种方案只能给出相当粗略的视差检测；它有一些缺点。例如，它所敏感的视差范围会随着左眼感受野中过零点的位置而变化。这里圆点代表兴奋型输入；正方形代表抑制型输入。空心突触（圆和正方形）代表中央兴奋型输入；实心突触代表中央抑制型输入。*L*和*R*表示左眼和右眼的输入。

（续上页）第二种方案没有这个缺点，因为它可以准确地发出视差的符号，但是它只能在很小的视差范围内工作。它通过（c）中细胞的“与”树实在左图中检测过零点，在过零点处通过线性处理计算左眼和右眼的 $\nabla^2 G$ 卷积值的差值，并由此差值的符号来评估视差的符号。这就得到了一个视差符号的检测器，其至少在小范围（d）内与左眼过零点的位置无关。如图（e）和（f）所示，视差在过零点处的差为正时取一个符号，而在差为负时取相反的符号。

遗憾的是，与立体视觉的神经生理学相关的技术问题是相当大的。当前已有的定量数据太少了，不足以让我们排除图 3-24 中的一个或两个机制。自 Barlow、Blakemore 和 Pettigrew（1967）的原始论文发表以来，新发表的视差调谐曲线的示例相对较少。不过最近 Poggio 和 Fischer（1978）及 von der Heydt 等人（1978）分别发表了猴子和猫的适当控制的视差曲线。总体而言，这些研究支持将视差检测器组织为三个池（辐合、近零和辐散）的想法。最近，Clarke、Donaldson 和 Whitteridge（1976）发现，这些探测器在绵羊中被组织成柱状。这正如 Hubel 和 Wiesel（1970）所提出的它们在猕猴的 18 区中可能的组织方式。不过这里涉及的视差尺寸惊人得大，在绵羊中为7°，在猴子中达到 1 度甚至几度。因此，这些检测器在立体视觉中的确切作用尚不清楚。

有意思的是，哪怕是可能在进化出立体视觉之前就与猴子分离的猫头鹰，似乎也使用了与猴子类似的算法。Pettigrew 和 Konishi（1976）发现，尽管猫头鹰的上皮层的解剖组织结构与猴子的视觉通路完全不同，但细胞的生理反应却非常相似。不过猫头鹰不怎么能移动它的眼睛，所以人们一开始可能认为它失去了辐辏运动这个对这一立体视觉方法而言必不可少的能力。但是，大自然已经找到了一种方法——猫头鹰的双眼视界是倾斜的，在视野底部穿过它的脚，并大致笔直向前延伸至无穷远。因此，猫头鹰可以通过轻轻但有意的点头来达到辐辏眼动的效果，同时还给人以具有深邃智慧的印象。

最后是立体敏锐度的问题。就像所有人类的超敏锐能力一样，它需要一种能让一般人把图像里小的孤立特征定位到大约 5 弧秒范围之内的内在机制（Westheimer and McKee，1977）。Crick、Marr 和 Poggio（1980）讨论了这些发现的神经生理学意义，并提出一个可能的解决方案，其或许可以基于当 $\nabla^2 G$ 滤波后的图像从视辐射进入视觉皮层时，对其进行高分辨率的空间重构。Barlow（1979）首先提出了这个建议，但我们对其进行了略微修改，即重构无须完全准确。仅对信号中位于过零点附近的那些部分进行准确重构就足够了。

执行重构的自然候选者是 17 区中 IVCß 层的颗粒细胞群。对最坏情况的估计表明，对于每只眼睛及每种类型（中央兴奋型和中央抑制型），在最小的通道内每 5 弧秒也会有一个颗粒细胞。David Hubel 进一步报告说，这些细胞都是中央—周边型的，到目前为止与膝状纤维没有区别。并且，它们的空间排布非常精确地符合视网膜的拓扑结构，即邻近的细胞对应于视网膜上的邻近点。这些是我们期望参与重建的细胞应具有的所有特性，因此，我们就有了极大兴趣来了解它们与侧膝状纤维在生理响应上是否在任何方面有所不同。这包括例如在空间特征上的不同，或尤其是在时间特征上的不同。

从视差中计算距离和表面朝向

计算理论

从观察者到表面的距离

如图 3-25 所示，假设点 P 与观察者的左眼 L 的距离为 l，与观察者的前方视线的夹角为 ω。假设观察者的两眼之间的距离为 δ_T；那么由于到 P 的视线不位于正前方，两眼之间的有效距离仅为 $\alpha = \delta_T \cos\omega$。记 $\beta = \delta_T \sin\omega$，那从图中我们可以看到，两眼视线之间的角度 ϕ 可由下式给出：

$$tan\,\phi = \frac{\alpha}{(l+\beta)} = \frac{\delta}{l}$$

对于小值的 ϕ，我们可以写出

$$\phi \cong \frac{\delta}{l} = \frac{\alpha}{l+\beta}$$

如图 3-25（a）和（b）所示，现在从左眼沿同一视线取两个点 P 和 P'，P 在距离 l 处，P' 在距离 l' 处。P 和 P' 之间的视差 $\Delta\phi$ 即为 $\phi' - \phi$。因此，如果我们记

$$q = \frac{l'+\beta}{l+\beta}$$

那么

$$\Delta\phi \cong \left(\frac{1}{q} - 1\right)\frac{\alpha}{l+\beta} = (1-q)\frac{\delta}{l}$$

这也可以写为

$$(1-q) \cong \left(\frac{l}{\delta}\right)\Delta\phi$$

换句话说，对于给定的视差，距离变化的比例取决于距离本身。这个事实对于深度判断实验及我们将很快看到的对表面朝向的感知非常重要。这是因为它表明，如果人类视觉系统正常运作，则在给定视差下感知深度的比例变化应该取决于 l，也就是说，取决于观察者认为的当前的真实深度。

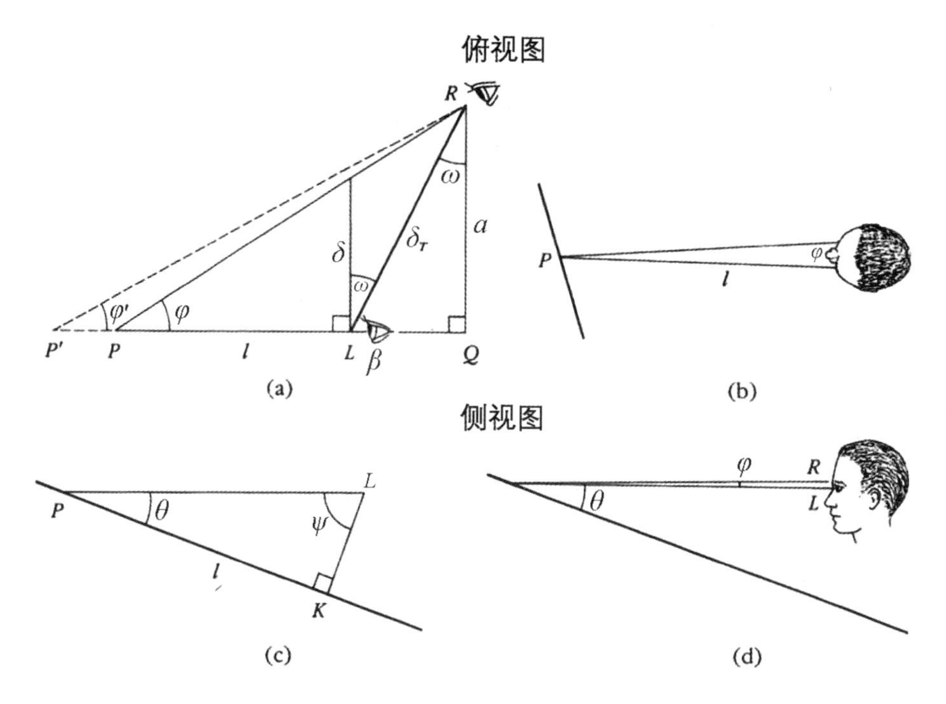

图 3-25　从视差中恢复深度的三角学。(a)显示了两眼观察点P的几何俯视图。如图(b)所示，左眼到点P的距离为l。视线不必垂直于连接两只眼睛L和R的线，并且如图所示，其间的差记为角度ω。真正的眼距为δ_T，而对此视线而言有效眼距为$\delta_T \cos\omega$。两眼视线的夹角为ϕ，而ϕ值对于不同点P'的差异正是通常所称的视差。长度$\alpha = \delta_T \cos\omega$和$\beta = \delta_T \sin\omega$是有用的几何量。正如(d)中所示，(c)是同一情况的侧视图。点P位于垂直倾斜的平面上，其在P处的斜率记为角θ。在该图中仅显示出了左眼L。同样用距离l表示到左眼的距离。要恢复表面朝向，就必须要恢复角θ。

从视差变化中恢复表面朝向

恢复表面朝向的三角学相当烦琐，不过得到的公式很有趣，我会在这里讨论它们。我们需要考虑两种情况：一种是如图 3-25（a）和（b）所示的，表面沿水平方向倾斜的情况；另一种是如图 3-25（c）和（d）所示的，表面沿垂直方向倾斜的情况。这两种情况之所以有所不同，是因为我们的双眼是水平排列的，而非垂直排列的。在这两种情况下，我们都需要用公式将表面朝向（记为 θ）与视差 ϕ 随视角 ψ 的变化率（记为 $\partial\phi/\partial\psi$）联系起来。这些公式如下：

对于在垂直方向上深度发生变化的表面：

$$\frac{\partial\phi}{\partial\psi_V} = \frac{-\alpha l \cot\theta}{\alpha^2 + (\beta + l)^2}$$

对于在水平方向上深度发生变化的表面（公式不可避免地变得复杂了）：

$$\frac{\partial \phi}{\partial \psi_H}=\frac{\alpha^2+\beta(\beta+l)-\alpha l\cot\theta}{\alpha^2+(\beta+l)^2}$$

对这些公式有两点需要注意。首先，就像对深度比例的估计一样，它们也取决于观察距离 l，关系大约为 $1/l$。因此，如果人脑正在执行其任务，则视差的特定变化率应被视为随着距离变远而逐渐变陡的表面。读者可以通过从不同距离观察图 3-26 所示的立体图来看到这一点。视差和视角会同时变化，所以 $\partial\phi/\partial\psi$ 对于所有观察距离都是恒定的。因此，如果将立体图移远，表面看起来应该变陡。事实确实如此。顺便提一句，这也表明人脑对立体图的实际位置有很好的了解，也用上了这个信息。

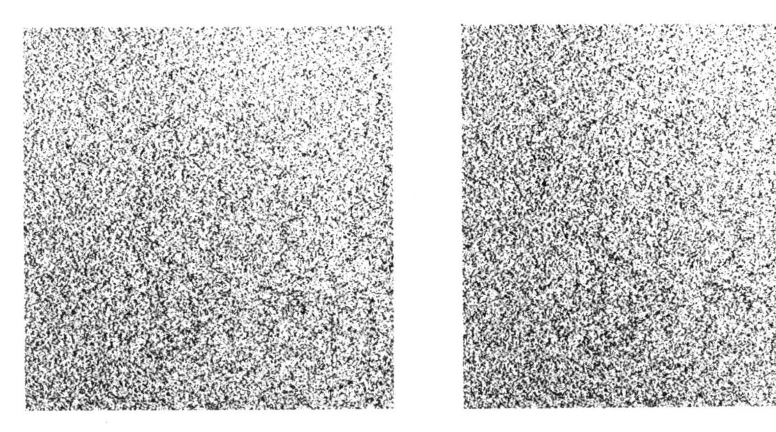

图 3-26　如果距此立体图的观察距离发生变化，则感知到的表面朝向也会变化。如果视觉系统正确计算了三角学，那这一点就是意料之中的。（Bela Julesz，1971，第 156 页，图 5.4-2。）

其次，当视差的水平变化率 $\partial\phi/\partial\psi_H$ 达到 1 时，另一只眼睛的视线必定直接落在实际物理表面之上或之前。观察者就会从第二只眼睛中看到深度的不连续。可以通过把 $\theta=-\phi$ 代入水平视差变化公式中来检查这一点，就会得到 $\partial\phi/\partial\psi_H=1$。在这种情况下，第一只眼睛的所有视角变化都是视差的变化，因此 $\partial\phi/\partial\psi_H$ 保持等于 1，直到另一只眼睛再次看到该表面为止。这个事实可以用来帮助我们在立体视觉中找到观察距离的不连续。

算法及其在神经系统中的实现

尽管图 3-26 所示的示例表明了对这些公式的近似是什么，以及这些近似可能非常准确，但我们对这些公式的实际实现方式仍一无所知。也许值得强调的是，我所指出的效果，即感知到的深度和表面朝向依赖于观察距离和方向，是完全符合预期的。它们并非那种需要复杂解释的奇怪的心理物理学现象。

3.4 方向选择性

视觉运动引言

运动遍及视觉世界，也在本质上影响了进化的过程。对视觉运动的研究是关于如何仅使用图像中的运动组织信息来推断外部世界的结构和运动的研究。同样，这个问题有两个基本部分：如何对运动产生的变化进行原始测量？又如何使用这些信息？这两者都不容易解决。也许是因为第一部分如此困难，所以第二部分在某种程度上是对第一部分所需的最小信息的研究，以便后续计算能够多少提供些有用的结果。

视觉运动的心理物理学研究由来已久。大多数人可能将其起源追溯到格式塔运动的成员（Wertheimer，1923；Koffka，1935）。他们和他们的追随者 Gibson 和 Julesz（Gibson 等，1959；Julesz，1971，第 4 章）都对运动对分离图形和背景的影响及运动对眼动的影响感兴趣。Miles（1931）及 Wallach 和 O'Connell（1953）提出了从运动中恢复三维结构的问题。这一问题在 Shimon Ullman（1979b）最新的精彩著作中给予了详尽论述。Gibson（1966）对光流问题很感兴趣。这个问题直到最近才得到应有的数学关注（Longuet-Higgins and Prazdny，1980）。

但是，我要强调的第一个重要的心理物理学发现是最近才得到的。它涉及以下问题：存在着多少个不同的运动模块或处理过程，它们在做什么，以及它们运行时依赖的信息有多丰富。遵循 Julesz（1971，第 4 章）提供的示例，Bradddick（1973，1974）使用随机的点和线来探索似动的心理物理学特性。例如，他发现在短时间和小位移时发生的情况与长时间和大位移时发生的情况之间存在许多奇怪的差异。他得出的结论是，存在两种具有不同的感知标准的处理过程，它们具有表 3-1 中列出的性质（来自 Bradddick，1979）。

表 3-1 由两种感知标准发现的似动的决定因素

在随机点显示图样中分离图形和背景的标准	孤立元素进行平滑似动的标准
空间位移不能超过 15 弧分（Braddick，1974）	空间位移或许可达很多度（如 Neuhaus，1930；Zeeman and Roelofs，1953）
刺激间隔必须小于约**80**至**100**毫秒（刺激暴露时间为100毫秒）（Braddick，1973）	刺激间隔可能至少为300毫秒（如 Neuhaus，1930）
刺激间隔中明亮的均匀场会消除分离（Braddick，1973）	无论刺激间隔是亮还是暗，都可以感觉到运动
相继刺激必须传递到同一只眼睛或同时传递到两只眼睛上（Braddick，1974），而明场也必须同样传递以达成有效的掩蔽（Braddick，1973）	相继刺激可以传递到相同或不同的眼睛（Shipley, Kenney, and King，1945）
由色差而非辉度差定义的图样是不够的（Ramachandran 和 Gregory，1978）	可以仅由色差来定义刺激（Ramachandran and Gregory，1978）

这些性质是在以下这种实验中被发现的。显示两种图样，每种都由随机的点或线组成。如图 3-27 所示，这两个图样在中心矩形外是不相关的。如图 3-28 所示，中心矩形内的点在两个图样中有相对位移。两个图样以一定的刺激间隔交替显示，其间有时会显示其他的掩蔽场。问题是怎样的交替频率和位移足以让被试感知到矩形区域是水平的还是垂直的？

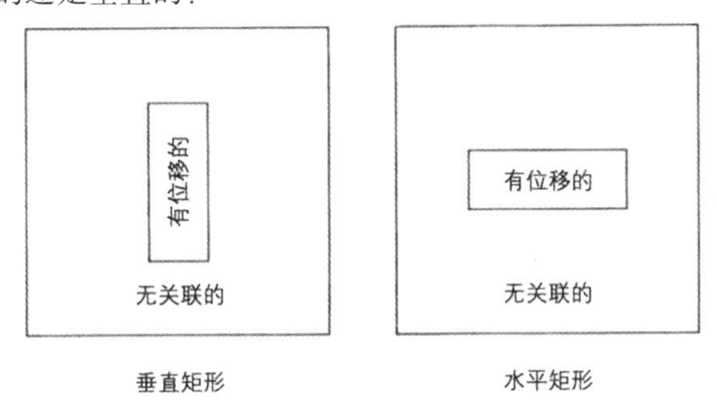

图 3-27　Braddick 的短距现象的辨别任务。需要将垂直或水平矩形与无关联的背景区分开。

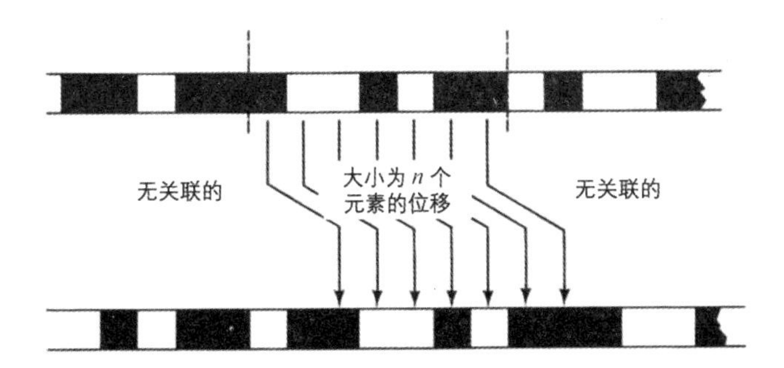

图 3-28　在相继出现的随机点图样中，将矩形区域移动若干元素就能得到图 3-27 所示的矩形。显示图样的其余部分在帧之间是无关联的。

第二种实验类似于 Ullman 广泛使用的那些。如图 3-29 所示，其中第一帧显示一条或几条线，经过刺激间隔之后又显示几条线。这里的问题是，被试是否能平滑感知到一条线到另一条（或几条）线的映射。如果可以，那映射是如何进行的？Ullman（1978）的实验告诫我们要警惕平滑性，但实际映射本身是一种可靠且有用的现象。

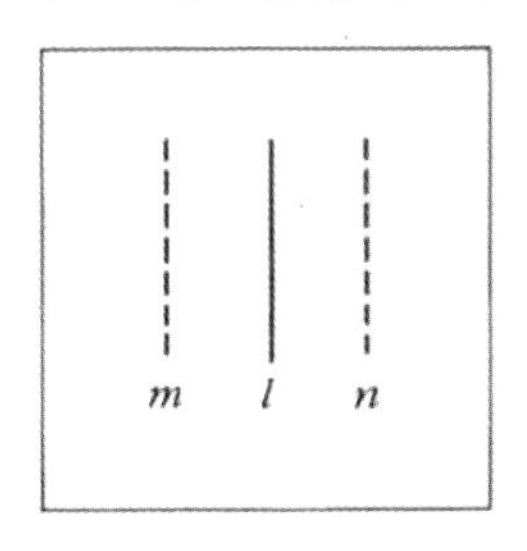

图 3-29　第二种类型的显示图样，被 Ullman 广泛使用。它也由两帧组成，但是比图 3-27 和图 3-28 所示的要简单得多。第一帧可能包含此处显示的线l，而第二帧可能包含两条线m和n。观察者被询问：l是移向了m还是n？又或是同时移向了两者？

Bradddick 发现，如果对两种类型的显示图样进行各种操作（例如，更改位移或刺激间隔，或在刺激间隔中闪烁明亮的均匀场），则这些显示图样的感知将大不相同。容易破坏第一个实验任务的条件不会破坏第二个实验任务。例如，要成功辨别矩形，角位移必须很小（小于 15 弧分），刺激间隔必须很短（小于 80 毫秒），并且不能受到掩蔽场的干扰。第二个任务就不是这样，角位移可以达到很多度，刺激间隔可以是 300 毫秒或更长，并且掩蔽场可以亮也可以暗。这些和其他差异都总结在表 3-1 中。

这些区别的意义何在？解决难题的关键可能在于时间在运动分析中至关重要，也许比它在视觉的任何其他方面更重要。这不仅是因为运动的东西可能是有害的，而且还因为关于运动物体状态的旧描述很快就变得像昨天的天气预报那样毫无用处。另一方面，可执行的分析的细节取决于分析所基于的信息的丰富程度，而这又必然取决于可用于收集信息的时间长度。例如，在瞬时视图中，所有内容都是静态的，因此没有有关运动的信息。在等待 60 毫秒之后，从观察到的变化中获得的信息可能会允许更深入的分析。而在又等待 60 毫秒之后的第三次查看中，如果计算能力足够强大，那也许可以恢复所有有关运动的信息。

最基本的运动分析类型之一可能是关于注意到某些东西有所变化，这一变化是在视野中发生的。它也许还涉及运动方向，尽管这可能是一个更复杂的问题。我们在前面关于家蝇视觉系统的讨论中已经遇到过这样的分析。另一种认为是类似机制在起作用的情况是兔子的视网膜（Barlow and Levick，1965）、青蛙的视网膜（Barlow，1953；Maturana 等，1960）和鸽子的视网膜（Maturana and Frenk，1963）上的方向选择性细胞，或许也包括哺乳动物的视网膜 W 细胞。

这些机制有很多共同点。它们很可能都作用于最早的可能阶段，即直接作用于灰度图像强度值上，并且它们背后的机制等同于将时间的延迟（或时域低通滤波器）和“蕴含—非门”[1]相结合。基本概念如图 3-30（a）所示。两个感受器连接到蕴含—非门，一个是直接连接，另一个则通过延迟连接。如果亮点首先移过右侧的感受器 R_2，然后再移过另一个感受器 R_1，则来自两者的信号将大致同时到达门，使其保持沉默。这被称为无效方向。沿另一方向移动的白点则将导致门的发放。

如果将强度检测器替换为中央—周边型算子，那么这个难题 [2]就消失了。我们得到了具有方向选择性的漏洞检测器或边缘检测器。但一些特有的问题仍然存在。首先，如果刺激在无效方向上非常缓慢地移动，或者在两个感受器间中途停止并重新启动，则门将会给出响应。另一个同样与延迟有关的问题是设备能可靠运行的空间频率范围取决于图样移动的速度。对设备而言，快速移动的厚正弦光栅看起来就像缓慢移动的

1 仅在第一个输入打开而第二个输入关闭时才提供输出的逻辑设备。

2 原文如此，此处难题或许指的是上述方案仅能检测光点。——译者注

薄正弦光栅。我们自己的视觉系统表现出相似的属性（如 Kelly，1979）。为了保持可靠性，我们必须确保该机制仅关注时空可能性范围内的适当部分。

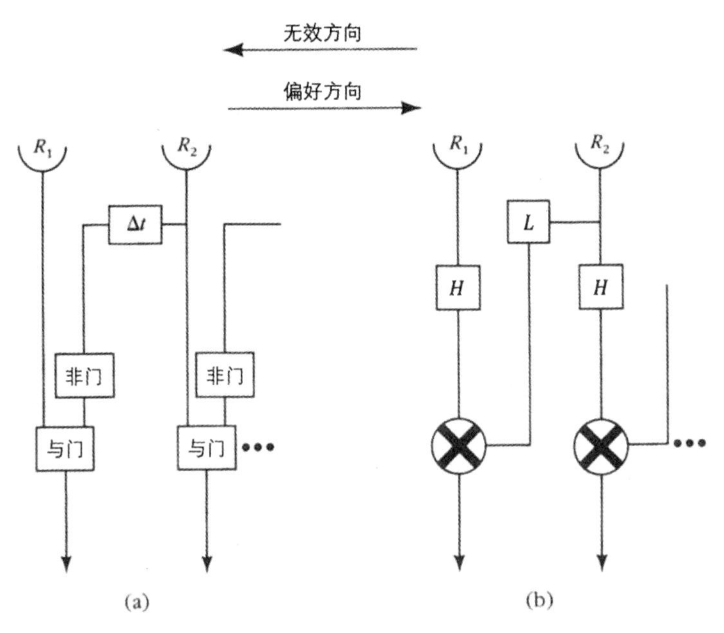

图 3-30 （a）Barlow 和 Levick（1965）的方向选择性模型将两个检测器连接到一个蕴含—非门，其中一个通过延迟连接。因此，网络不会响应以大致正确的速度沿无效方向移动的刺激。（b）Hassenstein 和 Reichardt（1956）的模型以相同的原理运行，只是用时域低通滤波器（L）代替了延迟。H是高通滤波器。

图 3-30 所示的检测器类型之所以不可靠，有其深层次的原因。从根本上讲，它们一次在一个地方读取一个感受器，稍后再在附近位置读取另一个感受器。如果任何事情在两处以正确的时间间隔分别发生，则检测器将隐式假定这两个变化是由于相同的物理原因引起的。实际上，这是我们对似动的对应问题的第一个真正的介绍。这些检测器不可靠的原因，本质上与使西方电影中顺时针快速旋转的马车轮看起来似乎是在逆时针缓慢旋转的原因相同。因为轮子相对于电影的帧率旋转得太快，隐含的假设（即上一帧中的辐条对应于下一帧中的最近的那根辐条）是错误的。

正如我指出的那样，这样的方案对于说清楚在视野中何处发生了相对运动仍然有用，以及如果人们细心的话，它也给出了一些有关运动方向的信息。但是，如果我们还想分析运动块的形状，那将运动分析与轮廓分析结合起来似乎更明智（Marr and Ullman，1979）。顺便提一句，这种观点与当前的生理学和心理物理学的思想截然相反。根据它们的思想，人类早期视觉的持续通道和瞬时通道被分为两个平行系统，一个关乎对形式或模式的分析，另一个关乎运动（Tolhurst，1973；Kulikowski and Tolhurst，

1973；Ikeda and Wright，1972，1975；Movshon, Thompson, and Tolhurst，1978）。当然，对眼动控制而言，无须将它们组合在一起，但是要看到运动块的形状，这样做似乎还是明智的。

我们已经讨论了可以从运动中收集的两种信息：（1）注意到运动并找到其在视野中的位置，以及（2）确定其二维形状。正如我们可能已经预期到的那样，它们都不需要非常复杂的度量，并且原则上只要有足够精确的度量，它们就可以非常快地被执行。那么，如何确定三维结构呢？这显然更有价值，但直觉上我们会认为需要从图像中获取更多信息。

实际上确实需要更多的信息。而所需的基本改进是对对应问题的好的解决方案，而非仅能满足较简单任务的半吊子猜测。要恢复三维结构，我们必须能够说出 t_1 时图像中的点 A 对应于 t_2 时图像中的点 B，以等价于 Ullman（1979a）式分析要求的三帧。或者几乎等价地，我们需要图像中确切的瞬时位置和速度，以便完成一个更简单的任务，即分析观察者在刚性环境中的运动所引起的光流。这些理论可能性中的一个或两个是否被纳入了人类视觉系统是心理物理学的问题。我们将看到，支持 Ullman 方案的证据是很强的；支持 Gibson 式的光流分析的证据要弱一些，但是该理论仍然很有趣。

本章的这一节和下一节将讨论运动分析问题的不同部分。在本节中，我们首先从使用方向选择性将图形与背景分离并恢复图形的二维形状的角度出发。然后，将在 3.5 节中探讨 Ullman 关于从视觉运动解释三维形状的理论，并将简要讨论光流问题。

计算理论

方向选择性理论是关于如何使用有关运动的部分信息，即仅在 180° 范围内定义的方向，来从视野中基于区域的相对运动识别其二维形状的理论。

从计算的角度来看，这个问题的背景来自这样的提问：在不解决完整的对应问题，也即没有全图完整的瞬时位置和速度场的情况下，可以从运动中获取多少信息？研究仅由方向可以提供的信息的动机来自图 3-31 所示的所谓*孔径问题*。如果笔直的边沿着图 3-31 中的箭头所示的 b 方向在图像上移动，则不能仅通过局部度量来识别这一事实。如图 3-31 所示，唯一可以通过放置在边上的小孔直接检测到的运动是与该边成直角的运动。这只是一个比特的信息，表明它是向前还是向后移动。当然，如果还存在点、斑点或某种可识别类型的端点，则可以恢复更多信息。并且如果以某种方式知道了 θ，即边与运动方向 b 之间的夹角，那么可以通过测量垂直于边的分量 $s\sin\theta$ 来恢复速度 s。不过，这个非常简单的只能得出运动方向的符号的情形，至少具有理论上的意义。

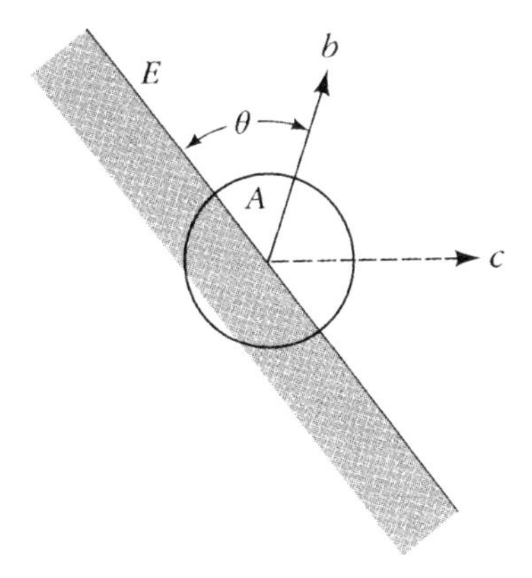

图 3-31　孔径问题。如果有向元素的运动是通过相对于运动元素的大小而言较小的单元检测到的，则唯一可以提取的信息就是垂直于元素的局部朝向的运动分量。例如，通过小孔A观察运动的边E就无法确定实际的运动是沿b方向还是c方向。

各种实验表明，这种简单情况对于理解视觉系统分析运动的方法之一也有其意义。实验情况类似于 Braddick（1973，1974）所用的那样，而刺激如图 3-32 所示。这些实验属于他的两类实验中的第一类，涉及短距、短期现象。

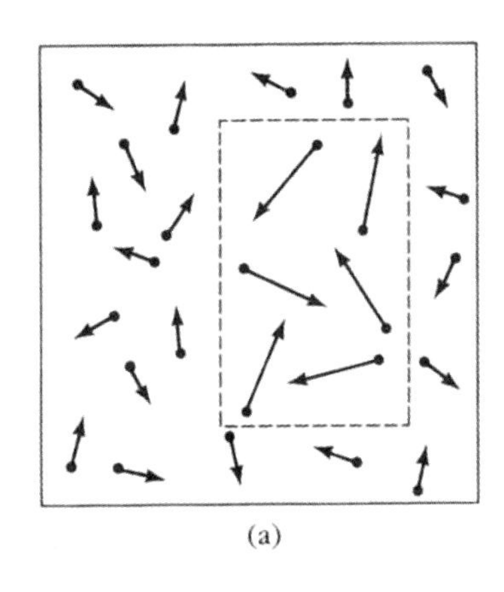

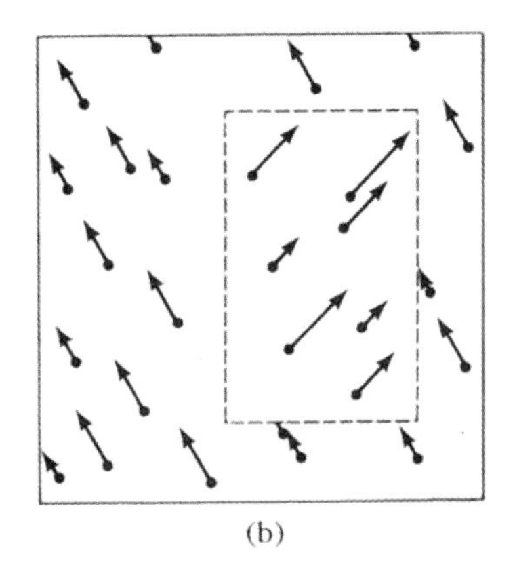

图 3-32　两项实验表明 Braddick（1979）的短距系统仅使用有限的信息来分解图像。在（a）中，中心矩形中的点的速度和周围区域中的点的速度统一，但速度不同，点的运动方向是随机的。此时要辨别图形是不可能的。在（b）中，中央矩形中的点的方向相同，但速度不同，图形的辨别就很容易。

在图 3-32（a）中，中心矩形中的各个点的速度都恒定为周围点速度的两倍，但运动方向是随机的。中心矩形被证明是不可见的，因此我们不能仅使用运动速度来分离区块。Julesz（1971，第 4 章）描述了类似的效果。在图 3-32（b）中，周边的点是随机运动的，而中心矩形中的点的运动都沿着相同的方向，但速度最快的点可以是最慢的点的 4 倍。此时矩形清晰可见，并且在相邻点的速度差别很大的地方，这些点看起来还有些相对运动。

关于孔径问题的讨论告诉了我们想要测量的是什么及为什么要测量它。这些心理物理学实验表明，视觉系统仅使用有关方向的信息来帮助划分视野。因此，我们探索了用于在局部边缘段或更早的层次上快速检测运动方向的符号的算法。最早可以执行这一操作的阶段是过零段这个层次，并且正如我们稍后将看到的，生理数据支持这种可能性。

算法

要构造一个方向选择性的过零检测器，我们必须以某种方式确定第 2 章中定义的那种有向过零段的运动方向。在那里我们看到过零段被定义为卷积 $\nabla^2 G * I$ 的局部有向零值段。对于那里的图像强度图，该卷积的横截面如图 3-33 所示。

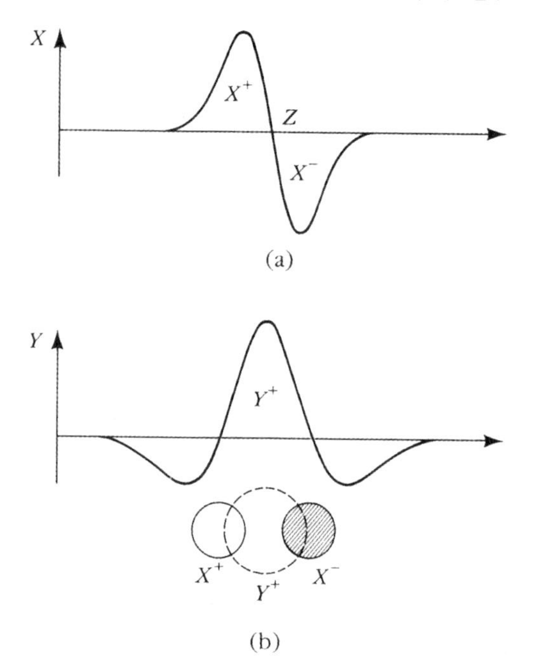

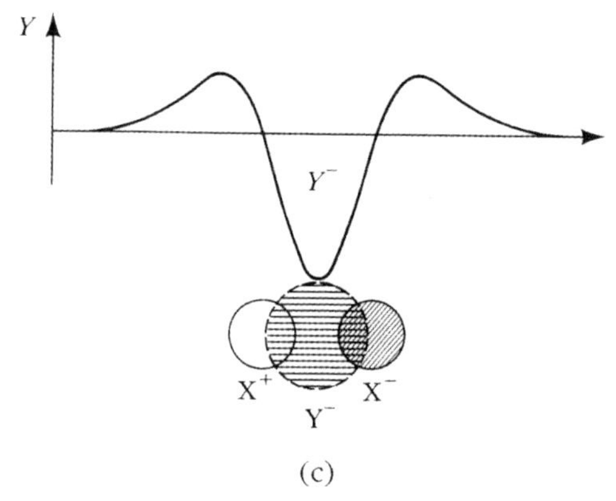

图 3-33 $X = \nabla^2 G * I$和$Y = \partial/\partial t(\nabla^2 G * I)$在孤立的强度边附近的值。(a) 作为距离的函数的$X$信号。信号中的过零点$Z$对应于边的位置。(b) 当边向右移动时，$Y$信号的空间分布；(c) 当边向左移动时，$Y$信号的空间分布。可以通过 (b) 中所示的排布$X^+Y^+X^-$的同时活动，检测到过零点向右的运动。可以通过 (c) 中的$X^+Y^-X^-$单元检测到过零点向左的运动。

有几种方法可以由此构建一个方向选择性单元，其中之一是使用两个过零检测器作为 Barlow 和 Levick（1965）那样的设备的输入。但正如我们已经看到的那样，这种设备受到无效方向上停止—重启假响应的困扰。已知具有方向选择性的皮层简单细胞没有这个问题（Goodwin, Henry, and Bishop，1975）。因此，Marr 和 Ullman（1979）提出了以下算法：

步骤一. 测量时间导数 $\partial/\partial t(\nabla^2 G * I)$。

步骤二. 如果其在 Z 处为正，则过零点向右运动；如果为负，则过零点向左运动。如果边的对比是相反的，则方向也取反。

这些论述的正确性可以从图 3-33（b）和（c）中看出，它们分别绘制了向右和向左两种运动情况下的图 3-33（a）的时间导数 $\partial/\partial t(\nabla^2 G * I)$。时间导数的符号在原始卷积 $\nabla^2 G * I$ 峰值间的整个宽度 w_{1-D} 上是恒定的，因此该算法是稳健的。

该方案具有几个优点。第一，它只需局部度量。第二，除了计算导数所需的时间延迟外，不涉及其他任何时间延迟。第三，该方法可以有极高的敏感性。它可以检测到的位移的下限由单元的敏感性所设定，而上限则取决于时域滤波。如果时间常数很小，上限就会很高。因此，单个单元可以对很大范围的速度都很敏感，并且由于对 $\partial/\partial t(\nabla^2 G * I)$ 的度量中唯一真正重要的部分就是其符号，因此可以利用这一点使测量单元变得极为敏感。它是否过早饱和并不重要。第四，在此范围内对于充分孤立的边，该单元是完全可靠的。

该方案与 Barlow 和 Levick 式的方案之间的关键区别在于，这一系统无须等待过零点在经过第一个检测器后再经过第二个检测器。因此它可以即时响应，且对很小的位移很敏感。另外，与基于一对检测器的系统不同，它不必“猜测”现在使左侧检测器兴奋的过零点与不久前使右侧检测器兴奋的过零点是否是同一个。因此，它以传递较少的信息为代价，避免了完全对应问题所固有的困难。

在神经系统中的实现

我当然不会在不知道如何实现它的情况下提出这种方案。我们已经看到，对过零段的检测（参见图 2-18）基于这样的想法，即外侧膝状 X 细胞分别通过中央兴奋型和中央抑制型细胞携带 $\nabla^2 G$ 的正部和负部。要找到过零点，只需简单通过逻辑与门连接中央兴奋型和中央抑制型的 X 细胞。

但是如何测量时间导数呢？这里有一个有趣而吸引人的观点。对瞬时通道的心理生理学研究及对被认为是瞬时通道相对应的 Y 细胞的神经生理学记录，本质上表明了这些通道测量了这个时间导数 $\partial/\partial t(\nabla^2 G * I)$！有趣的是，据我们所知，这些通道的表现从未被表述为时间导数。这大概是因为没有人认为这可能会是一个在视觉通路如此早期的阶段就有用的功能。

让我们更仔细地看一下证据。理想情况下，为了获得时间导数，我们从信号的当前值中减去一个无穷小时间之前的值。实际上，这些度量必须在有限的时间间隔上进行。因此，设备在时域的脉冲响应应由一个正相位，然后是一个形状相似但符号相反的相位组成。在频域中，功率谱在设备工作范围内的频率上应大致呈线性。

Watson 和 Nachmias（1977）明确提出了一个由大约 60 毫秒正相位继之以负相位组成的时域滤波器，并得到了 Tolhurst（1975）、Breitmeyer 和 Ganz（1977）及 Legge（1978）的进一步支持。负相位可能比正相位要长一些，或者它后面可能会出现小幅度的阻尼振荡（请参见 Breitmeyer and Ganz，原图 3），而不会显著影响结果。

在频域中，由 Wilson（1979）测量的瞬时U通道的时间调制传递函数可以借由 $F(\omega) = 16\omega - \omega^2$ 准确地描述上至 $\omega = 10\text{Hz}$ 的范围。如果输入信号在 8Hz 以上没有明显的功率，则这与近似于输入的一阶导数的运算符是一致的。由于 U 通道对 3 周期/度以上的空间频率会产生衰减，因此，对以最高约每秒 3° 的速度在整个视网膜上漂移的边和条，该通道将给出其导数信号。图 3-34 显示了对于孤立的边、细条和宽条，瞬态通道的测量特性与时间导数 $\partial/\partial t(\nabla^2 G * I)$ 的预期表现的接近程度。

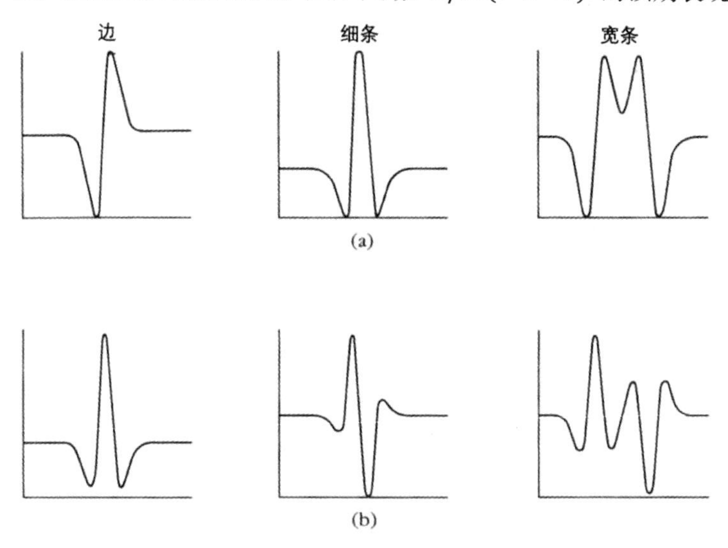

图 3-34 计算出的瞬时U通道对以每秒 3°移动的边、细条和宽条的响应。（a）使用 Wilson 和 Bergen（1979）的U通道参数时，空间滤波器的输出（$\nabla^2 G * I$）。y轴表示归一化后的响应，x轴表示距离，整个范围为 3°。（b）、（c）和（d）中的x轴表示时间；整个范围为1秒。（b）为在瞬时通道带有$\partial/\partial t(\nabla^2 G * I)$ 时，理论预测的时域滤波器的输出；（c）为在使用了 Wilson 的对比敏感度曲线且滤波器反对称的情况下，该时域滤波器的输出。（d）是（b）和（c）的比较。细条为 2 弧分宽，宽条为 40 弧分宽。在所有情况下，从时间导数假设导出的曲线与从实证观察中导出的曲线之间的一致性都令人满意。因此对于孤立的条和边，瞬时通道近似于函数 $\partial/\partial t(\nabla^2 G * I)$ 这一观点与心理物理学的证据是一致的。

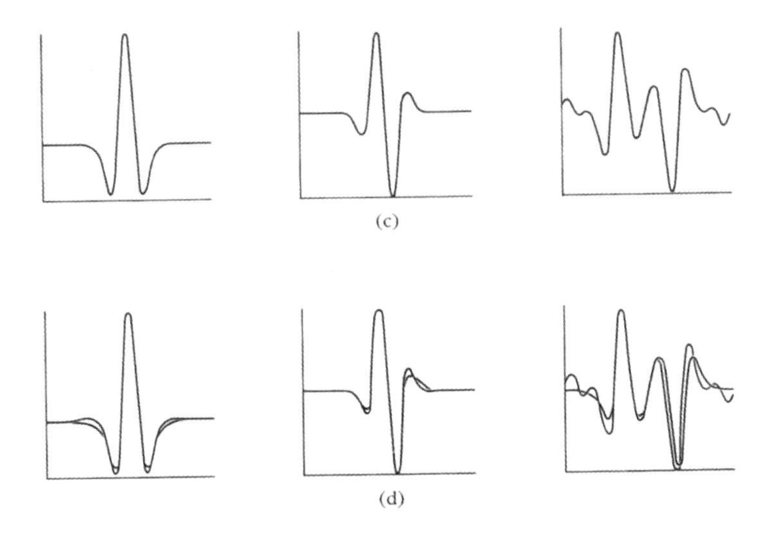

图 3-34　（续）

谈到神经生理学，Rodieck 和 Stone（1965）描述了视网膜神经节细胞，其对运动斑的响应“与闪烁光点所定义的感受野的梯度直接相关”（第 842 页）。当然，没有任何物理设备可以在整个时间频率范围内得到完美的时间导数。但是，已发布的视网膜和膝状 Y 细胞对以中等速度运动的条和边的响应曲线与基于时间导数运算 $\partial/\partial t(\nabla^2 G * I)$ 的预测非常吻合。图 3-35 将预测的中央兴奋型和中央抑制型 Y 细胞的响应与它们在各种刺激下被观察到的响应进行了比较。所有的刺激都是亮的（即亮的边和条）。细条大约为 0.5° 宽，宽条大约为 5° 宽。迹线取自 Dreher 和 Sanderson 的著作（1973）。预测的迹线显示了 $\partial/\partial t(\nabla^2 G * I)$ 的纯值。如图 2-17 所示，细条和宽条的宽度分别为 0.5ω 和 2.5ω。观察到的响应与预测的响应非常吻合，哪怕在两者都很复杂的情况下（如对于宽条的响应）也是这样。

X 细胞发出 $\nabla^2 G$ 信号，而 Y 细胞发出其时间导数信号这一想法，使得构造具有方向选择性的有向过零段检测器变得可能。它也为视网膜功能的一部分提供了精确的解释，并对视网膜解剖学家和神经生理学家提出了一个吸引人的挑战，即如何测量这些信号？与 $\nabla^2 G$ 进行卷积是很容易想象的，但是测量 $\partial/\partial t(\nabla^2 G * I)$ ，甚至只是确定其符号都是一项很复杂的任务。它同时要求时间和空间上的比较：必须将中央与周边相比，并且将给定时间的结果与稍早之前的结果相比，这也意味着那里必须有 60 毫秒的记忆。在视网膜中，这些成分中的一部分可能会失真，这尤其是因为比较两个不同时间的值需要一定的延迟。例如，Hochstein 和 Shapley（1976a）的发现表明，Y 细胞的周边部分受到了附近单元的延迟贡献，其影响程度与局部 X 细胞感受野中心的大小有关，并且这种延迟输入可能是观测到的非线性的一个主要来源。非线性效应主要是由光栅引起的（Enroth-Cugell and Robson，1966；Hochstein and Shapley，1976a，

1976b)。但是，如图 3-35 所示，对于以中等速度运动的孤立的边和条，Y 细胞非常好地近似了 $\partial/\partial t(\nabla^2 G * I)$。

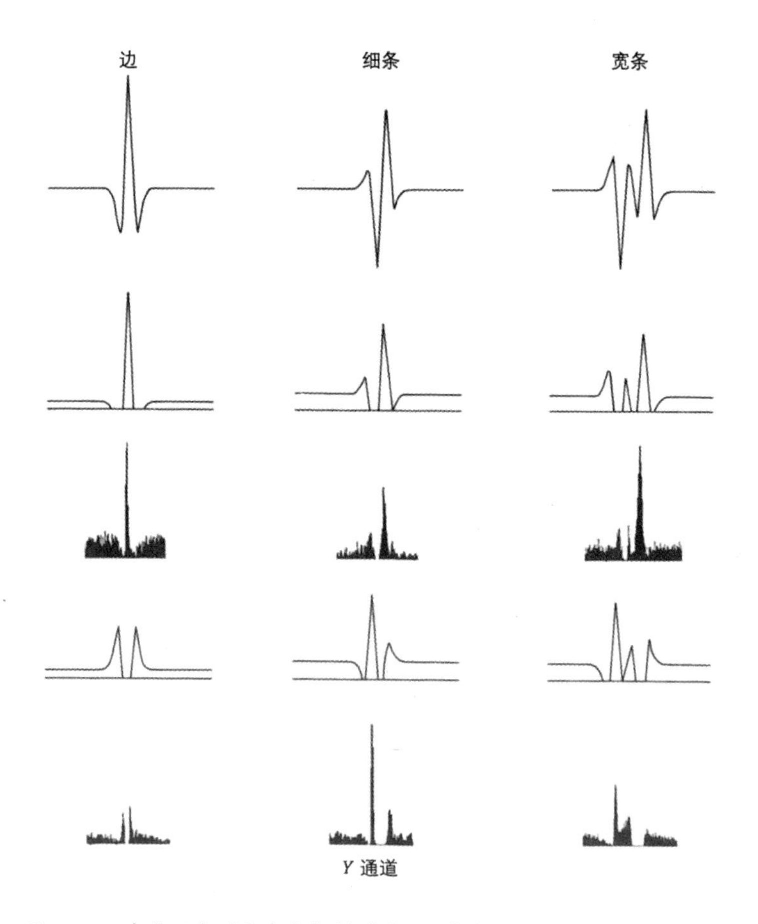

图 3-35　中央兴奋型和中央抑制型的Y细胞的预测响应和它们的电生理记录的比较。第一行显示$\partial/\partial t(\nabla^2 G * I)$对孤立的边、细条（宽为$0.5w_{1-D}$，其中$w_{1-D}$是感受野的中央兴奋区域投射到一维上的宽度）及宽条（宽为$2.5w_{1-D}$）的响应。通过将$\partial/\partial t(\nabla^2 G * I)$的正值部分（第二行）或负值部分（第四行）叠加在小的静息或背景放电上，可以计算出预测的迹线。正值部分和负值部分或者对应于反向移动的相同刺激，或者对应于同向移动的对比相反的刺激（如暗边对亮边）。观察到的响应（第三行和第五行）与预测的响应非常一致，即使在两者都很复杂的情况下（如对于宽条的响应）也是如此。

如果Y通道提供了 $\partial/\partial t(\nabla^2 G * I)$，并且将正值和负值分成不同的通道，则图 2-18 所示的过零段检测器（在图 3-36 中重印）只需增加一个 Y 细胞输入，同样通过与门以使其具有方向选择性。

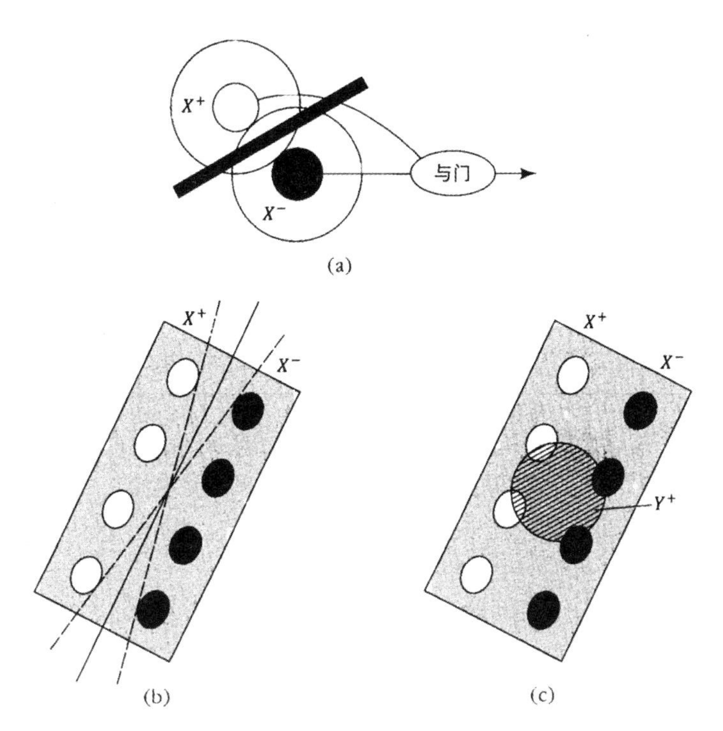

图 3-36　检测运动的过零段。(a) X^- 和 X^+ 子单元通过逻辑与运算合并。这样的单元将对穿过两个子单元的特定符号的过零点发出信号。通过逻辑与连接的一行相似单元将检测到在由 (b) 中虚线粗略给出的方向范围内的有向过零段。(c) 将 Y 单元添加到 (b) 中的检测器里。如果这个单元是 Y^+，则当过零段沿从 X^+ 到 X^- 的方向移动时，它将做出响应。如果单元是 Y^-，它将响应相反方向的运动。

基本单元如图 3-36 (c) 所示，它是 Marr 和 Ullman (1979) 的 XYX 模型，用于表示最简单类型的皮层简单细胞。它的感受野有三个组件：持续的中央兴奋型的 X 输入，持续的中央抑制型的 X 输入，还有一个 Y 输入。X 单元的大小必须全部相同，并排成两个间距不超过 $w_{2-D}/\sqrt{2}$ 的平行列（其中 w_{2-D} 是 X 细胞感受野的中央兴奋区域的直径）。原则上，Y 单元输入可以通过单个输入来满足，该输入的感受野位于中心或略微朝向一侧（对于中央兴奋型 Y 单元，朝向其正列；对于中央抑制型 Y 单元，朝向其负列）。

理想方案需要在子单元的输出之间进行严格的逻辑与运算。在实践中，这可以通过在列和 Y 输入之间的强相乘交互作用及沿列的弱非线性作用来实现。这样的单元将对沿着列的整个长度延伸的移动的过零段有最优的响应，但是它也将对较短的刺激甚至移动的光斑做出响应。可以从这些单元中建立更复杂的感受野（如移动的条或缝）。这种单元的关键经验特性是，如果取消其 Y 细胞输入，则该细胞要么根本无法发放，要么即使发放了，它也将失去方向选择性。尚不知道对于具有方向选择性的单元是否也是如此。除此以外，模型的性质与现有事实完全一致（Hubel and Wiesel，1962，1968；Schiller，Finlay，and Volman，1976a，1976b，在那里称为 S_1 细胞）。Marr 和 Ullman（1979）的论文更全面地介绍了这个模型的性质和预测。

利用方向选择性来分离独立运动的表面

计算理论

物体在背景前的运动可用于勾勒物体的边界，而人类视觉系统在利用这一点上卓有成效。如果给出完整的速度场（即图像的每个点的速度和方向），则由于刚体的运动在空间和时间上局部连续，物体的边界将由该场中的不连续所表示。连续性在成像过程中得以保留，并产生了我早先称为连续流的原则。根据该原则，除了在自遮挡边界之外，刚体图像内的运动速度场在任何地方都连续变化。由于不相连的物体的运动通常是不相关的，因此速度场通常在物体边界处是不连续的。反之，正如我们在第 2 章中看到的，不连续的线是物体边界的可靠证据。

遗憾的是，完整的速度场不能从小型有向元素的度量中直接获得。由于孔径问题，局部可知的仅有运动方向的信号。这意味着需要额外的阶段来检测速度场中的不连续。在本节中，我们讨论如何及在何种程度上能将有限的原始信息（仅仅是方向的符号）用于检测这些不连续。

运动的局部方向的符号既不能决定运动的速度，也不能决定运动的真实方向，但是它确实限制了运动的真实方向（见图 3-37）。约束条件是，运动的真实方向必须在局部有向元素所允许的那一侧的 180° 范围内（见图 3-37a），或者说，禁止其位于另一侧（见图 3-37b）。因此，约束取决于局部元素的朝向。如果可见表面具有纹理并局部引起许多不同朝向的运动，则可能就会严格限制真实的运动方向。

对于两个局部元素的简单情况，可以如图 3-37（c）和（d）所示将约束组合起来。此处真实的运动方向是沿对角线的。垂直朝向的方向选择单元 V 看到向右的运动，而水平朝向的单元 H 看到向上的运动。如果这两个单元共享同一个运动，我们就可以通过对它们的禁止区域取并来组合它们在该运动方向上施加的约束（见图 3-37d）。如图 3-37（d）所示，结果是运动方向被约束在第一象限内。其他额外的单元可以通过扩展禁区来进一步限制运动的真实方向。

图 3-37（d）还显示了两组元素的运动可能是不相容的。如果一组元素的允许区域完全被另一组元素的禁止区域覆盖，则它们的运动显然不相容。请注意，此处仅使用运动方向，而不使用其速度。以这种方式分割场景的系统对速度的变化相对不敏感。

为了使用此方案，我们最后需要的观察结果是物体具有空间局部性。如果物体还是不透明的，则它们的图像将具有一个内部空间。空间内的元素只要位于较小的邻域中，它们在图 3-37（d）所示的禁止区域就会是一致的。存在例如旋转的圆盘中心这样的例外，但它们是很罕见的。所以这个方法是可靠的。它当然还不够全面，如果两个表面相对静止，这个方法就无法将它们分开。

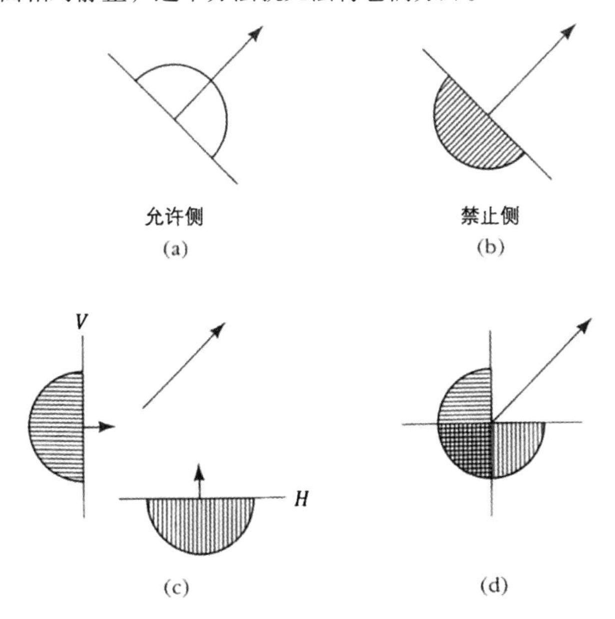

图 3-37 具有方向选择性的单元的局部约束可以被组合以确定运动的方向。由单个这样的单元施加的约束是，运动方向必须位于允许侧（a）[1]的 180°范围内。（c）两个有向元素（*V*代表垂直；*H*代表水平）的禁止区域沿箭头指示的方向运动。如（d）所示，它们共同运动的禁止区域是其各自禁止区域的并集。运动的方向现在被限制为位于其允许区域的交集以内，即第一象限。

算法及其在神经系统中的实现

图 3-37 基本上包含了我们需要知道的所有信息，即算法必须包括搜索具有局部相容的运动方向的邻域。图 3-38 至图 3-40 显示了由 John Batali 编写的这种算法的计算机实现的一些结果。第一个示例（见图 3-38）显示了对嵌入在一对随机点图像中的运动图样的检测。图 3-38（a）中的中心正方形在图 3-38（b）中移向了右侧，而背景则沿相反的方向运动。图 3-38（c）描绘了图 3-38（a）通过 $\nabla^2 G$ 滤波器后的过零点轮廓。在图 3-38（a）和（b）所示的两帧快速连续出现时，图 3-38（d）表示了瞬时通道的值。图 3-40（a）显示了将 *XYX* 运动检测运算应用于图 3-38（c）的过零点的结果。运动方向已被编码，如图中的星形所示。可以看出，黑色代表向右运动，而白色代表向左运动。中心正方形清楚地由运动方向上的不连续性勾画了出来。

1 原文为（b），应为笔误。——译者注

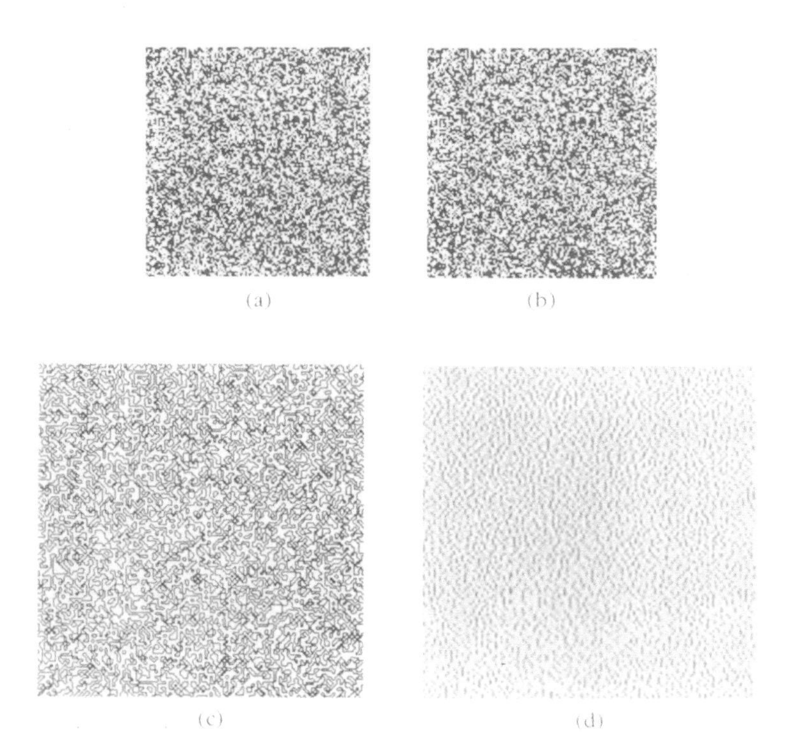

图 3-38 通过使用方向选择单元的组合来分离运动的图形与其背景。(a)中的中心正方形在(b)中向右运动，而图像中的背景则移向相反的方向。(c)是(a)通过∇^2G滤波器后的过零点轮廓。(d)是(a)与(b)之差与∇^2G的卷积。如果(a)和(b)快速连续出现，则(d)中所示的函数近似于$\partial/\partial t(\nabla^2G*I)$的值。图像为400像素×400像素，内部正方形为200像素×200像素，每个点为4像素×4像素，而运动大小为 1 像素。(由 John Batali 提供。)

同样的分析也适用于图 3-39 所示的自然图像。它们是从篮球比赛的 16 毫米胶片中取出的两个相继帧。结果显示在图 3-40（b）中。例如，7 号球员的左臂向下和向左运动，而最右侧的球员则向右运动。由于该方法的极高敏感性，(取决于两张图像被数字化的方式而多少不可避免的）很小的配准错误有时也会产生背景的虚假运动。

图 3-39 篮球比赛的16毫米胶片中的两个相继帧。对其进行了和对图 3-38 中的随机点图样同样的分析。(由 BBC 提供。)

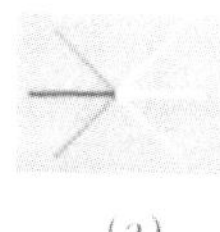

(a)

图 3-40　运动在图 3-38 和图 3-39 的过零点上的表示。运动方向是根据文本中所述的规则得到的，结果在此处使用灰度显示。图中下面的记号显示了代表各个方向的灰度。在（a）中，中央方块显然向右运动，而周围区域则向左运动。在篮球比赛（b）的过零点中，7 号球员的左臂向左和向下运动，而他右侧的球员则向右运动。（由 John Batali 提供。）

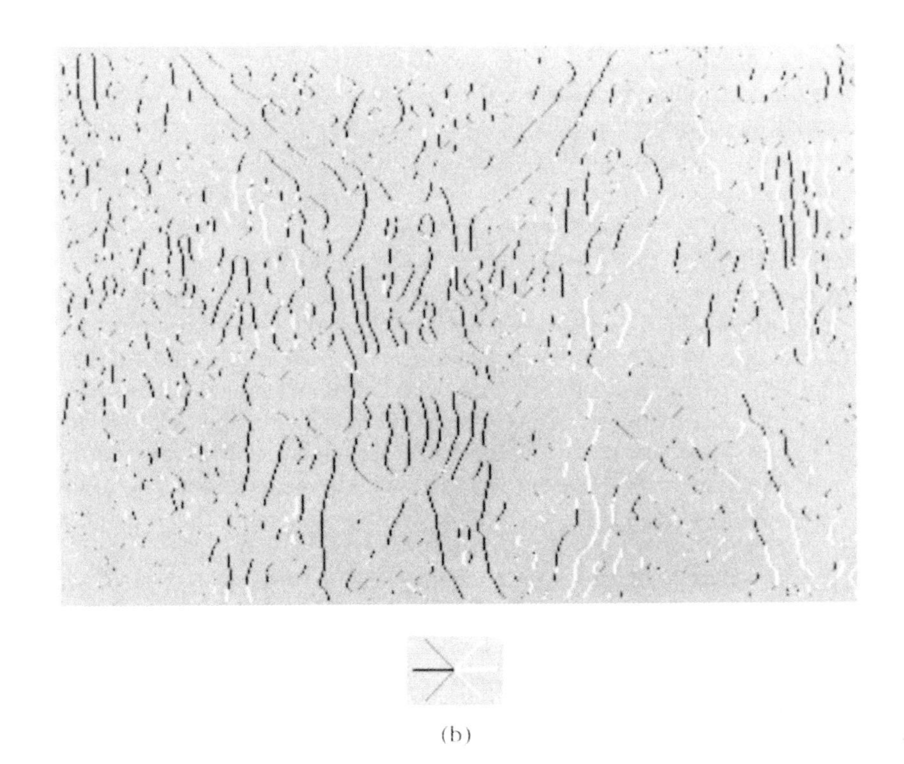

(b)

图 3-40 （续）

从心理物理学上讲，XYX 运动检测方案非常适合 Braddick 的两个类别中的第一个。例如，根据 Wilson 的通道数据，该现象仅应在短距（偏心距为 5° 时，在 $w/\sqrt{2}$ 或 15 弧分左右）和短刺激间隔（不超过瞬时通道的时间分量的总时程，约 120 毫秒）内发生。如果唯一的判别量是速度而不是方向，那么将图形和背景分离就应该是不可能的。这也正是我们从心理物理学上发现的（见图 3-32）。

此外，可以从方向选择性中获得的信息量取决于运动方向和运动元素的朝向。因此，根据运动元素的朝向，相同的速度场可能被视为连贯或是不连贯的。这是因为两个邻近的速度矢量将在大致垂直于它们的元素上产生相同的方向符号，而在其朝向将它们二等分的元素上产生不同的符号。我们发现在心理物理学上同样如此。而且，如果连贯组的形成大致以图 3-37 的方式进行，则人们甚至可以在纯随机的显示序列中看到局部连贯运动的簇。事实确实如此。这种机制还产生了 Anstis（1970）所说的“逆飞”现象，即运动和对比的同时逆转会引起相反方向的运动的错觉（见 Marr and Ullman，1979）。

最后，如 Braddick 所要求的那样使用颜色而非辉度边界，或是在刺激间隔中插入白色场，可能会破坏这一机制。这是因为它们会干扰视网膜测量在 Y 通道上传播的时间导数的机理。

渐进

还有另一种方法来证明方向选择单元的输出是有用的，它基于将两只眼睛的方向选择单元组合在一起所产生的一种不同类型的信息（Marr and Ullman，1979）。假设已经识别出特定的过零点，且在两张图像中为其赋予了不相容的运动。然后，如果过零点在两个视网膜上都沿着远离鼻子的方向运动，则其在深度上正朝向观察者运动；而如果视网膜上的运动是朝向鼻子的，则其在深度上正远离观察者。如果两个视网膜上的运动都是向右的，则该物体将安全地移到观察者的左侧，反之亦然（Regan, Beverley, and Cynader，1979）。

对于这种类型的分析，没有必要按照图 3-37 所示的方式来组合约束。可以使用方向选择单元的原始输出。这种情况下的困难在于确保左右检测器都在看着相同的过零点。建立这种匹配是立体匹配问题的本质。不过，如果可以容忍不时出现误差，就可以设计一种快速的渐进检测器。该检测器的设计使其不必等待立体匹配的结果。例如，可以通过比较对应的视网膜点处的运动信号来构造一个简单的渐进检测器。这样的点通常但不总是对应于同一运动物体上的邻近点。

这样的方案可能在某个时候依赖于一种特定细胞。它的双眼感受野在视野中很接近，但它对视差并不真正敏感，而且它在双眼中偏好的运动方向相反。有一些证据表明确实存在此类细胞（Regan, Beverley, and Cynader，1979）。

3.5 似动

在上一节中，我们看到了如何在相当原始的阶段的处理中使用非常有限的关于视野中运动的信息，以提供有关如何将场景分解为不同表面的一些相当粗糙的信息。我们还看到这个任务可以很快被完成。但是，只要多花一些时间和心思，就可以使视觉运动产生更丰富的信息。尽管 Miles（1931）及 Wallach 和 O'Connell（1953）的实验更早，但 Ullman（1979b）的反向旋转圆柱演示（稍后在图 3-52 中说明）是迄今为止在所有构想了我们的视觉系统可以从视觉运动中获得哪些信息的演示中，最有说服力的那一个。

演示由一个帧序列组成。每一帧都是一组点在两个同心、反向旋转的圆柱体上的投影。在每帧中仅出现点，并且它们的位置在帧间变化。与随机点立体图一样，每个单独的帧都没有可见的结构。但是，当将这些帧显示为电影序列时，我们就能得到两个反向旋转的圆柱体的生动印象。

从这个演示中可以清楚地看出，我们的视觉系统具有非凡的能力，仅凭未知结构的外观在图像中的变化即可恢复其形状。Shimon Ullman（1979b）在其最近的一本有关该主题的书中，已经为构建如何做到这一点的完整理论迈出了重要一步，其中包括了支持性的心理物理学证据。本节包括对 Ullman 工作的概述，以及一两个我想在整体视觉背景下提出的关于其工作的一般性观点。

为什么要研究似动

运动是本质上连续的过程，通常会在图像中产生平滑的变化。确实，人们可能会认为，就其感知分析而言，这是运动的一个相当重要的内在属性，因为它的连续性有助于完成在图像中追踪物体的各个部分以了解它们如何运动的任务。那为什么本节会基于对似动的研究呢？要知道，似动的本质是快速的帧序列的离散、不连续的呈现。从连续到离散的转换中肯定会丢失一些东西。我将要描述的理论实际上同时适用于连续运动和逐帧运动（即似动）。但这并不是一个令人满意的答案。所以有必要来说明，对于这里所感兴趣的情况，我们很可能可以基于逐帧的刺激来考虑。

第一点是，我们不再像上一节中那样处理几乎瞬时的现象。这里我们离开了检测任务的范围。我们不再需要在 50 毫秒内找到简单但可能重要的东西。我们可以花费相当长的时间（例如 1/4 到 1/2 秒，这在感知标准上是很大的）来允许图像发生适当的变化。这是因为我们不仅要检测变化，还要测量变化的程度并使用此信息。因此，我们的基本方法是将对象某时在图像中的位置与它们在足够久的时间之后的位置进行对比，以便能够可靠地测量差异，并且我们将使用差异来计算其形状和运动。

因此，对问题进行至少某种程度的延迟符合我们的需求。但延迟不能太大，否则图像将发生无法识别的变化，例如表面的可见部分可能会被遮挡，或者可能转到了视线之外。但至少在原则上，我们需要一段时间的变化，并且必须非常准确地确定这些变化。

人们可以说，或许是这样，但事实是，即使我们只想知道 100 毫秒左右之后事物移动到了何处，最容易的方法还是平滑地追踪它们吧？通过将序列切成不同的帧不是把问题变难了吗？好吧，在一定程度上当然是这样。但另一方面，如果帧率相比于诸如视锥细胞的时间常数（大约 20 毫秒左右量级）而言足够快，那这两种情况就没有区别了。我们也都知道，我们可以毫无问题地观看电影，那里的运动看起来很正常。然而，它们仅被分成了每秒 24 帧，而仅凭感知证据就无法辨别这些事实了。此外，仅由相距高达 300 毫秒的两帧组成的心理物理学演示也可以给人以平滑运动的主观印象。

因此，尽管连续版本的问题可能比从似动中恢复结构要稍微简单一些，但也可能并没有简单太多，而且我们显然可以解决涉及似动的较难的问题版本。似动问题也更容易被建模和实证研究，而其结果可应用于连续的情况。因此，首先解决这个问题，然后再来评估我们的立场，似乎是明智之举。

把问题一分为二

那么，我们的目标不是要检测运动引起的变化，而是要测量和使用变化来恢复运动中的三维结构。从广义上讲，这引入了两种任务，它们至少从表面上看起来截然不同，并且在某种程度上类似于我们在立体视觉中遇到的任务。第一项任务是追踪事物在图像中的运动，并测量它们在不同时间的位置。这是*对应问题*，其核心是 t_1 时刻图像中的对象与 t_2 时刻的对象如何对应起来？第二项任务是从第一项任务的结果提供的度量中恢复三维结构，这一问题被称为*从运动中恢复结构*。

显然，人类视觉系统是独立地解决这两个问题的。而它们能成为两个分离的问题是一大幸事。关键的实证证据是，对应处理所依赖的所有度量都不涉及三维角度或距离——它们都是在图像上进行的二维度量（Ullman，1978）。因此，几乎不存在从较晚的任务向较早的任务进行任何反馈的需求。

我们因此可以独立地处理这两个任务。我们将首先考虑对应问题，然后再考虑解决第二个任务的其他方法。到目前为止，读者可以为自己提出一个关键的初步问题——处理在哪些基元上操作，或者用我们之前介绍过的术语来说，该处理的输入表示是什么？并且由于位置变化的度量必须参考可识别的表面位置的位置变化，因此这些基元需要尽可能地有物理意义。所以，尽管细节中出现了许多有趣的附带问题，但当读者发现初草图中的元素似乎已被使用时，恐怕不会感到意外。

然后，我们必须构建相邻帧中的基元位置应保持的关系（记住我们在处理的是似动）。概括地说，不难看出相继帧中的两个对象越接近且越相似，它们对应的可能性就越大。这只是反映了宇宙中某种形式的统计规则。并且只要相对于可见运动的速度和距离，帧间的间隔不太长，这一点就可以成立。事实证明，人类视觉系统结合了永久性的或“硬编码”的相似度表，通过该表可以比较各种参数中的相似度和不相似度。例如，在测试相继帧中具有相同对比的两条线的相似度的实验中，系数为 3/2 的长度变化会产生与 45° 的朝向变化相同的相似度变化。

这种相似度被 Ullman 称为亲和性度量，它是基于二维度量的。但它本身并不能确定对应过程。为此，必须考虑其他因素。例如，假设在第一帧中有两条线 A 和 B，在第二帧中有两条线 a 和 b，则有四种可能的配对。

（1）$A \to a$ 和 $B \to b$
（2）$A \to b$ 和 $B \to a$
（3）$A \to a$ 和 $B \to a$
（4）$A \to b$ 和 $B \to b$

此列表忽略了 $A \to a$ 而 B 无处可去之类的可能性。问题是，如何确定实际可能发生的配对？显而易见的答案是，采用能够最大化帧之间整体相似度的解决方案。这种相似度可以通过一些标准的代价函数来测量，该函数为特定解中的每个配对给出相似度，而总体相似度就是各个配对的值之和。代价函数大致告诉我们应该接受多少对较差的配对，以避免糟糕的配对或在整体匹配中获得极好的配对。

这类方法涉及寻找达到整体或全局最小值的解。它类似于二十世纪前三分之一时，格式塔运动开始感兴趣的内容的一部分。不过格式塔主义者实际进行的实验可能涉及几种不同的现象。他们想到了元素之间的吸引力，其将元素绑定为整体并控制相继帧之间的交互，但是他们没有看到这种方法能在何种程度上说明他们在对应处理中看到的复杂性。他们的基本困难是：在图 3-41 中，他们看到 $A \to A'$ 和 $B \to B'$；但是如果删除了 A 和 B'，就会得到 $B \to A'$。因此他们认为整体的运动至关重要，这种现象不可能以纯粹局部的方式来解释。因为格式塔主义者认为整体的形成问题是不可解的，所以这种争论在很大程度上扼杀了这一学派。

这里有两个基本的误解，我要作为一个教训将它们指出。首先是基本的数学上的无知。当然，图 3-41 所示的例子表明，对应处理不仅仅涉及找到纯局部最小值。如果问题真的可以用这种方式来建模，那想要的最小值也是全局最小值。但是在很多系统中，仅使用局部交互作用即可发现全局最小值。这也是格式塔主义者的第一个误解。因此，他们的发现并不能使他们得出有关局部交互的不充分性这一结论。具体来说，对格式塔主义者就图 3-41 提出的问题的最明显解法是说 $(A \to A') + (B \to B')$ 的总代价小于 $(A \to B') + (B \to A')$。当我们观察到这个想法是线性的，并且线性系统的表现极其好（基本上不会陷入局部极小值）时，它似乎看起来就更简单了。实际上，Ullman 的对应理论本质上就是线性的。

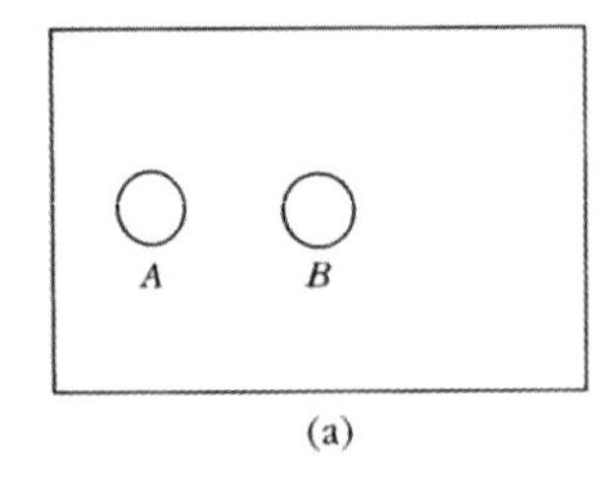

(a)

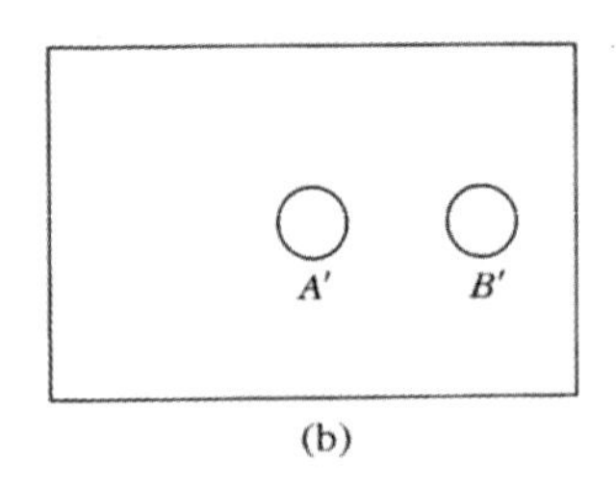

(b)

图 3-41 令格式塔主义者感到困惑的图样之一。(a) 表示第一帧，(b) 表示第二帧。感知上 A 移到了 A'，而 B 移到了 B'，因此 B 似乎在运动。（由 Shimon Ullman 提供。）

第二个误解是格式塔主义者缺乏处理过程的概念。他们认为分组受制于各种类型的规则，包括封闭性、良好的延续性、规则性、对称性、简单性等原则（参见 Koffka, 1935，第 110 页）。这可以概括为格式塔的蕴含律。对他们来说，这个定律就像是物理定律。如果他们有在多个分组处理中体现这些原则的想法（如作为对什么应该分在一组，什么不应分在一组的约束），他们就可能不会放弃对另一半的努力，即系统化整体的形成过程。

现在来说说这里的教训。在第 1 章中，我们看到了纯粹的计算机视觉工作者所面临的某些危险。他们无视有关人类视觉系统是如何组织的生物学证据。基本的困难是这种疏忽可能会导致试图解决的问题根本不是真正的问题，而是由于传感器、硬件或可用的计算机算力的特定限制而恰好产生的问题。这里我们看到了相反的情况：（本可以避免的）数学上的无知和（还是可以被原谅的）没有从处理的角度进行更多的思考，导致了这个实际上已经给出了许多有价值的见解的学派的失败。教训就是对这三个领域中任何一个的无知都可能造成破坏。正如现代物理学家必须了解一些数学知识一样，现代心理学家也必须如此。但心理学家还必须熟悉计算，并清晰地认识其能力、局限性及有效的思考处理过程的方式，并且最重要的是清晰认识到需要做什么才能理解这些处理过程。

这就大致是关于对应问题的现状。Ullman 将其构建为线性最小化问题，并说明了它如何解释大量心理物理学现象。我们将更详细地探讨他的思想，以及一些有关其生物学实现的更近期的思想。这些思想基于更高层次的初草图基元。就这个主题整体而言，它在我们的三个层次上都还没有被解决。但是，我们对它已经了解了很多。我认为它的完整计算理论的得出已经指日可待。

问题的另一半，即“从运动中恢复结构”的理论处于更好的状态，并且基本上已经在计算理论层次得到了解决（Ullman，1979a）。读者对该理论的形式应该已经很熟悉了，它与我们在第 2 章和本章前面所看到的形式相同。不过按时间顺序，Ullman 的理论是早期的理论之一。他使用的关键附加约束是刚性。他对刚性的使用做了非常精确的建模，并展示了如何通过成功的对应处理提供的测量结果来恢复三维结构。其中的数学知识包含一个定理，本质上说明了四个刚性、非共面的点的三个视图足以恢复其三维布置和运动。我们将看到如何将此结果用作解释视觉运动的基石。Longuet-Higgins 和 Prazdny（1980）在研究光流时使用了类似的方法。

最后的评论也许可以作为这个简短的综述的结论。尽管对三维空间的几何学的研究自欧几里得时代就开始了，但一些相对简单的定理仍然是未知的。四点三视图定理就是其中之一。当我们讨论从剪影中恢复形状信息时，还将遇到另一个定理（Marr，1977a）。很难相信没有其他的例子了。这两个公式之所以最近才被构建，是由于成像过程是在三维发生的。因此，某些类型的几何关系（如果已知且被使用了的话）可以被引入解释图像的处理过程中。数学家花时间重新研究三维欧几里得几何学这个主题，可能是很值得的。

对应问题

实证结果

输入的表示是什么

在一般情况下，我们要求对应处理操作的标记在物理上是有意义的，我们将其称为对应标记。这消除了原始的灰度。如图 3-42 所示，可以直接证明在人类视觉系统中，灰度相关性不构成对应处理的基础。从图 3-42（b）的相关性图中可以看出，图 3-42（a）中的两个帧之间的最大灰度性相关发生在零位移处。但是，如果锐利的边被匹配了，那我们就可以预期第一帧中的边 E 会跳到第二帧中的 F。实际上就是这样。

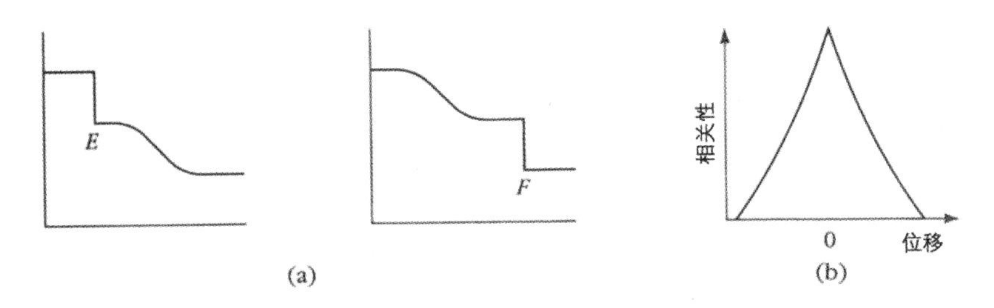

图 3-42 对应不由灰度图像所建立。如果是这样的话，将具有（a）中所示强度分布的两帧连续显示，将不会留下运动的印象。这是因为它们之间的相关性最大值出现在零位移处（b）。相反，边E看起来在向边F运动。这表明边（而非灰度图像）是在对应处理中使用的标记。（重印自 Shimon Ullman 的 *The Interpretation of Visual Motion*，已获马萨诸塞州剑桥市麻省理工学院出版社授权，原图 1.1，麻省理工学院 © 1979 年版权所有。）

该演示表明对应关系发生在比灰度强度值更高的层次。但比它高出多少呢？对应关系是在场景中相对较小和简单的部分之间建立的，这些部分在很大程度上与形状和形式无关，还是说它涉及更复杂的描述，例如在比较不同的帧之前，从单帧中解释整体形状？

图 3-43 是排除第二种可能的一系列演示之一。该图绘出了两个相继帧，一个用实线表示，另一个用虚线表示。如果从一帧中分析出了整个图案，并提取了轮子的形状，然后将其用于匹配下一帧中的元素，那么当把它们快速连续呈现给观察者时，观察者应该将它们看作整个轮子在旋转。但是请注意，车轮的内部和外部的最近邻在一个方向上，而中环的最近邻在另一个方向上。因此，如果仅在局部进行匹配，则观察者应看到中环朝一个方向旋转，而内外环朝另一个方向旋转（如图 3-43 中的箭头所示）。如果画面呈现的速度适当，那这就是实际发生的情况。

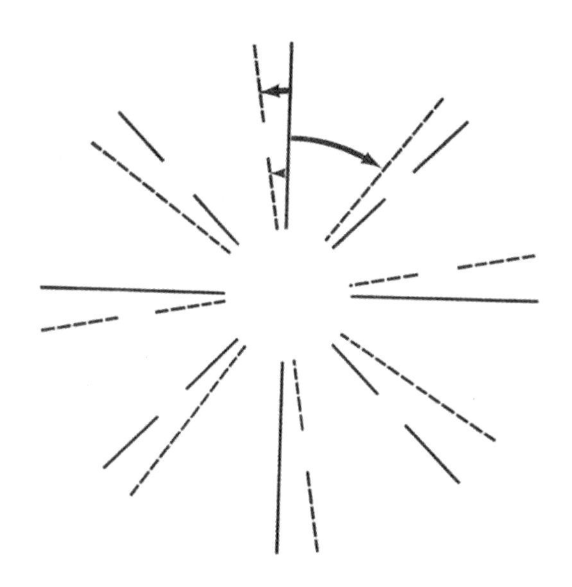

图 3-43 似动的对应问题涉及在低层次运作的匹配操作的证据。第一帧用实线表示，第二帧用虚线表示。如果画面呈现的速度适当，车轮看起来会分开，而不是像单个车轮那样旋转。正如箭头所示，内外环会朝一个方向旋转，而中环会朝另一个方向旋转。这表明匹配是在作为基本元素的线段上进行的，并且主要由邻近性支配。（重印自 Shimon Ullman 的 *The Interpretation of Visual Motion*，已获马萨诸塞州剑桥市麻省理工学院出版社授权，原图 1.3，麻省理工学院 © 1979 年版权所有。）

这开始表明初草图中的元素的作用。下一个演示显示了端点起了作用，就像它们在立体视觉中一样。在图 3-44（a）中，在两条线的末端之间建立了对应关系。如果相应端点之间的距离远大于线段之间的距离 [如图 3-44（b）所示]，则这种关系会中断。在这种情况下，只会在短线和长线中的最近部分之间建立对应关系。尚未完全确定图 3-44（c）中所示的那类不连续是否会被匹配，但是这个问题显然值得关注。

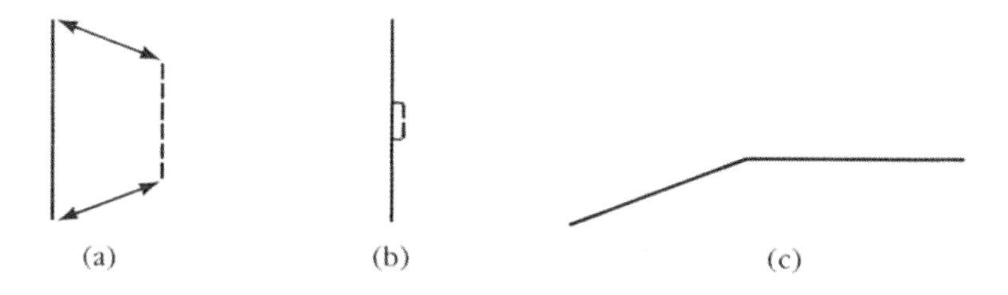

图 3-44 如果相继帧中的两条线的长度差异不大，如（a）所示，则端点也可以作为对应标记。如果它们非常不同，如（b）所示，则在短线和长线的一段之间建立对应关系。尚不知道诸如（c）中所示的朝向的不连续是否可以充当对应标记。（重印自 Shimon Ullman 的 *The Interpretation of Visual Motion*，已获马萨诸塞州剑桥市麻省理工学院出版社授权，原图 2.10，麻省理工学院 © 1979 年版权所有。）

图 3-45 提供了更多的证据，表明对应关系是由相当低层次的标记所确定的，而不是由对应图形的形状或形式所确定的。在图 3-45（a）中，正方形 A 趋向于较大的正方形 B。在图 3-45（b）中，正方形 A 趋向于较大的三角形 B，而不是较小的正方形 C。因此，在这些情况下，匹配处理过程由组成元素的运动而非整体形式之间的相似性决定。Ullman（1979b，第 27 页）的结论是：（1）不同图形的融合趋势的差异与其组成部分之间建立的运动是一致的；（2）没有迹象表明结构图形是基本要素的一部分或者对应处理是基于图形相似性的。

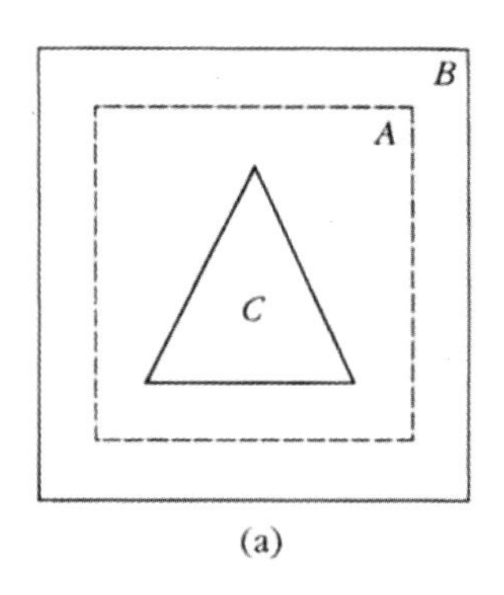

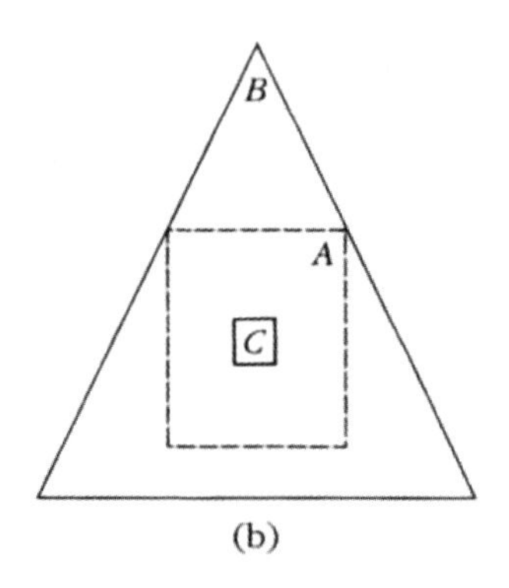

图 3-45 在（a）中，正方形A趋向于较大的正方形B，但在（b）中，正方形A趋向于较大的三角形B，而不是较小的正方形C。这为对应关系受组成元素的运动而非其整体形式所控制给出了更多证据。（重印自 Shimon Ullman 的 *The Interpretation of Visual Motion*，已获马萨诸塞州剑桥市麻省理工学院出版社授权，原图 1.6，麻省理工学院 © 1979 年版权所有。）

作为 Shimon Ullman、Michael Riley 和我本人之间讨论的结果，Riley 发现，可以在例如有向点云之间或在平行线组之间建立匹配，即便在两种情况下其组成部分都不匹配。图 3-46（b）和（c）给出了这种现象的两个图示。在这些例子里，匹配规则似乎由诸如组的整体朝向和大小之类的参数所控制。像图 3-46（a）所示的边框也可以被匹配，哪怕这里毫无疑问不存在任何类型的组成元素的匹配。刺激间隔大约为 100 毫秒，比形状开始影响匹配所需的 1/3 秒短得多。

因此，Ullman 的结论可能需要稍作修改，以便可以包括全初草图中的这些更抽象的图像描述子。但是，他的主要观点仍然成立，即在对应处理之前不存在详尽的形式分析。而且，此处详尽一词所隐含的限制有效地允许了全初草图中允许的内容，包括标记的全长、大小、朝向等，但排除了其不包含的内容，如标记中内角的任何显式表示、对直角的关注等。对应标记和全初草图中基元之间的类比可以走多远，是一个有意思的问题。

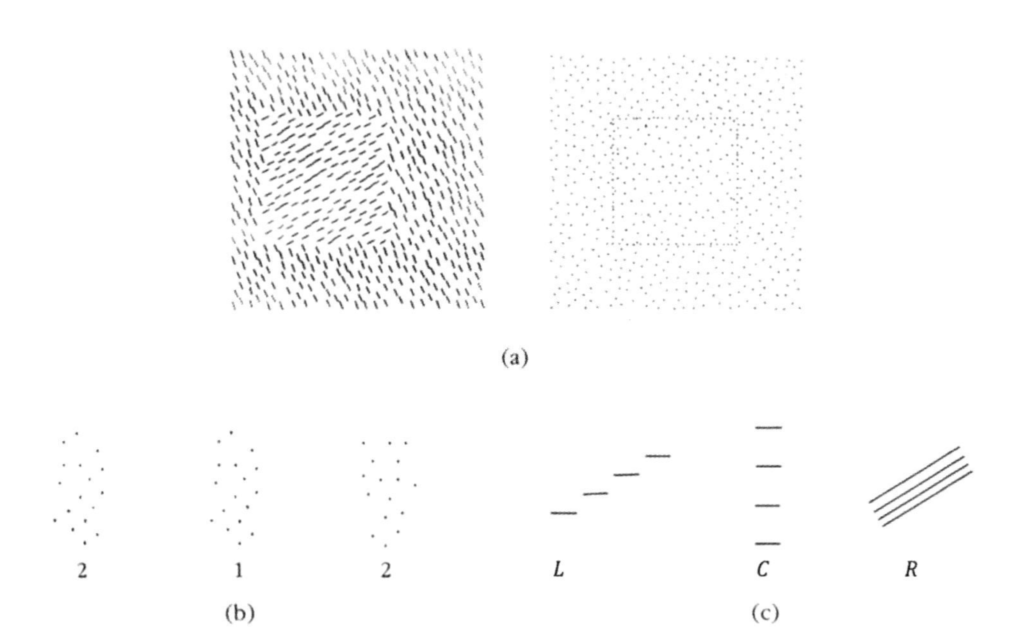

图 3-46 即使组成部分不匹配，匹配处理也可以在高阶的边框或标记之间进行。例如，可以在围绕（a）中所示的正方形的两种边框之间建立对应关系。（b）是一个实验，其中在第一帧中显示一个点云，在第二帧中显示两个点云（如标记所示）。其特性是第二帧中的一个点云与第一帧中的点云相同，而另一个点云则不同。观察者没有表现出对相同的点云的偏好。在（c）中，这个想法被进一步拓展。第一帧由组*C*组成，包含短水平线。第二帧包含两组，其中*L*由短水平线组成，而*R*由长对角线组成。观察者对从*C*到*L*的运动不存在偏好。这证明了这种情况下的对应关系不是在每组的组成部分之间进行，而是在其整体结构的描述之间进行的。

对应处理过程的二维性

可以在图 3-47（a）所示的实验中研究少量孤立元素的对应处理过程的局部行为。其中第一帧（虚线）包含一个元素，第二帧（实线）包含两个元素。观察者需要回答第一帧中的线看起来移向了第二帧中的哪一条线。Riley 最近将这个方案修改为图 3-47（b）所示的形式，其中同一问题出现了多次。这个扩展的演示的优点是敏感性更高。

图 3-47（c）、（d）和（e）显示了这些实验的刺激；每种情况下的第一帧以虚线表示，第二帧以实线表示。所有示例均与原始示例具有大致相同的亲和性。图 3-47（c）显示了如何权衡长度与距离，图 3-47（d）显示了如何权衡垂直位移与距离，而图 3-47（e）显示了如何权衡朝向与位移。这种三线组态的不同参数的相对权重在图 3-47（f）中列出（来自 Ullman，1979b，表 2.1）。

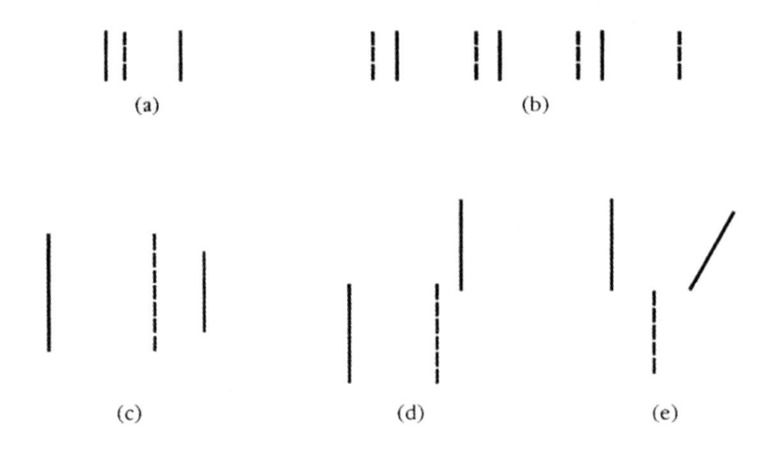

	相对权重				
	0	1	2	3	4
朝向差（度）	15	30	45	60	75, 90
距离比值	1.1	1.2	1.6	2.25	2.7, 3.8
长度比值	1.04	1.13	1.5	2.1	2.5
1/cos α	1.04	1.15	1.41	2.0	(2.3)

(f)

图 3-47　（a）显示了一种用于测量亲和性的典型的两帧实验，（b）显示了该实验更敏感的版本。在（c）至（e）中，用虚线表示第一帧，用实线表示第二帧，并且第二帧中的两个刺激与原始刺激的亲和性大致相同。（c）如何权衡长度与距离；（d）如何权衡位移与距离；以及（e）如何权衡位移与朝向。测得的亲和性值列在（f）中。（重印自 Shimon Ullman 的 *The Interpretation of Visual Motion*，已获马萨诸塞州剑桥市麻省理工学院出版社授权，原图 2.5 至 2.9 和原表 2.1，麻省理工学院 © 1979 年版权所有。）

就我们对这个问题的简要综述而言，图 3-47 中表（f）的详细数值并不重要。重要的是该处理使用的是对图像的测量值，而不是对客观三维量的测量值。这一点由 Ullman（1978）在图 3-48 中所示的那类实验中所证实。例如，在图 3-48（a）所示实验的第一帧中，除 C 以外的所有线都具有相同的明度。在第二帧中则只有 L 和 R 较明亮，而诱导出的运动也是从 C 到 L 或 R。在这个例子里，C 与 L 之间及 C 与 R 之间的二维关系相同，但它们的三维距离相差很大。在图 3-48（b）所示的类似实验中，线之间的三维距离相同，而二维距离却非常不同。在图 3-48（c）中，二维角度和三维角度不同。

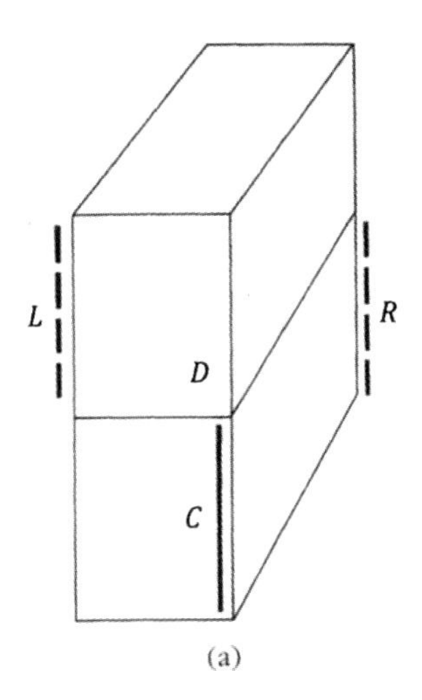

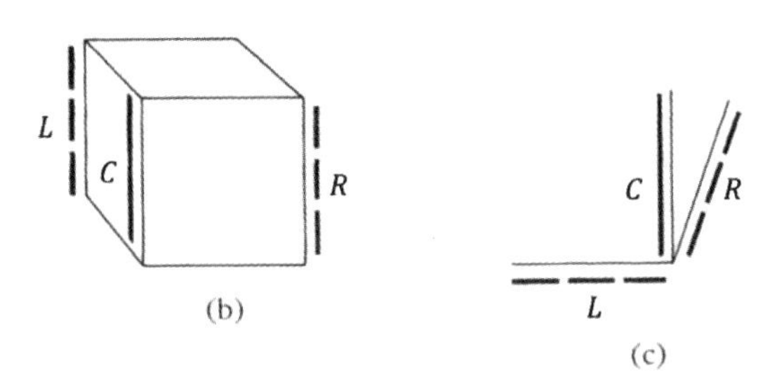

图 3-48　对应过程仅使用二维度量，而不使用三维度量。在（a）中，第一帧的C与第二帧的L和R之间建立了对应关系。L和R与C的二维关系相同，但三维关系不同。它们在感知上的表现一模一样。而在（b）中，人们相对于R更偏好L。（c）测试了角度，同样是由二维角度决定了对应关系。（重印自 Shimon Ullman 的 *The Interpretation of Visual Motion*，已获马萨诸塞州剑桥市麻省理工学院出版社授权，原图 2.22，麻省理工学院 © 1979 年版权所有。部分重印自 Shimon Ullman 的 "Two dimensionality of the correspondence process in apparent motion"，感知第 7 卷，1978，683 至 693 页，原图 1，已获授权。）

Ullman 通过这类实验得出结论，三维度量与对应处理无关。他发现的所有东西都可以从二维组态中预测出来。他还提出了另一个关于似动的平滑性的极吸引人的观点。当人们在看着两帧时，从一帧到另一帧的过渡有时似乎很平滑，有时却不是。诸如 Corbin（1942）及 Attneave 和 Block（1973）的研究发现，运动的平滑性主要甚至完全取决于感知到的三维距离，而非客观的二维距离。而有一系列的研究者以运动平滑性为标准来研究对应的强度，Kolers（1972，第 4 章和第 5 章）是研究者中最新的那个。

这里显然存在一些不一致之处。这三个主张并不相容，即（1）运动的平滑性取决于感知距离，（2）对应的强度取决于二维距离及（3）运动的平滑性反映了对应的强度。Ullman（1978，实验 5）通过构造如图 3-47（a）所示的情况解决了这一难题，在这种情况下，一个方向的运动更平滑，而另一个方向的运动更强且胜出了。因此，平滑性和对应强度是不同的现象，并且很可能在考虑了眼动的影响之后（Rock 和 Ebenholtz，1962），对应处理过程仅依赖于二维测量值。

Ullman 的对应处理理论

正如我们在图 3-41 中所看到的那样，在更复杂的显示图像中，元素并不总是映射到与其亲和性最高的元素上。映射也受元素间交互作用的影响。Ullman 在其实证方法中引入了对应强度的概念。该概念源于局部亲和性，但也纳入了各种局部竞争的影响，并确定了最终映射。图 3-49 说明了这个想法。首先测量每个配对之间的亲和性，然后在它们之间发生局部交互以产生对应强度。例如，当发生分裂或融合时，交互会削弱对应强度，所以应当避免这些情况。Ullman 在一个特定的数值示例中（他的博士学位论文的附录 4），展示了这个简单的方案可以解释几个被认为对运动感知理论而言具有挑战性的例子（Kolers，1972；Attneave，1974；Ullman，1979b，2.4.1 节）。

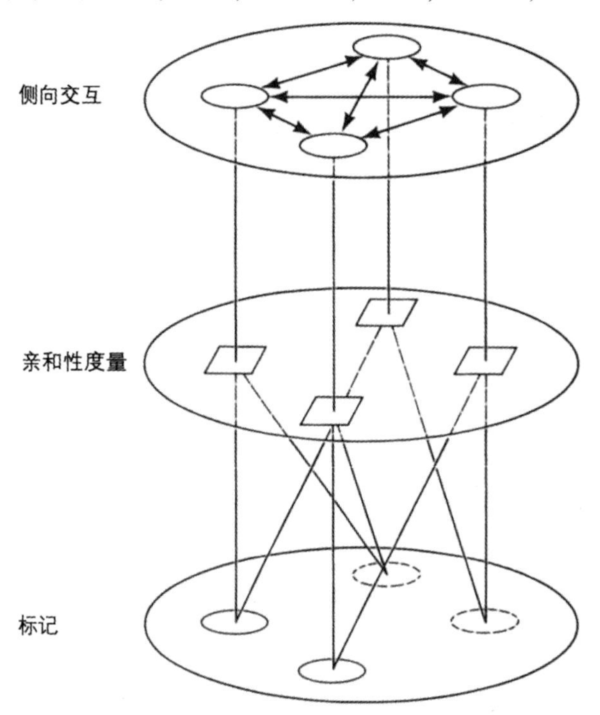

图 3-49　Ullman 得出对应强度的方法。测量对应标记之间的原始亲和性，然后在它们之间进行局部交互作用以获得最终的对应强度。

但是，这些观点主要表明，在检查局部交互的能力时所使用的那种思维方式通常仍然存在严重缺陷。这种缺陷有时与格式塔主义者的问题相同，即未能意识到可通过局部交互计算的函数的复杂性。Ullman 尝试为对应处理过程建立一个理论的尝试更为有趣。他称之为最小映射理论，这实际上就是最大似然理论。

该理论背后有三个主要假设。这里的想法是要提供一种判断帧之间的匹配标记的相对价值的方法。由于基本的论断是概率性的，因此我们需要假设不同的配对决策是独立的。这就是第一个假设。第二个假设是第一帧中的每个标记与第二帧中的至少一个标记配对，反之亦然。我们没有明确要求一一对应的关系（因此允许了分裂和融合）。但是，由于每次配对都需要花费一定的代价，因此最终的答案会将分裂和融合的程度降至最低。所以，第二个假设就是配对组应覆盖全部两组标记。

第三个想法很有意思。当然，世界上真实速度的范围差异很大——有时观察者快速移动，有时缓慢移动；有时物体快速移动，有时又不动。但几乎无论选择什么作为世界上的速度分布，仅仅因为成像过程，这些速度在图像中的投影通常就都会很小而不是很大。图 3-50 说明了这一点。虚线 $\rho(v)$ 显示了为空间中真实速度的概率分布所做出的一种选择。实线 $p(v)$ 显示了相应的投影速度分布。因此，仅在非常一般的意义上，偏好最近邻的映射更为可能。

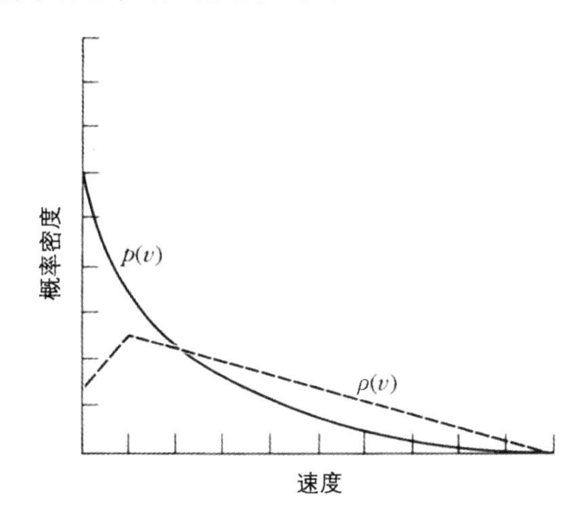

图 3-50　图像中速度的平均分布。对于世界上物体几乎所有合理的速度分布，如 $\rho(v)$，其投影到图像上后将由小速度占主导，如 $p(v)$。详见正文中的讨论。（重印自 Shimon Ullman 的 *The Interpretation of Visual Motion*，已获马萨诸塞州剑桥市麻省理工学院出版社授权，原图 3.11，麻省理工学院© 1979 年版权所有。）

这个理论现在就很简单了：给定速度 v，将熵 $q(v)$ 定义为 $-\log p(v)$，其中 p 为其概率。最大似然解是最小化总熵的解（就像在统计力学中一样）。要找到这个解，我们可以简单地将 $q(v)$ 假设为速度为 v 的“代价”，然后寻找使总代价最小化的映射。这是一个线性问题，可以通过一个简单的局部网络解决。如果需要的话，网络中可以包含偏离于一一映射的额外惩罚。代价函数就是我们前面讨论的亲和性函数。而图 3-49 中产生对应强度的交互实际找到了最小的总代价，也即给定全域统计量时最有可能的映射。这个方案可以自然地从相继帧的离散情况泛化到连续情况。在连续情况下，图像更多地表示为传入的标记流。

对 Ullman 的理论的评论

作为首次尝试，这个对应处理的理论是非常有价值的贡献。在过去五十年的混乱和困惑之后，它的清晰令人耳目一新。它的重要性在于让我们能够构建许多实证问题，否则这些问题根本就不会出现，它也为合理研究该现象而非仅是对其进行让人困惑的现象学分类开辟了道路。

哪怕暂时先不考虑该理论的实证层面，还是有几点需要提出，特别是在一本以视觉系统理论为主题的书中。第一点是，概率发展所必需的独立性假设，至少基于其最简单的定义，在实证上并不完全正确。独立性在图 3-51（a）中确实存在——C_2 与 R_2 的无歧义匹配不会影响 C_1 的表现的二义性。但在图 3-51（b）所示的情况下，C_1 和 C_2 的表现是相关的——实际上，正如 Ullman 指出的那样，它们表现得就像是形成了图 3-51（c）中 C 线的端点一样。而当诱导分组不同时，它们就不会有这样的表现。这一点如图 3-51（d）所示。

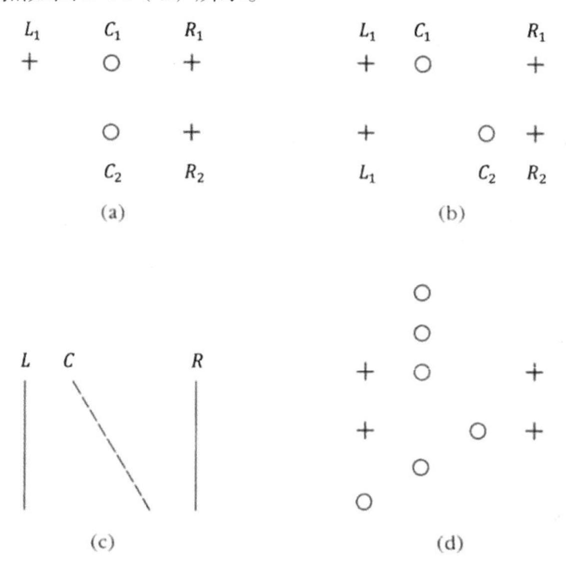

图 3-51 在此图中，第一帧显示为圆形，第二帧显示为十字。（a）中 C_2 的存在不影响 C_1 的表现。但在（b）中就影响了。其中 C_1C_2 对表现得类似（c）中的线 C——它要么移向 L，要么移向 R。如果像（d）中那样，标记的组态被其他组织的存在打乱，那中央对就不再被像线 C 那样对待了。（重印自 Shimon Ullman 的 *The Interpretation of Visual Motion*，已获马萨诸塞州剑桥市麻省理工学院出版社授权，原图 2.20，麻省理工学院 © 1979 年版权所有。）

因此，对应处理似乎可以在某种程度上对组及其组成部分进行操作。尽管分组过程并未涉及对组内部结构的显式描述，并且尽管整体组之间的匹配并不排除其组成部分之间的额外匹配，但它们也许可以起到约束那些匹配的作用。具体而言，与总体组的匹配兼容的匹配被允许，而不兼容的匹配则不被允许。理论上，这样的内部结构可以由一个概率框架来支撑，但这很别扭，而且表明我们可能尚未找到最有用的方法。

我们已经遇到的第二点是，可以在组之间建立对应关系，而在其组成部分之间不建立对应关系。Ullman 本人也指出这是可能发生的（1979b，2.4.2 节）。M. Riley 的最近的工作则证实并扩展了这一发现。当然，可以像 Ullman 所建议的那样，简单地将诸如高阶单元之间的交互添加到该理论中。但它们并非自然遵循该理论，也根本无法被其所预测。它们实际上几乎与之背道而驰。这是因为该理论的全部目的，就是表明对应处理在不同图样上有时令人困惑而复杂的行为，是如何从与图样的组成部分相关联的简单处理器之间的纯局部交互中产生的。

对于第三点，我们需要采用与理论构建者略有不同的观点。我们可能会问，概率方法有什么用？答案本质上是线性性质。这里的实际结果是纯局部交互可以保证产生我们所寻求的全局最小值。这具有很大的指导价值，因为它表明可以通过纯局部交互来获得正确的全局效果。这正如在我们的第一个协作立体视觉算法中见到的那样。乍一看，这正是我们想要争取到的，因为总的来说，大脑皮层中的切向连接非常短（请参见如 Szentagothai，1973）。

但是，我们在立体视觉和局部并行组织方面的经验警告我们要小心这些论断。这是因为它们与迭代相关。我们在这里必须小心，因为 Ullman 的理论是一种顶层理论，它并不代表一种算法，并且肯定会有非迭代的方法能实现它。不过，可以仅通过局部连接来实现它这一事实，仅当它确实是这么被实现的时候才是一个优势。遗憾的是，如果我们直接基于理论的字面价值，考虑其建议的实现方法，那么我认为一个主要的反对意见肯定会是这种类型的计算的收敛速度很慢。它比诸如第一种立体视觉算法还要慢。可以肯定的是，收敛速度取决于起始点，而这一点可以通过对大标记进行粗略分组来帮忙。但即使如此，也需要进行如 10 至 70 次迭代才能达到合理的收敛。这个论点并不完全站得住脚。这是因为人们通常可以用特殊的加速技巧来解决任何特定的收敛问题。但是它确实削弱了理论最初的吸引力，即其是围绕简单的局部网络交互而建立的。

最后一点对我来说更难说清楚。因为相对于其他几点而言，它更依赖于关于人脑运作方式的未经证实的直觉。基本上，我的感觉是在这些较低的层次上，人脑并不使用诸如最大似然原则这样的概率方法。这种感觉部分是由于我自己曾多次尝试使用它们——概率立体视觉方法会产生类似灰度相关性的信息，而我曾经尝试使用这种方法来解决一些与 2.5 维草图有关的问题——部分是由于人们普遍认为概率方法在某种程度上还不够确定。无论问题的复杂程度如何，最大似然解在技术意义上的可能性总是很小的。然而，视觉系统在这里提供的答案几乎总是正确的，而且通常伴随着确信无疑的主观感受。其确定性和正确性都是远远高于一个很低的概率值所能表示的。在类似的情况下，我通常发现可以使用更好的约束来描述世界的组成方式。这些约束通常为计算理论提供了更为牢固的基础。

换句话说，如果一定要回答立体视觉那节末尾提出的问题，即该计算理论是否解决了正确的问题？我的答案将比对于立体视觉或对 Ullman 理论的另一半，即“从运动中恢复结构”问题的答案更加模棱两可。我还没有任何其他非常可靠的选择，但下面的讨论表明了我对这个问题的思考方向。

关于对应问题的新看法

是一个问题还是两个问题？

视觉处理的任何计算理论的核心都是要回答这个问题，即处理是为了什么？在 Ullman 的框架中，对应处理的目标是在相继帧之间建立关系，以便对已发生的变化进行测量。这些测量值可以随后为后续恢复结构及其运动的处理提供输入。

这毫无疑问至少是对应处理过程的工作的一部分。但这是处理的全部吗？稍微向前看一些，我们将发现从运动中恢复结构的处理（以内部可测试的方式）包含了运动体是刚性的假设。因此，考虑一个仅包含运动刚体的世界，我们首先可以从这个世界中的观察者的角度来考察对应问题。

对于较小的时间间隔，这种情况造成的实际对应问题，本质上等同于立体视觉中的对应问题。这是因为稍微移动和旋转物体就会产生与稍微移动和旋转一只眼睛相同的效果。当然，不同的物体可能以不同的方式运动，从而等价于不同的双眼位置。但是立体视觉匹配理论是局部的，并且只要局部地遵循其假设，就可以在局部应用这一理论。这里的假设是表面局部光滑且匹配是唯一的。这是因为一个给定的位置始终只能移向另一个唯一的位置，而这几乎总是对应于图像中一个唯一的位置。当然，某些可见点将变得不可见，反之亦然。但这仅是类似于这样的事实，即在立体深度变化中，一只眼睛可以看到另一只眼睛看不到的部分表面。

那么似动的分裂和融合现象又如何呢？在这种现象中，一帧中的单个元素不是分裂成了下一帧中的两个元素（或者相反）吗？这些是似动中很强且众所周知的现象，并引起了相当大的理论问题。它们在从运动中恢复结构时应该多久出现一次？我们已经看到它们都可以出现在立体视觉中。这包括物理意义上的出现，即在极少数情况下，一只眼睛中看到的两个不同的表面记号恰好在另一只眼睛的视线上重合；这也包括心理物理学意义上的出现，即 Panum 极限情况。从图 3-19（b）所示的 Braddick 的立体图中，我们甚至已经看到人类视觉系统对于接受双重匹配是非常宽容的，只要它们在一只眼睛里是唯一的即可。但那里的原因并非根本原因。它们与实现有关，并且它们之所以出现，主要还是因为物理世界非常满足唯一性条件，以至于视觉系统足以无须内部检查就假定其成立。

相比于立体对应问题中的分裂和融合现象，似动中的这些现象是属于同一类，还是更基本呢？我认为，如果我们坚持认为运动对应处理的唯一功能是解决运动的刚体所产生的问题，那么我们就应当可以用与立体对应问题相同的方式来解决这个问题。这些现象必须像立体视觉中 Panum 极限情况的例子那样被解释。

但这种方法不是很令人满意。一个相当主观的原因是，通过纯纹理边缘的匹配可实现的那种立体视觉的竞争性是如此之强（如 Mayhew and Frisby，1976），并且其给出的深度印象是如此之差，以至于人们会觉得"真正的"立体视觉完全没有发生，而发生的只是其中一些模糊的初步部分（也许是辐辏控制系统）。但似动中的印象根本不模糊，运动中的边相对彼此清晰可见。在一对图像之间获得的匹配，哪怕是像图 2-34 中的匹配那样不相似，同样是非常清楚和确定的，并且完全不像立体视觉中那样具有竞争性。

另一个我觉得非常有说服力的论断来自 Ramachandran、Madhusudhan 和 Vidyasagar（1973）的一份报告，即可以在随机点立体图的主观轮廓之间甚至视差边缘之间建立似动。从我们狭义的角度来看，这几乎是一个悖论，因为如果已经获得了视差边缘，那我们就已经有了三维结构，为什么还要启动整个从运动中恢复结构的处理以获得它呢？

我认为，我们的狭义观点是不全面的。我们不能以如此受限的方式来理解运动对应处理。那么，这个处理与立体对应处理有何本质区别呢？

关键的区别在于一个是在空间中，而另一个是在时间中。这两种处理对于刚体是等价的，但对于柔韧的表面则不是。在同一时刻，左眼中物体的形状始终与右眼中物体的形状相同，但是其形状稍后可能就有所不同。这根本不是罕见的现象。例如，远处的鸟会非常迅速地改变其形状和外观。这不仅是因为它不是刚性的，而且还可能是因为太阳以特定的角度照向了它扇动的翅膀。鸟的图像可能很小，很难将其分解成大致刚性的组件。尽管如此，虽然它的运动提供的关于结构的直接线索可能很少甚至为零，但毫无疑问的是，所有的外观变化都与这一只鸟有关。换句话说，时间引入了一个重要的新因素，它与物体的三维结构的精确细节无关。这个因素是物体身份的时间一致性。这完全是一个不同的问题。要了解这种差异，只需考虑 Ullman（1977）将青蛙变成王子的例子。因为结构本身发生了变化，它并不属于从运动中恢复结构这个问题，但它确实属于物体身份问题。

我的观点是，因为这两个问题在计算上有一些不同，所以理论上应该分开考虑它们。匹配视差边缘的想法在第一种方法中是无法解释的，但在第二种方法中则是完全可解释的，而且几乎显然是我们想要的。例如，考虑河流表面在河床上形成的光的模式。这里唯一的常数与河床的几何形状有关，而与河床的表面辐射性质无关，因此我们显然只需对前者保持敏感。这种情况很可能等价于 Bela Julesz 的随机点“电影”的现实版本，并且这种情况使得我们应该能感知它们这一点变得很可以理解。如果一条鱼恰好悠闲地游过，并因其上亮暗的不断变化而暂时显得斑驳，那它就只能由其视差边界来定义。这些边界在移动，但始终都是同一条鱼。这是物体恒常性的问题。

分离处理结构和物体恒常性的系统

因此，由时间引入的问题至少为似动中的对应处理产生了两项相当不同的任务。正如我们在 3.4 节中讨论的那样，它们本身又与 Braddick 的两个类别中的第一类不同。第一项任务是从运动中恢复问题的前一半，并且在仅有运动刚体的环境中，它本质上等价于立体视觉中的匹配问题。两者之间的唯一区别是在运动情况下增加了一张图像的少量旋转，但这不会带来重要的新问题。如在立体视觉中那样，目的是在图像中可精确定位的对象之间获得非常详细的对应关系，以便可以对它们的位置变化进行测量，以达到从运动中恢复结构的计算所需的（二阶）精度。为了达到这种精度，人们希望这里使用的是相当低层次的基元，例如原初草图中的那些，甚至可能是过零点。

第二项任务的目标则相当不同。它们之所以出现，恰恰是因为物体在两个时间视点之间可以发生的变化的方式，有些是无法在两个空间视点之间发生的。它可以改变其形状和组态（甚至反射率）。这里的目标不是精度，而是大致的身份。这是视觉运动和立体视觉之间的关键区别。近似的立体视觉对应本身是没有意义的；它的意义仅在于作为精确匹配的前置。因此，近似匹配表现为模糊和有竞争性的感知。但时间上的近似对应关系就有很大意义，因为它提供了一种建立物体连续性的方法。

因此，我的建议是，这里可能需要两种理论，一种适用于物体同时在变化和运动的时候，而另一种适用于物体仅在运动的时候。第一个应该使用所有可能的信息，包括高级基元和广泛的匹配规则，以及任何可用的三维信息。主观上平滑运动的现象甚至可能与第一种系统而非第二种系统更相关。这是因为平滑性在感知上与物体恒常性息息相关，而且我们从 Attneave 的工作中知道平滑度涉及三维感知距离。第二个系统处于较低的层次，在计算上等同于立体视觉。尽管可能无法以相同的方式实现这个系统，但在这方面过零点可能仍然值得关注。

从运动中恢复结构

问题

我们已经从图 3-52 所示的 Ullman（1979a）的反向旋转圆柱实验中看到，当唯一可用的信息是它们随着运动而变化的外观时，也可以将场景分解为物体并恢复其三维形状。该演示中的每一帧都包含一个看起来随机的点集，并且其本身是无法解释的。仅当以连续序列显示时，点的运动才会产生两个反向旋转的圆柱的感知。

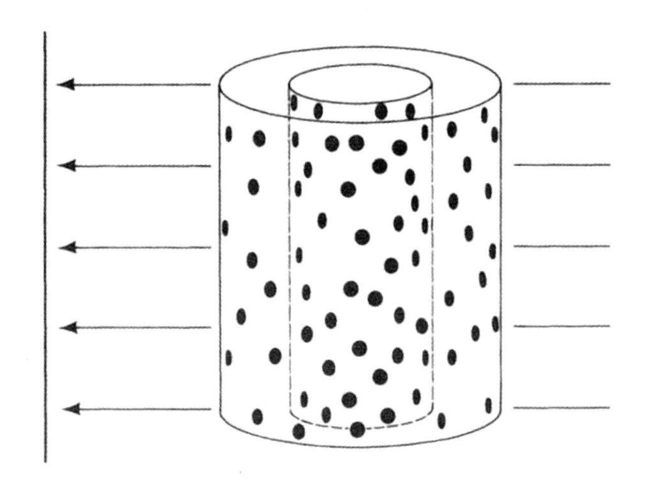

图 3-52　Ullman 的旋转圆柱演示。两个圆柱上绘制的点如图中箭头所示正交投影在屏幕上，给出如图 3-53 所示的一系列帧。每个单帧看起来都是一组随机点，但是当像看电影一样看它们时，旋转的圆柱就清晰可见。

因此，我们考虑一个简化的问题，即如何解释一系列帧，其中每个帧由一组随机点组成。在现实生活中，这些帧将包含比点更复杂的基元，但就像在立体视觉的情况下一样，问题的框架可以以这种简单形式表示。此外，我们将假设通过我上面讨论的对应处理，已经在相继帧之间建立了对应。实际上，我们只需要一种较简单的对应处理，即对刚体的对应处理。我们知道这在计算上等价于立体视觉的对应问题。

因此，这里提出的问题是一组如图 3-53 所示的数据。每一帧由一组标记好的点组成（标签未在图中显示），其中第一帧中的点 A 对应于第二帧中的点 A，依此类推。问题是，我们如何理解这些数据？应该如何进行明智的三维解释？

这里的困难与我们在立体视觉问题中遇到的困难完全相同，即解的不确定性。存在无穷多的三维结构。例如，任意数量的不同且随机变化的暴风雪，可以通过正交投影产生如图 3-53 所示的图像。但是我们不会看到这些不同的可能性中的任何一种。我们只看到一个可能，而它就是正确的那个。

因此，就像在立体视觉中一样，我们必须找到更多有关问题的信息来约束找到的解。这些附加信息必须是有力的、正确的，但非特定的。有力是因为它需要给出通常是唯一的解；正确是因为不仅人们只能感知到一个解，而且这个解在物理上也是正确的；非特定是因为系统需要在不熟悉的情况下工作，而无须有关被观察的形状的具体先验知识。

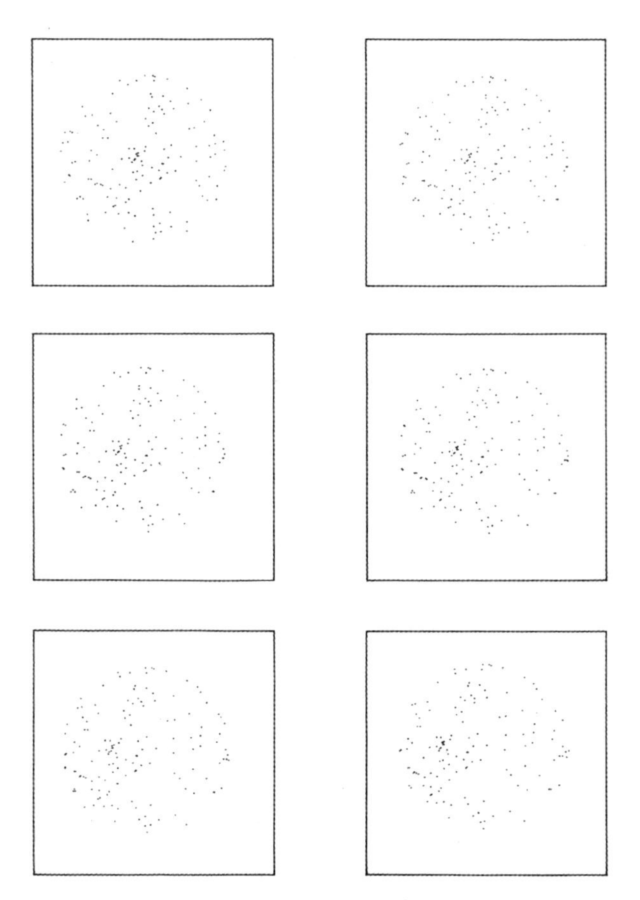

图 3-53　从运动中恢复结构的问题。这组帧包含三维信息（参见图 3-52）。我们该如何恢复这些信息呢？

先前的方法

尽管先前有许多解决此问题的方法，但其中只有一种值得评论。它起源于亥姆霍兹（1910；Braunstein，1962；Hershberger and Starzec，1974），并首先提出了运动和立体视觉相类似的想法。具体地说，即从运动中恢复结构类似于从视差中恢复距离。

但是，这个想法存在严重的缺陷。这是因为位于视野中不同部分的不同物体可能参与完全不同的运动。这对于对应问题而言无关紧要，因为其本质上是局部的处理。我们已经利用了这样的事实：即对于刚性物体和短时间间隔，两种对应问题实际上是等价的。但是，我们也注意到（虽然没有特别担心）两种不同的局部运动会引起两种不同的眼对的位置，从而产生等价的立体对应问题。这之所以根本不令人担忧的原因是，对于对应而言，组合规则不取决于眼睛的精确位置。它们仅需彼此靠近，从而具有相似的视野。因此，对应关系不受以下事实的影响：视野的不同部分有效地引导出不同但等价的眼对的位置。

但是，对从视差中恢复深度而言就不是这样的。正如我们所看到的，这主要取决于有效的眼间距离 δ，并且对于每个以不同方式运动的刚体，其产生的 δ 通常也是不同的。没有办法先验推导出它们的值，而且由于它们会变化，因此无法将正发生在视野某一部分的事情与发生在另一部分的事情进行比较。因此，尽管这种方法对于两个领域中的对应问题实际上都是有效的（假设只考虑刚性运动和短时间间隔），但它对于三维结构的恢复则完全无效。

从这些论断中可以得出，视野中速度的变化（类比于视差的变化）不应产生深度的直接印象，共同的速度也不一定会对分组非常有用。例如，格式塔主义者有“按共同命运分组”的概念，其中就包括了按共同速度分组，而 Potter（1974）最近复兴了这种思想的一个形式。但是，反向旋转圆柱的演示包括具有相同速度且属于不同圆柱的点。如图 3-54 所示，Ullman 的传送带演示给出了反对结论的另一半（即速度的变化应引起深度印象的变化）的证据。区域 1 和 3 中的点的速度为 v'，区域 2 中的点的速度为 v。人们不会将不同的区域感知为位于不同深度的平面，甚至都不会将它们感知为是按照图 3-54（b）的组态排布的。取而代之的是，所有的点看起来都在同一个正平面中。它们在从区域 1 运动到区域 2 时似乎加快了速度，而在从区域 2 运动到区域 3 时又减速了。

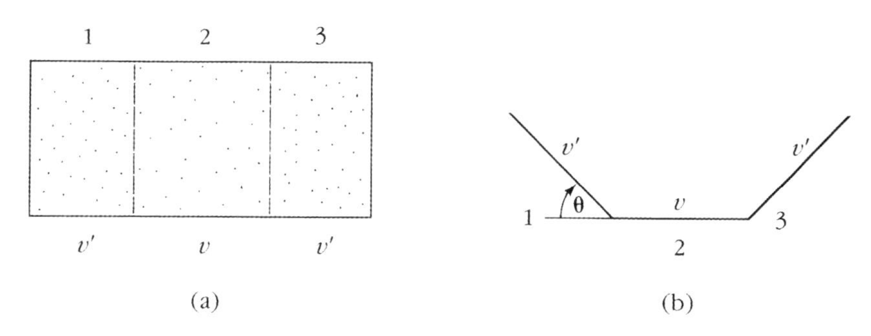

图 3-54　传送带演示。区域 1 和 3 中的点以速度 $v' = v\cos\theta$ 向右运动，而区域 2 中的点以速度 v 向右运动。但是，（a）的观察者无法感知（b）中的几何组态。取而代之的是，所有区域看起来都位于正平面，而点在区域 2 中看起来运动得更快。（重印自 Shimon Ullman 的 *The Interpretation of Visual Motion*，已获马萨诸塞州剑桥市麻省理工学院出版社授权，原图 4.2，麻省理工学院 © 1979 年版权所有。）

刚性约束

视觉世界中的大多数结构都是刚性的，或者至少是接近刚性的。许多研究运动感知的人都注意到了这一点（例如，Wallach and O'Connell，1953；Gibson and Gibson，

1957；Green，1961；Hay，1966；Johansson，1964，1975）。他们认为刚度在问题中起着特殊作用。他们没有意识到的、而由 Ullman 指出的是，寻求刚性的解释不仅是我们的运动感知机理的一种偏见，它还使我们能够在无须任何其他约束影响的情况下，无歧义地解决从运动中恢复结构的问题。这个非凡的事实源于被 Ullman 称为“从运动中恢复结构的定理”的数学知识。它指出在刚性组态中，给定 4 个非共面点的 3 个不同的正交视图，就能唯一确定与这 3 个视图相容的结构和运动（至多相差一个将较近的点变为较远的点的反射）。换句话说，如果已经解决了对应问题，则 4 个非共面点的 3 个视图就足以确定其三维结构。同样，该结果不限于似动；在连续运动中，什么可以算作 3 个视图完全取决于用来测量时间上位置变化的系统的分辨率。

从运动中恢复结构的定理中的四点三视图组合是以下意义上的最小组合。仅有两个视图时，可以构造任何数量的没有唯一三维解释的点集（尽管有些组合会幸运地有唯一三维解释），因此通常两帧是不够的。在有 3 帧的情况下，同样 3 个点通常又太少，以至于无法产生唯一的解。我们需要 4 个点。

我们可以根据所涉及的自由度的数目，对四点三视图给出一个粗略的合理性论证。假设我们标记 4 个点为 O、A、B 和 C，点 O 始终对应于原点 $(0,0,0)$，然后标记三个视图 1、2 和 3。这样就有 15 个变量待定。它们中的 9 个确定了视图 1 中 A、B 和 C 相对于 O 的三维位置（3 个点中的每一个都有三维坐标），其余 6 个确定了从视图 1 出发获取视图 2 和 3 所需的三维旋转（我们通过使点 O 在每个视图中重合来排除平移）。指定一个三维旋转需要 3 个变量，其中两个变量来指定轴，一个变量来指定旋转量。

我们从每个视图中获得的信息量是 6 个关系，即 A、B 和 C 的二维坐标（点 O 始终位于 $[0,0]$）。因此，两个视图给出了 12 个关系。这少于 15 个待定变量，因此不足以确定结构。只要不存在太多的奇异性或内部依赖关系，3 个视图就给出了 18 个关系。这超过了 15，因此足够了。证明的困难之处在于表明这 18 个关系实际上是独立的。存在 18 个关系而只有 15 个待定变量这一点意味着剩下了一些信息，这最终使我们可以在内部检验刚性假设。

刚性假设

在对使用方向选择性推断可见表面属性的分析中，我们看到运动方向上的不连续线不会偶然出现。它们必须表示两个不相容的运动表面之间的边界的存在。在我们对立体视觉问题的分析中，我们看到唯一性和连续性的约束保证了唯一解的存在。因为该定理使我们能够构建和依靠于立体视觉的基本假设，所以它构成了立体视觉分析的基础。

在这里也是一样。从运动中恢复结构的定理，加之世界上大多数事物都是局部刚性的这一普遍事实，使我们能够为从运动中恢复结构问题构建基本假设。它被 Ullman

（1979a）称为刚性假设。它指出：对于任何进行二维变换的元素集，如果它可以被唯一解释为刚体在空间中的运动，则它确实是由这种运动的物体引起的，也因此就应该被这样解释。

从运动中恢复结构的定理告诉我们，如果物体是刚性的，则可以从三帧中找到其三维结构（至多相差一个反射，因为我们正在处理正交投影）。如果它不是刚性的，那存在偶然的刚性解释的机会就非常小，因此该方法将在实践中失败。因此，该方法是自验证的。我们知道，如果能找到符合数据的三维结构，则它是唯一且正确的。该定理的证明是建设性的，让我们能够构建一组方程，在三维结构存在的情况下，方程组的解就给出了这个三维结构。

这种方案很容易实现，因为它只需要 4 个点作为输入数据，因此可以在整个视野中独立并行运行。这使得该方案成为一个理解人类运动感知的工作方式的极具吸引力的候选者。但是，直接用定理证明中使用的方法来构建的特定算法，在生物学上是不合理的。例如，它们不满足我在 3.2 节[1]中提出的所有准则，尤其是柔性降级原则。简单地构造方程并求解它们给出了一个远远太过于严格的算法。如果数据不准确或被观察的物体不是非常刚性的，则这个方法就会失败，并且无法提供任何帮助。

我们所需要的是一个至少在两种意义上可以柔性降级的算法。首先，如果数据有噪声，但有 3 个以上的视图可用，则该算法应该能够给出一个结构的说明。它起初相当粗糙，但是随着更多的视图及其中更多的信息的出现，它将变得越来越准确。其次，如果被观察的物体不是非常刚性的，则该算法应该能够产生不十分刚性的结构，或许同样以需要工作于更多的点或更多的视图上为代价。我们的实验室正在研究具有这种稳健性的算法。

直到已经研究出一种特定的算法，其可以作为我们的视觉系统实际使用的算法的候选者，并且直到进行了其后的心理物理学和神经生理学实验之后，我们才能确定这种运动感知方法是否合适。但可以肯定的是，我们现在知道了重要的实验问题是什么。而直到 Ullman 对这个问题采取计算方法之前，我们还不知道这一点。

关于透视投影的注释

人们认为，用于解码透视投影而不是正交投影的算法并非人类视觉系统的一部分。其原因很可能是帧之间的变化通常已经很小，而这两个投影所看到的变化之间的差异也通常确实很小。心理物理学的证据表明，仅在透视而不是正交投影中产生变化的渐远运动并不能像其他运动一样清晰地产生三维结构的感知（Ullman，1979a）。不过，从运动中恢复结构的方案实际上是局部的，这是因为它仅作用于 4 个点的中心。

1 原文为 3.1 节，应为笔误。——译者注

而即便透视投影也是局部正交的，因此，即使在现实生活的透视情况下使用诸如 Ullman 方案这样的正交投影技术，也不会涉及任何实际困难。

光流

J. J. Gibson 长期以来一直认为："基本的视觉感知是接近表面时的感知。该感知始终具有主观成分和客观成分，即，它指定观察者的位置、运动和方向就像它指定表面的位置、倾斜和形状那样多"（1950）。16 年后，他阐明了类似的观点，并用图 3-55（1966，图 9.3）进行了说明。

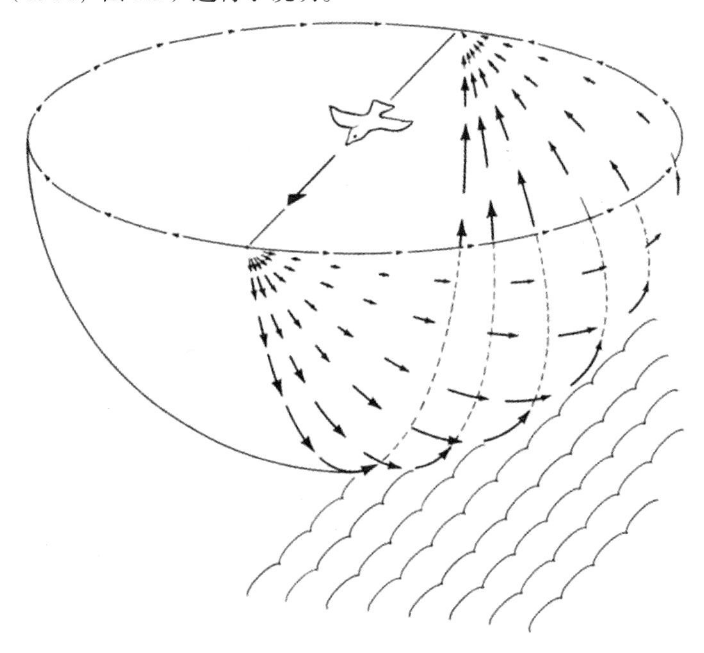

图 3-55 Gibson 的由运动引发的流的例子。箭头表示角速度，其在正前和正后方均为零。（重印自 J. J. Gibson 的 *The Senses Considered as Perceptual Systems*，霍顿米夫林出版社，波士顿，1966，原图 9.3。）

对这种情况的数学研究很快就开始了，但仅针对特殊情况或一般情况的某些方面（Gibson, Olum, and Rosenblatt，1955；Lee，1974；Clocksin，1978）。Nakayama 和 Loomis（1974）展示了如何从由观察者的运动引发的视网膜速度场的表示中提取深度轮廓。然而，直到最近才出现了对该问题的一般处理（Longuet-Higgins and Prazdny，1980）。

我将使用光流这个术语来指代这个问题。它利用由观察者的运动引发的视网膜速度场来推断观察者周围可见表面的三维结构。这些可见表面都被假设为静止的。它与 Ullman 方法的主要区别在于光流效应依赖于极投影，而与从运动中恢复结构的方法本质上是正交的。因此，光流方法原则上可以处理平面，而从运动中恢复结构的方法则必然会失败。

输入的表示

我们的分析将在被称为光流的信息上进行。光流可被视为瞬时位置性的速度场（Gordon，1965）。该速度场将视网膜上每个元素与其瞬时速度相关联。这些元素应照常被认为具有某种物理意义。

想要获取这些信息，那可绝不像光流的拥护者有时所想象的那么简单。我们已经在 3.4 节中看到，由于孔径问题，局部测量值本身不能提供太多运动方向以外的东西。实际上，完全指定光流等价于解决似动的两个对应问题中的较简单的那个。这是因为知道了光流场，人们就可以在拍摄足够快速的两个相继帧之间建立正确的对应关系。因此，如果光流分析是由我们的视觉系统执行的，则它必须依赖于可以支持从运动中恢复结构的计算的那种输入。

数学结果

如果观察者正以直线轨迹接近静止表面，则碰撞点就是光流场中的奇点，而碰撞时间仅取决于场中的角速度（Koenderink and van Doorn，1976）。这些事实是否被我们的视觉系统大量使用是值得怀疑的。这是因为 Johnston、White 和 Cumming（1973）模拟了接近表面时的光学膨胀，并表明人类观察者只有在显然要撞击表面的前一刻才能可靠地定位膨胀的焦点。在指导学员练习飞机着陆时，飞行教员将花费一些时间来解释当前的估计着陆点是膨胀的焦点。这不是自然反射，因而需要专注和学习。因此，Gibson（1958）提出的光学膨胀的中心在运动控制中起着主要作用的假设，尽管可能与鸟类更相关，但对人类来说却很可能是错误的。

直到最近才出现关于光流的数学的权威论述（Longuet-Higgins and Prazdny，1980；Prazdny，1979）。结果表明，从刚性且有纹理的弯曲表面的单眼视图中，原则上可以确定表面上任何点的梯度，根据变化的视网膜图像的速度场确定眼睛相对于该表面的运动，以及确定场的一阶和二阶空间导数。相关方程式是冗余的，因而提供了对刚性假设的检验。

该结果与 Ullman 的从运动中恢复结构的定理之间存在有趣的对比。在 Ullman 的方案中，只要观察者等待足够长的时间以获得关于 4 个点的至少 3 个不同视图，那这 4 个点就足够了。Longuet-Higgins 和 Prazdny 的方案做了略有不同的取舍。它只需两帧，因此可以缩短获取测量值所需的时间。（这里两帧就足够了，是因为形状的恢复是基于透视而非正交投影。）另外，计算中涉及的局部空间邻域不像 Ullman 的方案一样仅仅是点。它们必须足够大，才能对速度场的一阶和二阶空间导数给出可靠的估计。

该分析是计算理论如何帮助实证研究的另一个例子。通过求解问题背后的数学问题（其实这一数学问题早该被解决），Longuet-Higgins 和 Prazdny 提供了一个框架，可以用它来查询我们人类是否确实像 Gibson 所建议的那样利用光流，以及如果我们确实用了的话，这是怎么做到的。现在已经很清楚了，确实有一些我们可以使用光流的方法，而我们实际上却没有用。重视视网膜流的膨胀焦点就是我们可以做却显然没有做的一件事。另一个示例是如图 3-54 所示的 Ullman 的传送带演示。我们没有看到区域 1 和 3 具有与区域 2 不同的几何形状，然而大多数光流理论都认为我们应该能看到这一点。

尽管如此，我们仍然使用了某种形式的光流，只是使用的程度可能很弱，而且可能更多的是在周边而不是在中央视觉中使用。毕竟，我们可能会预期基于 Ullman 的从运动中恢复结构的方案的系统在周边视觉的测量精度会太低，而周边视觉也是我们预期能找到最明显的光流的地方。人类视觉中是否使用了光流仍有待探索。

3.6 形状轮廓

正如在第 2 章中所讨论的，当我们探究初草图的物理基础时，有 4 种基本方法可以在图像中产生轮廓。它们是（1）与观察者的距离的不连续，（2）表面朝向的不连续，（3）表面反射率的变化及（4）诸如阴影、光源和高光等光照效果。我们在本章前面的部分看到了如何将初草图的不同方面用作基于立体视觉或运动的处理的输入表示。这些处理能够从场景的两张或多张图像之间的差异中找到边界。我们现在转向单眼图像这一更为困难的情况，并研究其轮廓如何传达有关形状的无歧义信息。需要解释的奥秘是图像中的轮廓虽然是二维的，但时常看起来却像是三维的。问题就在于我们如何及为什么要进行这种三维解释。

我称这些我们将要研究的轮廓为*形状轮廓*，因为它们都是能产生有关三维形状的信息的二维轮廓。我不会讨论如何在图像中找到它们，因为我们在第 2 章中已经花了足够的时间在这个任务上。尽管如此，值得指出的是，尽管轮廓的物理起源可以分为上述 4 个类别，但这些起源导致图像中可检测的变化的范围很大，因此可以在图像中定义特定类型的轮廓的方法也是多种多样的。

例如，考虑深度不连续的可能影响。这可能会导致简单的强度变化——实际上，由于我们的视觉系统倾向于把更明亮的物体看成更近的，因此我们预期这种明度与深度的关系在视觉世界中通常是正确的。如果深度变化的两侧的表面特性相同，则将形成由密度或尺寸引起的纹理边界。如果两个表面不属于同一个物体，则它们的纹理通常会非常不同，因此可以通过很多准则来产生边界。

如果是由表面朝向的变化导致的不连续，则强度同样可能会发生变化，而由表面反射函数支持的任何密度度量也可能会发生变化。表面上任何清晰的、有朝向的组织结构也很可能会移动，或许有些长度的度量也会。

如果以多种方式组织表面反射率（如当其包含平行线时），那它就可以将有价值的形状信息传递给观察者。如此等等。

因此，要点是可以以多种方式在表面上定义轮廓，并且应该在图像的初始分析和表示中检测出轮廓。这些轮廓中的一部分更可能是某种特定变化而非其他变化引起的——例如，朝向的不连续性更可能归因于表面朝向的变化而非深度的变化。但是规则不是一成不变的。重要的事实是，很多这样的轮廓可以并且确实告诉了我们有关三维形状的信息。仔细想一下，这实际上是个了不起的事实。这种形状轮廓就是我们在本节中关注的重点。

一些例子

轮廓在描绘形状上的表现力和生动性是毋庸置疑的。图 3-56 显示了一些示例。我想读者会同意，仅考虑三维的真实性，图 3-56（b）和（c）逼近了通过立体视觉或运动获得的效果。而令人生疑的恰恰是相对于其他情况，这些示例究竟是如何达到这样的真实性的。图像中的轮廓可能来自几种不同的物理原因。图 3-56（a）所示的那些是遮挡轮廓，即在深度不连续处（此处为被观察物体的边缘）出现的轮廓。其他轮廓是由表面朝向的变化、纹理边界、反射率和着色的变化或落在表面上的阴影引起的。图 3-56（b）和 3-56（c）中的轮廓最为生动和令人困惑。它们本质上与什么相对应？毕竟，我们很少遇到图 3-56（b）所示的由变形的长方形网格构成的物体。那为什么我们如此擅长看到那里描绘的网格房间的形状呢？我们能清楚地看到图 3-56（c）所示形状的原因是否与看到图 3-56（b）相同？这里是仅涉及一种基本技巧，还是若干共同作用并一起为感知的生动性负责的技巧的巧妙配合？

这些就是我们将要在这里研究的问题。遗憾的是，因为我们还不知道图 3-56（b）和（c）这样的情况是一种现象还是几种现象在起作用，所以我们所处的位置并没有像在研究立体视觉和运动时那样强有力。心理物理学尚未告诉我们模块是什么，因此我们仍然陷在类似语言学家尚未将语言清楚分解为相对独立的模块时遇到的那种困境。

尽管如此，我们还是取得了一些进展。方便起见，我把讨论分为三类：（1）在表面与观察者的距离不连续处产生的轮廓（遮挡轮廓），（2）在表面朝向的不连续处的轮廓和（3）实际位于表面上的轮廓。第三种轮廓可以归因于诸如表面记号或阴影线。重要的一点是它们沿着表面存在，因此我称它们为表面上的轮廓。请记住，每个类别中的轮廓都可以通过多种方式在图像中被检测到。在所有情况下，我们的主要问题是，为什么这些存在于单张二维图像中的轮廓能传达给我们有关三维形状的无歧义且通常非常详细的信息？它们又是如何做到的？

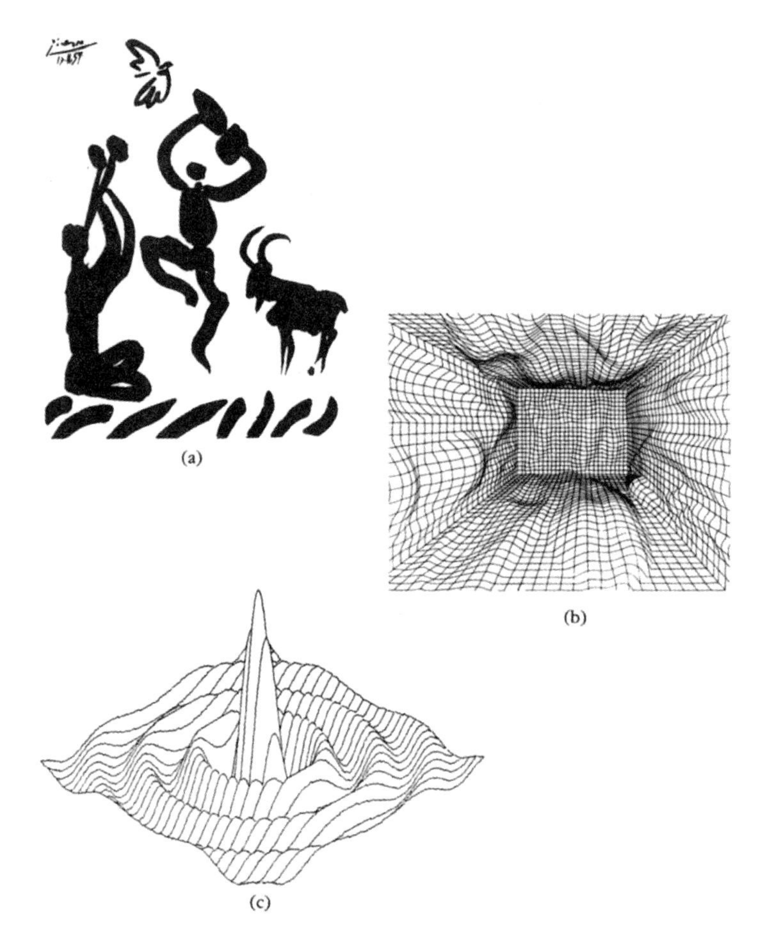

图 3-56 将三维信息传递给观察者的图像中的二维轮廓的示例。(a) 毕加索的《春之祭》，来自剪影的形状信息的示例。(b) 一个“网格房间”。(c) 曲线$\sin x$的描画。(b) 和 (c) 看起来尤其生动。(图 (a)，巴黎 SPADEM/纽约 VAGA © 1981 年版权所有。图 (b) 由哈佛大学卡本特视觉艺术中心提供。)

遮挡轮廓

遮挡轮廓即标记深度上的不连续的轮廓线，通常对应于二维投影中物体的剪影。我对观察中的遮挡轮廓产生兴趣几乎是因为一个悖论，即当我们观察毕加索的《春之祭》中的剪影（在图 3-56a 中重印）时，我们将它们看作非常特定的三维形状，有些很熟悉，有些则不那么熟悉。这是非常了不起的，因为从理论上讲，这些剪影可以由无数种三维形状生成，而从其他角度来看，这些三维形状与我们实际所感知的形状可能没有任何可察觉的相似之处。只需要一点点想象力，我们就可以进行一场小小的恶作剧，构筑出一个非常奇怪的三维形状来证明这一点。例如，我们可能会以高度巴洛克的风格排列尖峰和突起，从而它们在特定角度下会意外组合成人或山羊的轮廓。

但我们从不会在面对这些剪影时想到这些。我们或许可以将这一现象的一部分归因于对所描绘的形状的熟悉，但这并非全部，因为我们可以使用剪影来传达不熟悉的形状，也因为即使再努力也很难想象出更奇特的可能产生毕加索画中剪影的三维表面。所以，这里的悖论就是，《春之祭》中的边界轮廓告诉我们的关于图形形状的信息，比它们本应告诉我们的要更多。例如，边界轮廓上的邻点可能在原始表面上相隔很远，但是我们的感知解释通常忽略了这种可能性。

这种情况让人回想起我们同样忽略了许多将随机点立体图和双柱面随机点电影图看作暴风雪的解释，以至于我们几乎是被迫得出了这一显然的结论：感知机理中可以将剪影解释为三维形状的部分必须包含一些其他信息源，这些信息会限制我们，以让我们像在实际感知中那样看到剪影。虽然可能相对于对运动和立体视觉的分析而言肯定没有那么确定，但这些约束很可能是一般而非特定的，并且不需要对所看到的形状的先验知识。

如果这些约束是较一般的，那么在我们解释剪影的方式中必须有一些先验假设，以使我们能够从轮廓中推断出形状。这些假设必须与所观察的形状的性质有关。而且，如果一个表面违反了这些隐含的假设，那么我们的观察就应该是错误的。我们的感知会欺骗我们，因为我们分配给轮廓的形状将与实际产生轮廓的形状不同。手影图就是一个常见的例子，合适的手势可以产生客观上完全不同的三维形状（例如，鸭子、兔子或鸵鸟）的剪影，从而可以让孩子们感到惊喜。

约束性假设

我们要问的是，当我们将图 3-56（a）或图 3-57（b）所示的剪影解释为三维形状时，哪些假设是合理的，也因此被我们无意识地采用了？

有三个似乎很重要的假设（Marr，1977a）。第一个是，从观察者到物体的每条视线都应该在物体表面上触及且仅触及一点。换句话说，剪影上的每个点［见图 3-57 的（b）图］都应对应于被观察的表面上的一个点［见图 3-57 的（a）图］。做这一假设的原因是，即使这种对应关系不存在，我们也无法判断它不存在，且它之所以会不存在通常仅是由于物体的两个部分在视线下恰好对齐了而已。

这种假设使我们能够讨论物体表面上的一条名为轮廓生成器的特定曲线，如图 3-57（d）所示。它是表面上的一组点，这些点投影到图像中剪影的边界，我将使用字母Γ来表示它。

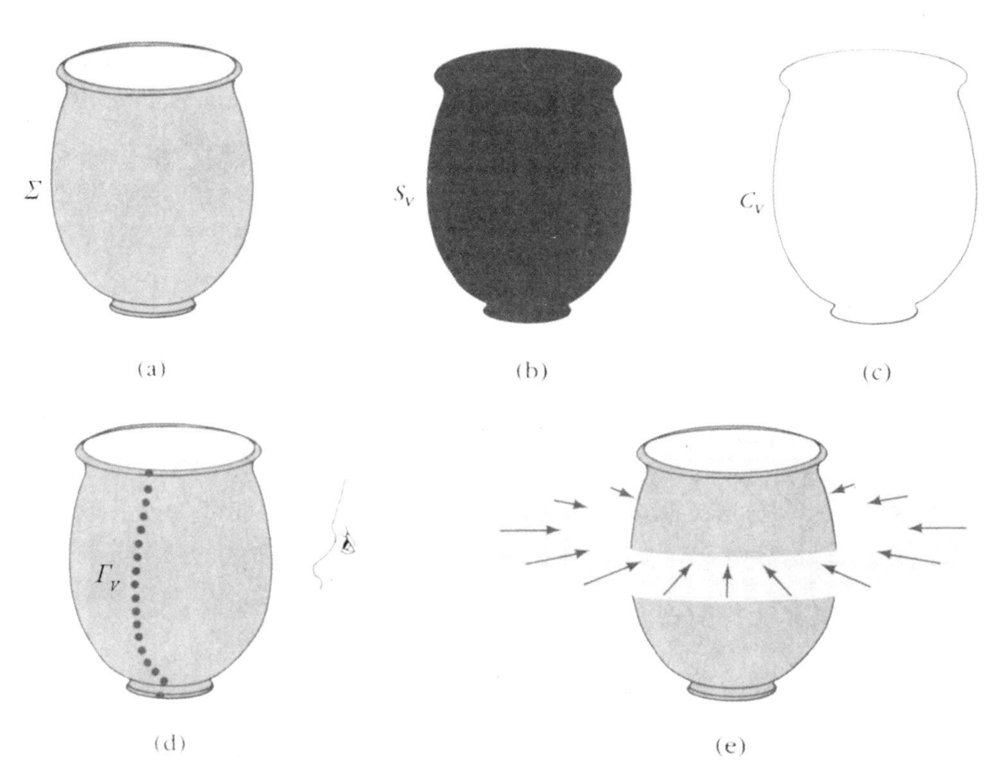

图 3-57 研究用来分析遮挡轮廓的先验条件的四个重要结构。(a)三维表面Σ。(b)其在视点V下的剪影S_V。(c) S_V的轮廓C_V。(d) 投影到轮廓上的一组点Γ_V。(e) 文中讨论的定理的条件。特别给出了“在任何一个平面上的所有远处的观察位置”的含义。

第二个假设是，除了极少数情况外，在图像中看起来很接近的点实际上在物体表面上也很接近。图 3-58（a）有助于解释此假设。可以将 a 和 b 视为两个山丘，轮廓生成器沿着每个山丘顶部的天际线生成 a 和 b。如果 b 的虚线部分不可见，则在点 P 处，可见轮廓生成器会从一个山丘跃到下一个山丘，而这是不连续的。实际上，P 处尖锐的下凹暗示了这种不连续性，因此我们在一定程度上对其有所预期。但是，我们并不会在 a 和 b 的主体上预期存在不连续性；实际上，我们认为不会存在不连续。这是我们的第二个假设，即图像中轮廓上的邻近点来自被观察物体上的轮廓生成器上的邻近点。

最后一个假设稍微复杂一点，因为它与图像轮廓可能给出的关于形状的线索的类型有关。例如，假设我们已经看到如图 3-58（b）所示的轮廓。前两个假设使我们可以将该轮廓视为来自表面上的轮廓生成器，并且可以安全地假定轮廓上的相邻点来自轮廓生成器上的相邻点。因为成像过程的独立性，所以我们不能依赖对图像轮廓进行的任何测量，因此，唯一剩下的直接特征是有时轮廓会弯向一边，而有时会弯向另一边。换句话说，在凸段和凹段之间存在质的区别；只要表面足够光滑，这一区别又取决于拐点的概念。当然，一般而言，轮廓中的拐点对于表面而言没有任何意义。轮廓生成器可以以任意复杂的方式编织，又或者它可以直接向观察者移动然后再远离。在透视投影下，后一种情况可能会以图 3-58（c）和（d）所示的方式产生凸起和凹陷。因此，我们的下一个问题必须是：我们究竟应该如何构建一个假设，以表明轮廓中的拐点很重要，且它们以某种方式反映了被观察的表面的真实属性，而不是成像过程的产物？

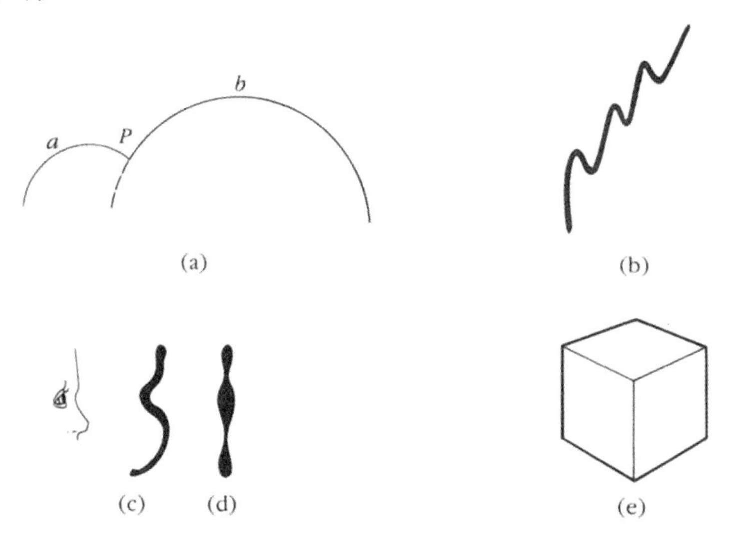

图 3-58　（a）第二个假设是，轮廓上的邻近点来自轮廓生成器上的邻近点；从本质上说，即轮廓上没有像P那样的点。如果b的虚线部分不可见，则轮廓生成器将从a跳到b，导致在P处的不连续。（b）典型的轮廓。我们希望利用的唯一特征是它的凹凸，即它的拐点，而这些必须是表面的属性，而不是成像过程的属性。例如，如果观察者很靠近蛇（c），则图像（d）中的凸凹部分就不是由于蛇的属性而产生的，而是由于与其距离的不同而引起的。（e）如果仅显示以粗线表示的遮挡轮廓，我们会感知到一个六边形。而内部线条则将我们的感知变为了一个立方体，因为它们表明这些遮挡轮廓并不在一个平面上。

前面的两个假设使我们可以将轮廓生成器视为三维空间中一条弯曲的线。但是，如果轮廓上的拐点要反映这条线上的真实拐点，则必须满足两个数学条件：

1. 由从这条线来产生轮廓的成像过程引起的变换必须是线性的。这排除了透视变换，并将我们的理论的有效性限制在远处的视角上——相对于物体与观察者的距离，物体本身必须很小。
2. 变换所作用的曲线必须位于一个平面上。换句话说，图像中的凸凹区别仅对于远处的视图，并且仅当作为轮廓生成器的曲线位于一个平面中时才有意义。这给出了我们的第三个假设，即轮廓生成器是平面的。

第三个假设很强，它清楚地界定了可以通过剪影解释其形状的表面类别。但是，如果我们希望在解释过程中区分凸段和凹段，这一假设似乎是不可避免的。但幸运的是，使用此假设得到的结果是很稳健的——如果轮廓生成器并非完全但几乎是平面的，则通常恢复的表面只会有很小的误差。有趣的是，平面性实际上体现在许多现代设计中。机械工程图中绘制的所有轮廓均满足该条件，因此即使在视觉研究之外轮廓也有其用途。如果这一条件被违反了，我们似乎确实会弄错形状。例如，图 3-58（e）中的遮挡轮廓由粗线标记。如果单独显示它们，则图像呈现为二维的六边形。但是，利用内部线条提供的附加信息就会得到完全不同的解释。呈现为立方体时，其遮挡轮廓就不再是平面的了。

这些假设的意义

为了了解这些假设的真正含义，我们必须了解它们如何约束了被观察的表面的几何形状。显然，某些表面将满足这些假设，而另一些则不满足。怎样使表面满足它们呢？为了回答这个问题，我们应该将假设重新定义为对被观察表面的几何形状的限制，然后考量其结果。作为提醒，我在这里重申一下这些限制：

1. 轮廓生成器上的每个点都投影到轮廓上的不同点。
2. 轮廓上的邻近点来自轮廓发生器上的邻近点。
3. 轮廓生成器完全位于一个平面上。

在构建关键结果之前，我们还需要广义锥这一概念。它是由 T. O. Binford（1971）提出的一种在计算机程序中表示形状的方法。如图 3-59 所示，广义锥是通过沿轴移动横截面而创建的表面。横截面的大小可能会平滑变化，会变得更粗或更细，但其形状保持不变。因此，足球是一个广义锥，金字塔或者大致上说腿或手臂、蛇、树干、石笋都是。实际上，我们可以将马看作是由八个广义锥组成的，每条腿各一个，头、颈、身体和尾巴各一个。

现在我们已准备好讨论基本结果。我希望读者能像我一样感到惊讶：

如果表面是光滑的（对我们的目标而言，即如果其二阶可微且有连续的二阶导数），且如图 3-57（e）所示，对于任何一个平面上的所有远处的观察位置都满足上述的三个限制，则被观察表面是广义锥。反之亦然：如果表面是广义锥，则三个限制会被满足。

这意味着，如果图像中边界轮廓的凸凹是表面的实际属性，则该表面或是广义锥，或由多个广义锥组成。简而言之，该定理表明，广义锥与成像过程本身之间存在自然联系。我认为，这两者的结合必定意味着广义锥将在视觉理论的发展中起重要的作用。

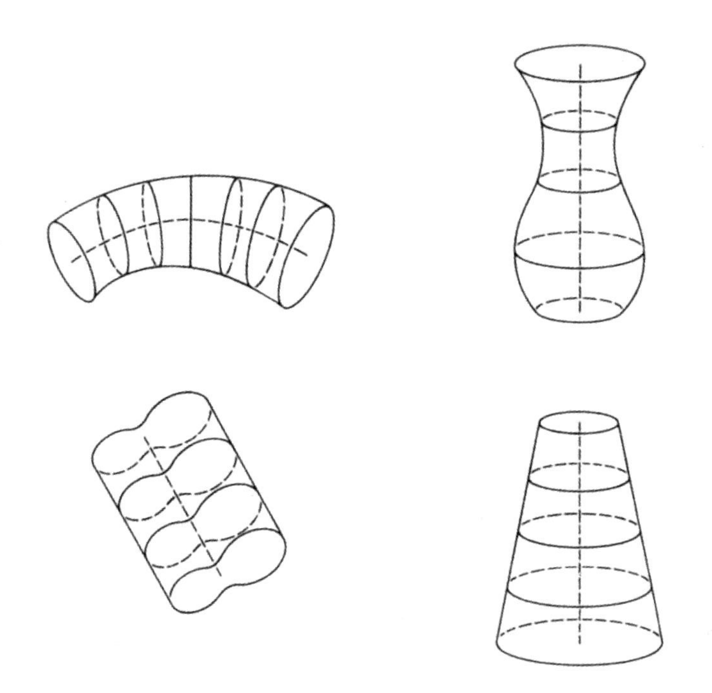

图 3-59　广义锥的定义。如本书中所用，术语广义锥是指通过沿给定的平滑轴移动横截面而创建的表面。横截面的大小可能会平滑变化，但形状保持不变。我们在这里显示几个示例。在每一张图中，横截面都沿着旋出构造的轨迹的几个位置显示。

坦率地说，这个结果意味着，一般而言，形状不能仅由遮挡轮廓得出，除非形状是由广义锥组成的，且观察位置不会透视缩短其轴线［在图 3-57（e）中，如果视点是在上方或者下方，那其轴线就会被透视缩短］。但是，如果不存在透视缩短，那即使被观察的形状由几个不同的广义锥所构成（如人或马的剪影），则其形状也可以至少被部分重构。正如我们稍后将在书中看到的那样，最重要的或许是可以从图像中恢复这些锥的轴，因为这有助于在被观察的形状中建立以物体为中心的坐标系。我将在第 5 章中对此进行更多介绍，并将简要说明一种将剪影分解为组成它的广义锥的算法（有关该算法背后的定理，请参见 Marr，1977a）。

但就目前而言，我们只需注意到，使用遮挡轮廓需要我们制定的三个限制，并且当且仅当被观察的形状是广义锥时，它们才成立。这些限制的主要含义是表面在轮廓进出的地方进出。仅就遮挡轮廓而言，其他就没有太多可说的了。

表面朝向的不连续

表面朝向轮廓标记了表面朝向上的不连续点的位置。例如，它们沿着表面上的折痕，如图 3-58（e）所示的内部线或图 3-60 所示的纵向峰谷。就恢复表面的几何形状而言，关于这种轮廓的最重要的问题是其是否对应于表面上的凸凹。在图 3-58（e）中，所有内部轮廓都表示凸起，而在图 3-60 中，凸凹交替出现，有时显得很有意思，但也令人感到困惑。

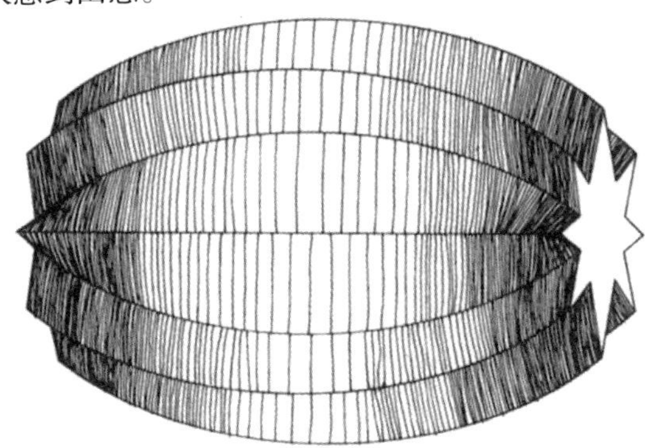

图 3-60　广义锥的草图显示了其剪影（外接轮廓）和凹槽（跨越其长度的轮廓）。凹槽标记了表面朝向上不连续的线。

遗憾的是，通常很难从单眼图像的纯局部线索中将凸凹区分开。我们倾向于把这样的轮廓看成凸的［见图 3-61（b）］，但是即使是已经被看成一种形式的示例也能再被看成另一种［比较图 3-61（a）和（c）］。

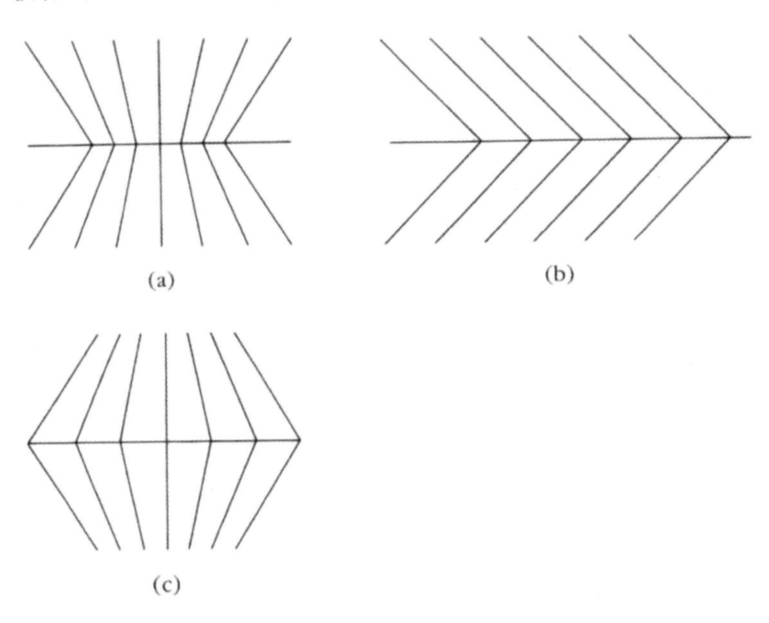

图 3-61　描绘表面朝向的不连续性的更多示例。

有些关于这些轮廓的组合的事情需要说明。例如，图 1-3 所示形式的 Waltz（1975）

那样的约束在此适用，它们指定了两个凹轮廓和一个凸轮廓不能汇集在一点。但是，这些并不是纯粹关于孤立轮廓的属性，我将在第 4 章中讨论这类更复杂的现象。当前唯一可用于帮助区分孤立的凸轮廓和凹轮廓的知识是由 Horn（1977）提出的。他表明，至少对于仅包含哑光白色棱镜的视觉世界，跨越不同类型的边缘的强度分布在特征上是不同的。如果跨越边缘的强度分布是阶跃变化或有非常尖锐的峰值的，则该边缘很可能是凸的。如果强度分布是屋顶形的，则该边缘很可能是凹的。但是，尚无证据表明人类视觉系统使用这些线索对边缘进行分类。

表面轮廓

由于各种原因，表面轮廓会出现在有光滑表面的图像中，并且它们以图 3-62 所示的方式提供有关表面三维形状的信息。当然，我们感兴趣的问题是这是如何完成的，而最近 Stevens（1979）对其进行了详细的探讨。这基于的观察结果是，我们不认为图 3-62 是纯二维的；毫无疑问，我们所看到的是光滑起伏的表面。正如我们已经多次看到的，这意味着我们在对这些图像进行分析时会运用一些先验假设。

图 3-62　正弦曲线族暗示了起伏的表面。曲线自然地被解释为表面轮廓，即物理表面上的记号的图像。进行这种三维解释需要什么约束？（重印自 K. Stevens 的 “Surface perception from local analysis of texture and contour”，麻省理工学院电气工程与计算机科学系博士学位论文，1979，已获授权。）

根本的计算问题同样是这些假设是什么，为什么要使用它们，以及它们如何使我们能够从单张二维图像中恢复三维的表面朝向信息？在对 Stevens 工作的讨论中，我将始终区别图像的轮廓和与其对应的表面上的轮廓生成器。如图 3-57 所示，我们是在分析遮挡轮廓时首先遇到轮廓生成器的。区别在于，这里轮廓生成器不再仅局限于物体的剪影边界，而是可能由于内部表面标记或各种光照效果而出现在剪影内部。例如，

图 3-62 所示的轮廓可以被自然地解释为表面上的记号的图像，我们将这些记号称为图像轮廓的轮廓生成器。这些轮廓当然可能是相当抽象的物体，也许是由成排的点产生的。但在这里我们假设可以充分依赖于全初草图的机理和表示能力。我们将这种轮廓称为表面轮廓。请注意，遮挡轮廓几乎从来都不会是表面轮廓（请参见图 3-63）。

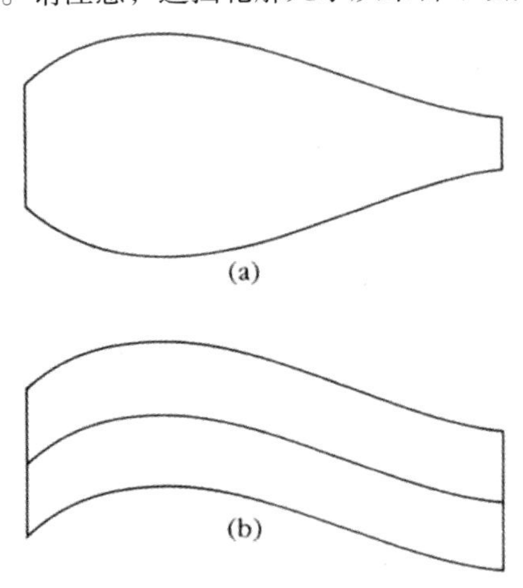

图 3-63 （a）中的曲线被解释为遮挡轮廓，而其后的表面则被视为广义锥（此处为一个花瓶状物体）。3.5 节研究了这些轮廓，并在这里进行了进一步的讨论。（b）中的那些曲线被解释为表面轮廓。该表面看起来像是柔和弯曲的旗帜或格纹纸。（重印自 K. Stevens 的 “Surface perception from local analysis of texture and contour”，麻省理工学院电气工程与计算机科学系博士学位论文，1979，已获授权。）

表面轮廓的复杂性和难点

对表面轮廓问题进行令人满意的分析之所以如此困难，是因为它的规律性没有显然的物理来源以让我们的感知机理可以利用。世界似乎并不像图 3-62 所示那样存在那么多结构，我因而对我们为什么能够如此生动地解释这些图像深感困惑。

Stevens（1979）提出了解决这些问题的第一个有用的方法。他将问题分为两半：推断三维空间中轮廓生成器的形状，然后确定表面本身相对于轮廓生成器的位置。第一步是发现在三维空间中弯曲的线的形状，使其沿着轮廓发生器能在图像中具有正确的外观。这样就可以将第二步视为沿着线粘贴一条丝带，以使其确实重合于直接位于轮廓生成器下方的表面条带。

确定轮廓生成器的形状

当我们观察单个轮廓时，曲线似乎具有特定的三维形状并位于平面中。例如，从图 3-64 获得的印象是一条平面曲线，其平面具有确定的（但或许未明确指明的）倾斜和偏转。轮廓生成器是平面的这一假设大大简化了问题。不过，尽管由直边和特定类型的表面反射组织所投射的阴影边界通常会在表面上产生平面轮廓生成器，我们还是很难对这个假设有足够的信心。

图 3-64　该曲线似乎具有特定的三维形状。它好像是平面的，并且由于该平面相对于观察者的倾斜而透视缩短了。我们是为什么，而又是如何得出这种解释的呢？（重印自 K. Stevens 的“Surface perception from local analysis of texture and contour”，麻省理工学院电气工程与计算机科学系博士学位论文，1979，已获授权。）

我们还可以做其他假设。Stevens（1979）指出，如果在图中检测到对称性，哪怕只是粗糙或偏斜的对称，那我们也可以做很多事情（另见 Marr，1977a）。Witkin（1978）提出，一个有时有用的假设是，假设现实生活中的轮廓生成器具有最小的可能曲率，也即从成像过程中部分导出的图像轮廓的可见曲率。但是这些仍只是特定的、杂乱无章的想法。

多个轮廓的影响

我们对图 3-64 所示的单个轮廓的感知能力较弱，很可能与这类感知可能不幸缺少任何现实性的解释假设有关。但如果存在多个轮廓，则如图 3-62 所示，我们感知到的生动性就将大大提高。除极少数偶然情况外，如果图像中的表面轮廓是平行的，则它们的轮廓生成器在表面上也是平行的。

因为轮廓生成器是平行的，所以可以将生成器其中之一沿整个表面移动到其相邻的生成器上。这引出了一个关于如何从表面轮廓中恢复表面朝向的有力想法。平行的轮廓生成器本质上意味着我们可以在移动的方向上局部忽略表面的曲率。从术语上来讲，即该表面是可展的。这意味着该表面可以局部地被视为圆柱体，即具有两个主曲率的曲面，其中一个曲率为零，也即表面在该方向上是平的。

图 3-65 至图 3-67 说明了这一想法。图 3-65 显示了一个表面，其中可见两种类型

的轮廓——波浪形轮廓，即我们假定在图像中存在的平行的轮廓生成器族；以及正交的直线集，它们的曲率为零，表示局部平行的轮廓生成器之间的对应关系。在识别直线集的对应关系时，我们假设该表面局部属于一种特别简单的类型，即其曲率之一为零。一旦波浪线和对应线都可用，那就可以很好地约束表面朝向，因为我们知道这两种类型的线在三维空间中是垂直的。

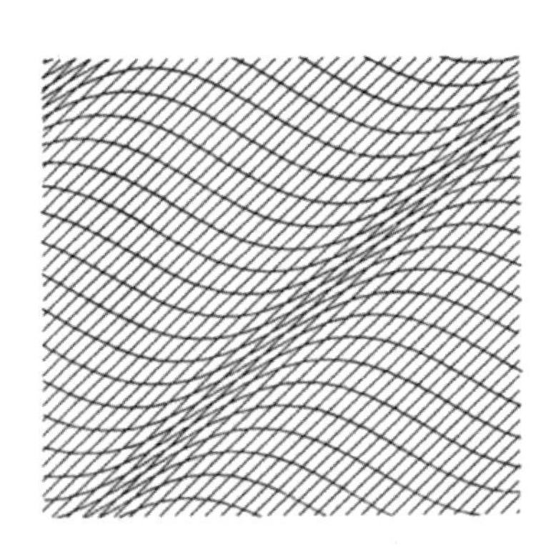

图 3-65 波浪线表示图像中的可见轮廓，而曲率为零的直线则明确显示了相邻波浪线之间的平行关系。这样的表面在局部为圆柱体，因为其曲率之一（也因此其高斯曲率）为零。（重印自 K. Stevens 的 “Surface perception from local analysis of texture and contour”，麻省理工学院电气工程与计算机科学系博士学位论文，1979，已获授权。）

当然，通常在图像中，对应轮廓线是不可见的。但是图 3-66 展示了如何在即使看似模棱两可的情况下恢复它们（图例中给出了一些细节）。最后，如图 3-67 所示，我们可以将这个想法扩展到相当一般的表面，因为解释所基于的基本假设仅必须局部成立（此处即在相邻的表面轮廓之间）。图 3-67 显示了一个示例，其中这一基本要求（即曲率之一消失）仅在局部大约成立。即使它肯定不是一个全局可展的表面，我们也可以使用基于这些思想的方法恢复描述的表面结构。

Stevens 还指出了另一个有趣的事实，即如果高光沿着表面上的连续曲线出现，则该曲线是平面的（假设光源和视点都远离表面）。类似于我们的对应轮廓，沿着该轮廓表面的主曲率之一为零。在这种情况下，表面法线与包含光泽轮廓的平面的法线重合，正如图 3-65 所示，表面法线同时垂直于直线（对应线）和波浪线。因此，Stevens 提出的从表面轮廓恢复表面朝向的条件确实存在于现实生活中。

总之，从表面轮廓中恢复表面朝向仍是一个有趣且尚未解决的问题。另一方面，Stevens 的主要建议——轮廓生成器和局部可展假设的平面性——似乎是实现恢复的有力组成部分。如果我们实际上并不以某种形式使用它们，我会感到很惊讶的。

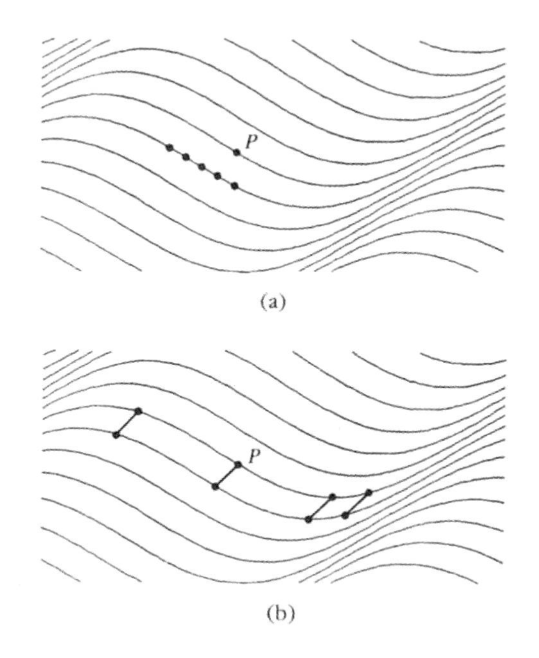

图 3-66 当然，图像中相邻的平行表面轮廓之间的对应关系通常不会如图 3-65 所示的那样明显。但是，对应关系也可以在哪怕是不太直接的情况下找到。例如，如果表面轮廓在长度的一部分上是笔直的，如（a）所示，则一个轮廓上的点P的切线可以平行于相邻轮廓上的各种切线；但是，如（b）所示，只有一种选择会使得对应线平行于其他在相邻轮廓的弯曲部分之间的对应线。（重印自 K. Stevens 的 “Surface perception from local analysis of texture and contour”，麻省理工学院电气工程与计算机科学系博士学位论文，1979，已获授权。）

图 3-67 尽管严格说来，图 3-65 和图 3-66 中所示的假设和技术要求表面是圆柱形的，但实际上可以在圆柱形假设仅局部成立的情况下使用它们。这是因为我们仅需要在相邻轮廓之间建立平行对应关系。因此，局部圆柱体限制使我们能够解释整体结构并非圆柱体的表面。（重印自 K. Stevens 的 “Surface perception from local analysis of texture and contour”，麻省理工学院电气工程与计算机科学系博士学位论文，1979，已获授权。）

3.7 表面纹理

在过去的三十年中，关于表面纹理可以提供有关可见表面的几何形状的重要信息的观念吸引了大量关注。这种兴趣背后的主要动力可能是 Gibson（1950）构建的假说，即对表面感知而言，纹理是在数学和心理学意义上的充分刺激。他的意思是，在带纹理的表面的单眼图像中就有足够的信息来唯一地指定到表面上点的距离，并指定局部表面朝向。此外，他声称，人类的视觉系统可以并且确实使用此信息来推导此类表面信息。

在理想情况下，表面光滑、具有规律且清晰的记号并显示出足够的细节密度，以便可以非常精确地测量图像中的梯度，此时 Gibson 的主张将有很多可取之处。但遗憾的是，世界粗糙得多，其中统一和规律是例外，或者只是一种近似而非法则。因此，我个人的观点是，我们应该为我们能够做成某件事而非不能做某件事而感到惊讶。此外，正如 Stevens（1979）所指出的那样，与这些问题相关的许多相当简单的数学知识在过去的表述中都有一定的缺陷。因此，我们应该明智地对假定的纹理感知能力采取批判和怀疑的态度，除非我们可以毫无疑问地证明人类视觉系统确实在使用它。

分离纹理元素

第一个问题，也是一个几乎没有被解决的问题，是如何从图像中提取出后续分析所必需的统一的纹理元素。一个完整的答案将包括对全初草图和对通过相似性进行选择的全面理解。通过相似性进行选择的目标是按来源对对象进行分类，而我们已经在图 2-3 所示的例子中看到了它的重要性。但是，让我们暂且将其视为是与生俱来的，并假设世界的表面覆盖着规律且充足的记号，并且我们能够从图像的早期表示中发现它们。

表面参数

正如我们已经多次看到的，可以通过两种方式指定相对于观察者的表面：我们可以指定到其局部的距离，或者可以指定相对于观察者的表面朝向。表面朝向本身自然地分为两个分量，我们称其为倾斜（倾角）和偏转（偏角）。倾斜是表面从正平面偏移的角度，偏转则是这一偏移的方向。

当然，距离和表面朝向在数学上几乎是等价的，并可以通过积分来关联（请参见第 4 章）。对于神经系统而言，问题就完全不同了——这些量中的哪一个（距离、倾角或偏角）是实际从纹理变化的度量值中直接提取出来的？Stevens（1979）在最近对这个问题的研究中得出了以下结论：

1. 偏角很可能是被显式提取的。
2. 距离也很可能是被显式提取的。
3. 倾角很可能是通过对根据第二点做出的缩放距离的估计值进行微分来推断的。
4. 特别地，可能由于度量过程中固有的不精确性，与倾角在数学上紧密相关的纹理梯度的度量值很可能没有产生或被使用。

现在我们来看看他得出结论的原因。

可能的度量值

Stevens 观察到，即使看起来非常不同的纹理也会提出相同的计算问题，因此我们必须小心不要假定多于问题所需的机制。图 3-68 给出了一个示例。尽管这两种图样看起来非常不同，但是可以对两者的间距和尺寸进行相似的度量。我们的第一个问题是，在所有可能的度量中，哪些会实际产生给我们带来倾斜表面的印象的感知线索？在图 3-68（a）中，它们是椭圆的大小、间距、密度还是密度的梯度？

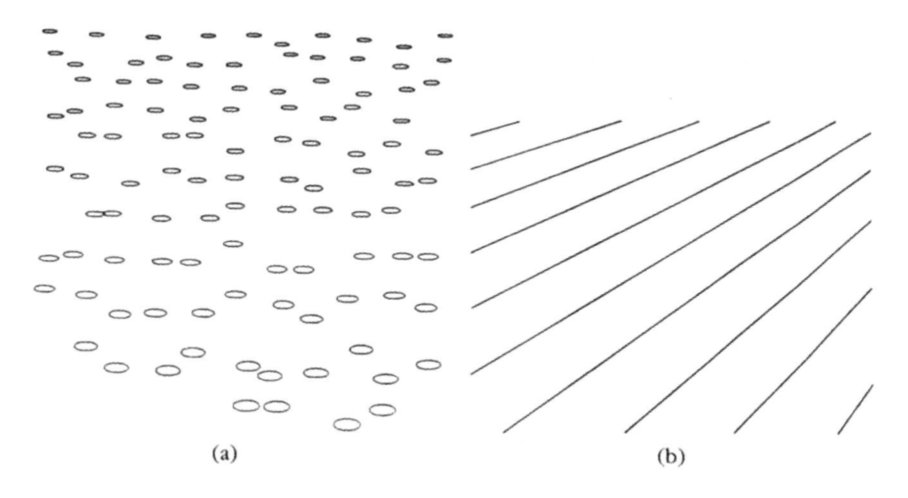

图 3-68　这两种类型的纹理尽管看起来非常不同，但实际上提出了相同的计算问题。在（a）中，椭圆的宽度、偏心率和密度的变化都与由同等大小的、位于一个远离观察者的倾斜平面上的圆的透视投影所产生的变化一模一样。我们可以从此类图像中进行多种度量，并将其用于帮助确定平面的几何形状，而我们的讨论的很大一部分将涉及这些度量中的哪些可能会被使用。在（b）中，汇聚线提示了一个表面有平行、等距的直线的倾斜表面。尽管已经有观点认为解释（b）与解释（a）所需的处理过程不同，但这并不一定对，因为两者都可以需要测量间距、分离度等。实际上，（b）中的汇聚轮廓看起来优于（a）中更随机的纹理，可能仅仅是由于像（b）类的图样在图像度量中具有更高的精度而已。并不存在先验的计算上的理由以调用不同的机制。

图 3-69 除去了图 3-68（a）中出现的密度梯度以外的所有信息，并使用了三种类

型的标记来记录椭圆的位置。在所有情况下，尽管密度梯度及其方向都清晰可见，但几乎完全没有留下倾斜的印象。

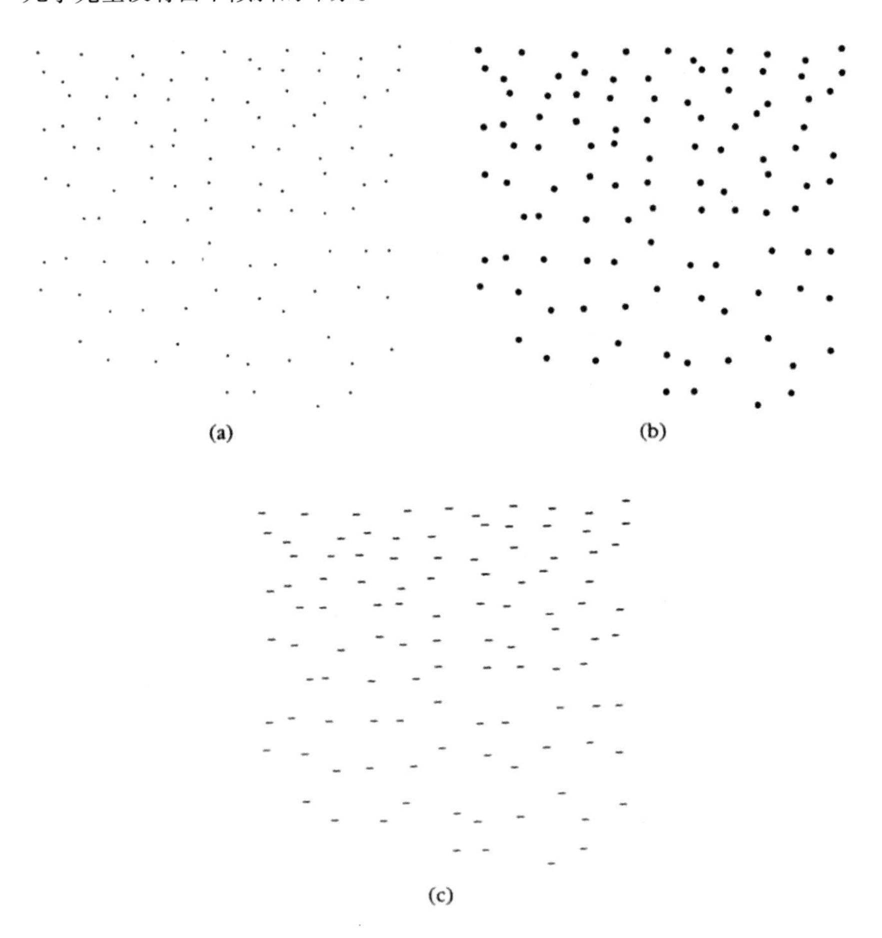

图 3-69 图 3-68（a）中推断表面倾斜的一种可能度量是椭圆密度的梯度。纹理梯度度量在数学上确实有一些好的性质。但在此图中，图 3-68（a）中呈现的梯度被三种不同类型的局部纹理元素重现了。在每种情况下，密度梯度都很明显，但是即使在最佳观察条件下也没有倾斜表面的印象。有时可以使用非常高的密度梯度获得倾斜的印象，但是其所涉及的数值在物理上并不合理。诸如此类的示例让我们质疑我们自己的视觉系统是否实际上使用纹理梯度度量来推断纹理表面的倾角。（重印自 K. Stevens 的 “Surface perception from local analysis of texture and contour”，麻省理工学院电气工程与计算机科学系博士学位论文，1979，已获授权。）

另一方面，表面偏转似乎确实是从图像中直接获得的。不过值得注意的是，这可以通过两种方式来完成（见图 3-70）。我们或者可以检测纹理的局部密度变化最大的方向，或者可以等价地检测垂直于纹理最均匀分布的方向的线。有趣的是，在图 3-70（b）所示的情况下，第二种方法可能会提供更准确的测量结果。只需搜索图 3-70（c）

中的线 l 所示的方向，即透视线以相等的间隔相交的方向即可。我们还知道人类视觉系统可以检测差别不超过几个百分点的相等间隔。

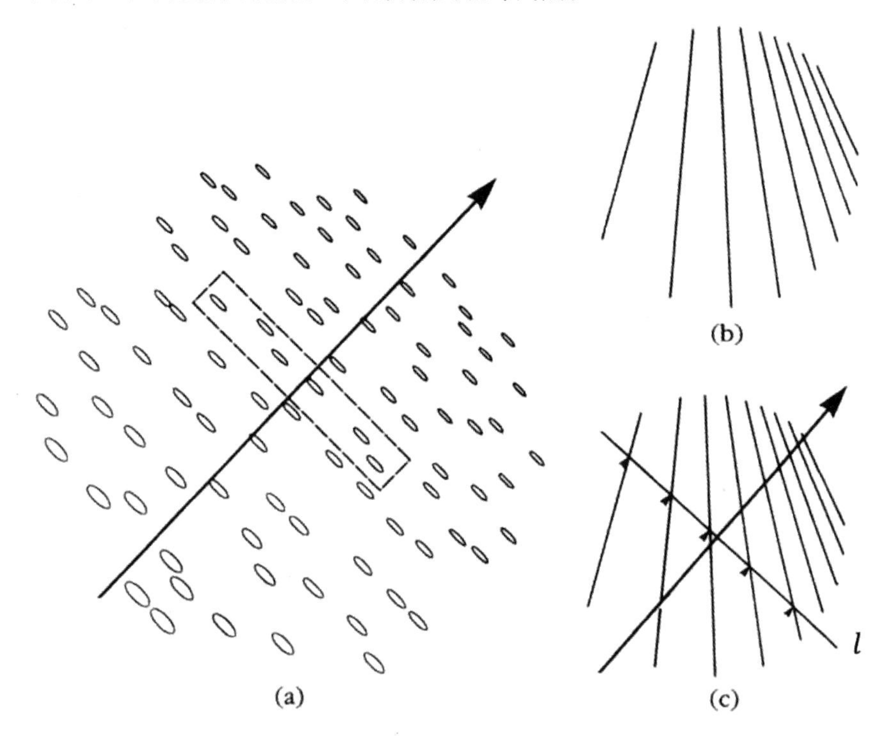

图 3-70　表面的偏转是指其由倾斜而远离观察者的方向。如果表面具有均匀的纹理，则图像中偏转轴的投影就表示了纹理局部密度变化最大的方向，或者等价地，它垂直于纹理元素最均匀分布的方向。如图所示，我们可以使用这两种技术中的任何一种来恢复偏转轴。但有趣的是，在类似（b）的情况下，可能通过第二种方法来恢复偏转轴是最精确的，即搜索与透视线以相等的间隔相交的线。（c）中说明了该方法。（重印自 K. Stevens 的“Surface perception from local analysis of texture and contour”，麻省理工学院电气工程与计算机科学系博士学位论文，1979，已获授权。）

直接估计缩放距离

Stevens 的最终示例如图 3-71 所示。它说明了为什么他相信我们直接测量纹理元素的大小以从中推断出距离，然后通过类似于微分的处理过程（请参阅第 4 章）获得对倾斜的内部估计。

当被看成是黑暗房间中的发光物的显示时，图 3-71（a）看起来像是散布着大小均匀的球体的倾斜表面。一种可能性是使用纹理梯度度量（如圆的宽度的梯度）来推断出倾角。但在相同的观察条件下，图 3-71（b）也会显示出惊人的三维效果，但此处没有梯度。较大的圆圈似乎在附近，而较小的圆圈则在较远的地方。如果我们假设圆对应于均匀大小的球体，并且由于距离不同而在图像中出现不同的大小，则根据简单的几何规则（测得的直径随 $1/r$ 变化）就可以解释这两种情况。因此，人类视觉系统可能不会直接测量倾角，而是倾向于从大小（或许也考虑了明度）的变化来估计相对深度，然后从中推断出倾角。

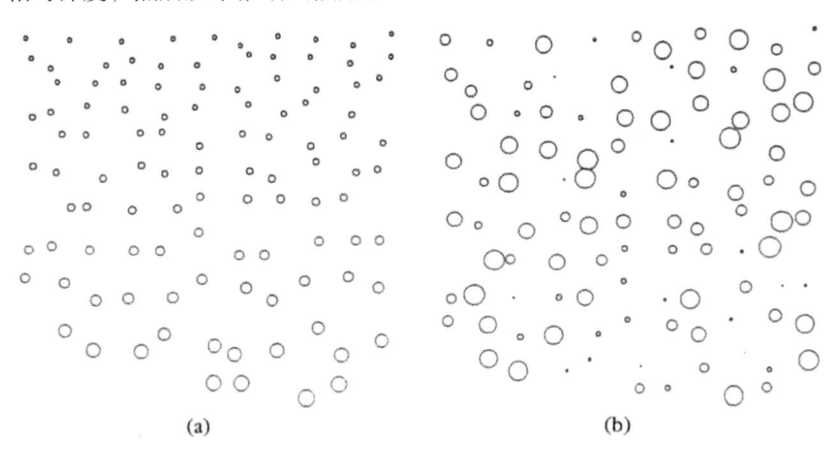

图 3-71 纹理视觉中是否使用了纹理梯度？（a）中的可见梯度可能是图样看起来倾斜的原因，但在合适的观察条件下，（b）看起来就像是三维的。因此，实际上被用来确定倾角的可能是圆圈的大小或明度。（重印自 K. Stevens 的 “Surface perception from local analysis of texture and contour”，麻省理工学院电气工程与计算机科学系博士学位论文，1979，已获授权。）

小结

纹理分析是另一个处于不太令人满意的状态的主题。它在数学上很简单，但在心理物理学上却并非如此，而自然界的变幻莫测在多大程度上允许视觉系统利用可能的数学关系，也绝非显而易见。此外，我们对于全初草图的后期阶段（实际寻找基本纹理元素的阶段）知之甚少。但是，一旦我们能对此有更多的了解，就可以对各种自然图像进行实证研究。也许只有到那时，我们才能真正理解为什么人类视觉系统会以看起来似乎很奇特且有限的方式来处理纹理信息。

3.8 明暗和光度立体视觉

考虑到化妆在剧院中的重要性及其在日常生活中的广泛使用，人类的视觉系统想必结合了一些从明暗中推断形状的处理过程。但是，这些处理的功能似乎很有限。或许它们只是从明暗提示和遮挡轮廓提供的信息中进行推导。明暗本身仅是形状的微弱决定因素。但人类早期视觉理论中最有趣的问题之一，除了色彩之外，正是我们能够从明暗中恢复多少信息。

从纯理论的角度来看，“从明暗中恢复形状”是首先需要仔细分析的问题。在 B. K. P. Horn 的博士论文中（总结为 Horn，1975），他展示了只要光照简单、表面反射率已知且均匀，就可以求解将图像强度与表面朝向相关联的微分方程。

此后，Horn（1977）用梯度空间重新构建了他的工作，使其更容易理解。他的工作的主要用途是开发用于分析山体明暗的方法。例如，假设我们知道了瑞士阿尔卑斯山部分地区的地形；那问题是，它在一个阳光明媚的夏日的上午 10 点看起来会是怎样的？下午 4 点呢？图 3-72 显示了 Horn 的方法可以回答这些问题。通过将预测的图像与实际的卫星照片进行比较，人们就能够提取出有关陆地表面反射性的信息，而不会因特定的地形和光照特性而被明暗所混淆。

(a)

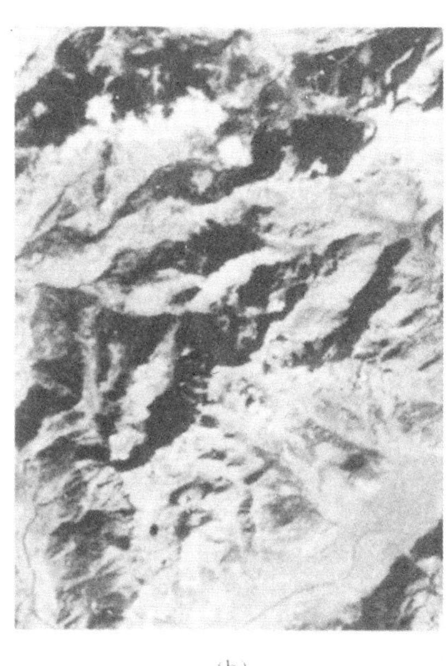
(b)

图 3-72 比较瑞士阿尔卑斯山部分地区的预测外观和实际外观。（a）图是通过 Horn 的方法，根据当时的地形图和反射率图计算得到的。（b）图是从一颗 LANDSAT 卫星拍摄的照片。

对从明暗中恢复形状这一问题的数学理解很可能是对人类的这一能力进行任何认真研究的前提，我因此在这里概述了这些重要的想法。我的叙述不是很技术性的，所以有兴趣的读者应该查阅 Horn（1977）的图书以获取更多细节。

梯度空间

对从明暗中恢复形状的讨论首先需要采用一种便于描述表面朝向的方式。为此，我们借用了 Huffman（1971）和 Mackworth（1973）在稍有不同的情形中普及的表示形式。

假设我们有如图 3-73（a）所示的某种表面。在表面光滑的情况下，表面上的给定点将具有局部切线平面，即一个与该点处的表面局部相切的平面，和局部表面法线，即在该点切线平面的出射法线。现在将这一切线平面移动到坐标系的原点，并如图 3-73（b）所示绘制其法线 OP。假设 P 的坐标恰好是 (a,b,c)。显然，OP 的方向很重要，但其长度则无关紧要，所以我们也可以就用在 $(a/c,b/c,1)$ 处的点 P'。现在我们就可以仅用两个数 $(a/c,b/c)$，也就是用图 3-73（c）中的二维点 P 来表示 P'。这就是表面朝向的梯度空间表示。

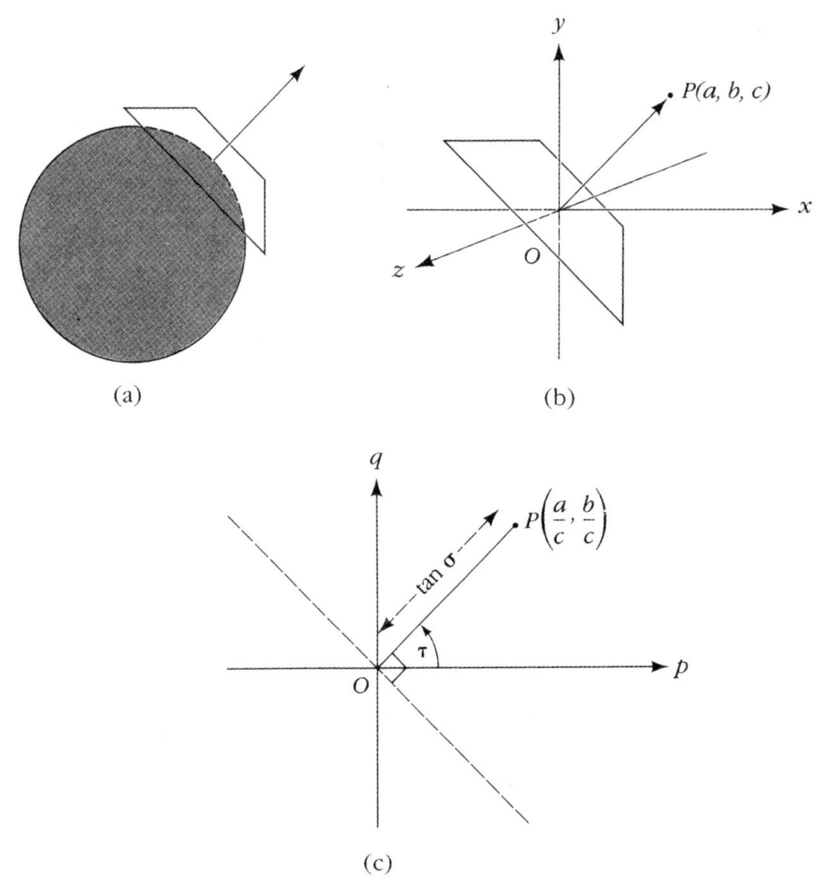

图 3-73　梯度空间的解释。与（b）一样，表面（a）的局部法线可以表示为向量(a,b,c)。由于我们只对向量的方向感兴趣，因此可以将其简化为$(a/c,b/c,1)$，也可以如（c）那样将其表示为二维向量$(a/c,b/c)$。量a/c通常用p表示，而b/c通常用q表示。

梯度空间是一种表面朝向的优雅的表示。一些示例有助于更清晰地说明它的性质。对于表面法线直接朝向观察者的正平面，$a=b=0$ 且点 P 在图 3-73（c）中的原点 O 处。现在，如图 3-74（a）所示，想象一下绕着垂直轴顺时针[1]旋转平面，则 P 会如图 3-74（c）所示沿 p 轴逐渐向右移动，与 O 的距离等于倾角的正切值。如果我们如图 3-74（b）所示绕水平轴旋转平面，则 P 会如图 3-74（c）所示沿 q 轴移动，距离同样等于倾角的正切值。如果我们如图 3-74（c）中的虚线所示绕某个中间轴旋转，则 P 沿与 p 轴夹角为 τ，且与中间轴成直角的方向移出，如图 3-74（b）所示。该角度 τ 在心理物理学文献中被称为平面的偏角，并且它与正平面之间的角度通常称为倾角。我将用字母 σ 表示倾角。点 P 与原点之间的距离则为 $\tan\sigma$。

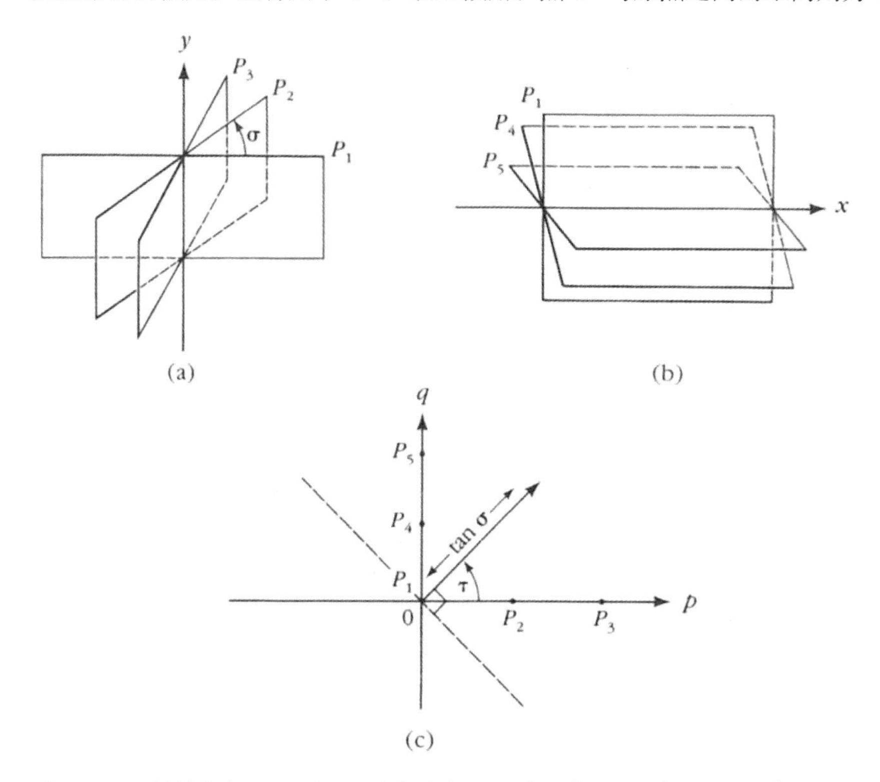

图 3-74　理解梯度空间。正平面P_1的朝向与(p,q)空间中的原点相对应。随着平面绕垂直轴旋转，如（a）所示，梯度空间中的对应点如图（c）所示沿p轴(P_2,P_3)移动。如果平面如（b）中所示绕水平x轴旋转，则其在梯度空间中的表示沿q轴(P_4,P_5)移出。类似的论述也适用于绕中间轴的旋转。绘出的角τ称为平面的偏角，而角σ称为其倾角。

因为梯度空间是一个重要且有用的想法，读者可能会想要花些时间摆弄一张纸来充分理解它。特别地，读者可能会想向自己证明 OP 的长度等于 $\tan\sigma$。

1　原文如此。而图 3-74（a）所示为逆时针旋转。——译者注

表面光照、表面反射和图像强度

对从明暗中恢复形状的研究涉及寻找从图像的强度值推导出表面朝向的方法。由于强度值不仅仅取决于表面朝向，所以问题变得很复杂。它们取决于表面是如何被照亮的，还取决于表面反射函数。现实世界中广泛存在的光照通常是很复杂的，尤其是在室内。室外的情况更直接——太阳基本可以被看作一个遥远的点光源，而厚厚的云层所产生的地面光照则几乎是均匀的，所以这是两种简单的情况。有云的日子有时可以被看作是两者的结合。但是地面上的情况通常由于次级光照效果而变得非常复杂，这里光线从一个表面反射到另一个表面，然后进入我们的眼睛。这些效果几乎不可能用解析方法处理。

就像声学中的回声效应一样，次级光照对于室内场景尤为重要。在室内场景中，来自天花板上固定装置的光可以直接照到咖啡桌上，也可以从天花板或墙壁反射后再照到桌上。天花板将有助于照亮墙壁，而这些墙壁又会将光反射回去，从而有助于照亮天花板——这种情况称为相互光照。综合所有这些效应所带来的复杂性，使得从明暗中分析形状变得极为困难。该问题尚未取得实质性进展。唯一的例外是单个遥远的点光源这一非常简单的光照条件。Horn 已经有效地解决了这种情况，我们稍后就来看一下他是如何做到的。

第二个深刻影响从明暗中恢复形状这一问题的因素是表面反射函数。从光源向观察者反射的光的比例取决于反射面的微观结构，通常将其描述为图 3-75 所示的关于三个角度的函数——光源和表面法线之间的入射角 i，观察者视线与表面法线之间的出射角 e 及入射和出射光线之间的相位角 g。反射函数 $\phi(i,e,g)$ 是在观察者方向上单位表面积向单位立体角反射的入射光的比例。从直觉上讲，这表明入射到表面元上的光中，直接反射到检测器上的量直接取决于被照亮的表面元的面积、$\phi(i,e,g)$ 的值及检测器的角大小。

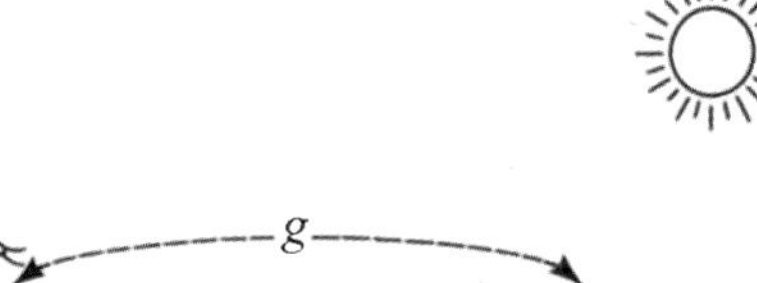

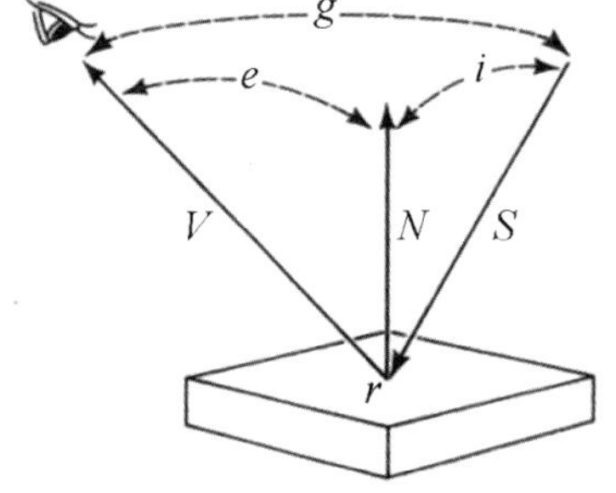

图 3-75　角度i、e和g的定义。

反射函数有很多种。理想的朗伯表面，即纯哑光（理想漫反射）表面，在所有方向上看起来都一样明亮，并具有简单的反射函数 $\phi(i,e,g)=\cos i$。多岩石、多尘物体的表面在远距离观察时有另一种有趣的反射函数。对于固定相位角 g，ϕ 仅取决于 $\cos i/\cos e$。这种关系适用于月海中的物质。从地球上观察，g 确实是恒定的。这极大地帮助了月面学的研究。

抛光的金属表面具有特别简单的反射率函数 ϕ；当 $i=e$ 和 $g=i+e$ 时，ϕ 等于 1，即具有理想反射镜面的性质。如果表面不够光滑，则通常会通过与高斯函数进行卷积来使 ϕ 在此值附近模糊一点。这种模糊性质特别有趣，因为许多日常表面恰有将漫反射分量和镜面反射分量结合在一起的反射函数。有光泽的白色涂料的反射函数就是由这种组合构成的。例如，如果 s 是镜面反射的光的比例，则其反射函数可能具有以下形式：

$$\phi(i,e,g)=\frac{s(n+1)(2\cos i\cos e-\cos g)^n}{2}+(1-s)\cos i$$

其中第一项是镜面反射分量，第二项是漫反射分量。数字 n 决定镜面反射峰的锐度；对有光泽的涂料而言，典型的取值可能是 $n=16$（Horn，1977）。

反射率图

理解从明暗中恢复形状问题的最好方法是理解反射率图，这是将图像强度直接与表面朝向相关联的一种方法。

假设我们考虑一个已知反射函数为 ϕ 的特定类型的表面。同时，假设我们采用遥远的光源和观察位置，以使相位角 g 为常数，并假设我们仅采用单个光源，以用最简单的形式表示问题。表面上的每个朝向都会在图像中产生特定的强度，而我们可以在 (p,q) 梯度空间图中绘制该强度。实际上，让我们选择以一种特别简单的方式绘制反射率图，即将反射强度标准化为介于 0（黑暗）和 1（图像中存在的最大可能的光强）之间的值后，绘制其等高线。那么如果在某点测得的强度为 0.8，我们就知道其表面朝向 (p,q) 必须位于反射率图中的对应值为 0.8 的轮廓上。

图 3-76 至图 3-79 给出了一些例子。图 3-76 是在位于观察者附近的光源照射下的纯哑光表面（朗伯表面）的反射率图。图 3-77 是同样的表面在不同方向的光源照射下的情形（实际方向 $p=0.7$，$q=0.3$）。注意这里有一条阴影线，即代表了表面在光源下会产生自阴影的朝向的线。图 3-78 所示的是月海所特有的反射率图，而图 3-79 所示的是有光泽的白色涂料的反射率图。间隔非常近的圆形轮廓对应于随表面朝向的任何变化而迅速变化的强度值，因此它们对应于镜面反射分量。该图的其余部分与漫反射分量相对应，相对而言看起来更接近于图 3-77。

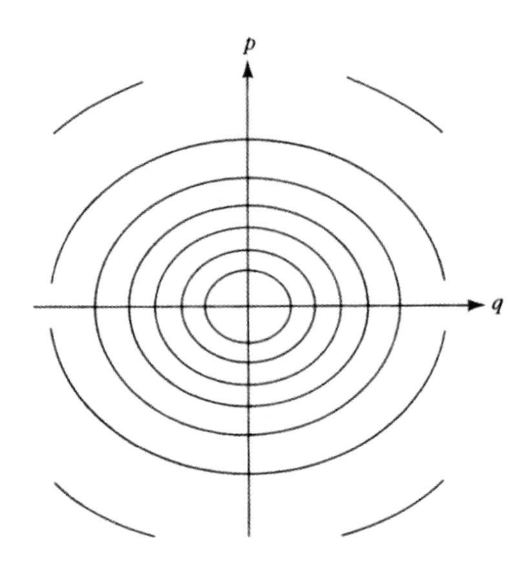

图 3-76　常数$\cos i$的轮廓。轮廓间隔为0.1个单位。这是在位于观察者附近的单个光源照射下，具有朗伯表面的物体的反射率图。

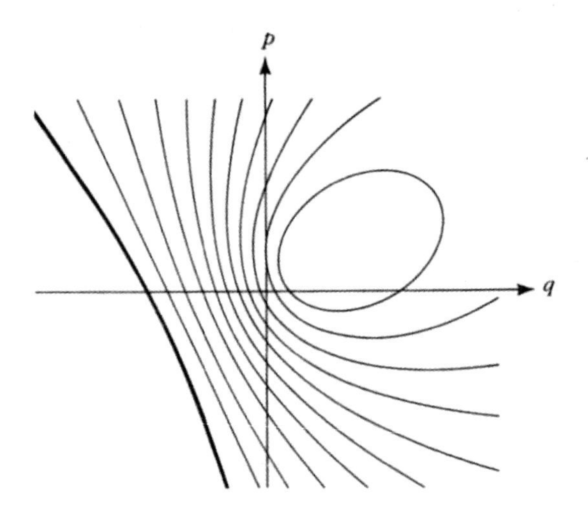

图 3-77　常数$\cos i$的轮廓。轮廓间隔为0.1个单位。光源的方向是$(p_s, q_s) = (0.7, 0.3)$。这是当光源不在观察者附近时，具有朗伯表面的物体的典型反射率图。

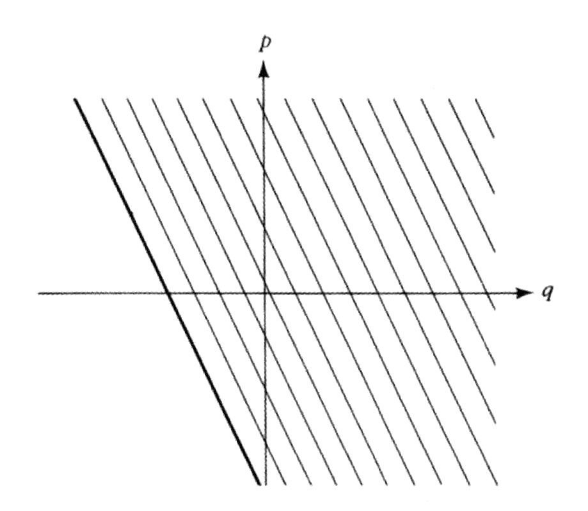

图 3-78 $\phi(i,e,g)=\cos i/\cos e$的轮廓。轮廓间隔为0.2个单位。月海中物质的反射函数对于常数$\cos i/\cos e$而言是恒定的。

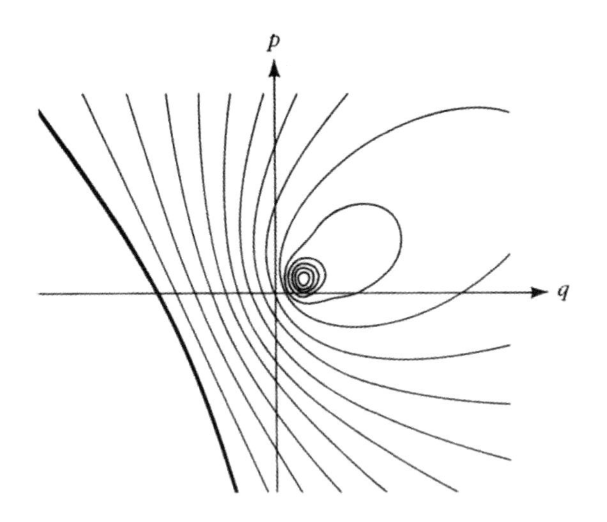

图 3-79 $\phi(i,e,g)=0.5s(n+1)(2\cos i\cos e-\cos g)^n+(1-s)\cos i$的轮廓。这是在单点光源照射下，同时具有漫反射和镜面反射分量的表面的反射率图。有光泽的白色涂料就可以产生这样的ϕ。

从明暗中恢复形状

从明暗中恢复形状的根本问题是，即使有所有简化的假设使我们能够使用反射率图，要从明暗中恢复形状仍然非常困难。已知的强度值指定了反射率图中的特定等辉度轮廓，比如它可以告诉我们表面朝向位于 0.8 轮廓上，但它不能告诉我们具体在轮廓上的哪个位置。除非我们有其他信息，否则轮廓上的每个位置都一样好。

不过这个问题实际上是可以解决的。我们需要的额外条件是假定表面光滑且表面朝向平滑变化（即可微分）。本质上，这表示如果我们在图像中的某个点上，且知道那里的表面朝向及其局部变化，那么如果我们在图像上沿一个方向移动，则可以从新的强度值中得知新的局部方向是什么。

这是个惊人的事实。人们不会想到平滑度就足以充分约束可能的答案，但它确实可以。这基于一个漂亮的数学技巧（Horn，1977），遗憾的是，我无法将其归约为简洁的语言。因此，从数学的角度来看，这个问题是可以解决的。但是，从生物学的角度来看，即使考虑到 Horn 方法基于的主要简化，这种解决方案仍然过于复杂而无法使用。对一般的反射率图求解从明暗中恢复形状的方程，需要沿着图像路径的逐次积分，而该路径的轨迹只能在积分进行时确定。除非我们准备引入其他约束条件，否则以一种更简单、更并行的方式来求解这些方程看起来是毫无希望的。

人们因此已经尝试了许多其他方法。Woodham（1977）结合表面朝向的约束（如最小化局部曲率）和明暗的约束，提出了一个确定表面朝向的局部迭代方法。Brady（1979）提出同时将表面的类型限制为如广义锥，并在这样的情况下，展示了光源的方向可以如何被确定。

但客观地说，我认为这些方法都还没有对人类视觉系统对明暗信息的利用给出太多的想法。难点很可能是我们实际上没有很好地使用这种信息。人类的视觉处理器似乎仅利用粗略的明暗信息。这种利用通常是正确的，但又并非总是正确的，这可能就是为什么明暗容易被其他提示掩盖的原因。这类人类视觉系统表现不佳的情况总是会引起麻烦，因为即使知道数学上如何解决问题，可能对理解我们自己的实际解决方法也没有什么帮助。可惜，正如我们将要看到的，对色彩的研究也存在类似的情况。但我们毕竟确实多少使用了明暗信息，所以这里肯定有一些我们应当了解的东西。

光度立体视觉

最后还有一种从反射率图中恢复形状的技术。它不可能具有任何生物学意义，但它是如此精致，以至于我没法不介绍它。这个想法由 Woodham（1978）提出并由 Horn、Woodham 和 Silver（1978）进一步发展。它基于以下想法：给定某个光源位置下的图像和反射率图，假设我们在一个特定点上度量图像强度。如我们所见，我们可以推断出相应的表面朝向位于梯度空间中的特定轮廓上。如图 3-80（c）所示，在上一节中的例子里这是 0.8 轮廓。问题是我们不知道正确的表面朝向 (p,q) 在轮廓上的哪个位置。

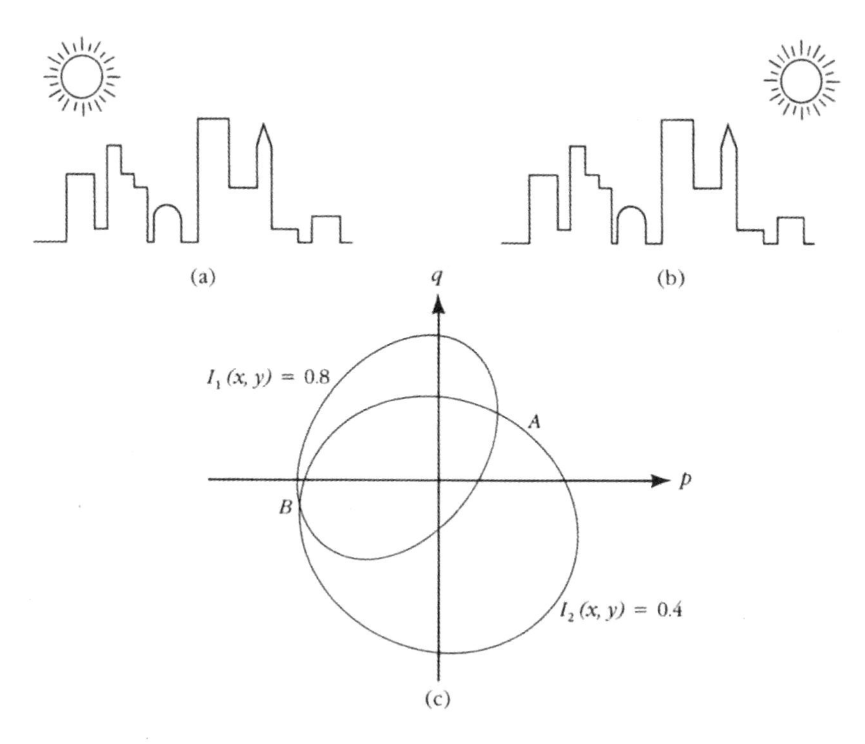

图 3-80　光度立体视觉的原理。图像I_1和I_2是在两个不同的光照条件下拍摄的同一场景，因此有了两个不同的反射率图。对第一张图的图像强度的度量可以将图像中的某一点放在0.8轮廓上（a）；而对第二张图的强度的度量则将其放在0.4轮廓上（b）。因此，实际表面朝向(p, q)对应于（c）中两个轮廓的交点，即点A或点B。

但假设现在我们移动光源，又或者在室外场景中，我们等到当天晚些时候，然后从相同的视角拍摄第二张图像。相对于观察者的表面几何形状都是相同的，但是反射率图会变化。例如，情况可能会变得像图 3-80（b）那样，并且如图 3-80（c）所示，图像中同一点的强度度量将我们置于反射率图的 0.4 轮廓上。这就将真正的表面朝向的可能性缩小到仅有两种，即第一个 0.8 轮廓和第二个 0.4 轮廓相交的两个点，也即图 3-80（c）中的点 A 和点 B。问题基本上解决了，因为通常可以使用连续性信息或在另一个光源位置拍摄第三张图片来轻松地在 A 和 B 之间进行选择。

这种类型的方案可能具有实际用途，因为即使对于复杂的光照条件，我们通常也可以构造一个反射率图。不过由于反射率图计算起来太困难，我们通常必须实证测量它。如果场景中的光照和表面特性处处相同，那图像强度就由表面朝向唯一确定。

3.9 明度、亮度和色彩[1]

我们迄今已经考虑过的所有处理过程，都通过显示表面反射率和光照的变化的图像，来恢复有关表面几何形状的信息。还没有任何关于表面本身性质的讨论。然而，表面的反射率（是亮还是暗、对红光的反射是好还是差，等等）往往承载着具有重要生物学意义的信息。例如，我们光凭看，就可以判断水果是否成熟，树枝是否足够坚固以承受人的体重，叶子是否为绿色、柔软，昆虫是否可能有毒等许多事情。

因此，恢复表面反射率是很重要的，而我们实际上也擅长于此。令人惊讶的是，感知到的色彩在很大程度上取决于表面的反射率，而很少取决于进入我们的眼睛的光的光谱特性。根据 Helson（1938）的说法，即便光源的色度可能高达 93%，但只要它包含至少 7% 的"日光"，那具有均匀光谱反射率（即在所有波长下均同等反射）的表面看起来仍会是无色的。相对地，存在从 Hering 网格和 Benussi 环到主观轮廓现象在内的各种不同的刺激，会让我们错误地感觉到明度的差异存在于客观上不存在差异的地方。图 3-81 给出了一些示例。

色彩视觉理论仍处于一个不令人满意的有趣状态。一方面，由于 Helson（1938）和 Judd（1940）的缘故，我们长期以来已经有了相当充分的现象学描述。他们的方程式可用于预测个体将会感知到的色彩，且就像个体所能描述的那样准确。此外，它们无须改动就能解释 Land（1959a，1959b）的著名的双色投影演示，其中仅用两种颜色生成的图像就产生了全彩感知（Judd，1960；Pearson, Rubinstein, and Spivack，1969）。然而，正如 Helson 和 Judd 自己评论的那样，很可能还存在许多其他方程式也同等程度地描述了色彩感知。实际上，Richards 和 Parks（1971）就提出了一个几乎同样准确的更简单的模型。

问题在于这些表述是对色彩视觉的*描述*，而非其*理论*。研究者们并没有说为什么他们的方程式能很好地将光源的效果与表面反射的效果区分开。当然，可能不存在真正的色彩视觉理论，而这些描述可能就是我们所能得到的最接近的东西，但我希望不是这样的。对真正的色彩视觉理论的唯一尝试是 Land 和 McCann（1971）的视网膜—皮层理论。因为该理论不能解释任何 Helson-Judd 表述无法解释的内容，所以受到了批评。这很可能是对的。但是，从本书的角度来看，这样的评论忽略了这两种理论之间最重要的区别，即 Helson-Judd 表述是一种现象学描述，而视网膜—皮层概念是一种基于物理世界的特定假设的计算理论。为了说明这些观点，让我们更详细地看一下这两种表述。

1 本书中的"亮度"均指色彩理论中基于色彩明度的亮度（Lightness）。对于光度学中作为物理量的亮度（Luminance），本书统一采用其另一常用名称"辉度"。—— 译者注

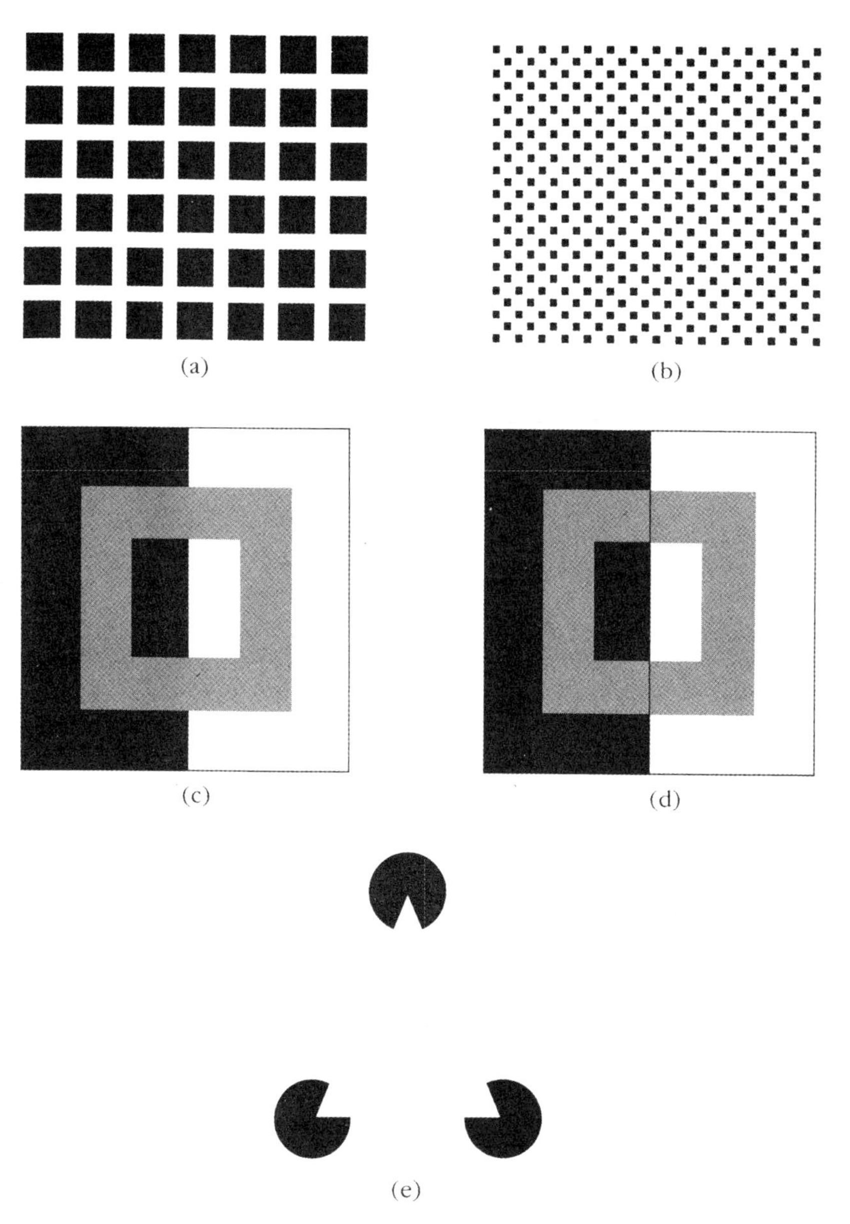

图 3-81　一些著名的明度错觉。(a) Hering 网格。(b) Robert Springer 提出的错觉，唤起了微弱的对角线的显现。(c)、(d) Benussi 环；注意，(d) 中添加的简单轮廓会如何导致两个灰色区域看起来不同。(e) Kanizsa 三角。

Helson-Judd 方法

Helson 和 Judd 研究色彩视觉的方法基于长久以来的观点，即物体的颜色取决于视野中各个部分反射的光的比率，而非绝对量。Helson 和 Judd 试图构建一个公式，以预测给定纸张在不同的光照条件和不同的背景下将会呈现何种颜色。因此，他们对色彩恒常性的兴趣相对不大，而对量化恒常性随着光照和背景变化而被违反的程度更感兴趣。

他们的表述基于两个步骤。首先，找出场景中普遍存在的条件下的“白色”。其次，参考这一白色的估算值计算出纸张应具有的颜色。找到白色的基本思想是（1）取标准日光白，通过合适的坐标选择，我们可以将其表示为 (r_w, g_w)；（2）测量整个视野的“平均”颜色，我们用 (r_f, g_f) 表示；（3）假设当前的白色 (r_n, g_n) 介于两者之间。例如，我们可以写出

$$r_n = r_f - k(r_f - r_w)$$

$$g_n = g_f - k(g_f - g_w)$$

据此，当前的白色位于将日光白与当前视野中的平均值相连接的直线上。

随后，通过结合 Helson 和 Judd 提出的各种实证观察，这一基本思想被修正而得出了复杂的非线性表述。换句话说，这些修正将当前的白色从连接日光白和当前的平均值的线上移开，以解释 Helson 和 Judd 实证发现的各种奇怪效果。最重要的修正是由他们称之为*适应反射率*的概念而产生的，适应反射率本质上是某种取决于场景的灰度。比此灰度更亮的纸张具有光源的色相，而比此灰度更暗的纸张则具有互补的色相。显然，线性公式不能解释这种效果。其他修正出现的原因包括当我们远离白色时，适应效果的强度会增加；如果光源的蓝色分量很强，则会产生特殊的效果；如此等等。最终的结果是一个冗长而复杂的公式，在上述基本方程外添加了许多二阶、非线性项，每个都由实验结果的特定方面来解释。而表述的第二步，即相对于白色的估算值来指定颜色，则有一个简单的形式。要确定与点 (r, g) 相关的色相，我们只需检查将其与当前白色 (r_n, g_n) 相连的线的朝向即可。这条线的长度决定了饱和度。

这种方法的有趣之处在于这些假设可以帮助成功地预测颜色。而它缺少的则是对于我们为什么可以做这些假设，以及为什么它们能在如此广泛的情况下得出有效的色彩感知的解释。

关于亮度和色彩的视网膜—皮层理论

另一方面，Land 和 McCann（1971）则将其理论牢固地建立在对物理世界的假设之上。它适用于所谓的蒙德里安式的平面世界。正如我们在第 2 章中看到的那样，这种世界由粘贴在一块大板上的矩形小块组成，这些小块可以通过各种方式被照亮（见图 2-30）。该理论的第一部分涉及 Land 和 McCann 称为亮度的概念，用于处理这种单色图像。正如他们所指出的，中心问题是将表面反射率的影响与光源的影响分开。这

是因为我们早就知道，我们感知到的表面颜色与其反射函数的光谱特性而非落在我们眼睛上的光的光谱特性紧密相关。

如何分开这些影响呢？哪些关键特性可能可以让我们将光照变化带来的影响与反射率变化带来的影响区分开呢？Land 和 McCann 提出了以下建议：由于光源引起的那些变化总体上是平缓的，通常表现为平滑的光照梯度，而由反射率变化引起的变化则常常是急剧的。这种二分法在他们研究的蒙德里安世界中当然是正确的，因此，如果我们可以将两种类型的变化分开，则可以将光源变化的影响与图像的反射率变化的影响分开。

图 3-82 所示的是 Land 和 McCann 的想法的一个示例。这是一张从上方照亮的单色蒙德里安图像。标有箭头的两个色块具有完全相同的强度，但是一个看上去比另一个更暗。如果消除光照梯度的影响，那么一个色块实际上会比另一个色块暗得多。他们的观点即这种计算就是我们的视觉系统本质上所做的事情，而它被称为视网膜—皮层计算。

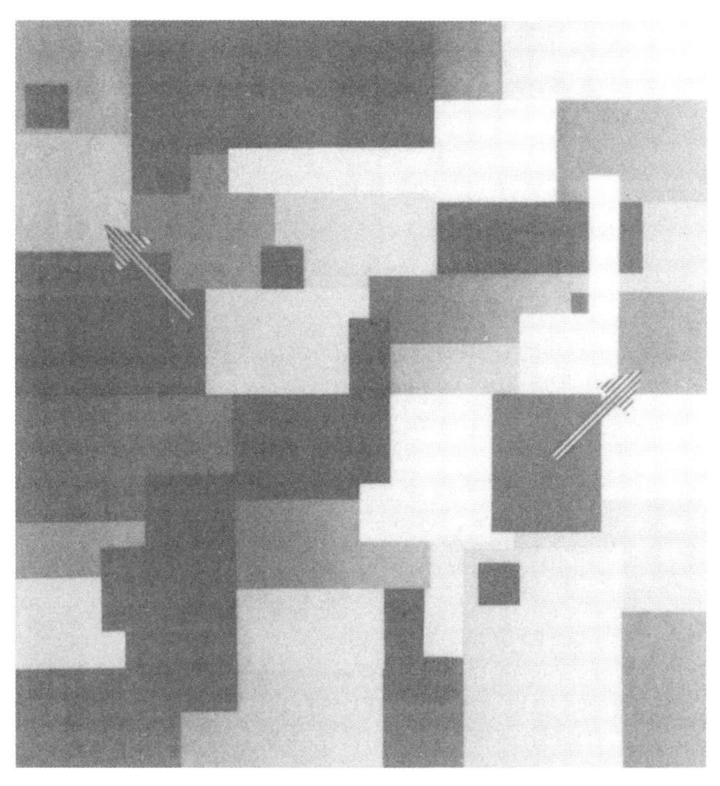

图 3-82 两个标记的正方形具有相同的辉度，但是感知上一个比另一个要暗得多。(重印自 E. H. Land 和 J. J. McCann 的文章“Lightness and retinex theory”，美国光学学会期刊第 61 卷，1971，1 至 11 页，原图 3，已获授权。)

算法

视网膜—皮层计算已至少以两种方式被实现了。Land 和 McCann 使用了图 3-83（a）所示的一维方法。如果我们如图 3-83（a）所示，沿着从A到B的任何路径追踪图像强度，则它们将具有第一张图所示的形式，即在缓慢变化的过程中散布着位于反射率边界的大跳变。我们可以使用阈值来消除缓慢变化的影响，从而得到第二张图中的曲线。该曲线仅描述了反射率变化的影响。因为这一系统是很保守的，因此不论使用从A到B的哪一条路径都没关系，最终得出的反射率始终是相同的。Land 和 McCann 将这项技术运用于足够多的随机选择的路径，以充分覆盖所有的位置。

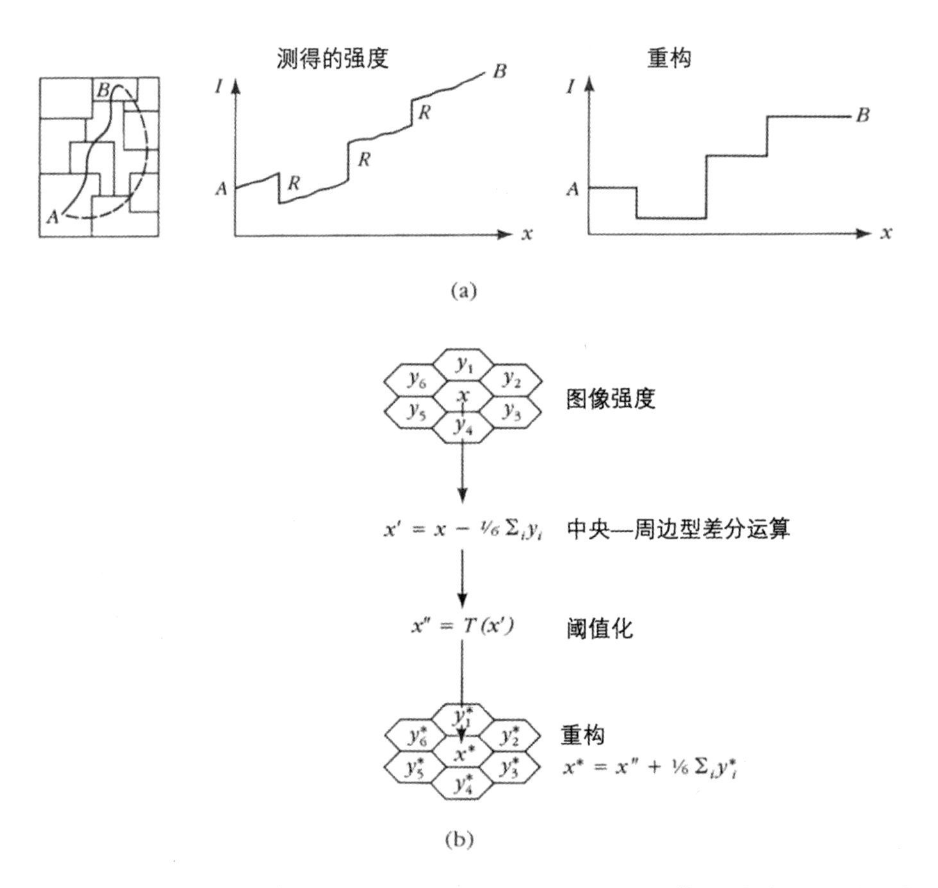

图 3-83 视网膜—皮层算法图解。（a）Land 和 McCann 的一维算法。（b）Horn 的二维版本。两者的想法都是忽略强度的平滑变化，而仅考虑不连续点。详细信息请参见正文。

Horn（1974）推导了该算法对应的二维版本。如图 3-83（b）所示，它基本上由相同的三个步骤组成。第一步是运用具有二维中央—周边型形式的差分算子。然后，我们忽略较小的值，而仅接受对应反射率的变化的较大的值。最后，仅使用较大的变化，我们就可以重建图像以获得类似图 3-83（a）中第二张图的二维版本。为此，Horn 提出了一种基于最近邻交互的有趣的迭代算法，以实现如图 3-83（b）所示的方程。

推广至色彩视觉

图 3-83 刻画了视网膜—皮层理论在单色情形下的运作方式。为了将其运用于色彩视觉，Land 和 McCann 要求在红色、绿色和蓝色通道中分别独立执行该运算。他们希望，从每个通道中产生的是不依赖于光源，而仅依赖于表面反射率的信号。并且，这些信号可以被组合在一起，以得到仅取决于表面反射性质而非当前特定光源的变化的色彩感知。当然，仍然需要对这三个通道中的信号相对彼此进行校准，不过 Land 和 McCann 建议，这可以通过将场景中的最亮点定义为白色来完成。

McCann、McKee 和 Taylor（1976）最近发表了对这种算法在他们的蒙德里安刺激上的预测结果与观察者对色彩的心理物理学估计的比较。他们发现，他们的被试估计的结果和算法的预测之间的一致性与被试们估计的结果的内部一致性一样好。

对视网膜—皮层理论的评论

对我而言，Land 和 McCann 的工作似乎有三个层面的积极意义。首先，他们试图构建一种真正的色彩视觉理论，而不是对色彩感知的描述。其次，他们提请注意边界的重要性，并描述了一种边界效应可能在整两张图像上传播的方式。这种效应早已通过如 Craik-Cornsweet 错觉和 Benussi 环为人所知，但是它在 Helson-Judd 方程中并未明确出现。第三，Land 的早期工作表述了一个被 Judd 认为很重要的有趣原理，即当构成场景的光块的颜色被限制为任何类型的一维变化时，观察者通常会感到该场景中的物体基本上没有色相。

对视网膜—皮层理论的反对似乎包含一个主要观点和几个次要观点。主要观点是存在比视网膜—皮层理论中更多的同时对比。也就是说，像 Helson 和 Judd 这样基于同时对比思想的表述也许可以解释 Land 和 McCann 所能解释的效应，但是基于梯度消除的视网膜—皮层理论却不能解释所有的同时对比，因为这些效应在没有光照梯度的均匀光照情形下同样会发生。此外，Land 和 McCann 显然并不总是足够注意他们的显示中的同时对比效应。例如，在图 3-82 中，一个正方形的相邻区域比另一个正方形更暗，因此人们可能期望它们仅因这些原因就看起来有所不同。不管怎么说，明度感知和色彩感知似乎至少涉及一些 Land 和 McCann 的方法无法预测的效果。

一种可能的解释是，这些额外的效果是由 Land 和 McCann 未曾考虑的问题的某些方面引入的。例如，他们的理论仅适用于平面，而这些其他效果之所以被引入，可能只是为了处理视野中的不同部分有不同的表面朝向所带来的额外复杂性。但这不太可能。尽管明度感知中肯定有三维的效果，但效果很可能不会很大。Gilchrist（1977）最近声称，感知到的朝向可能会以高达 30% 的系数影响明度感知，但 Ikeuchi（1979）在重复他的实验时，无法获得远大于 5% 至 10% 的系数。

反对视网膜—皮层想法的第一个次要观点是计算性的：该理论涉及一个阈值（产生截断的梯度水平），但却没有说明该阈值应为多少。令人不快的经验是，每当我们必须在图像处理任务中设置阈值时，通常都会遇到问题——这也是为什么过零点这个想法如此吸引人的原因之一。问题在于，如果阈值太低，它就无法去除光照梯度；如果它太高，它将删除有价值的明暗信息。表面朝向的渐变也会产生在整两张图像上的强度渐变，而这些变化可能太有价值而无法轻易丢弃。表面色彩的渐变也很重要。毕竟，我们可以看到即使是被双筒望远镜放大的彩虹，色彩的变化没有因为阈值而丢失。

第二个次要观点来自神经生理学的观察。根据视网膜—皮层理论，红色、绿色和蓝色通道分别以图 3-83 的方式被独立处理，然后再进行组合。但这并非观察到的情况。从一开始，神经处理似乎就基于色彩拮抗方法，即其输出取决于两个颜色通道的差。即使在视网膜中，大多数对色彩敏感的细胞也具有色彩拮抗组织结构（DeValois，1965）。DeValois 和他的同伴还发现辨别颜色的心理生理学与观察到的外侧膝状色彩拮抗细胞的神经生理学特性之间有着令人印象深刻的关联。

这些发现并不能证否视觉通路中会计算视网膜—皮层函数这一观点。正如 Horn（1974）所指出的，人们可能会争辩说，在红色、绿色和蓝色的任意三种线性组合上，视网膜—皮层操作都可以执行得像在原始通道上那么好，并且这种调整可能可以使视网膜—皮层理论与神经生理学的观察相容。不过这种说法并不是很令人信服，尤其是因为该理论没有提供很好的理由来说明为什么人们应该对线性组合而非原始信号进行运算。

同时对比的重要性的物理依据

一个至少可以追溯到恩斯特·马赫的广为流传且久负盛名的观点是物体的颜色取决于从视野各个部分反射的光的比率，而非反射的光的绝对量。当然，这一定是因为尽管极大影响了图像的光谱分布的场景光照会随时空发生剧烈变化，但我们相对不受这一变化的影响。色彩恒常性的范围当然是有限的，当我们购买服装时，如果商店里的照明设备是荧光灯，我们会坚持要在日光或钨丝灯下观看商品。但重要的是，尽管我们的感知可能仅近似于客观反射率，但它对这一点的反映要比对落在视网膜上的光谱的反映准确得多。

即使在单个场景中，光照强度也可能发生剧烈变化，如从阳光下到阴影里，或者从大厅的灯光附近到最远角落的暗处。光谱特性也可以发生变化，尽管通常变化不大。光在树下会比露天更绿，而在山洞中则会变成褐色。因此，即使光谱内容的主要波动是随时间发生的，它们仍然可以在单个场景中发生，而这对我们影响不大。

如何应对如此广泛的影响？似乎由同时对比现象[1]引起注意的论点的类型如下：假设你经过一个路堤，在绿草和三叶草的背景下，有一朵黄色或蓝色的花朵。尽管无论是对于亮度还是光谱特性，都根本无法依赖于来自花朵的光的绝对光谱特性，但它相对于其他附近表面的特性却很可能是可靠的。如果花朵看起来比草要亮，那可能是由于花朵的特性而非光照（尽管有可能只是因为花朵的头部受到了太阳的照射）。如果花朵看起来比草更蓝，那它的确很可能更蓝；又如果花朵看起来更黄，那它的确很可能更黄。

此外，同时对比效果的惊人之处在于视觉系统似乎非常重视它们，哪怕它们像图 3-81（b）和（c）中显示的那样简单。也就是说，在像 Benussi 环这样简单的情形下（图 3-81c），我们会得到看似错误的答案。此时，我们认为几乎任何合理的方案都将给出反映该情况下客观事实的答案。我觉得这一点很惊人，以至于我很想相信相对观察可能就是我们所依赖的全部。

即便如此，要使仅基于相对度量的方案成功，我们必须对由反射率变化（如花朵和草的区别）导致的图像变化与由光照变化（如邻近的树的阴影）引起的图像变化进行基本的区分。事实是，有阴影的草坪看起来比没有阴影的草坪要暗，而阳光下的雏菊看上去则比阴影下的雏菊要亮，但是阴影并不怎么影响草坪或雏菊的颜色。阳光照射下的雏菊和阴影里的雏菊看起来都是白色的，并且（关键的是）阴影里的雏菊看起来并非灰色的。

我们自然认为阳光照射下的雏菊比阴影里的雏菊要亮。这意味着明度是与当前广泛分布的光照下的强度有关的主观性质。另外，表面的反射率则与亮度和色彩这些性质更紧密相关。理想情况下，亮度的变化只是表面反射率的纯标量变化，而不涉及表面光谱特性的变化（可通过三个颜色通道检测到），而色彩的变化则是指表面光谱特性的变化，并且可以通过色相和饱和度这两个分量来描述。Helson（1938）和 Judd（1940）纯粹从心理物理学角度定义了术语明度、亮度和色彩，但我认为将它们视为对光照强度及表面反射率的值和光谱分布的感知上的近似，是与它们的定义一致的（参见 Judd，第 3 页）。

因此，计算问题就是如何以合理的方式构建用于从图像中估计明度、亮度和色彩的物理基础。首先要注意的是，表面朝向会影响明度（根据我们的定义），但通常不会影响表面的亮度或色彩。这是因为表面在某些朝向上会比在其他朝向上更直接地被

1　一个区域的色彩或明度影响邻近区域的趋势。

照亮。因此，计算明度的最终解决方案必须等待对表面朝向的估计。但正如我们已经指出的，三维解释对明度感知的影响仍未完全确定。

明度变化的主要来源是阴影。而正如我们在 2.4 节中所看到的，我们可以使用算子 $\nabla I/I$ 背后的思想来自动检测它们。表面朝向的变化和阴影这两种现象是明度不连续的主要来源；因此，如果我们能充分考虑它们，那就可以相当确定光源的其余变化是平滑而非急剧的。

我们接下来的观察是：（1）仅在光源不是很远的情况下，才可能在平面上出现局部可测量的光照梯度；（2）除非光源非常近，否则这些梯度会很小；（3）除非可能直接在光源下，否则它们会是近似线性的。从图 3-84 可以看出这些观察结果。P 处的光照为 I/r^2，而附近 Q 处的光照为 $I/r^2 - 2x\Delta x/r^4 + O(1/r^4)$。如果 $\Delta x/x$ 很小，则从 P 到 Q 的变化大约为 $-2\Delta x/x$。如果 P 和 Q 之间的距离 Δx 相对 x 来说很小，则这一变化相对于 Δx 基本上是线性的。换句话说，光照梯度几乎总是很小且是线性的。这可能是人类视觉系统对强度的细微线性变化不敏感的原因之一（参见 Brindley，1970，第 153 页）。

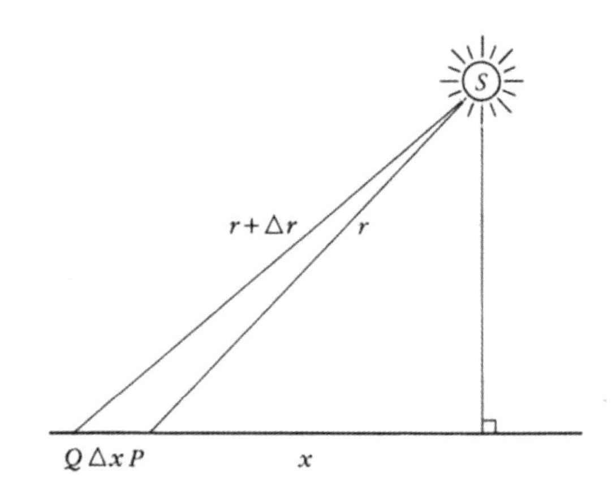

图 3-84 仅由于照明而引起的强度梯度通常都很小，且几乎是线性的。S是照亮包含P和Q的平面的光源。P和Q处的强度差中最重要的项取决于Δx，即两点之间的距离。

对强度非线性变化的表层起源的假设

这些观察结果表明，关于色彩视觉的物理基础的一个可能有用的方法是：在明度没有急剧变化的情况下，即没有可检测到的阴影边界或表面朝向的变化时，所有强度的非线性变化都可以被认为是由于表面性质引起的，即表面朝向或反射率。换句话说，在没有诸如阴影之类的明显光照效果的情况下，图像强度或光谱分布中可测量的非线性局部差异是由于表面的亮度或色彩的变化引起的。这种假设使我们可以忽略小的线性变化，并为以下想法提供了基础：可以通过诸如将强度和光谱分布中每个点的值与邻域中的值进行比较的方法，测量其中的非线性局部变化，以恢复亮度和色彩。

测量三色图像的意义

根据生理学描述，猴子视网膜中的色彩拮抗细胞具有如中央为红色而周边为绿色这样混合性质的感受野（Gouras，1968；de Monasterio and Gouras，1975）。虽然似乎不存在任何内在原因来质疑这些报告，但我发现通常很难理解这样的细胞，它们也不符合我们在第 2 章中提出的 $\nabla^2 G$ 框架。

为方便起见，图 3-85（a）绘出了具有这种感受野的细胞。造成这种困难的原因是，它们会发出空间和色度信息的复杂混合信号。它既不像图 3-85（b）所示的红色 $\nabla^2 G$ 感受野那样，发信号表示单色通道的纯 $\nabla^2 G$ 函数，也不像图 3-85（c）所示的感受野那样，发信号表示在图像某点上，两个通道的信号的相对强度这样纯粹关于色彩的消息。实际上，图 3-85（a）甚至不是一个零均值算子——它不像二阶导数，并且它的过零点是没有意义的。要使用它，我们必须特别注意其值的变化——例如，如果其中央为绿色而周边为红色的版本注视着草坪，它将对草坪上处处都产生响应，且响应在更饱和的绿色处更强。在我看来，这不仅是糟糕的工程技术，而且与我们对神经系统偏好于对变化而非纯粹的数值进行编码的经验相矛盾。换句话说，它违反了 Barlow（1972）的第二法则，即应当对刺激信息进行高效能的神经编码。

我想结合两点信息对这些细胞发出的信号给出合理的具体建议。首先是 $\nabla^2 G$ 式的分析要求中央和周边的光谱特性必须本质相同且彼此相反。这是为了让过零点能有用所必需的。

另一点是亮度和明度应与色彩分开。辉度边界有效地对应于红色和绿色通道的总贡献的变化，我们可以将其写成 $(R+G)$。要检测这些边界，需要如图 3-85（d）所示在此总和上运用 $\nabla^2 G$ 算子。而另一方面，如果要检测色彩的变化，则上一节的假说告诉我们要检测红色和绿色光的量的相对变化。这可以通过对图 3-85（e）所示的红色和绿色信号的差，即 $(R-G)$ 进行 $\nabla^2 G$ 运算来实现。

现在，图 3-85（f）所示的第一类细胞的感受野将不会具有很好的颜色选择性，因为其最大的刺激将是白色的中心点，并且可以通过在中央和周边的任意红色与绿色的组合将其关闭。唯一的条件是有效辉度应当保持平衡。

但第二类细胞却大不相同。它的最优刺激是由绿色周边环绕的红色中央。因此它看起来像是一个色彩拮抗细胞。这种细胞将对颜色的变化做出最强响应，并且完全不应对纯白的中心做出响应，只要白色中适当平衡了红色和绿色。这种细胞应当对颜色边界而非其他边界做出响应。为了使这种细胞对非白色的亮度边界（如仅在反射光的比例而非性质上不同的两种红色之间的边界）不敏感，R 和 G 这两个量必须取对数。这样的细胞将纯粹检测颜色变化。$\nabla^2 G$ 算子也对线性梯度不敏感。

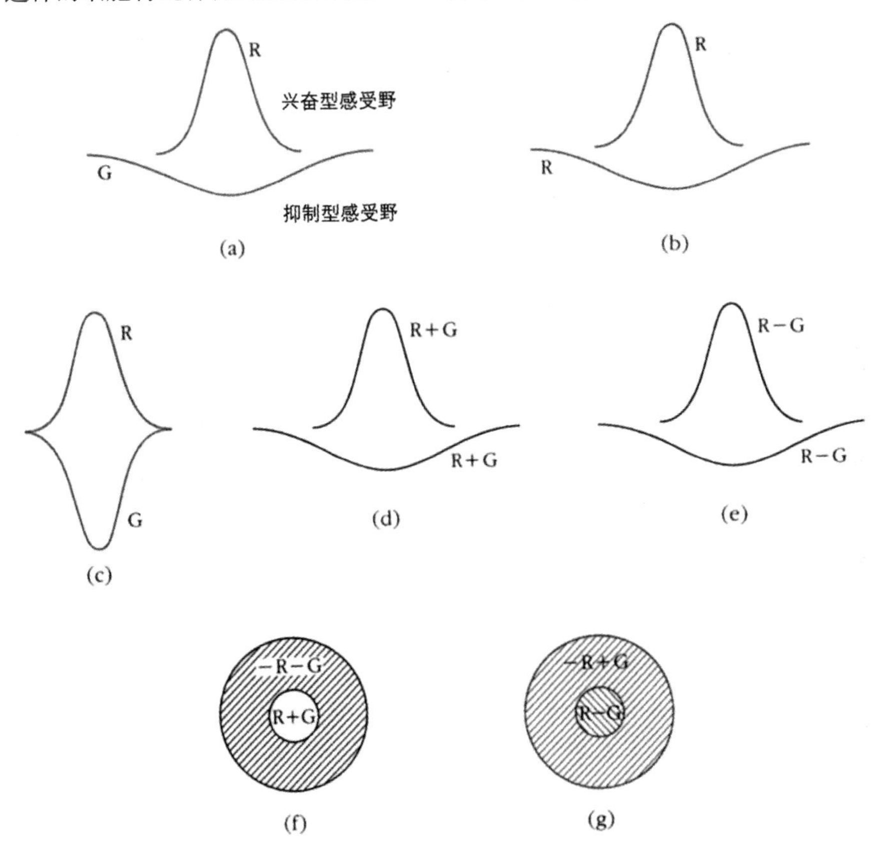

图 3-85　色彩感受野的各种可能的组织结构。空间上，这些组织都假定是由两个高斯分布的差组成的。(a) 所谓的红绿色彩拮抗感受野。(b) 中央为红色，周边也为红色的感受野。(c) 红绿色彩拮抗感受野，其中两种颜色的空间分布相同。(d) 纯辉度（红色 + 绿色）感受野。(e) 纯色差（红色 − 绿色）感受野。(f) 对应于 (d) 的二维感受野。(g) 对应于 (e) 的二维感受野。R 表示红色；G 表示绿色。

本方法小结

本方法的主要思想即首先将明度从亮度和色彩中分开，然后再将对亮度（平均反射率）的估计与色彩（光谱分布）分开。可以通过亮度 $(R+G)$ 图像与基于 $(R-G)$ 和 $(B-G)$ 的彩色图像的过零点恢复局部变化（其中 B 代表蓝色）。

主要的神经生理学结论是没有任何感受野应以图 3-85 (a) 的方式将色彩和空间变化混合在一起；相反，应存在如图 3-85 (d) 和图 3-85 (e) 所示组态的感受野，以分别用于检测亮度与明度的变化和色彩的变化。随后可以在每种类型的度量上进行相似的过零段检测，从而从第一类度量中得出辉度轮廓，并从第二类度量中得出颜色变化的轮廓。

3.10 本章小结

在本章中，我们看到了有多种多样的方式来将表面信息编码到图像中，并且我们尽可能地探索了如何实际恢复这些信息。目前，不同的处理过程似乎使用略有不同的输入表示。最简单的处理（如方向选择性）由过零点驱动，而更难以捉摸的（如表面纹理）则很可能涉及全初草图的最复杂方面。我在表 3-2 中总结了这些讨论。

表 3–2 从图像信息中得出表面信息的处理过程及其可能的输入表示

处理过程	可能的输入表示
立体视觉	主要是 ZC，以及在 FPS 的帮助下的眼动
方向选择性	ZC
从运动中恢复结构	对应处理中用 FPS；在详细测量时也许只用 RPS
光流	如果真用到了这个处理过程，或许是 FPS
遮挡轮廓	RPS、BC
其他遮挡线索	RPS
表面朝向的轮廓	RPS、BC
表面轮廓	RPS、IC、GT
表面纹理	RPS、GT
纹理轮廓	BC
明暗	IC、RPS；或许还有别的

注：BC 是由识别处理过程和标记的曲线聚合创建的边界轮廓；FPS 即全初草图，包括 RPS、GT、IC 和 BC；GT 是标记组，由全初草图中的聚合过程创建；IC 是光照轮廓（阴影、高光和光源）；RPS 是原初草图（边缘、斑点、细条、不连续点和端点）；ZC 是过零点、不连续点和端点。

所有这些处理过程的另一个有趣的方面是，它们除了使用略有不同的输入表示之外，都包含对世界的稍有不同的假设以便有效运转。正如我们所看到的，仅从图像的信息中，表面结构在每种情形下都是严格未确定的。而准确构建这些处理过程的秘诀就在于精确发现哪些关于世界的附加信息可以被安全假设，而这些信息又提供了足够强大的约束以让处理得以运行。例子包括立体视觉的唯一性和连续性、运动的刚性等。构建这些处理的艺术很大程度上都在于精确而又准确地表述这些附加约束。我们的综述包括了一些我觉得构建得令人满意的处理，也包括一些仍然令人费解且定义不清的处理。表 3-3 大致列出了各种处理过程所假设的约束条件。但读者应记得这些约束条件很少是肯定的。因此，该表应更多地被视为现有工作的指导思想，而不是让处理过程能够运行的约束的明确陈述。

表 3–3 从图像中推导表面信息的处理过程中隐含的额外假设

处理过程或表示	隐含的假设
原初草图	空间重合性
全初草图	关于反射函数的空间组织的各种假设
立体视觉	唯一性、连续性
方向选择性	流的方向的连续性
从运动中恢复结构	刚性
光流	刚性
遮挡轮廓	光滑的、平面性的轮廓生成器
表面轮廓	局部圆柱形的表面、平面性的轮廓生成器
表面纹理	表面元素的分布和大小的均匀性
明度与色彩	仅局部比较是可靠的
荧光	均匀光源

最后，再对该领域的研究策略说上几句。正如我们所看到的，我们构建不同处理过程的能力中存在清晰度和精确度上的很大差异。有些处理简单明了，如立体视觉、从运动中恢复结构和方向选择性；而另一些则似乎本质上就模糊不清，如视觉纹理和表面轮廓分析。这不是因为第一类处理在智能上更容易——它们总体上并不容易。例如，与立体视觉或与从运动中恢复结构相关的数学知识并不像与视觉纹理相关的数学那么简单。分析的困难来自决定可以稳妥地做出哪些关于世界的假设，以帮助处理过程解释其图像。对于多少能通过检视现实世界以清楚做到这一点的情况，我们总体上已经能够发展清晰的理论。但是对做不到这一点的情况，我认为目前还没有正确理解这些处理的希望。这要等到找到其他方法来确定哪些关于世界的假设是稳妥的，哪些不是；同时，另一个相关的问题是要确定各种信息的可靠性。

最后，这些都是实证问题。虽然答案将反映在人类视觉系统的结构设计中，但其实相对于视觉系统而言，它们与视觉世界的统计结构更为相关。我认为人们终将接受这一点，并在尝试回答这些问题时更多地从工程角度出发。随着我们越来越了解这些早期处理是如何实现的，我们将必须搭建能够实时运行这些处理的高效机器，并以相当直接的方式更详细地了解哪些技巧在实践中会有所收获，而哪些不会。从这个特定的观点出发，对视觉的研究结合了对处理过程和对世界的研究。这是自然进化长期以来一直在做的事情。

第一步是建立一个统一的系统以采用我们目前了解的所有处理过程。但是即使要尝试达到这个有限的目标，仍然有很多工作要做。一方面，像构建原初草图这样的处理需要大量的计算能力。对实时视觉而言，即使是最快的通用机器也还差了几个数量级。尽管新兴的超大规模集成电路技术最终将提供必要的算力，但传感器和这一技术都尚不可用，也不会在几年内变得可用。当然，另一个问题是，如何处理可以运行本章所述的那些处理过程的机器的输出。我们现在就把注意力转到这个问题上来。

第 4 章

可见表面的直接表示

4.1 引言

在本章中，我们将讨论在 3.3 节中介绍过的、涉及 2.5 维草图思想的问题。我们的中心观点很简单，即 2.5 维草图提供了以观察者为中心的可见表面的表示，其中包含且组合了第 3 章中叙述的所有处理过程的结果。2.5 维草图的构建是本书理论的关键点，是提供对表面的解释之前的最后一步，也或许是纯感知过程的终结。

读者可能并不会对这种表示可能存在、并且构造这样的表示可以被视为早期视觉处理的目标这种想法感到惊讶，特别是因为本书正是在这样的框架内编写的。但当我们开始研究时，这样的框架并不存在；同时，我们在试图找到一种理解视觉的方法时感到困惑，不得不为理解感知的目的而面对几乎是哲学上的困难。例如，有兴趣仔细研读 Marr（1976）的著作的读者会发现，虽然那里没有关于初草图的明确陈述，但这一概念在一般意义上多少得到了定义，且与物理现实紧密连接。但是，关于早期视觉的目的是恢复有关可见表面的显式信息这一想法，文章却仅有隐约提及。

实际上，那时，大多数计算机视觉方向的研究都处于混乱状态，因为除了 Horn（1975）的著作外，关于视觉的主要目的是分辨事物的形状这一想法尚未得到认真对待。尽管像 Gibson 这样的感知心理学家都认为表面很重要，但对他们而言，通过某些过程获得内部表示这样的想法是陌生的。回想起来，当时我们的思路和提出的问题都相当混乱：问题的类型涉及了基于特征的识别、如何将图形与背景分开、如何提取和解释“形式”或“图形”、需要以数据驱动或自底而上的方式进行多少分析，以及需要多少自顶向下的影响。此外，缺少一个连贯的框架，让我们看到诸如立体视觉、明暗或运动感知之类的处理过程如何相互结合，以及如何与其余的视觉过程结合在一起，从而达成我们所谓的“看见”。

2.5 维草图这一想法彻底扫除了所有这类顾虑，也同时解决了许多其他问题。它告诉我们早期视觉的目标是什么，并将其与客观物理现实的内在表示概念相关联。该概念先于把场景分解为“物体”这一过程，也因此先于所有与物体识别相伴随而来的困难。同时，2.5 维草图暗示了所谓的纯感知的局限性，在这里，纯感知指通过纯粹数据驱动的处理过程来恢复表面信息，而与被观察物体的性质、用途或功能的特定假设无关。最后，它为整个视觉问题的整体建模提供了基石——这是本书要解释的框架，它使我们能够以理性的、策略性的方式来组织我们的研究工作。

由于所有这些原因，对我来说，1976 年秋天，2.5 维草图的想法的诞生是整个研究过程中最令人振奋的时刻。该想法最初出现在 Marr 和 Nishihara（1978，原图 2）的著作中，随后得到了进一步的发展（Marr，1978，第 3 章）。它的第一个积极结果是在 1977 年上半年构建的立体视觉理论（Marr and Poggio，1979）。对早期视觉处理的重新建模于当年晚些时候开始。显然，2.5 维草图最终让我们构成了现有的总体框架（Marr，1978）。

4.2　图像分割

引入整个 2.5 维草图问题的最佳方法也许是详细描述它打算解决的僵局。神经生理学家和心理学家认为，分离图形和背景是视觉的基本问题之一。对应地，计算机视觉工作者尝试实现一种名为分割的处理过程。此过程的目的是将图像划分为对当下目的有意义的区域（对于计算机视觉而言，当下的目的可能是组装水泵），或是分为与物体或其部分对应的区域。这非常类似于将图像和背景分离。

尽管经过长时间的努力，但分割的理论和实践仍处于初级阶段。原因有两个：首先，要在图像乃至物理世界上精确地表达分割的确切目标几乎是不可能的。例如，什么是物体，是什么使它如此特别，以至于可以恢复为图像中的独立区域？鼻子是物体吗，还是头才是物体？那如果头和身体相连，它还是物体吗？一个骑马的人呢？

这些问题表明，试图从图像中确定哪些东西应该构成一个区域的困难是如此之大，以至于它们几乎成为哲学问题。这些问题确实没有答案。对所有这些东西，如果我们想把它们看作物体，那它们都可以成为物体，又或者它们也可以成为更大的物体的一部分（第 5 章详细介绍了这一事实）。此外，无论在特定情况下如何回答这些问题，这些答案对其他情况都没有太大帮助。人们很快发现图像的结构是如此复杂，以至于通常不可能仅使用基于局部相似性或是基于其他作用于图像强度或原初草图的纯视觉线索的分组标准来恢复所需区域。具有"语义"重要性的区域并不总是具有任何特殊的视觉上的区别。大多数图像都太复杂了，即使是最简单、最小的图像，比如仅仅描绘两片叶子的那种（Marr，1976，原图 13），通常在纯强度阵列中也没有包含足够的信息来将它们分割成不同的物体。

尽管对分割的含义没有精确的表述，但人们仍在使用越来越复杂的技术来研究它。一个长期以来的观点是，视觉感知类似于解决问题，因而应该涉及测试和修改关于所观察对象的假设。这个想法在计算机视觉中很常见（如 Minsky，1975）。在视觉心理学中也有对应的想法（如 Gregory，1970）。这个想法与第 2 章和第 3 章所述的使用约束的想法之间的关键区别在于，在解决问题的观点下采用的附加知识或假设不是一般性的，而是特定的、仅在当前和其他类似场景中成立的。我们进行的推断并非基于刚性这样的一般假设，而是可能类似于"桌面上的黑色斑点很可能是电话"。

自然，由于这些假设的特异性，任何非常通用的视觉系统都必须掌握大量这样的假设，并且能够对特定的情况找到并部署所需的那一两个。这给视觉问题的前景蒙上了一层阴影，而其中要解决的主要问题是如何高效地管理大量信息。这就是为什么大量的精力被花在了设计用于部署视觉知识的高效程序控制结构[1]上。顺便说一句，由于同样的原因，人工智能中其他分支的研究者认为控制问题是很重要的。

因此，当时的主要想法是调用有关被观察场景的性质的专门知识，以帮助将图像分割为大致对应于场景中预期存在的物体的区域。例如，Tenenbaum 和 Barrow（1976）将关于几种不同类型场景的知识应用于分割包含风景、办公室、房间和空气压缩机的图像。Freuder（1974）使用了类似的方法在一个简单的场景中识别了一把锤子。如果这种方法是正确的，那么视觉的中心问题就是在分割过程的适当时间应用正确的专业知识。例如，Freuder 的工作几乎完全致力于设计使这种情况成为可能的所谓的层级控制系统。不久之后，Rosenfeld、Hummel 和 Zucker（1976）的约束松弛技术也因同样的原因得到了相当多的关注——它似乎是一种将来自不同来源的约束应用于分割问题的技术，仅仅把管理信息所需的控制过程变得稍微复杂了一些。我们自己在协作算法上的工作也被认为可能可以用来组合来自不同来源的约束，而这也是我们尝试发展可以精确分析此类算法收敛性的方法的动机之一（Marr, Palm, and Poggio，1978）。

---

1 计算机程序中子进程之间的交互。

4.3　对问题的重新建模

是分割的想法出了什么问题吗？最明显的缺陷似乎是“物体”和“期望区域”几乎从来不是视觉原本的产物。因此，如果没有其他专门知识，它们就无法从初草图或其他类似的早期表示中被恢复出来。重要的边缘在图像中缺失了（参见图 4-1）。此外，图像中最强烈的变化通常是光照的变化，与场景中有意义的关系无关。给定像初草图这样的表示形式，以及与之自然相关的许多可能的边界定义过程，我们应该关注所有可能的边界中的哪一些？为什么？为了回答这些问题，我们需要深入理解应该尝试从图像中恢复哪些信息，然后设计用于表达它的表示形式。

为了找到答案，我们有必要回到第一原理，即场景中的物理。正如我们之前多次所见，确定图像强度值的主要因素是（1）光照，（2）表面几何形状，（3）表面反射率和（4）视点。在某些阶段，这些不同因素的影响是分开的。

因此，主要观点如下：大多数早期的视觉处理直接提取有关可见表面的信息，而并未特别考虑它们是否恰好是特定物体，如马、人或树的一部分。正是这些表面，即它们相对于观察者的形状和位置，以及它们的固有反射率，需要在处理的这一阶段显式表示。这是因为光子从这些表面反射而形成图像，因此光子携带的信息就是关于这些表面的。换句话说，可见表面的表示的形成应当先于知道该表面是属于一匹马、一个人还是一棵树。那应该附带上任何额外知识吗？一般性的知识就够了，包括在早期视觉过程中作为通用约束嵌入的一般性知识，以及表面在三维空间中共存这一事实的几何结论。

这样的想法有可能奏效吗？为了探索这一点，我们需要关注三个问题。首先，可见表面的表示意味着什么？为了回答这个问题，需要预览形状表示的一般分类，我们将在下一章中探讨这一点。其次，我们需要研究心理物理学提供的信息。这既包括在上一章中研究的早期处理过程，也包括是否有证据表明在将可见形状解释为物体之前，这些处理过程已经结合在一起了。第三，我们需要在计算层面研究这个问题。这些早期处理过程以什么形式传递有关可见表面的信息，而所有这些不同的资源又如何被结合在一起？

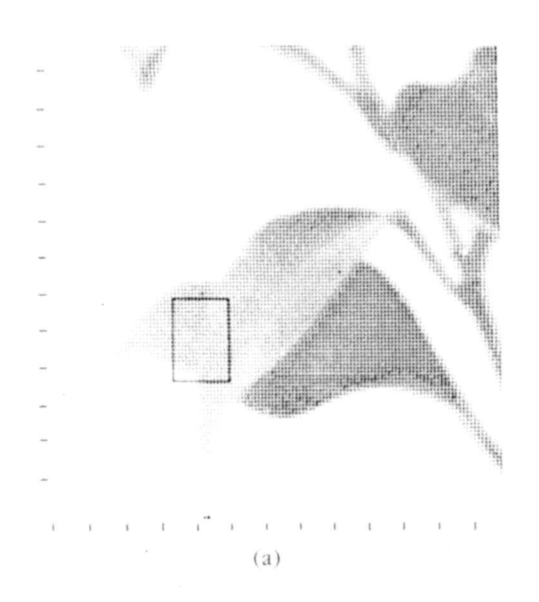

(a)

X = Y	34	35	36	37	38	39	40	41	42	43	44	45	46	47	48	49
58	171	169	167	167	166	165	166	164	167	171	171	174	174	175	173	171
57	168	168	168	167	166	167	167	165	169	168	174	176	175	175	175	172
56	168	167	167	165	166	166	167	167	168	170	178	177	176	174	174	173
55	168	168	165	169	167	168	167	165	168	175	177	177	175	175	172	171
54	169	170	167	169	169	168	163	166	172	169	174	173	175	178	173	173
53	171	169	170	168	169	168	169	168	168	170	175	173	175	177	178	176
52	172	171	170	168	169	169	167	168	173	172	173	177	174	175	178	176
51	172	174	171	170	166	168	167	168	172	172	172	177	179	172	175	175
50	171	167	176	169	170	169	168	169	171	172	174	174	173	173	174	178
49	174	172	173	173	173	174	171	171	172	174	172	172	172	169	173	173
48	173	173	173	176	178	172	171	174	174	173	175	175	175	173	173	171
47	173	175	178	173	173	171	171	175	175	177	178	175	174	173	175	178
46	178	175	174	169	173	175	177	175	177	177	174	175	176	177	177	174
45	173	175	173	174	172	173	174	175	174	171	173	174	175	174	172	171
44	177	174	175	175	172	171	172	176	172	173	172	172	173	170	170	175
43	173	171	174	168	176	172	173	173	173	174	171	174	175	173	174	174
42	175	173	171	172	170	171	176	175	178	172	174	175	175	175	175	172
41	181	179	177	172	170	170	169	179	175	174	175	174	172	175	174	175
40	188	184	179	178	176	176	176	174	172	178	172	174	173	172	174	173
39	195	191	188	186	185	183	180	177	178	175	174	176	175	174	176	176
38	200	199	197	193	190	187	185	180	176	175	180	177	175	175	176	177
37	202	202	199	202	199	194	187	180	175	179	177	176	174	175	176	173

(b)

图 4-1　这张有两片叶子的图像很有意思。观察在标记框里的那条边，它上面没有任何一处有足够的强度变化使得我们可以仅从强度值中完全恢复这条边。但是我们仍然可以毫无问题地正确感知到两片叶子。表中显示了框中的实际强度值，但框中的表面显然是不连续的。在 2.5 维草图上运行的维持一致性的处理过程可能可以部分解释这一点

对中间视觉问题进行建模的任务之一就是研究对表面进行表示和推理的方式。探究的第一步是讨论形状表示的一般性质。形状表示有哪些种类，如何从中选择？尽管很难对形状的表示形式进行完全通用的分类，但是我们已经阐明了在构建表示形式时必须进行的基本设计选择。形状表示的三个特征在很大程度上决定了表示所显式化的信息。第一是表示使用的坐标系类型。坐标系是相对于观察者还是相对于被观察物体定义的？第二是表示所使用的形状基元的性质，也即其位置由坐标系定义的元素。这些基元是二维的还是三维的，它们的尺寸是多少，详细程度如何？第三个特征与表示形式加于描述中的信息的组织结构有关。例如，它像图像强度阵列一样是扁平的，还是像第 2 章介绍的全初草图一样具有层级结构？

关于坐标系的第一个问题和关于形状基元的第二个问题都有相当直接的答案。坐标系统必须以观察者为中心，形状基元必须是二维的，并指定局部表面的朝向。简要地说，其原因是第 3 章中介绍的所有早期视觉处理过程传递的信息都取决于成像过程的各个方面——例如，对深度或表面朝向的度量都是相对于观察者而言的，因此自然属于以观察者为中心的坐标系。第二点是所有这些处理过程通常仅关注局部可见的表面，因此也仅有这些局部信息需要被表示。这几点值得更深入地进行探讨。

4.4　需要表示的信息

正如我们已经看到的，视觉提供了关于形状的多种信息来源。最直接的是立体视觉和运动，不过单张图像中的表面轮廓几乎一样有效。此外，我们也已经看到了其他一些效果稍差的线索的示例。通常情况下，场景的某些部分可以通过其中一些技术进行检查，而其他部分则需要另一些技术。不过不论技术如何不同，它们都有两个共同的重要特征：第一，它们依赖于来自图像的信息，而非有关被观察物体的形状的先验知识；第二，它们指定的信息涉及图像中任意点的深度或表面朝向，而非仅与特定物体相关联的深度或朝向。

对于诸如弄皱的报纸或是 Ittelson（1960）提出的“叶子”立方体（一个侧面附着几乎指向观察者的叶子的盒子）这样的复杂表面，当通过立体视觉观察它们时，我们可以轻松地说出表面上任何位置的表面朝向，以及相邻两处中哪一个离观察者更近。然而，尽管在感知过程中表面朝向清晰生动，但我们对表面形状的记忆力却很差。此外，如果表面包含几乎平行于视线的元素，则在用单眼观察时，它们的表观朝向可能与在用双眼观察时看到的表观朝向不同。

读者可以在天花板上有纹理的房间中检查这一点：如果你用一只眼睛通过一根狭窄的管子看天花板，那么通过管子看到的任何部分都很快会看起来与视线成直角。尽管人们肯定知道这是一种假象，但它仍然存在。

从这些观察中，我们可以做一些简单的推断：

1. 一定存在至少一种与场景中的每个表面点相关联的，关于深度、表面朝向或同时关于两者的内部表示。
2. 由于表面朝向可能与不熟悉的形状相关联，因此这种表示很可能存在于将场景分解为物体之前。
3. 因为在用双眼或是单眼观察时，表面元素的表观朝向可能会改变，所以表面朝向的表示可能几乎完全由感知处理过程所驱动，仅受与表面朝向本身相关的特定知识的微小影响。我们感知表面的能力远胜于我们记忆表面的能力这一事实可能也和这一点有关。
4. 此外，不同的信息来源也很可能会影响同一个表面朝向的表示。

为了最有效地利用这些不同且通常互补的信息源，需要以某种方式将它们组合在一起。这里的计算问题是，如何才能最好地组合它们？自然的答案是，寻找某种将这些处理过程可以传递的信息显式化的视觉场景的表示。

幸运的是，我们寻求的表示的物理解释很清楚。所有这些处理过程都传递有关与图像中的表面相关的深度或朝向的信息，而这些都是定义明确的物理量。因此，我们寻求的是一种方法，它能够显式化表示这些信息，并维护这些信息的一致性，在现实世界中存在的表面种类上，深度和表面朝向的取值需要遵循物理约束。我们寻求的方法或许也应能在表示中结合任何这样的物理约束。

表 4-1 列出了不同的早期处理可以从图像中提取的信息类型。

表 4–1 早期视觉处理过程和它们能最自然地传递有关表面几何形状变化的信息的形式

处理过程	自然的输出形式
立体视觉	视差，也即 δr、Δr 和 s
方向选择性	Δr
从运动中恢复结构	r、δr、Δr 和 s
光流	?r 和 s
遮挡轮廓	Δr
其他遮挡线索	Δr
表面朝向的轮廓	Δs
表面轮廓	s
表面纹理	很可能是 r
纹理轮廓	Δr 和 s
明暗	δs 和 Δs

这里有趣的一点是，尽管原则上像立体视觉和运动之类的处理过程能够直接传递

深度信息，但实际上它们更可能传递有关深度的局部变化的信息。例如，这可以通过测量视差的局部变化来实现。表面轮廓和明暗提供了有关表面朝向的更直接的信息。此外，遮挡、明度和大小线索可以传递有关深度不连续的信息。因此，我们寻求的表示的主要功能不仅是要显式化有关深度、局部表面朝向和这些量的不连续性的信息，而且还要创建和维护与这些来源提供的局部线索一致的有关深度的全局表示。我们称这种表示为 2.5 维草图，并将在下一节描述 2.5 维草图的一般形式。

注：r为（正交投影下的）相对深度；δr为r中连续的或小的局部变化；Δr为r中的不连续；s为局部表面朝向；δs为s中连续的或小的局部变化；Δs为s中的不连续。

4.5　2.5 维草图的一般形式

首先，我提供一个表示的示例，以作为更深入地讨论其组成细节的基础。我将描述一个以观察者为中心的表示（这也是草图的定义）的初期提案。这一表示仅使用一种大小相同的小表面基元。它包括对表面不连续点的轮廓的表示，并且它具有足以维护其对深度、表面朝向和表面不连续点的一致性描述的内部计算结构。

深度可以由标量 r 表示，代表表面上某点与观察者的距离。表面的不连续可以用有向的线元素表示。如我们所见，表面方向可以表示为二维空间中的向量 (p, q)，等价于用针来覆盖图像。每个针的长度定义了该点在表面的倾斜度，因此零长度对应于一个垂直于从观察者到该点的矢量的表面。此外，针的长度随着该表面相对于观察者逐渐倾斜而增加。针的朝向由表面的偏转（即其倾斜的方向）所定义。图 4-2 是这种表示的图示，它看起来就像是定义在视野中的每个点上的梯度空间。

原则上，深度和表面朝向之间的关系是很直接的——在由表面不连续边界所给定的范围之内，前者就是后者的积分。因此，我们有可能设计出具有固有计算功能的表示来把深度和表面朝向这两个变量保持在一致的状态。但是请注意，在任何此类方案中，表面不连续点都会具有特殊的状态（因为积分需要在曲线跨越不连续点时停止）。此外，如果该表示是一种主动表示，主要通过局部操作来保持一致性，那用于标记表面不连续的曲线（如由于遮挡轮廓而产生的轮廓）必须被完全填入，以免积分沿着物体边界上的点泄漏。主观轮廓具有这一属性其实是很有意思的；它们也通常与明度的主观变化密切相关，而后者又常与感知到的深度变化相关联。如果人类的视觉处理器包含类似 2.5 维草图的表示，那其中是否出现了主观轮廓会是一个很有趣的问题。

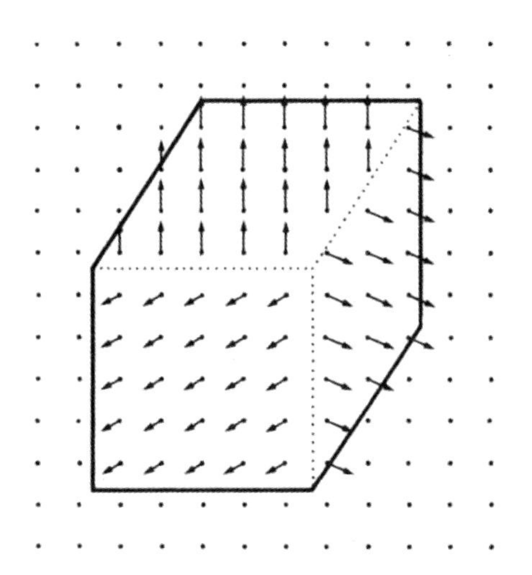

图 4-2 另一个 2.5 维草图的示例：立方体。如正文和图 3-12 中的图例所示，这里同样由箭头表示表面朝向。遮挡轮廓用实线表示，而表面朝向的不连续点用虚线表示。图中并未显示深度，不过我们认为表示中仍包含粗略的深度信息

总而言之，我们的观点是，2.5 维草图是很有用的，因为它通过一种与早期视觉处理过程可以传递的内容非常匹配的形式显式化了图像中的信息。然后，我们就可以将早期视觉处理的目标建模为主要是这种表示形式的构建。例如，特定的目标将是发现场景的表面朝向。初草图中的轮廓对应于表面上的不连续点，因此应在 2.5 维草图中被表示；初草图中缺失的轮廓则需要被插入 2.5 维草图，以使其与三维空间的结构一致。这样的建模避免了与术语图形和背景，区域和物体相关的所有困难，也即图像分割方法固有的困难。对于灰度强度阵列而言，初草图、早期视觉处理的各个模块，以及最后的 2.5 维草图本身都仅是在发现图像中表面的性质。

这一框架涉及了许多细节问题，我们将在接下来的几节中研究其中的一部分。不过，读者可能不应期望得到非常精确的答案。从这里开始，我们所掌握的知识远不如我们迄今为止已经介绍的部分那么详尽。很遗憾，虽然对于这个框架我们仍有很多疑问，但我所能解答的却不多。但是，虽然我不能对这些问题给出令人满意的答案，但这一框架仍然具有其价值。因此，提供比我们目前对 2.5 维草图的讨论更为精确的描述还是值得的。

4.6 表示的可能形式

在 2.5 维草图上还没有任何确定的心理物理学结论，因此我们对此知之甚少。我们甚至不确定它是否实际在我们的视觉方法所指出的意义上存在。然而，主要的问题

并不难建模：2.5 维草图确切表示了什么，又是如何表示它们的？坐标系到底是什么？即便它确实是以观察者为中心的坐标系，我们仍有多个坐标系可以选择。也许最困难的问题是，表示中究竟进行哪种内部计算，以保持其自身的内部一致性或使其与三维世界的约束保持一致？

第一个问题是，究竟要显式化表示哪种表面信息？例如，是否同时显式记录深度 r 和表面朝向 s，还是仅实际记录 r，通过局部微分按需计算表面朝向？或者，是否仅显式记录表面朝向，而通过某种局部积分来获取深度？这或许更不可能，但确实是一种不同的选择。

显式表示某些功能（如距观察者的距离）的最佳论据来自立体视觉理论。在没有复视的情况下，可同时感知到的最大视差范围在四个相当不同的条件下相同。第一是稳定图像的条件[1]，Fender和Julesz（1967）对于随机点立体图得到的数值是大约 2°。第二，在没有任何稳定化的情况下，也即在正常观看条件下得到的数值大致相同。当从约 20 厘米处观察Julesz（1971，如论文中的图 4.5-3）给出的复杂立体图时，它们会产生大约同一数量级的视差；如果一个人从更近的距离观察它们，那就不能同时“看到”所有图。第三，目前看来可同时感知到的视差的最大范围似乎不受它们的分布的影响，读者可以从图 4-3 中亲自看到，2° 这一数值不仅适用于稳定图像的条件和视差连续变化的自由观看的立体图，还适用于具有单一视差的立体图。第四，如果你使用手指和真实世界的表面进行非正式的实验，你将获得类似的数值。

(a)

图 4-3　一些大视差立体图。读者可以自行测试自己能在多大视差下同时融合前景和背景。从 20 厘米处观察时，这些立体图的视差为（a）2°，（b）2.25°，（c）2.5° 和（d）2.75°。

1　图像是固定在视网膜上的，因而眼动不会造成影响。

图 4-3　（续）

这些示例表明，对于同时可感知的最大视差范围，这一大约 2° 的数值具有相当普遍的有效性（假设在极端视差处有足够的表面），并且该数值与眼动无关。很难想象一个仅存储表面朝向的记忆缓冲区如何能施加这样的限制。因此，我得出的结论是，深度以某种（也许仅是粗略的）形式被记录，并且被记录的量对应于 2° ~ 2.25° 度的视差。

第二组关于为什么应以某种形式显式表示深度的论点与深度的不连续性的重要性有关。有几个早期视觉处理过程可以产生有关这种不连续性的信息，而其中一些仅仅是定性的。最重要的则可能是遮挡信息、特定纹理边界、视差边界及方向选择性（参见表 4-1）。主观轮廓在感知上的生动性证明了它们的重要性。从主观上讲，即使两个处在不同深度的表面具有相同的表面朝向，我们似乎也能知道它们的深度不同。

两种论点都提示存在某种形式的深度表示。而一个有趣的问题是，从似动中可同时感知的深度范围是否与我们从立体视觉上可以感知到的相称。但是，这两个论点都没有要求非常准确地记录深度信息，但如果深度确实是主要的表示，那么这样的准确性就是必需的。在很小的局部层面，我们可以轻松地从运动或立体视觉信息中得知一个点是否在另一个点之前。但是，如果尝试比较位于视野不同部分的两个表面与观察者的距离，我们做得很差，远不如在比较它们的朝向时那样精确。

这就使我们怀疑深度是否是基本的表示变量、它是否在特定数值范围内被准确记录，以及我们是否按需对深度进行微分以得出表面朝向。对于这种可能性还有更强的论据，即表 4-1 中列出的许多处理过程直接产生了有关表面朝向而非有关深度的信息。最显然的就是表面轮廓、明暗和处理表面朝向不连续点的轮廓。实际上，立体视觉和从运动中恢复结构最适合提供的也是有关事物局部变化的信息，而不是有关绝对深度的信息。对于立体视觉，这是因为人脑似乎很少知道两只眼睛的辐合角的实际绝对数值，取而代之的是这一角度的变化值；对于从运动中恢复结构，这是因为这一分析是局部且正交的，因此只能产生深度的局部变化。因此，在很大意义上，这两个处理过程都非常适合传递表面朝向信息。以这种方式考量它们可能比将它们视为主要涉及与观察者的距离更准确。

最后，我们可以非常准确地判断表面朝向。在朝向的全部可能范围里，误差在一到两度以内（Stevens，1979，附录 B）。这本身并不足以成为我们显式表示它的确凿证据，但如果结合考虑糟糕的深度判断能力，我认为如果我们没有显式表示朝向，那就需要提供对这一重要事实的其他解释。

我从这些论点得出的结论是，我们很可能在内部表示了量 s 和 r，但是尽管我们可以非常精确地表示 s，但只能大致表示 r。除了精确表示表面朝向之外，我们可能还有其他一些方式来更准确地表示深度上的局部差异。

4.7 可能的坐标系

我们接下来应该解决坐标系的问题了。我们已经知道坐标系必须以观察者为中心，但这仍然留下了几种可能性。第一个也是最明显的一点是，如图 4-4（a）所示，我们所讨论过的所有处理都是自然以视网膜为中心的。沿视线可以获得相对深度，相对于视线可以获得表面朝向，两者都并非相对于任何外部坐标系。因此，至少在最初，我们几乎被迫在一个以视网膜为中心的坐标系内表述每个处理过程的结果。

另一方面，必须记得基于视线的坐标对观察者来说并不很有用。这样的坐标系里的数值不容易帮助我们判断关于两个表面是否具有相同的朝向，或是一个表面是否平坦。如图 4-4（a）所示，人们必须连续考虑视线的角度，而这一困难又会因眼动而加重。

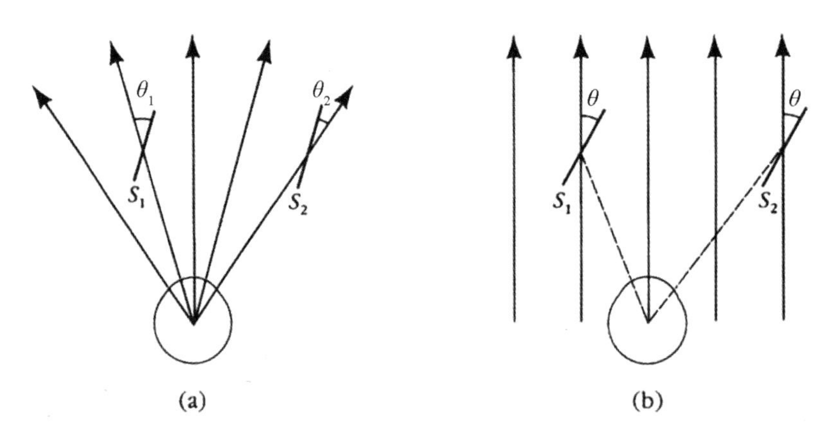

图 4-4 在以视网膜为中心的极坐标中，用于测量表面朝向的自然角度是由表面和视线形成的夹角。因而如(a)所示，两个平行的表面S_1和S_2分别对应于大小不同、符号相反的角度θ_1和θ_2。如（b）所示，一种更方便的表示是相对于笔直向前的方向计算角度。这样就很容易分辨出两个表面是否平行，以及它们是平的、凸的还是凹的

由此引出的第二点是，尽管大多数传递表面朝向信息的早期视觉处理过程都是相对于视线的，但是每个处理过程都可以以各自的方式做到这一点。如我们所见，立体视觉中存在对在垂直方向和水平方向上分别指定表面朝向的分量的自然偏好，这仅仅是因为两只眼睛的水平位置区分出了这两个方向。表面轮廓和纹理信息倾向于在 3.6 节和 3.7 节中讨论的那种倾斜–偏转表示。在这方面，从运动中恢复结构的信息可能类似于表面轮廓信息。

总而言之，在以视网膜为中心的坐标系中存在几种不同的方式来表示表面朝向。不同的早期视觉处理可能会使用略有不同的方式来表达各自对实际表面朝向的初步猜测。

第三点是我们有中央凹。对于给定的注视方向，对视野内不同部分的分析的分辨率也会非常不同。由此会产生一个重要后果，即记录早期视觉处理结果所需的记忆或缓冲空间大小也会在视野内有很大变化。中央凹会比周围区域需要更大的空间。这是使用以视网膜为中心的坐标系的另一个理由。如果使用一个已经将眼动纳入考量的坐标系，那么它在任何地方都必须具有中央凹的分辨率。如此奢侈的记忆容量有很大的浪费，既不必要，也违反了我们自己作为观察者的经验。因为如果事情真的是这样，我们对世界的感知印象应该能处处像注视中心一样细致。

最后的一般性观点涉及一致性问题。我们已经观察到，早期的视觉处理过程可以在很大程度上独立运行，并且某些处理可以访问视野的某些部分，而其他处理则可以访问其他部分。由此产生了如何保持不同类型的信息之间的一致性这一问题，以及如何分配能准确反映不同处理过程的可靠性的优先级的问题，也即分配优先级以便在不同信息源中存在冲突时，可以相信最佳的信息源。这个一致性问题显然应该被尽早解决，因为在此之前，所有信息都不能被统一到一个表示之中。

这四个观察导出了两个结论。首先，可能会在某种以视网膜为中心的坐标系中检查来自不同来源的信息的一致性，并将其合并。这是因为信息都是以这种形式传递的，也因为这样的表示由于多种因素，尤其是在中央凹处有更大的容量，与先前处理过程的能力最匹配。

其次，此时很可能进行了坐标系的某种转换，以便以标准形式表示来自不同处理过程的信息，并且还可能考虑到了注视角度。一种合适的转换示例如图4-4（b）所示，其中所有角度均指笔直向前的方向，而不是局部视线。这样的转换将（1）便于计算例如平、凸或凹等谓词，（2）可以轻松比较视野中不同区域的表面的朝向，（3）为考虑眼动做准备。

4.8 插值、延续性和不连续性

我接下来要讨论的问题基于三种不同类型的心理物理学的观察。首先是 White（1962）首次详细研究的观察结果，即我们可以从很低密度（2%~3%）的随机点立体图中“看到”对连续表面的描绘，而非仅仅是一组孤立的点。读者可以通过查看图3-8 所示的密度为5%的立体图来自行确认这一点。固体表面会留下很深的印象。我们会意识到所有的点都位于相同的深度，它们就好像被清楚地标记在一个透明、平坦且其表面朝向清晰可见的平面上一样。考虑到 3.3 节中描述的立体视觉理论，这种现象完全不会令人惊讶，因为视差所被分配到的过零点并未覆盖图像，而大部分区域根本没有过零点（参见图 3-14）。因此，我们可以预料到必然存在某种形式的填充。顺便提一下，图 3-7 所示的协作立体算法中已经整合了填充过程，而这确实是它最初吸引我们的原因之一。

Eric Grimson（1979）从心理物理学和计算学的角度研究了填充或插值问题，发现视觉系统对没有额外证据的情况下的填充是非常保守的。他创建了如图 4-5 所示的各种立体图。这些立体图的密度和视差都朝向中心且逐步减小。研究的问题是，观察者是否及如何对没有点的区域进行填充？图 4-5（c）中显示了三个可能性中的两个：A 以常数视差横跨无点区进行填充；（未显示的）B 通过平滑的插值将两个表面连接在一起，确保表面朝向上没有任何不连续点；C 则线性延伸这些表面直至它们相交。

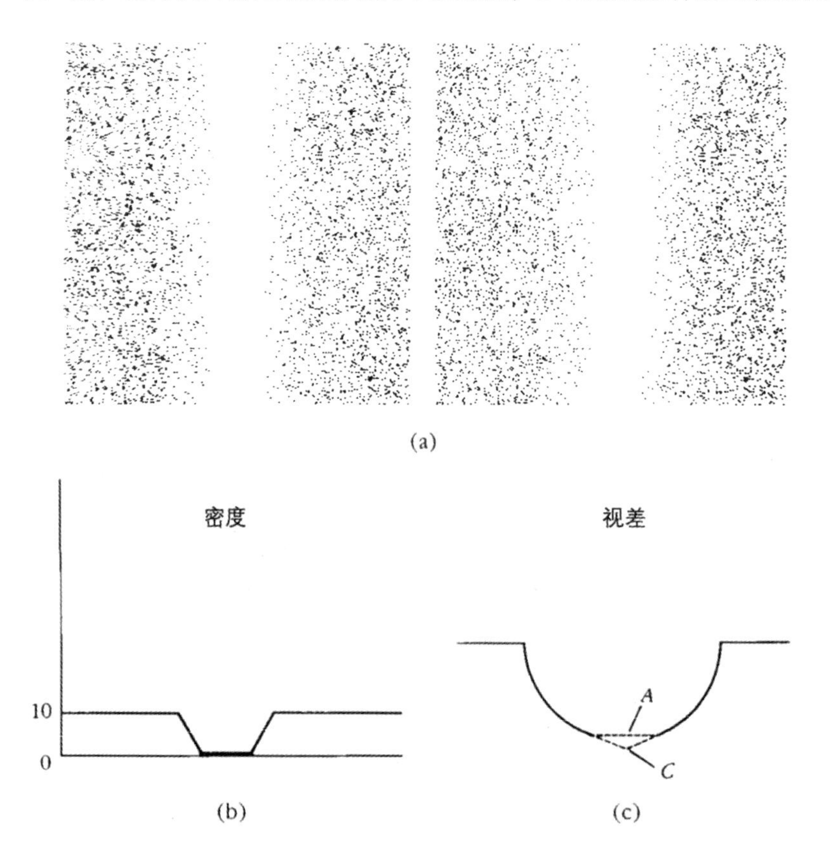

图 4-5 立体图中，（a）具有（b）中给出的密度分布和由（c）中的实线给出的视差分布。这样的立体图可用于从心理上探索我们是否及如何在间隔处进行插值。（c）中的虚线说明了两种可能的插值。

我们可以通过在中间区域放置一个探测点，变化该点的视差并询问观察者该点是位于“表面”之上还是之下，来确定观察者的感知。Grimson 发现，很可惜，我们在这种情况下的感知并不准确。尽管被试者确信地排除了可能性 A 和 C，但是他们对

可能性 B 的位置含糊不清。他们从未报告表面朝向上存在任何不连续。他总结说，尽管插值似乎存在，但其方法并不简单。稍后我将在计算层面讨论这一问题。

问题的第二个方面就是所谓的延续性。图 4-6 所示的 Andrew Witkin 的立体图对很好地说明了这一点。该立体图可以被看作两个矩形 A 和 B 遮盖了一个包含 C_1、C_2 和 C_3 的连续矩形。这个示例有意思的地方在于，有关立体视差的信息只能来自图中的垂直线。因此，区域 A、B、C_1 和 C_3 包含定义视差的点，而我们将每个区域视为一个整体表面这一事实仅是一个插值问题。但是区域 C_2 不包含这样的提示。因此，它被赋予与 C_1 和 C_3 相同的深度这一事实必然是在遮挡平面 A 和 B 的"后面"进行的某种延续性处理过程的结果。就这个示例而言，将诸如 C_1、C_2 和 C_3 的水平边缘这样的线对齐至关重要，就好像它们在二维图像中的精确对齐使得它们可以被视为三维空间中同一表面的不连续部分，这样的对齐也可以随后让表面 C_2 看起来与表面 C_1 和 C_3 有同样的深度。Naomi Weisstein 的一些实验也许可以得出类似的推论。她展示了一个漂移光栅，遮挡了它中央的矩形区域，但发现即使在该区域内也存在适应效应。

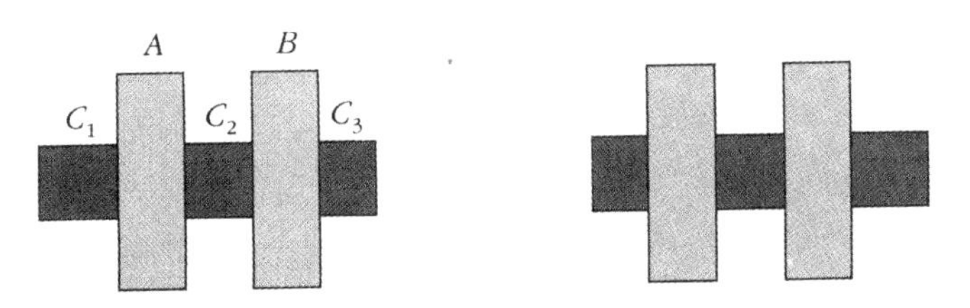

图 4-6　在此立体图对中，尽管不存在关于 C_2 的深度的视差线索，但 C_2 看起来与 C_1 和 C_3 的深度相同。

这些实验表明，以观察者为中心的表面表示可以一次表示多个表面。可能也很重要的是，从图 3-19（b）所示的适当构造的随机点立体图中，一个人可以同时生动地看到两个表面。我个人无法一次看到三个表面（参见 Julesz，1971，原图 5.7-1），不过或许其他人可以。

最后的问题是深度和表面朝向的不连续性。我们已经提到过深度上的不连续性，它与图 4-6 所示现象所必需的延续性有关，也与主观轮廓现象有关。在这两种情况下，连续性和平滑度（最小曲率）似乎都是重要的标准。Ullman（1976a）从现象学上检查了弯曲的主观轮廓的形状，并发现可以用两个圆来准确地描述这一形状。如图 4-7 所示。这两个圆各自从每个起始点出发，平滑地连接在一起。在具有这种性质的无限多的圆对中，我们选择其中曲率最小的圆对。Ullman 还描述了一种能够生成这种形状的局部网络。

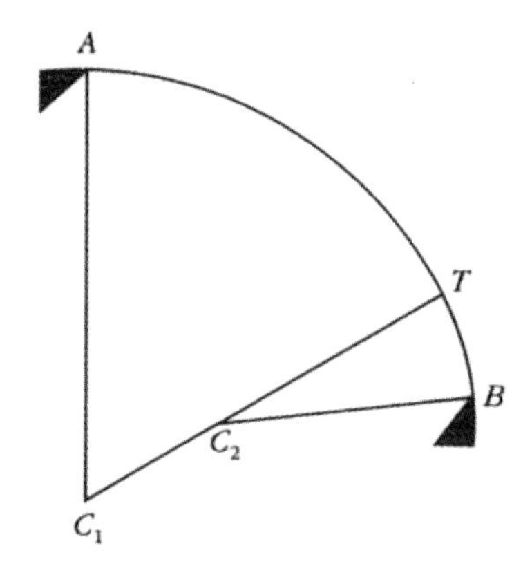

图 4-7 弯曲的主观轮廓的形状。它们由中心为 C_1 和 C_2 的两个圆组成，分别从起始点 A 和 B 平滑地触发，并（在 T 处）平滑地连接在一起。在具有这些特性的无数对圆中，主观轮廓沿着具有最小曲率的那对。

尽管这些轮廓的形状已广为人知，但我们对引起其形成的条件所知甚少。我们只知道条件包含诸如要有遮挡的证据这样的一般性概念，以及关于不连续点的确切位置这样的相当直接的单眼线索。Kanizsa 三角形［参见图 3-81 的（e）］、放射状太阳［参见图 2-25 的（b）］和密度为5%的随机点立体图（参见图 3-8，其中的点本身包含了短垂直边缘段）都以略有不同的方式提供了这两种信息。对这一问题，我们还需要进一步的心理物理学研究。

4.9 插值问题的计算

从计算的角度来看，在计划详细的心理物理学实验之前，我们需要理解两个问题。第一个是不连续的概念，第二个是插值的不同可能性。

不连续

尽管在连续体上，连续变化和不连续变化之间的区别很明显，但在离散的样本空间里，这种区别就变得难以捉摸。我们已经两次遇到了这个问题，一次是检测过零点的朝向不连续的时候。严格来说，这种不连续实际上不可能存在。另一次是在 Land 和 McCann（1971）的亮度算法中。在这两种情况下，我们都必须设置一个阈值。在第一种情况下，这个阈值取决于让我们不再能区分“真实”存在的不连续与非常高的曲率变化的那个点。而这个点又取决于与通道相关联的感受野的大小。因此，在较小的通道里“看起来”平滑的内容，在较大的通道里可能“看起来”就不连续了。

从绝对意义上讲，样本空间的分辨率确实对可以视为连续变化的内容施加了限制。例如，在一维情况下，假设实际表示是由相距为 δ 的各点给定的值组成的。那根据采样定理，该表示就不能包含有关频率高于 $\pi/\delta = \Omega$ 的完整信息。因此，该表示的实际带限频率为 Ω。

尽管带限为频率 Ω 的信号可以完全由间隔为 δ 的样本来表示，但是这种信号不能保证可以处理所有可以任意取值的样本点。换句话说，如果采样值变化太快，则整个信号可能会超出表示的带宽。如果发生这种情况，那这个表示就将被迫把采样值的变化归因于不连续点，因为表示本身根本不足以处理实际发生的变化。Bernstein 提出的一个定理精确描述了这一点。该定理说，带限函数的导数与函数的值相比不能太大。如果 $f(x)$ 是带限为 Ω 的函数，并且如果 $f'(x)$ 是其导数，则该定理表明：

$$sup|f'(x)| \leqslant \Omega\, sup|f(x)|$$

也就是说，考虑所有 x 的取值，$|f'(x)|$ 的上确界不大于 $\Omega|f(x)|$ 的上确界。

这是一个基本限制，适用于所有尝试在离散网格上表示信息的情况。这里特别有趣的是，人类视觉系统似乎无法表示深度上的、在中央凹处频率超过每度 3 到 4 个周期的正弦波（Tyler，1973）。例如，这个约束可能有助于解释为什么当我们直接观察主观轮廓时，它们不出现或不明显，但当我们间接看它们时，它们反而会显得更加清晰生动。或许表示的分辨率也随着偏心率而降低，因此，在中央凹处可以被表示为非常陡峭的梯度的内容在偏心处必须被表示为不连续点。

正如我们在 3.3 节中所见的，立体视觉有时可以为表面的不连续提供清晰的证据。例如，如果在任何一只眼睛中视差的水平变化率（我们称为 d'）达到了 1，则从另一只眼睛就能看到深度上的不连续。但是特征稀疏的图像通常不含有足够的信息来决定这一点。在感知上，人们可能会隐约感觉到视差确实在改变，但对改变的位置则没有确切印象。在稀疏的随机点立体图中，如果两个正方形沿着视差边界排成一行，就会形成生动的主观轮廓，并清晰地划定边界。但是，如果将立体图中的正方形替换为模糊的点，则对不连续的感知就会变得不那么生动。

尽管这些观察仅是一些迹象，但它们确实暗示了插值过程是保守的。而且，除非图像本身提供了关于不连续轮廓的位置的合理证据，否则视觉系统不愿在深度或表面朝向上插入它们。一条轮廓可能并非处处明显，但是其上所有位置都无法提供直接的视觉证据也是不太可能的。Eric Grimson（1979）精辟地总结了这一点，即*没有信息的位置实际上就是信息本身*。换句话说，没有办法隐藏不连续点。如果图像根本没有提供任何关于不连续点存在的任何线索，甚至在预期存在线段的位置，它们也都不存在，那我们就不应假定存在不连续点。因此，在如图 4-5 所示的直接证据被人为故意删去的情况下，我们就既不能肯定地插入轮廓，也不能肯定地对表面进行插值。因此我们的感知就变得模糊而不确定了。

插值方法

有三种值得关注的主要插值方法：（1）在深度 r 上的线性插值，（2）在表面朝向上的线性插值，以及（3）汽车制造商用来使车身具有光滑形状的“平整表面”插值方法。大致来说，方法（1）与 Horn（1974）著作里为 Retinex 设计的算法中的逆变换相似。它试图最小化表面上的拉普拉斯算子 ∇^2 的值。方法（2）可以在任何给定的凹或凸区域中近似最小化表面的第一曲率。（这基于以下事实：第一曲率 $J = -\operatorname{div} n$，其中 $\operatorname{div} n$ 是 n 的散度，n 是表面法线，并且局部平均 n 几乎最小化了 $\operatorname{div} n$。）在网格上实现方法（1）和（2）的缺点是收敛速率很慢，实际上，计算固定点之间的距离是二次的。我已经对在感知计算中使用迭代方法表示了保留意见（参见 3.2 节和 3.5 节）。

相对于前两者，Grimson 更倾向于第（3）种方法。它涉及平整表面这一概念。平整表面的一阶和二阶导数都是连续变化的，但其三阶和更高阶导数允许是不连续的。存在可以一次性地在点的相邻三元组之间进行填充，然后将它们沿接缝编织在一起的方法，同时可以保证任意高阶导数的平滑性。选择二阶导数作为临界点取决于汽车设计师的实证观察，即客户能注意到曲面的一阶和二阶导数的不连续，而注意不到三阶导数的不连续。图 4-8 展示了将这种填充方法应用于从立体图对导出的输出结果。它给人一种光滑悦目的外观。

我们自己会在有限的程度上发现不连续或填充表面。这些计算思想与我们的做法又有什么联系？这是将来需要研究的问题。

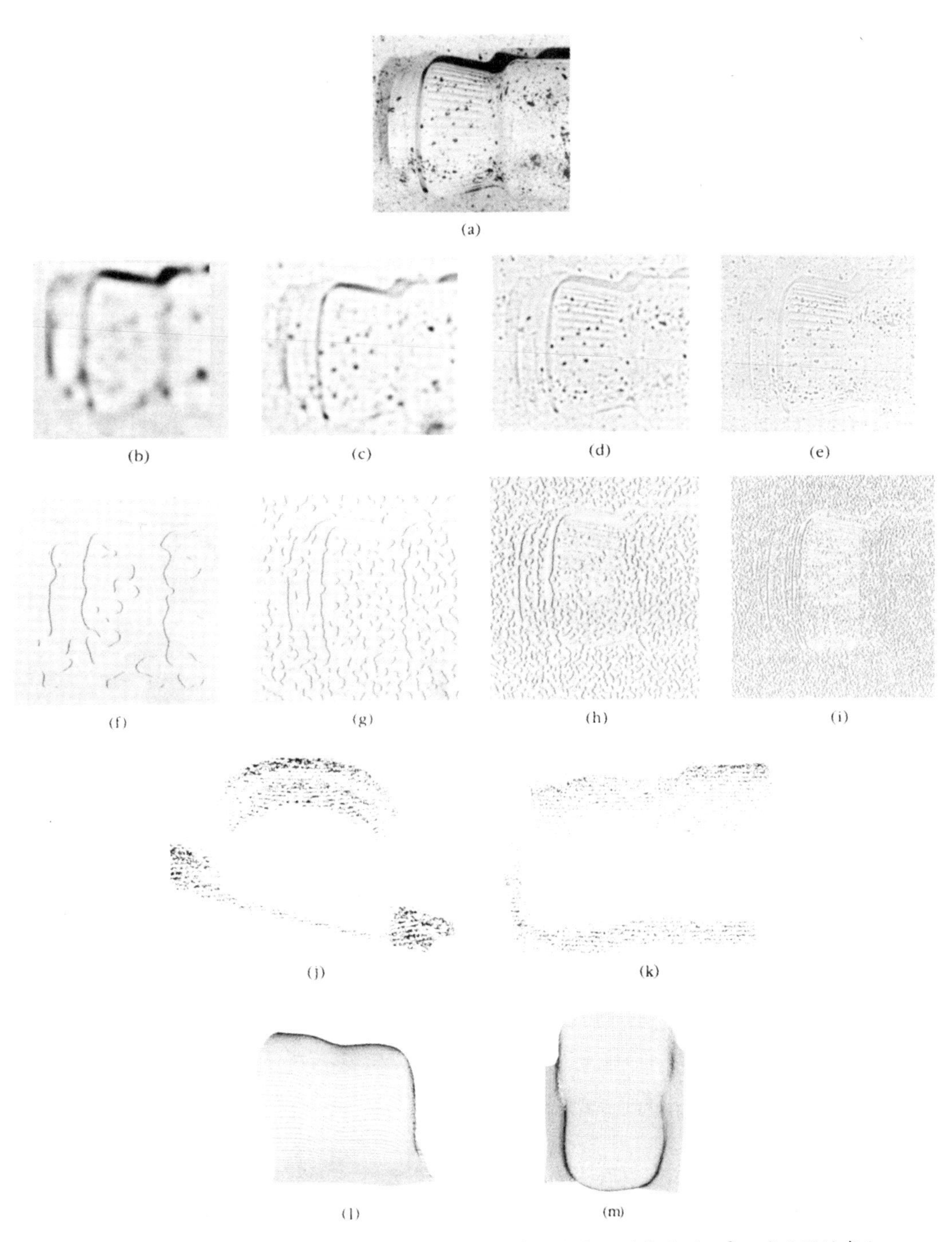

图 4-8　(a) 是一对立体图像中的一张。(b) 至 (e) 是它与 4 种大小的 $\nabla^2 G$ 滤波器的卷积，而 (f) 至 (i) 是由此获得的过零点。(j) 和 (k) 从两个视角显示了立体匹配后获得的视差图，而 (l) 和 (m) 则显示了由此通过 Eric Grimson 的插值算法获得的表面。

4.10 其他内部计算

如我们所见，表面连续性的概念可能会在 2.5 维草图中引发包括填充和对不连续点的平滑延续在内的多种主动计算。我们预期其他的局部约束也会以类似的方式嵌入其中。一种这样的约束就是关于三维空间中表面的可能排布的一致性关系。Waltz（1975；参见图 1-3）显式化描述的那些约束就是这些一致性关系的例子，这样的约束最终可能构成理解诸如 Necker 立方体的翻转这样的现象的基础。从这个角度来看，许多涉及三维结构的解释的错觉（Necker 立方体、主观轮廓、Muller-Lyer 图、Poggendorff 图，等等）自然应该发生在立体融合之后（Julesz，1971；Blomfield，1973）。像图 5-9 所示的倒立水桶那样的错觉也应部分归因于此，因为水桶表面的连续性在保持其外观的一致性上起重要作用。这里有趣的问题涉及在 2.5 维草图中真正完成了多少工作，而多少工作又发生在将这种直接表示计算为我们记得的那种三维表示的时候（参见下一章）。Penrose 三角形、许多 Escher 图形，甚至是图 4-9 所示的示例都很可能是多种效果的混合，其中一些效果位于 2.5 维草图内部，而其他一些效果则源于我们未能从一系列局部视点构建具有整体一致性的三维解释。

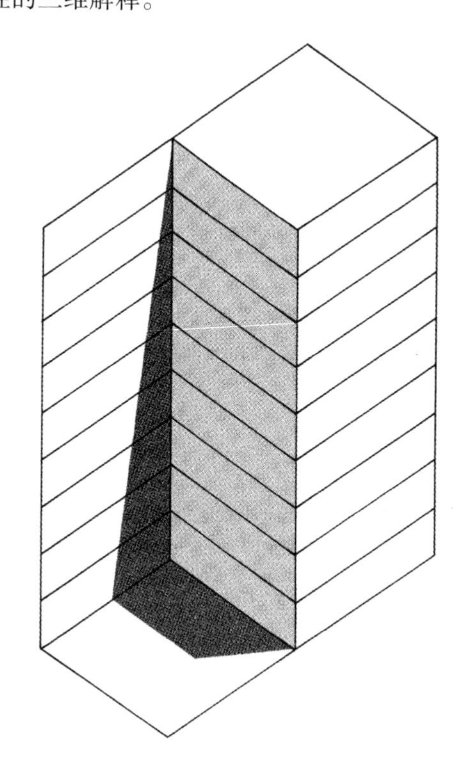

图 4-9 就像 Necker 立方体的翻转一样，这张图的奇特翻转也可能是由于嵌入 2.5 维草图中的约束所致。

最后一点可能令人困惑。为什么在用随机点立体图描绘 Necker 立方体时，翻转现象仍会发生？一种论点是，由于立体视觉肯定将所有的边都分配给了一个平面，因此这个图形应该被看作二维而非三维的。我觉得最好是认为 2.5 维草图中的所有轮廓都在试图寻求一个三维的解释。这里的轮廓是通过立体视觉而不是通过例如初草图得到的，但这一点并不重要。

第 5 章

用于识别的形状表示

5.1 引言

现在，我们来到了整个程序的最后也或许是最令人着迷的一步，即将形状从与感知过程匹配的表示形式转换为适合识别的表示形式。这里有许多问题需要探讨，而基于 Marr 和 Nishihara（1978）的著作，本章仅涉及其中浅显的一部分。尽管如此，主要思想大体上还是清晰的，而且我将特别强调创建适合于识别的形状表示意味着什么。这涉及讨论什么是识别及如何进行识别。

最重要的一点是，我们现在必须放弃以观察者为中心的坐标系带来的便利。因为它们与成像过程密切相关，所以迄今为止讨论的所有表示均基于以观察者为中心的坐标系。物体识别需要一个稳定的、几乎不依赖于视角的形状描述，这也就意味着形状的各个部分和连接点，需要以不相对于观察者而是相对于基于形状本身的参照系来描述。有趣的是，这意味着在描述物体的形状之前，必须在物体内建立标准坐标系。这一点似乎无法避免。对于例如雪茄之类的形状，这很容易做到，而例如皱巴巴的报纸这类形状，做到这一点就不容易。

因此，让我们仔细看看这些问题。我将保留*形状*一词用于表示物体的物理表面的几何形状。因此，用同一铸模铸造的两匹马的雕像具有相同的形状。形状的*表示*是一种用于描述形状或形状某些方面的形式化方案，以及指定如何将方案应用于任何特定形状的规则。我将使用表示来描述给定形状的结果称为该形状在该表示中的*描述*。描述可以粗略地或精细地指定形状。

5.2　形状表示引起的问题

许多可从视觉上推导的信息在识别和辨别任务中起到了重要作用。与颜色或视觉纹理信息不同，形状信息具有特殊的特征，因为大多数形状信息的表示都需要某种坐标系来描述空间关系。例如，区分图 5-1 中不同动物形状的信息是笔画的空间排布、朝向和大小。类似地，由于左手和右手是彼此在空间中的反射，因此任何足以区分左右手的手形描述都必须以某种方式指定手指和拇指的相对位置。

图 5-1　这些简笔画说明了本章中提出的几个要点。形状的表示不必重现形状的表面即可对其进行充分描述以进行识别；正如我们在这里看到的，可以通过少量笔画的排列和相对大小来非常有效地描绘动物的形状。这些描述的简单性是由于这里所示的笔画与所描述的形状的自然轴或标准轴之间的对应关系。为了对识别有用，形状表示必须基于由形状唯一定义并且可以可靠地从其图像中得出的特性。（重印自 D. Marr 和 H. K. Nishihara 的“Representation and recognition of the spatial organization of three-dimensional shapes”，伦敦皇家学会报告 B 系列第 200 卷，269 至 294 页，已获授权。）

评判形状表示的有效性的标准

物体的形状有许多不同的面，其中一些比其他更有用。而任何一个面又可以以多种方式来描述。尽管很难对形状表示形式进行完全通用的分类，但是我们可以尝试列出判断形状表示的主要标准及在构建表示时必须做出的基本设计选择。

可访问性

是否可以从图像中计算出所需的描述，以及是否可以以合理的代价完成这一点？图像中的可用信息本质上是受限的（如受分辨率的限制），而表示的需求必须落在可能的范围内。此外，如果原则上可以从图像中推导出的描述涉及不可接受的大量记忆或计算时间，则它可能仍旧不是我们想要的。

适用范围和唯一性

该表示形式是为哪一类形状设计的，而该类中的形状在该表示形式中是否具有标准描述？例如，旨在描述平面表面和垂直平面之间的连接点的形状表示形式将在其范围内具有立方实体，但它不适用于描述台球或梳子。如果要使用某一表示进行识别，则其中的形状描述也必须是唯一的；否则，在识别过程中的某个时刻，我们将难以确定两个描述是否指明了相同的形状。例如，如果我们选择使用次数为 n 的多项式来表示形状，那对给定表面的形式化描述就将取决于所选的特定坐标系。由于我们在不遵守某些其他约定的情况下不太可能在两种不同的情况下使用相同的坐标系，因此即使是同一表面的图像也可能会有非常不同的描述。

另一个示例是用一大堆小立方体来表示形状。这些小立方体摞在一起，以便尽可能接近该形状。如果立方体足够小，则它们对该形状的近似就可以非常精确，从而这种表示就会有非常广泛的适用范围。另一方面，1/8英寸的“微型立方体”的微小移动，例如移动其侧面的一半长度，就可能显著改变形状的表示，从而违反了唯一性条件。而如果我们改用 1 英尺长的立方体，那么唯一性问题可得到极大缓解（毕竟可以只用 6 个立方体就来表示一个人），但要付出其他方面的代价。

稳定性和敏感性

除了上述的适用范围和唯一性条件外，还有关于表示的连续性和分辨率的问题。为了有助于识别，两个形状之间的相似性必须反映在它们的描述中，但同时，即使是细微的差异也必须在表示中得以表达。仅当有可能将对反映更一般的、变化较小的形状属性的稳定信息与反映形状之间的细微区别的敏感信息解耦时，我们才能满足这些对立的条件。

例如，考虑图 5-1 所示的，使用笔画的三维排布和相对大小作为基础元素来描述动物形状的简笔画表示。所用笔画的大小可以控制所得到的简笔画描述的稳定性和敏感性。使用更大的笔画可以增加稳定性；单独的一笔仅描述了整体形状的大小和朝向，也是最稳定的整体形状描述。另一方面，用较小的笔画构建的描述会对诸如动物肢体的末端之类的更小、更局部化的细节更敏感。尽管这样的细节趋于不稳定，但它们对于在相似形状之间进行精细区分还是很重要的。

形状表示的设计选择

现在，可以将形状表示的不同设计的效果与我们的三个性能标准相关联。值得再次重申的是，表示的最基本属性是它可以显式化某些类型的信息。这一属性可用于将最重要的信息放到突出的位置，从而使更小且更易于操纵的描述就足以满足我们的需求。我们将在此处考虑表示的设计的三个方面：（1）表示的坐标系；（2）表示的基元，它们是表示中使用的形状信息的主要单元；和（3）表示加之于其描述中的信息的组织结构。

坐标系

表示所使用的坐标系的最重要的方面是其定义方式。如果坐标系中的位置是相对于观察者而指定的，我们称该表示使用了以观察者为中心的坐标系。而如果位置是在由被观察的物体定义的坐标系中指定的，那这一表示就使用了以物体为中心的坐标系。当然，每种坐标系都有多个版本。

对识别任务而言，以观察者为中心的描述比以物体为中心的描述更易于生成，但更难以使用，因为以观察者为中心的描述取决于构建它们的视角。因此，任何基于以观察者为中心的表示的识别理论都必须将物体的不同视图视为本质上不同的物体。因此，作为对视角效应的补偿，该方法需要在记忆中潜在地存储大量描述以换取计算量和复杂度的降低。

Minsky（1975）建议，通过适当选取存储在记忆中的形状基元和视图来尽可能减少这种描述的数量。在某些情况下，这种方法显然很有效。例如，假设松鼠需要区分树和其他物体，但是不需要通过形状来识别特定的树。它们也许能够注意到附近地面上的垂直树干外观的一些与视角无关的一般特性。在基于这些特性的表示中，松鼠的环境中的所有树都会有基本相同的描述。

但是，对于涉及物体组件排布的更复杂的识别任务，任何以观察者为中心的表示都可能对物体的朝向很敏感。例如，考虑即使在手指和拇指彼此保持固定的情况下，人手的许多与朝向有关的显相。为了在以观察者为中心的表示中区分左右手，我们必须将此问题视为许多分离的情况，每一种分别对应一种手的可能的显相。

而对依赖于穷举所有可能显相的方法的替代是，使用以物体为中心的坐标系，从而强调计算独立于视角的标准描述。理想情况下，只需将每个物体的空间结构的单个描述存储在记忆中，即可从哪怕是不熟悉的视角来识别该物体。但是，因为必须为每个物体定义一个独特的坐标系，并且正如我前面提到的，必须在构建描述之前就从图像中识别该坐标系，所以推导以物体为中心的描述更为困难。

基元

表示的基元是表示中可用的形状信息的最基本单元，也是表示从早期视觉过程中接收到的信息的类型。例如，2.5 维草图这一表示的基元携带了视野中数千个位置的局部表面方向和（相对于观察者的）距离的信息。我们可以区分表示的基元的两个方面：对于可访问性而言至关重要的它们所携带的形状信息的类型，及对于稳定性和敏感性而言很重要的基元的大小。

形状基元主要有两类：基于表面（二维）的基元和基于立体（三维）的基元。正如我们已经看到的，表面信息可以更直接地从图像中推导得到。可用于表面描述的最简单基元只需指定小块表面的位置和大小。而像 2.5 维草图中使用的那些更复杂的表面基元也可以包括朝向和深度信息。

另一方面，立体基元会携带有关形状的空间分布的信息。相比于关于形状的表面结构的信息，立体基元携带的这类信息与形状识别的需求有更直接的关联。这通常也意味着描述会在仍满足敏感性标准的前提下相对更简短也因而更稳定。最简单的立体基元仅指定位置和空间尺度，因而对应于空间中的球状的区域。通过在该信息上添加一个向量，可以指定一个圆柱状的区域，其长度由增加的向量的长度给出，而直径由基元的空间尺度参数给出。第二个矢量可以给出围绕第一个矢量的旋转方向，从而可以指定一个枕形区域，该枕形区域沿第一矢量的横截面在第二矢量的方向上变得更厚。又或者，附加的第二矢量也可以用于指定圆柱区域的轴线上的曲率的方向和大小。

表示所使用的基元的复杂性在很大程度上受限于表示之前的处理可以可靠推导出的信息类型。我们虽然可以任意增加基元的信息承载能力，但这只在一定限度内有用，因为我们没法从那些较早的处理中一致地推导出包含很多细节的基元。在极端情况下，形状表示中的描述可以只包含一个基元。仅当提供基元的处理过程可以一致地推导出基元所携带的信息时，这样的表示才会满足唯一性和稳定性条件。但在这样的情况下，这些处理过程在指明基元的时候就已经完成了形状识别，也就根本不需要表示了。

另一个影响表示的基元所显式化的信息的方面是大小。具体来说，很难访问到远大于所使用的基元的特征的信息，因为它仅在大量较小对象的组态中隐式表示。例如，考虑如何在表面表示（如 2.5 维草图）中描述人的手臂的形状。这里的表示本质上和我们用鱼鳞来覆盖表面所得到的一样，其中每个鱼鳞指定了一个局部表面的朝向。这里仅存在有关表面上小块的信息。因此，为了显式化表示手臂形状本身的存在，我们需要对这些小块的大规模组合进行相当复杂的分析。另一方面，简笔图表示可以使用适当大小的单个笔画来显式指明手臂。类似的论点也可以应用于如前所述的基于小立方体的表示方案；我们无法从这样的表示中立即获得更大尺寸的形状信息。

在比例尺的另一端，远小于描述形状的基元的形状特征不仅没法被访问，而且它们实际上在描述中被完全省略了。例如，在仅使用以人的手臂和腿的大小为基元的简笔画描述中就无法表达手指。如果使用一立方英尺大小的立体基元，那就连胳膊和腿都无法表达了。同样，比 2.5 维草图中使用的基本表面基元小得多的表面细节也没法在 2.5 维草图中表达。因此，描述中使用的基元的大小在很大程度上确定了表示中显式化的信息、可用的但不能直接获得的信息及被丢弃的信息的种类。

组织结构

第三个设计维度是通过表示中组织形状信息的方式。在最简单的情况下，表示不会被强加任何组织，因而描述中的所有元素都具有相同的状态。2.5 维草图提供的局部表面表示就是一个这样的例子。另一个例子是近似三维形状的一堆微型立方体。

又或者，描述的基本元素可以被组织成例如由大致相同大小的相邻元素组成的模块，以便区分特定的基元组合。模块化组织对于识别尤其有用，因为如果给定模块的所有组成部分都在大致相同的稳定性和敏感性水平上，那么模块化组织就显式化区分敏感性和稳定性。

5.3　三维模型表示

我们已经根据可访问性、适用范围和唯一性及稳定性和敏感性的标准对用于形状识别的表示的需求进行了建模。我们发现，合适的表示设计应包括一个以物体为中心的坐标系，包括但不限于立体形状基元，并对描述中涉及的基元施加某种模块化组织。这些选择对表示的定义有很大影响。事实上，我们可以直接从中定义一种有限的表示，将其称为三维模型表示。

自然坐标系

我们的首要目标是定义形状的以物体为中心的坐标系。如果这是一个标准坐标系，则其必须基于由形状的显著几何特征确定的轴。反过来看，这意味着表示的适用范围必须仅限于存在这些轴的那些形状。形状的自然轴可以通过其伸长率、对称性甚至运动（如旋转轴）来定义；因此，香肠的坐标系应由其主轴线和曲率方向定义，而人脸的坐标系应由其对称轴定义。诸如球体、门或弄皱的报纸等具有许多或定义不清的轴的物体将不可避免地导致歧义。这对像球体一样规则的形状而言不是什么大问题，因为在所有合理的坐标系中，这些形状的描述都是相同的。门有四个不同的轴，分别由门的长度、宽度、厚度的方向及铰接的轴确定。由于描述的数量很少，而且门是很重要的物体，所以我们可以将门的四种可能描述中的每一个作为一个单独的案例来处理。但是，对于皱巴巴的报纸而言情况就并非如此了，这是因为报纸可能存在大量性质很差的轴。

目前，我们理解得最为深入的问题是那些基于形状的伸长率或对称性来确定轴的问题（Marr，1977a）。简单起见，我们将三维模型表示的范围限制为具有这种类型的自然轴。满足此条件的一大类形状是我们已经在 3.6 节中研究过，并在图 3-59 中进行了说明的广义圆锥体。这类形状对我们的重要性不仅在于其可以方便地描述表面（实际上对表面的描述可能也并不简单，参见 Hollerbach，1975），而更在于此类形状有明确定义的轴。这一关键特性有助于定义以物体为中心的标准坐标系，而这自然是我们现在面临的最核心也最困难的任务。

在现实生活中，这种表示的范围包括各种常见的形状。这是因为通过自然生长的物体的形状通常可以很自然地被一个或多个广义圆锥体来描述。图 5-1 中描绘的动物形状提供了一些示例——图中的笔画即为近似这些动物各部分形状的广义圆锥的轴。

基于坐标轴的描述

表示的基元必须同时与稳定的几何特征相关联，这样表示才能对识别有用。形状的自然轴满足这个要求，因而三维模型表示的基元可以以此为基础。如图 5-1 所示，简笔画可以表示使用基于轴的基元的描述，但当我们把笔画视为局部坐标轴时还是要格外小心。尽管这种描述仅抓住了形状的部分信息，但是这些信息对于识别特别有用。进一步地，我们只考虑这些基元所携带的与大小和朝向有关的信息。这将让我们在推导三维模型表示时尽可能忽略非必要的细节。这里的讨论将不包括例如弯曲的轴或沿轴长逐渐变细的形状等更深入的细节。

用简笔画表示形状并不是什么新概念。例如，Blum（1973）已经研究了一种基于“草火”技术的二维轮廓分类方案，该技术可从这些形状中得出一种简笔画（参见图 5-2）。Binford（1971）则为三维形状引入了广义圆锥体。然而，这些表示有一个重要的局限性，即它们不会对所携带的信息进行模块化的组织。例如，在这些表示中，人的手臂的每一部分最多只能对应单一笔画；任何单一描述中不可能同时存在与整个手臂相对应的一个笔画和与手臂的三段相对应的三个较小的笔画。

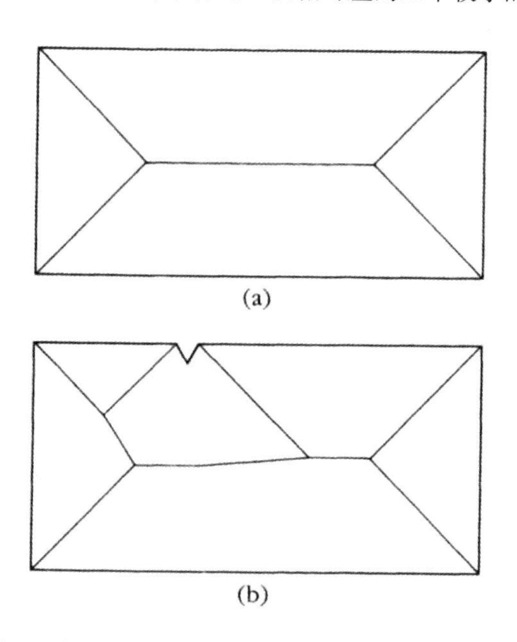

图 5-2　Blum（1973）提出的用于从剪影中恢复轴的“草火”技术。它可以被认为是在边界处点火，并把轴定义为两处火源相交的位置。但这个技术对轮廓上的细微扰动过于敏感。（a）显示了矩形的 Blum 变换，而（b）显示了矩形存在凹口时的 Blum 变换。（重印自 G. Agin 的“Representation and description of curved object”，斯坦福人工智能项目，备忘录 AIM-173，加利福尼亚州斯坦福市斯坦福大学，已获授权。）

三维模型表示的模块化组织

用于识别的描述的模块化分解一定有明确的定义——这样的分解一定存在，并且应该能被唯一确定。要在目前考虑的三维模型表示中实现这一点，分解最好是基于形状的标准轴。这些轴中的每一个都可以与一个粗略的空间上下文相关联，而这一空间上下文提供了范围内包含的主要形状组件的轴的自然分组。我们将以这种方式定义的模块称为三维模型。因而，每个三维模型都指定以下内容：

1. 模型轴，即定义模型的形状上下文范围的单轴。这是表示的基元，提供了诸如所描述的整体形状的大小和朝向之类的特征的粗略信息。
2. 模型轴指定的空间上下文中包含的主要组件轴的相对空间排布和大小（此项

非必需）。组件轴的数量应该很少，而且它们的尺寸应该大致相同。

3. 与组件轴关联的形状组件的三维模型构建之后的名称（内部指代）。这些组件的三维模型的轴对应于整体三维模型的组件轴。

图 5-3 所示的每个方框都描绘了一个三维模型，其中模型轴位于框的左侧，而组件轴的排布位于右侧。人类三维模型的模型轴通过单个基元显式化表示了整个形状的总体属性（大小和朝向）。它的六个组件轴分别对应于躯干、头部和四肢。这些组件轴可以与三维模型相关联，这些三维模型包含了如何将对应组件分解为更小组件的排布的附加信息。尽管单个三维模型是一个简单的结构，但这种组织层级中的多个模型的组合就足以在任意详细程度上描述物体的几何形状。我们将这种三维模型层级称为形状的三维模型描述。

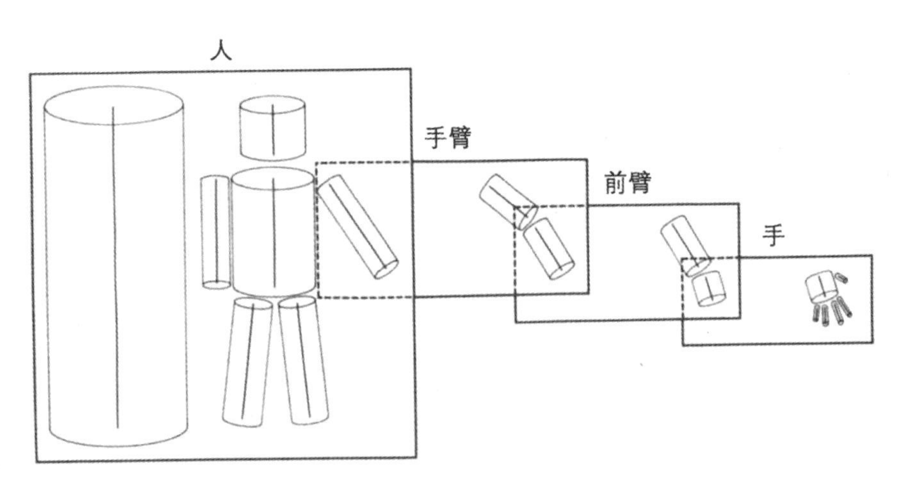

图 5-3　此图说明了三维模型描述中形状信息的组织。每个框对应一个三维模型，其模型轴位于框的左侧，其组件轴的排布位于右侧。此外，某些组件轴具有如重叠方框所示的关联三维模型。但是，每个模型的组件轴的相对排布没有被正确地显示，因为它应该位于以物体为中心的坐标系中，而不是此处使用的以观察者为中心的投影中。[图 5-5（c）中的表格给出了更正确的三维模型]。这种组织的重要特性是：（1）每个三维模型都是形状信息的独立单元，并且具有有限的复杂性；（2）信息出现在适合识别的形状上下文中（要指定手指的姿势，最为稳定的方式是相对于包含它的手来指定）；以及（3）可以灵活地操纵表示。但是，此方法限制了表示的表达范围，因为它仅对具有明确定义的三维模型分解的形状有用。（重印自 D. Marr 和 H. K. Nishihara 的“Representation and recognition of the spatial organization of three-dimensional shapes”，伦敦皇家学会报告 B 系列第 200 卷，269 至 294 页，已获授权。）

图 5-3 中的示例说明了形状描述的模块化组织结构所具有的重要优点。同时利用形状的大基元和小基元描述，以及将局部空间关系与更全局的关系解耦，可以大大提高表示的稳定性。没有这种模块化，两个相邻手指的相对空间排布的重要性就没法与

手指和鼻子之间的关系的重要性区分开。模块化还允许更灵活地使用表示来回应当前的需求。例如，我们很容易构造对应于手臂的三维模型描述，而其随后可以被包含在对整个人体形状的新的三维模型描述之中。相反，对人的形状的粗略但可用的描述不必包括详尽的手臂描述。最后，这种形式的模块化组织允许我们在表示的适用范围和表示的细节之间做权衡。这简化了推导和使用表示的计算过程，因为尽管完整的三维模型描述可能非常复杂，但任何时候我们都只需处理一个三维模型，而单独的三维模型都有有限且可处理的复杂度。

三维模型的坐标系

三维模型的表示可能使用两种以物体为中心的坐标系。其中之一将描述的所有组件轴（从躯干到睫毛）都在一个基于整体形状的轴的公用坐标系中指定。另一个使用分布式坐标系，其中每个三维模型都有自己的坐标系。后者更可取，主要考虑到两个原因。首先，在三维模型描述中指定的空间关系始终局限于其中一个模型。出于与我们更喜欢以物体而非以观察者为中心的系统相同的原因，空间关系应该在该模型确定的参考系中给出。否则，这将导致有关模型组件相对位置的信息取决于模型轴相对于整个形状的方向。例如，对马腿形状的描述将取决于腿与躯干的夹角。其次，在对稳定性和唯一性的考量之外，如果每个三维模型都保持自己的坐标系，则表示的可访问性和模块化程度也会得到改善，因为每个三维模型随后就可以被视为完全独立的形状描述单元来处理。

用于指定三维模型的组件轴的相对排布的坐标系可以通过其模型轴或其组件轴之一来定义。我们将为此选择的轴称为模型的*主轴*。对于此处给出的示例，主轴将是与三维模型中的其他组件轴相交或接近的组件轴（如动物形状的躯干）。同时，必须相对于模型轴的位置来指定主轴的位置以保持分布式坐标系的连接性。

我们需要两个三维向量来指定一个轴相对于另一个轴的空间位置。如图 5-4 所示，一种实现方法是通过两个向量来表示向量 $\boldsymbol{S}$ 相对于轴向量 $\boldsymbol{A}$ 的位置。圆柱坐标 (p,r,θ) 下的第一个向量定义了 $\boldsymbol{S}$ 相对于 $\boldsymbol{A}$ 的起点，参见图 5-4 中的（a）；球坐标 (ι,ϕ,s) 下的第二个向量指定了 $\boldsymbol{S}$ 本身，参见图 5-4 中的（b）。我们把统合的指定的参数 $(p,r,\theta,\iota,\phi,s)$ 称为 $\boldsymbol{S}$ 相对于 $\boldsymbol{A}$ 的*附属关系*。

由于三维模型可表示的形状的精度会变化，因此精度也可变的系统最适合表示以附属关系存在的角度和长度。例如，我们可能希望说明一个特定的轴（如图 5-3 中的人类三维模型的手臂组件）相当精确地连接在了躯干的一端（即 p 的值正好是 0），但这仅粗略指定了 θ，而对 ι 的限制也很小。图 5-5 给出了一个包含可变精度的合适系统的示例。

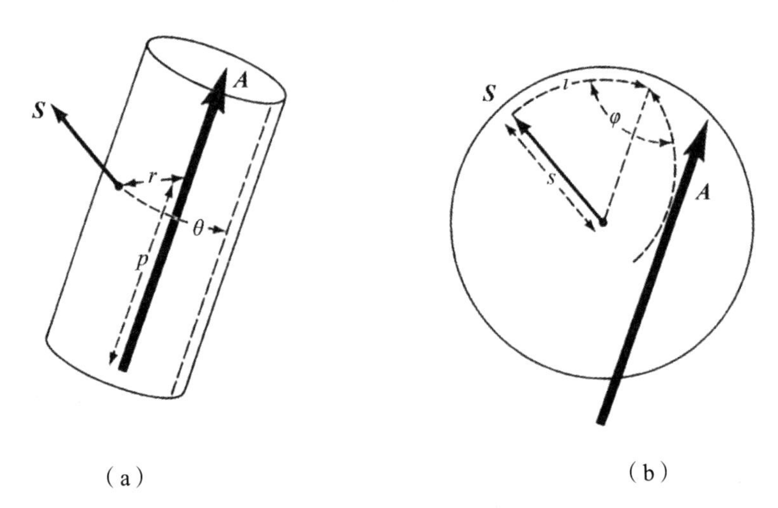

图 5-4 三维模型的轴的空间组织是根据我们称为附属关系的那些轴之间的成对关系来指明的。要确定轴 **S** 在空间上相对于另一轴 **A** 的位置，可以通过在轴 **A** 的圆柱坐标系 (p,r,θ) 中指定轴 **S** 一端的位置，如（a）图所示，以及在以该点为中心并与 **A** 对齐的球面坐标系 (ι,ϕ,s) 中指定轴 **S** 的朝向和长度，如（b）图所示。（重印自 D. Marr 和 H. K. Nishihara 的 “Representation and recognition of the spatial organization of three-dimensional shapes”，伦敦皇家学会报告 B 系列第 200 卷，269 至 294 页，已获授权。）

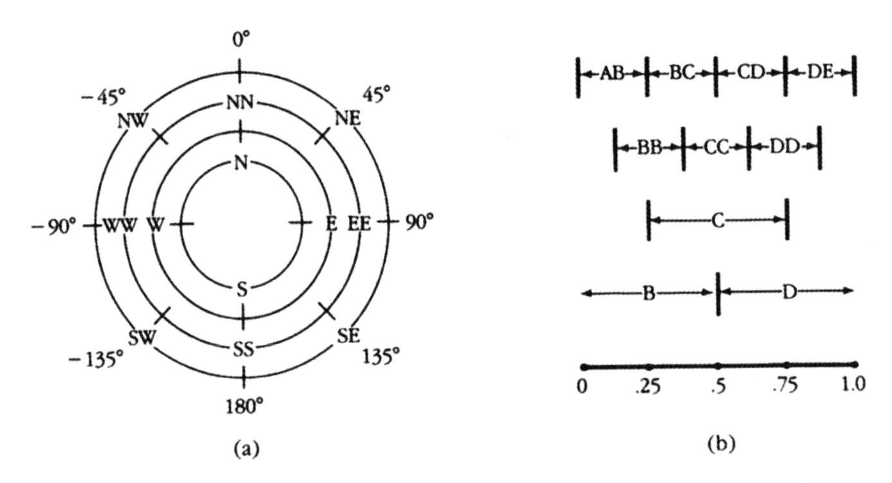

图 5-5 附属关系中的角度和距离参数要能容许偏差，以便可以在表示中显式化这些参数的特异性。图中显示了一种实现此目的的方法，图中将符号与（a）图中的角度范围和（b）图中的线性范围相关联。表（c）中显示了用这些符号表示图 5-3 中的人类三维模型的附属关系的示例。**A** 和 **S** 对应了表中每行指定的附属关系关联的两个轴。如果在 **A** 和 **S** 下列出的助记符在存在对应的三维模型的内部引用时被替换，而在不存在对应引用时留空，那此表就将实质上显示三维模型包含的所有信息。（重印自 D. Marr 和 H. K. Nishihara 的 “Representation and recognition of the spatial organization of three-dimensional shapes”，伦敦皇家学会报告 B 系列第 200 卷，269 至 294 页，已获授权。）

A	*S*	*p*	*r*	*θ*	*ι*	*ψ*	*s*
模型	躯干	BC	AB	NN	NN	NN	CC
躯干	头	DE	AB	NN	NN	NN	BB
躯干	手臂	DE	BB	EE	E	E	DD
躯干	手臂	DE	BB	WW	E	W	DD
躯干	腿	AB	BB	EE	SS	NN	DE
躯干	腿	AB	BB	WW	SS	NN	DE

(c)

图 5-5　（续）

5.4　自然推广

图 5-3 所示的分层方案较好地概括了这些关于表示的想法，它也逐步显示了我们能如何处理形状描述的复杂性。也许，如果 J. L. Austin 看到了这张图，他就不会对给他的猫的形状建模而感到绝望了（参见 1.2 节）！但是，这些想法仍然很粗糙。而且，主要因为我们一直专注于早期视觉处理的细节，这些想法自 1977 年以来很少得到发展。但是，人们仍想知道怎样能将这些思想进行泛化。对于这个问题，尽管还没有具体答案，但值得我们在这里简要指出可以扩展表示形式的最明显的方向。

第一点也许是，我们可以像表示三维组态一样轻松地表示二维组态（当然，这是在假定这些图案具有自然的伸长轴或对称轴的情况下）。因此，我们可以轻松地把面部的二维图画表示为真实的三维头部的特征和细节。图 5-6 所示的是一个基础的示例。在这种联系中，特别有趣的是，图案中对称性的存在会产生标准轴，但不会产生沿该轴的标准方向。我们仍然必须确定哪一端是 0（向下），哪一端是 1（向上）。人们在开始构建特定的三维模型时必须做出这一选择。而我们的最终选择似乎就是我们当前认为是向上的方向——通常是垂直向上。如果我们遵循这种约定来构造详细的面部描述，然后倒立来看这张图，那么这些细节将变得完全无法识别。这可能是因为先天选择机制正在使用相反的约定！此外，人脸识别在人类中似乎是一个相当精确、特化且后期才得到发展的处理过程。有兴趣的读者可参考 Carey 和 Diamond（1980）的著作及有关该主题的其他著作。

第二点是，三维模型表示的基元也可以包括两种表面基元。第一种是各种尺寸的粗糙的二维矩形表面，包括椭圆形和圆形。尽管大概像 Henry Moore 这样的雕塑家拥有数百种基元，但其实表示一个普通人并不需要太多的基元。第二种基元是有空洞而非实心的东西，例如，管子或杯子。不难看出如何以与原始三维模型表示大致相同的方式来组织这些基元。图 5-7 展示了一些使用这两类基元来表述各种常见对象的初步想法。如果允许在表示中包含弯曲轴，则可以表示更多我们在日常生活中遇到的常见物体。参见图 5-7 中的（a），尤其是 Hollerbach（1975）的著作。

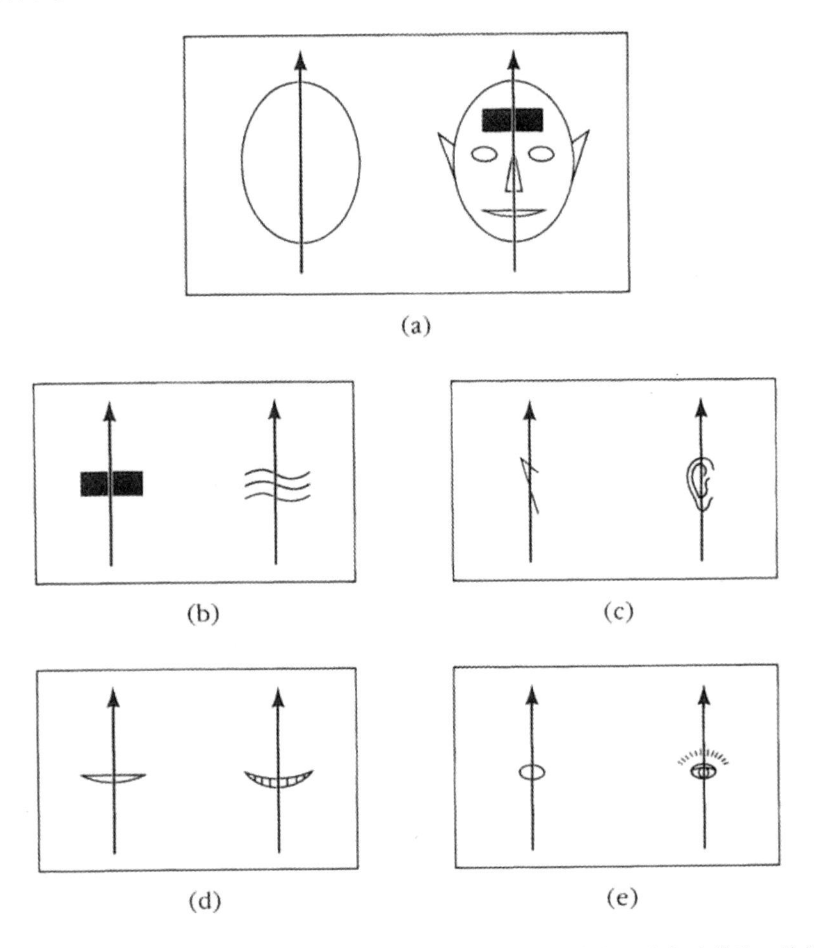

图 5-6 描绘面部的二维图案的三维模型。（a）是其轴由对称性确定的整体三维模型。（b）至（e）是对应图案的主要组成部分的可能的三维模型。

这些思想需要被扩展的其他主要方向不仅仅涉及给定形状的空间排布，还涉及由几个独立的物体形成的空间组态。这将至少需要三种类型的描述。一种是将它们的位置以相对观察者的角度和距离的形式纳入以观察者为中心的标准空间坐标系中。另一种是物体相对于观察者的组态的表示。这包含诸如你和另外两个人碰巧构成了一个等边三角形这样的概念。这里的关键点是涉及了观察者的位置，并且显式利用了角度关系（组态的内部结构）。最后一种是不涉及观察者的一些外部对象的相对位置的表示。例如，三棵树可能排成一排，或者四栋建筑物形成了一个正方形。这里的潜在问题与我们已经遇到的问题完全相同，即如何选择合适的标准坐标系以在其中显式化组态的空间关系。

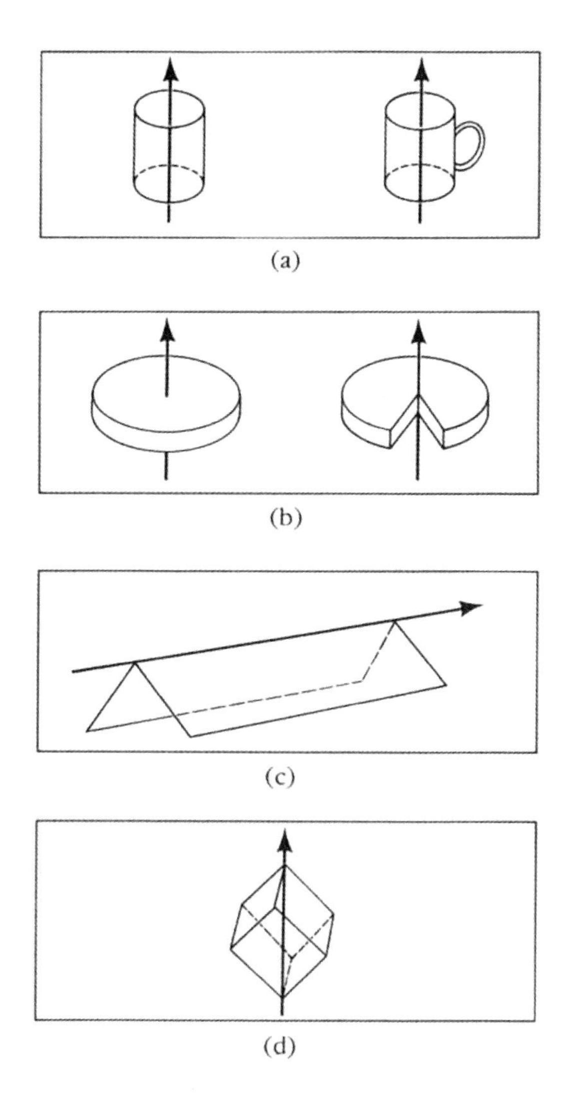

(a)

(b)

(c)

(d)

图 5-7　一些对应于更复杂形状的三维模型。(a)、(b) 和 (c) 中的模型在表示中可能需要表面基元。(d) 说明了从 G. Hinton 选择的不同寻常的轴（从一个顶点到另一顶点的对角线）中获得的对熟悉的物体（立方体）的表示。

现在，我们已经很清楚如何解决这类表示问题了。我认为这些问题不会对视觉机器的设计者带来无法克服的困难。在我看来，这里的主要科学障碍是如何发现人类实际使用的系统和方案。我并不认为答案会很让人意外，但是目前我还没看到能解决这类问题的实证方法。用设计实验来回答这类较高的分析层次上的问题似乎比回答较低层次上的问题要困难得多。实际上，也许可以说，在这些更高的层次上，我们开始面对语言学家所面临的所有问题。设计成功的实证方法来解决这些问题将是一项重大突破。

5.5 推导和使用三维模型表示

模块化的优势一直是我们在设计三维模型表示中最关注的问题之一。随着我们讨论推导和使用将这些表示用于识别的处理过程，这种优势将变得尤为明显。这尤其体现在即使一个形状的完整描述涉及许多三维模型，这些处理过程也无须同时处理多个三维模型的内部细节。我们首先研究与识别模型坐标系及其组件轴，以及与将以观察者为中心的轴的参数转换为模型坐标系的参数相关的基本问题。然后，我们将识别此描述的任务视为一个对存储的三维模型描述的目录进行检索的问题。最后，我们考虑得出三维模型描述的处理过程与识别过程之间的交互。透视投影所引入的不确定性通常意味着我们从图像中只能直接得到关于形状的轴的长度和方向的粗略参数。但是，如果识别与推导处理过程是保守的，即识别恢复得到的所有信息都是可靠的，那识别处理的早期阶段可以提供额外的约束条件，以便可以得到更精确的描述。

三维模型描述的推导

要构建三维模型，必须从图像中识别模型的坐标系和组件轴，并且必须指定该坐标系中组件轴的排布。

即使形状具有标准坐标系及对组件轴的自然分解，从图像中推导这些特征仍然是一个问题。目前，我们还没有一个完整的解决方案，但对三维模型表示范围内的形状已经获得了一些结果。例如，我们在 3.6 节中看到，只要广义锥的轴的轴距不太短，就可以从轴的图像的遮挡轮廓中找到它。图 5-8 展示了这种方法获取的分解的示例，图例中给出了简短描述。请注意，最终分解［图 5-8 中的（f）］是在除了假设三维形状是由广义圆锥体所组成的，不知道三维形状的任何信息的前提下，从轮廓［图 5-8 中的（a）］推导而来的。因此，该方法可为未曾见过的形状的三维模型寻找组件轴。

这一结果在某种程度上是受限的，但它使用的信息，即由与光滑表面的侧面相切的光线形成的轮廓，本身也是受限的。有趣的是，正如我们在 3.2 节中看到的那样，因为这些特定轮廓不对应于被观察的表面上的固定位置，所以它们不适合在立体视觉或从运动中恢复结构等任务中使用。表面上的折痕和褶皱也会在图像中产生轮廓，这些轮廓还有待详细研究。同样，关于如何使用从明暗和纹理中恢复的形状信息的研究还很多。

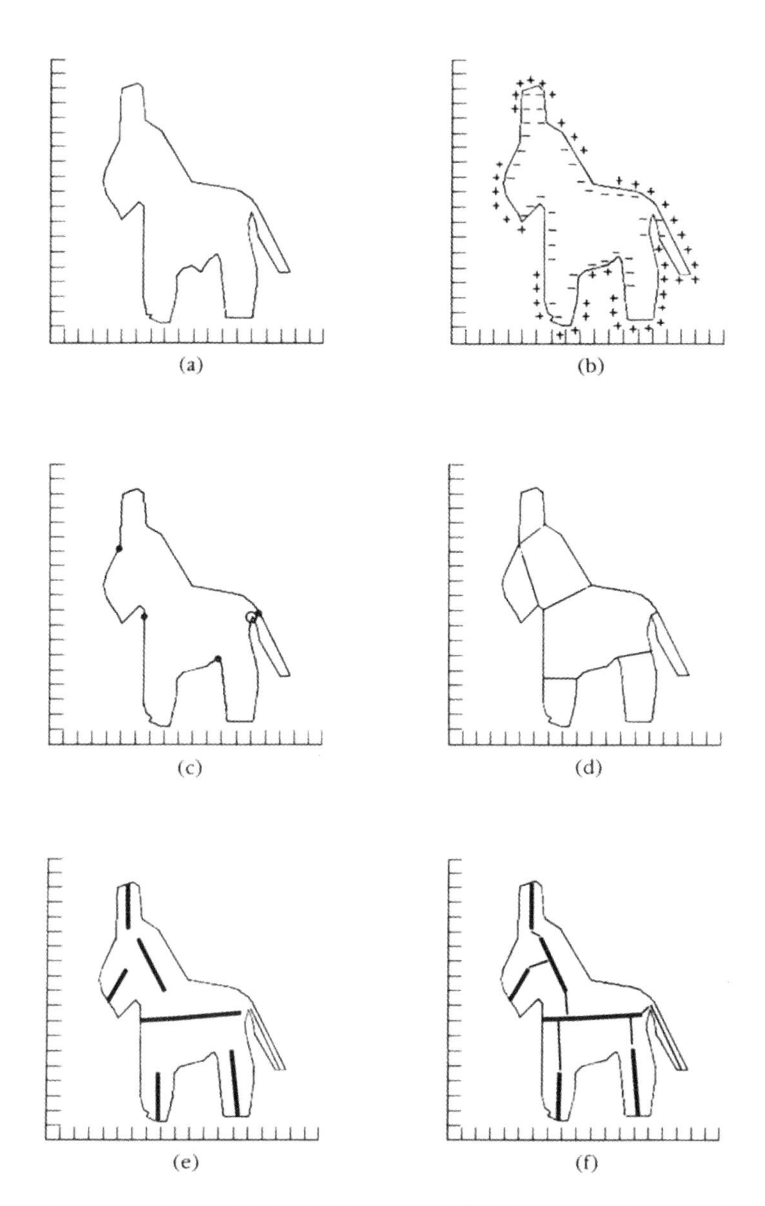

图 5-8 由广义圆锥组成的简单形状的遮挡轮廓可以用来定位圆锥自然轴的投影，只要这些轴没有在投影中被大幅透视缩短。在此示例中，P. Vatan 编写的程序显示了执行此操作的一种算法。(a) 中的初始轮廓是通过将局部分组过程应用于玩具驴的图像的初草图上获得的。然后我们将此轮廓平滑化，并分为凸部和凹部以得到 (b)。接下来，我们确定诸如 (c) 中圈出的深凹点那样的强分割点，并使用一组启发式规则将它们与轮廓上的其他点连接起来，以得到 (d) 中所示的分割。随后我们从中推导出 (e) 中所示的组件轴。(f) 中的细线表示了沿着躯干轴的头部、腿部和尾部组件的位置，以及沿着头部轴的鼻子和耳朵组件的位置。(重印自 D. Marr 和 H. K. Nishihara 的 “Representation and recognition of the spatial organization of three-dimensional shapes”，伦敦皇家学会报告 B 系列第 200 卷，269 至 294 页，已获授权。)

图像分析的一个主要的难点是，重要的轴可能被透视缩短或隐藏在形状的另一部分之后。例如，尽管从侧视图中很容易获得用于马的整体形状的基于躯干的坐标系，但这样的坐标系却很难在正视马时获得。有三种处理这种情况的方法。第一个是允许在识别中使用基于从正面可见的轴的部分的描述。如果这样做，表示的唯一性会稍有减弱，但不会像纯粹以观察者为中心的表示那样减弱那么多。另一种策略是，只要识别形状的可见组件相对容易，而识别整个形状相对较难，那就使用形状的可见组件。例如，一匹马的前视图通常包含马脸的绝佳视图。这样的马脸可以被直接识别，同时提供了另一种识别马的途径。本节末尾将进一步讨论这种想法。最后，我们有时也可以通过分析图像中的径向对称性来找到被透视缩短的轴。

如图 5-9 所示的水桶就是一个有趣的例子。从图 5-9（a）的视角中，而非水桶的主轴被透视缩短的图 5-9（c）的视角中，我们可以用上述方法推导水桶的主轴和围绕该轴线的形状。反之，我们可能会得到错误的轴，这样的轴可能会穿过将手柄连接到轮辋的法兰。不过，如果无法通过这一错误的轴来生成可识别的描述，那就表明正确的轴并非是图像中最明显的那个。因此，我们应该考虑其他选择。这两个同心圆（由水桶的顶部和底部边缘构成）是主轴穿过其中心的有力线索。此外，由于它们是同心的，因此这些圆可能沿着轴但位于相距很远的位置。考虑到这种可能性，我们就可能在即使那个是较近的轮辋这一点仍然不明确时，得到我们想要的水桶的描述。通过立体视觉、明暗或纹理信息计算出的如 2.5 维草图这样的局部表面深度图可能在解释此类图像时起到重要作用。

（a）

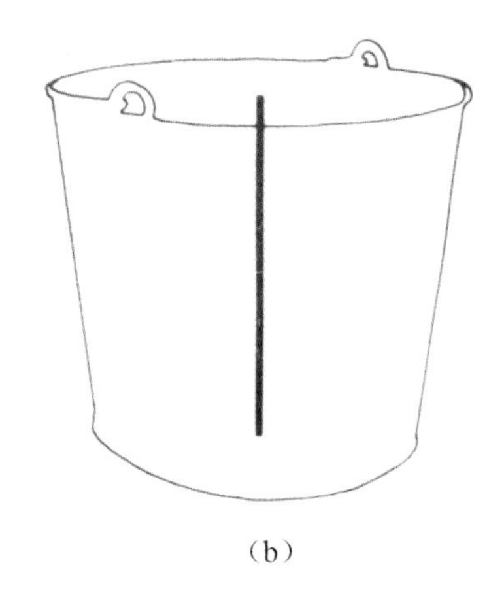
（b）

图 5-9 水桶的这些视图说明了基于图像的标准轴得出的任何坐标系的重要特征。图像（a）里的对（b）中所示的轴有用的技术与最适合（c）和（d）中的轴已被透视缩短的情况下的技术有很大不同。（重印自 D. Marr 和 H. K. Nishihara 的“Representation and recognition of the spatial organization of three-dimensional shapes”，伦敦皇家学会报告 B 系列第 200 卷，269 至 294 页，已获授权。）

（c）

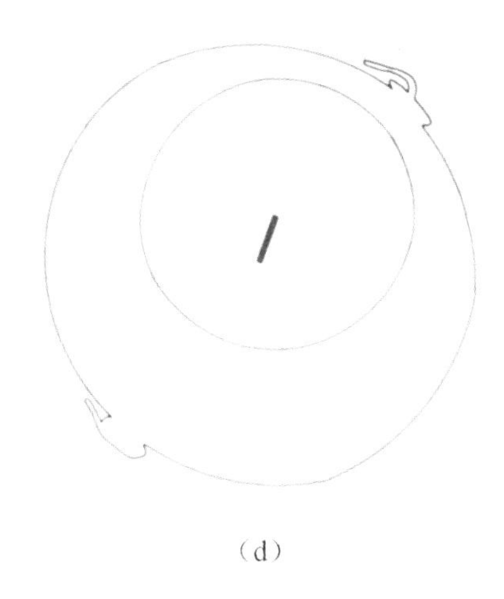

（d）

图 5-9　（续）

以观察者为中心的坐标系和以物体为中心的坐标系的关系

在二维图像中查找轴的技术描述了轴在以观察者为中心的坐标系中的位置。因此，我们需要把这些轴的参数转换到以物体为中心的坐标系中。如图 5-4 所示，三维模型表示中所有轴的位置都由附属关系指定。因此，实际需要的是一种根据以观察者为中心的坐标系中两个轴的参数来计算附属关系的机制。我们将这种机制称为图像空间处理器。

图像空间处理器可以非常简单，因为它只需要解释附属关系这一种位置参数。如我们所见，附属关系 $(p, r, \theta, \iota, \phi, s)$ 是指定向量 $\boldsymbol{S}$ 相对于轴向量 $\boldsymbol{A}$ 的位置的一种方式。图像空间处理器必须确保 $\boldsymbol{S}$ 的坐标在以观察者为中心的坐标系和以向量 $\boldsymbol{A}$ 为中心的坐标系中同时可用，从而在任一坐标系中指定向量 $\boldsymbol{S}$ 就能使其在另一坐标系中可用。这并不困难（更多详细信息请参见 Marr 和 Nishihara 的著作，1978）。

由图像空间处理器计算的附属关系的精度受在以观察者为中心的坐标系中指定向量 $\boldsymbol{A}$ 和 $\boldsymbol{S}$ 的精度的限制。由于正交投影丢失了深度信息，因此从视网膜图像导出的轴的朝向参数在朝向或远离观察者的轴倾角上最不精确。通常可以通过使用立体视觉、明暗、纹理、从运动中恢复结构和表面轮廓分析来粗略地重建轴的倾斜参数。识别处理过程提供的约束也可以用于提高倾斜参数的精度。我们将在之后讨论推导过程与识别的交互时考虑这种可能性。

三维模型的索引和目录

识别要用到两项内容：存储的三维模型描述的集合，以及集合中的各种索引。这些索引允许将新导出的描述与集合中的描述相关联。我们将上述集合及其索引称为*三维模型目录*。尽管我们对从图像中可以提取哪些信息的了解仍然很有限，但我们发现有三种访问目录的途径似乎特别有用。它们是特异性索引、附属索引和父母索引。

根据三维模型携带的信息的精度，我们可以把它们进行层级分类，并基于这种分类建立*特异性索引*。图 5-10 显示了这种组织方式在一些动物形状的模型上的示例。顶层包含可用的未分化的描述，即没有分解为组件的三维模型。这里仅指定了模型的轴，因此模型可以描述任何形状。下一细节层次上包含了各种肢体及四足动物、两足动物和鸟类的大致形状。这些描述对于模型中组件轴的数量及其沿主轴的分布（对大多数动物形状而言即为躯干）最为敏感。但对于组件的长度和朝向，这些描述则只包含了非常粗略的信息。再往下一层的描述对角度和长度变得更加敏感，因此我们可以在例如马、长颈鹿和牛的形状之间进行区分。为了将新导出的三维模型与目录中的模型相关联，我们从层级结构的顶部开始，逐步向下寻找形状参数与新模型一致的模型，直到达到与新模型的信息精度对应的特异性层次为止。

一旦从目录中选择了形状的三维模型，其附属关系便可以根据位置、朝向和相对尺寸来得出组件的三维模型。这为我们提供了另一种访问目录中模型的路径，我们称之为*附属索引*。例如，它表明位于四足动物模型前端的两个相似组件是普通肢体模型，而对于马的模型而言，它们就是更具体的马的前肢的模型。因此，在从图像推导出组件的形状的三维模型之前，附属索引为组件的形状提供了有用的默认值。此外，由于从图像得出的描述不充分（如因为组件没有什么结构），从而无法通过特异性索引访问目录中的模型的时候，附属模型也很有用。

第三个我们认为重要的访问途径是第二个访问途径的逆。我们将其称为三维模型的*父母索引*。当识别出形状的组成部分时，它可以提供有关整个形状可能是什么的信息。例如，可以在马的每个组件的三维模型下索引目录中马的三维模型。这也就让我们可以从马腿的三维模型访问马的形状的三维模型。

这种索引将在前述形状的重要的轴被遮挡或透视缩短的情况下起重要作用。当一匹马面对观察者时，躯干和后腿的轴被略去了，这可能会导致错误地将脖子的轴作为主轴。除非我们对这种情况做特殊处理，否则特异性索引将无法访问目录中的马的模型。此时的合理策略是在图像的组成部分上进行推导。在此示例中，这样可以生成头部、颈部和两个前腿的三维模型。特异性索引很可能可以在目录中找到头和腿的模型，并且每个模型都会通过父母索引来表明它是四足动物或马的三维模型的组成部分（具体取决于推导出的组件模型的质量）。这为考虑四足动物或马的三维模型作为整个形状的模型提供了有力的证据。

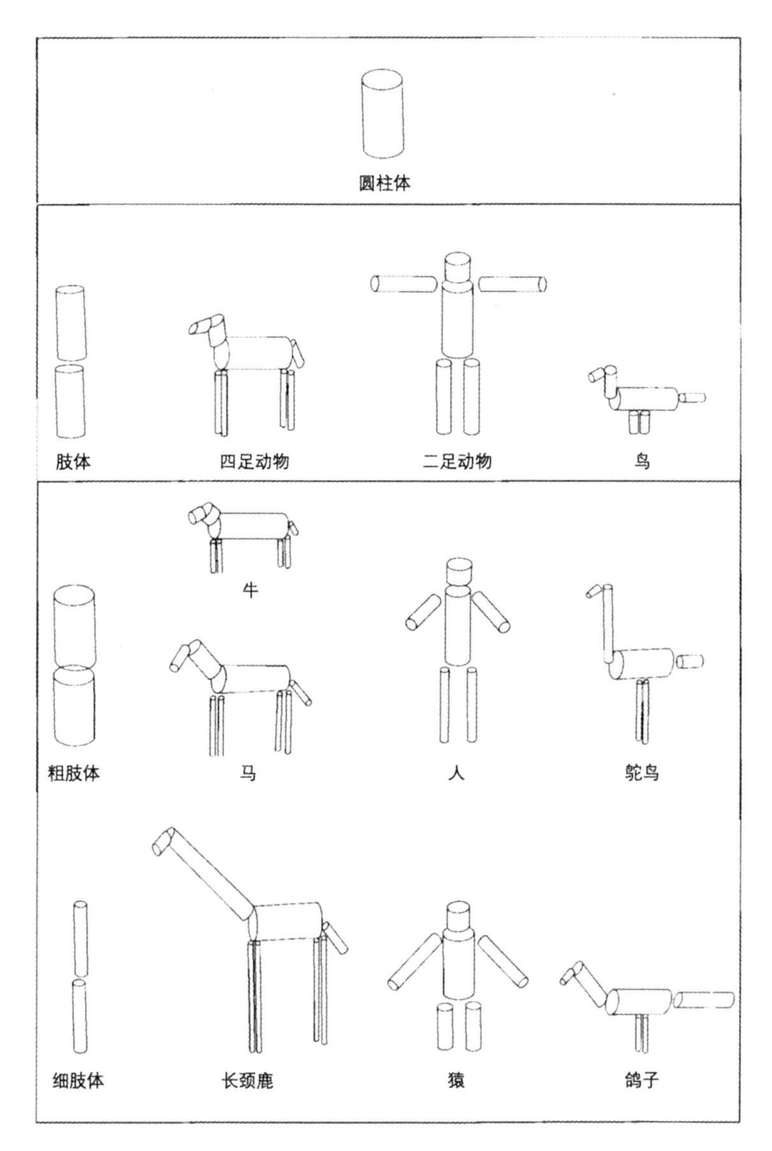

图 5-10　如果将新的形状描述与已知形状关联起来的识别处理过程是可靠的形状信息来源，则这一处理一定是很保守的。本图根据存储的形状描述的特异性说明了它们的组织（或索引）。第一行包含最一般的形状描述，其中仅包含有关尺寸和总体朝向的信息。这里不含对形状内部结构的约束，因而对所有形状的描述程度都一样。第二行中的描述包括了有关沿主轴的组件轴的数量和分布的信息，从而可以区分许多形状组态（此示例中显示了一些）。此处关于组件的相对尺寸及它们之间的角度仅有非常一般化的约束。在第三层中，这些参数变得更加精确，因而可以区分例如马和牛的形状。新推导的三维模型与该目录中的模型相关联的方法，是从顶层开始，并在新描述允许的范围内向下推进的。此处，它也可以分叉并形成一个新的形状类别。（重印自 D. Marr 和 H. K. Nishihara 的"Representation and recognition of the spatial organization of three-dimensional shapes"，伦敦皇家学会报告 B 系列第 200 卷，269 至 294 页，已获授权。）

要注意，相对于特异性索引，附属索引和父母索引的作用是次要的。而我们讨论的识别这一概念是基于特异性索引的。下面我们将看到，附属索引和父母索引的主要作用是提供上下文约束以支持推导过程。例如，它们可以在无法直接从图像中获取主轴位置的时候，指明主轴可能位于何处。它们不会影响我们准确地描述和识别新颖的复合形状，例如，半人马（即具有人的上半身的马的形状）。

在目录中包含其他索引可能也会有用。这些索引可能基于颜色或纹理特征（如斑马的条纹），甚至基于诸如动物发出的声音之类的非视觉线索。但这些不在本研究的范围之内。

推导和识别的交互

到目前为止，我们一直在分开处理对三维模型的推导过程及将导出的模型与三维模型目录中的已存储的模型相关联的过程。我们把识别看作一个从一般到具体的渐进过程。它涉及、引导并约束了从图像中推导描述的处理过程。在使用三个索引之一选择目录中的模型之后，我们希望使用它来改进我们对图像的分析。这包含两个阶段：第一，图像中的组件轴必须与目录提供的附属关系配对。第二，必须使用图像空间处理器将图像中可用的约束与模型提供的约束进行组合，从而推导出新的附属关系集。这些新的关系比目录中的模型的约束更具体。这第二阶段分析的约束必须通过与图像和目录信息均符合的附属关系来满足。Roberts（1965）首次在计算机程序中运用了使用形状的存储模型来帮助解释图像这一一般思想。该计算机程序根据图像中的立方体、楔形和六角形棱镜来生成对形状边缘的描述。

寻找图像和目录中模型的对应

第一阶段可以被视为一个同源性问题，即将目录中模型的附属关系与从图像中推导出的轴相关联。对这个问题我们没有完整的解决方案。例如，从侧面看马的剪影时很容易识别出马腿的轴，但是如果没有更多信息，通常就不能区分左前腿和右前腿。但是，我们通常可以接受这种二义性，因为两条腿的相应附属关系具有相同的整体朝向参数（它们仅是位置不同）。下面的分析也将用到这一点。

随着推导-识别处理的进行，可在图像与模型之间建立对应关系的信息也会增加。最初，沿着简笔画主轴线的位置信息优先度最高，因为它在透视投影中受到的扭曲最少。最初可获得的其他线索包括：（1）组件轴的形状的相对厚度（马的脖子比腿粗得多），（2）组件轴的可能的分解方式（马的尾巴和腿可能大体上是笔直的，但它的胸有两个组件，它们之间总是有很大的夹角），（3）对称或重复（一匹马的腿都具有相同的粗细并且大致平行，因此在图像中具有大致相同的长度和朝向，这让我们可以把它们和马尾区别开来)，(4)附属关系中的 ϕ 的差别(在图像中，马的腿和尾巴通常延伸到躯干的一侧，而脖子则延伸到另一侧)。总体而言，这些线索通常足以将三维模型的主要组成部分与从图像中得出的轴相关联。

同源信息也可以从附属索引和父母索引中获得。使用附属索引从目录中获得三维模型后，该组件轴的极性也就自动确定了。例如，当对马的图像的分析推进到马腿之一的时候，腿部轴线的极性由其与躯干的连接来表示(马蹄在连接点的远端)。当使用父母索引，基于识别出的形状组件来选择目录中的模型时，这些识别出的组件的匹配会很大程度上约束其余组件的匹配。例如，在一匹马面对观察者的情况下，可以从头部、颈部和前腿的位置中找到图像中显示的躯干的位置。

约束分析

一旦在三维模型和图像之间建立了同源性，我们就想使用同源性提供的信息来约束轴的可能倾角。这里的基本思想是，通常只有几种图像中投影轴的倾角参数的组合，可以使从图像得出的附属关系与目录中模型提供的那些附属关系相一致。同样意义上，对目录中的模型的主轴而言，它通常只有几个(相对于观察者的)朝向可以使其组件轴与图像中的投影轴紧密匹配。

来自图像和目录模型的信息的组合通常足以确定唯一的轴的倾角，至多相差一个相对于图像平面的镜像反射。例如，图 5-11(a)显示了矢量 $\boldsymbol{A}$ (相对于观察者)的朝向的轨迹。轨迹上的朝向保证 $\boldsymbol{A}$ 和矢量 $\boldsymbol{S}$ 之间的倾角为 90°，以及它们在图像平面上的投影之间的夹角为 47°；图 5-11(b)显示了 45° 的倾角和 −111° 的投影角度所允许的朝向；图 5-11(c)显示了两者的交集。如图中的其他示例所示，这些约束的清晰度取决于特定的视角，也取决于三维模型的特定附属关系。一般来说，当组件轴的朝向非常不同，且主轴线不位于图像平面中时，我们得到的约束最强。

有几种算法可以使用这些约束。最简单的或许就是通过松弛处理，逐步调整 $\boldsymbol{A}$ 的方向以寻找一种配置。在该配置下，由图像空间处理器计算出的目录模型的各组件轴夹角的投影与简笔画中的夹角最为吻合。此时，向量 $\boldsymbol{A}$ 就代表了与所有约束最为一致的主轴朝向。并且，图像空间处理器可以使用其另一个向量 $\boldsymbol{S}$ 通过使用目录中模型的附属关系来计算每个组件轴的朝向。当约束足够强时，这种爬山算法可以有效收敛。

除了松弛化目录模型中主轴的朝向之外，我们还可以松弛化从图像获得的笔画的倾角。在这种情况下，获得差异度量需要比较从图像中的各个笔画之间得出的附属关系及来自目录的相应附属关系。这种方法很有趣，因为在其实现中，图像空间处理器执行的所有转换都在同一方向上(从以观察者为中心的到以物体为中心的坐标)。在最后一步中，我们可以使用改进的朝向信息来从图像中恢复更多信息。特别是在一旦确定了轴的方向之后，就可以计算它们的相对长度。

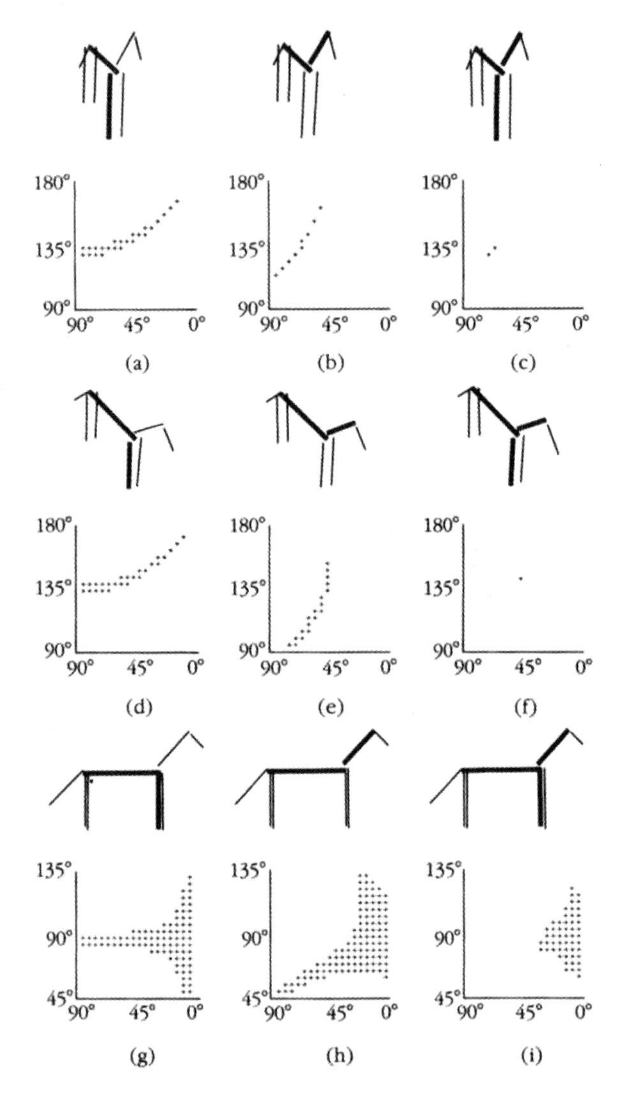

图 5-11 如果我们知道矢量 ***S*** 与轴矢量 ***A*** 形成的三维倾角ι，以及该角的二维投影，那么 ***A*** 的坐标系相对于观察者的朝向就受到很大的约束。（a）图所示的是，与90° 的三维倾角和对应的简笔画中的粗线之间的图像内角度相一致的朝向（允许图像内角度有5° 的误差）。图中的横轴表示 ***A*** 从图像平面向观察者倾斜的角度，而纵轴则是坐标系绕 ***A*** 旋转的量。（b）表示与$\iota = 45°$ 及躯干轴和颈部轴在图像上的可见角度一致的朝向的集合。在（c）图中，两者的交集被限制在一个狭窄的朝向范围内，该交点向图像平面外的倾斜度约为67°（另一个此处未显示的解为−67°）。其余各行分别针对45° 和0° 的倾角进行了相同的分析。这种方式可以将来自图像的二维信息和来自存储的三维模型的角度进行组合，以提供非常准确的有关看到的物体相对于观察者的空间位置的信息。（重印自 D. Marr 和 H. K. Nishihara 的 “Representation and recognition of the spatial organization of three-dimensional shapes”，伦敦皇家学会报告 B 系列第 200 卷，269 至 294 页，已获授权。）

整个识别处理过程可以总结如下。首先根据沿主轴长度的组件的分布从目录中选择一个模型。该模型提供了相对朝向的约束，并帮助确定了图像中组件轴（相对于观察者）的绝对朝向。借助此信息，图像空间处理器可以计算组件轴的相对长度。这一新信息可以随后被用来区分特异性索引中下一层的形状。

5.6　心理学的考量

在我们对初草图的研究和对能够从此类图像表示中获取表面信息的处理的研究中，很大程度上受益于神经生理学和心理物理学的发现，也受益于仔细计算检验了哪些结果究竟能从可用信息中推导得到。我们的方法相当依赖于模块化原则（Marr，1976）。该原则指出，任何大型计算都应分解为小型、几乎独立且特化的子过程的集合。我们的分析基于心理物理学和日常经验给出的关于模块可能是什么的证据。其基本观点是，如果视觉信息处理不是以模块化方式组织的，那设计上的增量改变将无法在不降低许多其他方面的运作的情况下，改善视觉性能的某一方面。但这样的增量改变想必是进化发展中所必需的。

可惜，生命科学对于后期视觉处理过程中的各种问题给不了什么帮助。关于调节对世界的三维视觉描述的构建的生理学和解剖学处理，我们知之甚少。事实上，哪怕是最好的心理学论述在很大程度上都是猜想，而且都是从神经学而非心理物理学研究中得出的。

不过，我认为很清楚的是，原则上，人脑必须构建物体及其占据的空间的三维表示。正如 Sutherland（1979）所说，这里至少有两个很好的理由。首先，为了操纵物体并避免撞到它们，生物必须能够感知并表示物体表面在空间中的位置。这意味着至少需要 2.5 维草图之类的表示。其次，为了能通过物体的形状来识别它，并随后评估该物体对于动作的重要性，我们必须从图像中构建某种三维表示，并以某种方式将其与已和其他知识相关联的存储的三维表示进行匹配。正如我们所看到的，构建和匹配这两个处理过程没法被严格分开，因为三维表示的构建可能自然包含连续地查询越来越具体的存储形状的目录这一方面。

这迫使我们在研究这些后期问题时，更多地依赖对计算和表示的需求的仔细考量。直白地说，这些很强的约束来自表示的用途。

我们讨论了将形状表示用于识别时其应满足的要求。我们得出了三个主要结论：用于识别的形状表示应（1）使用以物体为中心的坐标系，（2）包括各种大小的立体基元，以及（3）具有模块化组织。由此，一个显然的选择是基于形状的自然轴（如简笔画中标识的轴）的表示。此外，我们已经看到，在这种表示中推导形状描述的基本处理过程必须涉及一种在其图像中标识形状的自然轴的方法，以及一种将以观察者为中心的轴的参数转换为以物体为中心的坐标系的参数的机制。

最后，我们看到了识别处理本身如何涉及了两个交织在一起的部分，从图像中直接推导形状信息及在识别-推导处理中逐步配置越来越详细的三维模型。因此，识别处理的关键要素是存储的形状描述的集合和对其进行的各种索引。这些索引允许将新推导出的描述与适当的存储的描述相关联。关于这些索引最重要的一点是，它们可以根据从图像中得到的可用信息的特异性，从一般到具体地稳妥推进形状识别。

我们可以尝试通过两种方式来实证检验这些想法与人类视觉系统中识别处理的相关性。我们可以尝试发现视觉处理的表示中显式化表达的信息类型，也可以尝试使用类似 Shepard 对心理旋转的研究的方法，寻找推导和维护这些表示的处理过程之间的关联。第一种方法更贴近根本：是否用到了三维表示，它是否具有模块化组织，而它又是否以物体为中心？这些问题尚待实证检验。但这里有三点值得注意。首先，我们很容易识别诸如图 5-1 中所示的简笔画中的动物，尽管图中描述的形状信息相当有限。虽然这并不表明人类的视觉处理过程是基于简笔画的，但它确实表明简笔画所携带的信息在其中起着重要作用。

其次，如图 5-12 所示的（最初由恩斯特・马赫发现的）错觉表明了对局部形状信息的描述是相对于具有更全局化的定义的轴的。右侧的形状排成一行，就被视为菱形；而左侧它们沿对角线排列，就被视为正方形。因此，对角轴线是在分析该图样时构建的。它影响了对局部元素的形状的描述。自然，这也意味着它的构建可能在描述局部元素形状之前。

图 5-12 在图中很容易看到，选择不同的以物体为中心的坐标系对形状的感知效果的影响。使用不同的自然轴，黑色的形状可以被看作菱形或正方形。（重印自 F. Attneave 的“Triangles as ambiguous figures”，美国生理学杂志第 81 卷，447 至 453 页。）

第三，Warrington 和 Taylor（1973）关注了他们的右顶叶损伤的患者在解释特定视角下的常见物体时遇到的困难。Warrington 和 Taylor 称其为非常规视角。例如，这些患者将无法识别水桶的俯视图（参见图 5-9 中的（c））。即使被告知这是水桶，他们也会否认这一点。在图 5-9（a）之类的视角下，患者相对没有受到太大的影响。正如 Warrington 和 Taylor 所指出的，因为这两种水桶的视角都很常见，而深度对于图 5-9（a）和图 5-9（c）的三维结构同样重要，所以这种区别不能简单地用熟悉程度或深度感知的受损来解释。但是，如果用于识别的内部形状表示基于形状的自然轴，那第二张图将更难以被正确描述，因为它的主轴被透视缩短了。如果这种解释是正确的，那么 Warrington 和 Taylor 的非常规视角就将对应于图像中形状的重要的自然轴被透视缩短的视角，这也使患者难以在形状的标准坐标系中发现或推导描述。

第6章

总结

我们对这种新的视觉计算方法的综述现已完成。尽管论述中还存在许多空白，但我希望它已经充实到足以为该主题建立坚实的论点，并促使读者开始判断其价值。在这一简短的章节中，我将从一个非常宽泛的角度，探究方法整体的最重要的一般特征及它们之间的关系。我也会尝试讨论这种方法所隐含的研究风格。方便起见，我把论述分为四个要点。

第一点是我们在整个论述中都坚持的——不同层次的解释这一概念。该方法的中心原则是，要了解视觉是什么及它是如何工作的，仅从一个层次上进行理解是不够的。仅仅描述单个细胞的反应是不够的；仅仅能够局部预测心理物理学实验的结果也是不够的；即使能够编写能以所需方式近似执行的计算机程序也还是不够的。我们必须同时做所有这些事情，此外，还要非常注意我所说的计算理论的层次。认识到这一层次的存在性和重要性是我们的方法最重要的方面之一。认识到这一点后，就可以明确地阐述三个层次的解释（计算理论、算法和实现），然后可以清楚地看到这些不同层次与可以进行的不同类型的实证观察和理论分析之间的关系。我特别强调计算理论的层次，不是因为我认为它本质上比其他两个层次更重要，毕竟我们的方法的强大之处在于将所有三个层次的分析整合在一起；而是因为它是以前没有被认可和被采用的解释层次。因此，这可能是该领域的新手要掌握的最困难的想法之一。仅出于这个原因，在任何入门书中都不应低估其重要性，而我正希望本书成为一本入门书。

第二个要点是从信息处理的角度来看，我们已经能够为视觉处理过程制定一个相当清晰的整体框架。该框架基于这样的思想，即视觉中的关键问题围绕所使用的表示的本质（即在视觉中显式表达的世界的特定特性）及恢复这些特性、创建并维护表示，并最终读取它们的处理过程的本质。通过分析视觉问题的空间方面，我们得出了一个视觉信息处理的总体框架。该框架以三个主要表示为基础：（1）初草图，关注于显式化二维图像的特性，这些特性的范围包括从强度变化的量和位置及局部图像几何的原始表示，到复杂的反射率分布中存在的任何高阶结构的层级描述；（2）2.5 维草图，以观察者为中心的可见表面深度和朝向的表示，同时包括这些量中的不连续点的轮廓；（3）三维模型表示，其重要特征包括以物体为中心的坐标系，表示中包含的立体基元（可以显式化物体所占据的空间的组织，而不仅仅是其可见表面），以及表示中包含的大小不同的基元，并以一种模块化的、具有层级组织结构的方式排布。

第三个要点涉及对从场景的图像中恢复场景物理特性的各个方面的处理过程的研究。为此类处理制定计算理论的关键是发现对世界行为方式的有效约束；同时，这些约束应提供足够的附加信息以允许恢复想要的特性。我们在第 3 章中看到了许多示例，表 3-3 对此进行了总结。这种分析的效力在于以下事实：从有效且足够普遍的约束条件下得出的关于视觉的结论可以和其他科学分支的结论一样经得住时间的考验。

此外，一旦对处理过程的计算理论进行了建模，就可以设计实现它的算法，并将其性能与人类视觉处理的性能相比较。这会产生两类结果。第一类，如果两者的性能本质相同，则我们就有了很好的证据来表明基础计算理论的约束是有效的，并且可能被隐式应用于人类视觉处理中；第二类，如果计算处理过程能与人类的能力相匹配，则它很可能已强大到足以作为构成通用视觉机器的一部分。

最后一点涉及这种方法的方法论或风格。它牵涉到两个主要观察结果。首先，在图 6-1 中明确列出了表示和处理过程之间的对偶关系，这通常可以为研究特定问题时如何最好地进行思考提供有用的帮助。在对表示和处理过程的研究中，日常经验或具有相当普遍性质的心理生理学甚至神经生理学的发现往往指出了一般的研究问题。这种一般性观察通常可以导致对特定处理过程或表示理论的建模。其中具体的示例可以被编程或进行详细的心理物理学测试。一旦我们对这一层次的处理过程或表示的正确性有足够的信心，就可以探寻其详细的实现过程，其中会涉及神经生理学和神经解剖学里终极且非常棘手的问题。

第二个观察结果是，正如在任何其他科学领域不存在发现事物的直接程序一样，对于我们这种类型的研究也没有真正的通用方法（尽管我有时表示这样的通用方法存在）。不过，研究的乐趣之一就是我们永远无法真正知道下一个关键点将来自何处：一段日常经验、神经系统的缺陷报告、三维几何的定理、超视锐度的心理物理学发现、神经生理学的观察或是对表示问题的仔细分析。所有这些信息都在构建我所描述的框架中发挥了重要作用，并且它们可能会继续以一种有趣且不可预测的方式为框架的发展做出贡献。我只希望这些观察可以说服我的一些读者加入我们刚刚共同经历的探索，并帮助我们一起完成这项漫长而有意义的事业——解开人类视觉感知之谜。

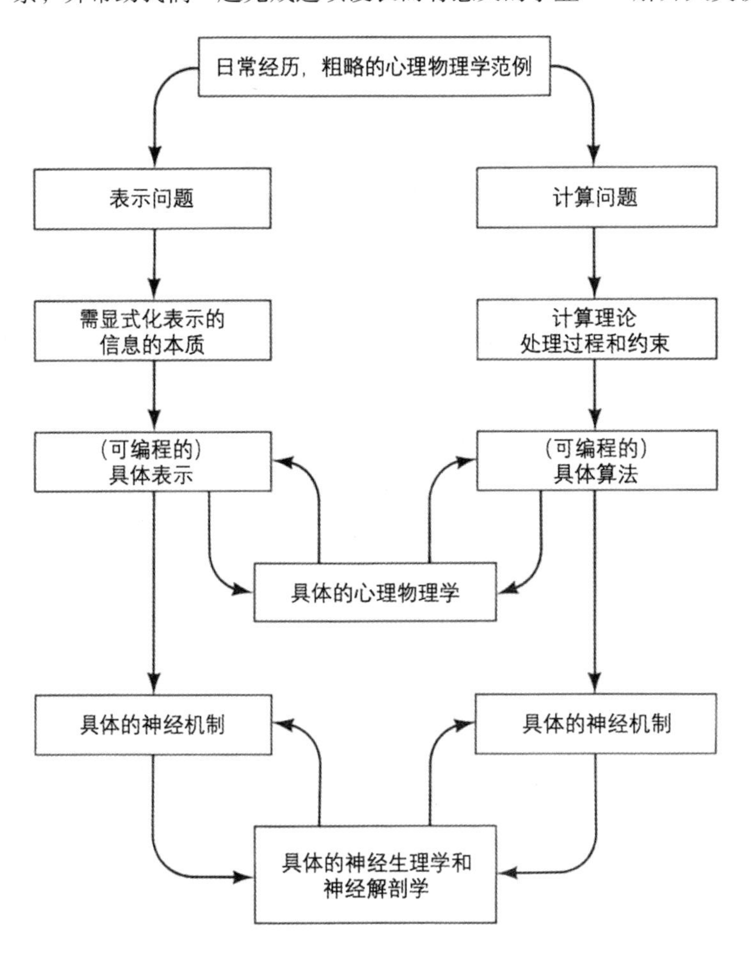

图 6-1　表示和处理过程的关系。

第Ⅲ部分

尾声

第 7 章

对计算方法的辩护

7.1 引言

在本书的第Ⅰ部分和第Ⅱ部分中，我尝试详细介绍了一种将视觉感知主要视为信息处理问题的方法。其中我已经回应了最常见的反对意见，但是从我在演讲和对话中传达这种观点的实质的经验来看，我预期读者仍会有一些疑问。这些问题可能很简单，例如，认为我提出的机制过于牵强，或者是另一个极端，认为其缺乏想象力。

但是，在正文中回应所有可能的反对意见会破坏论述的连贯性。因此我认为最好单独回答这些问题。我的回应以假想的怀疑者与假想的信息处理观点维护者之间的对话的形式呈现。这些对话基于 Francis Crick、Tomaso Poggio 和我在索尔克研究所共进午餐时的交谈，但和我们的交谈不完全一致。我的想象中的反对者是许多现实生活中的人的组合。讨论没有清晰的结构，涉及的主题也很多，但这似乎是不可避免的。

7.2 一段对话

既然你认为多层次的解释如此重要，那我们就从它说起。它与特征检测器，特别是与 Horace Barlow 的第一法则（1972，第 380 页）的想法的关系是什么？Barlow 的第一法则指出："如果我们可以描述单个神经元到如何影响其他神经元的活动，也可以描述单个神经元如何回应其他神经元的影响，那这已经足以充分解释整个神经系统的功能。”

当然，我不同意 Barlow 的模型，尽管我确实同意法则背后的想法，即不存在其他东西来观察细胞是在做什么的，也即神经元细胞它们本身是感知的最终关联。但是，这一法则没有考虑第一层次的分析（即计算理论这一层）。我们无法仅通过思考神经元来理解立体视觉，我们必须了解立体视觉的唯一性、连续性和基本定理。我们不可能在不知道如运动恢复结构定理这样的结果的情况下，真正理解从运动中恢复结构这一任务本身，因为该定理表明了为什么这种现象是可能发生的。此外，对于研究人员而言至关重要的是，层次方法要求其在治学时努力遵循严格的智识规则。打个比方，任何在机制或神经元的层次的思考都很可能不够精确。

请记住 3.3 节中讨论的早期立体视觉网络的教训！他们中没有一个人在顶层精确地建模了计算问题，以至于几乎所有提出的网络实际上都在计算错误的东西。另一个例子是将图像分成区域和物体这一分割的概念。它浪费了大量时间，并导致研究员提出了各种用于将图片小块聚集成有用区域的特殊的松弛方法和假设检验方法（请参阅第 4 章）。问题再次出在人们对做某事的机制非常着迷，以至于他们错误地认为他们已经足够了解它，并可以为之建造机器。这就和较简单的立体视觉的情形一样。真正的进步只有通过第一层的建模来取得，即对 2.5 维草图及随之而来的精确表述的问题的建模。

我的论证够强了吗？层次的概念至关重要，没有它就无法理解感知。思考突触小泡、神经元或轴突永远无法理解感知，就像只研究羽毛不能理解飞行一样。空气动力学提供了正确理解羽毛的背景。另一个关键点是我们必须在适当的级别上对给定现象进行解释。例如，尝试在晶体管层次理解在 IBM 370 上运行的快速傅里叶变换是没有用的。这没有意义——太难了。

再以视网膜为例。我认为，从计算角度来看，它向 $\nabla^2 G * I$（X 通道）及其时间导数 $\partial/\partial t\,(\nabla^2 G * I)$（$Y$ 通道）发出信号。这是视网膜功能在计算角度上的精确说明。当然，它的功能还有很多——它传导光，允许巨大的动态范围，有一个具有有趣特征的中央凹处，可以四处移动等。我们接受的对视网膜功能的合理描述取决于我们的视角。我个人自然是从信息处理的角度出发，所以接受 $\nabla^2 G$ 作为适当的描述。视网膜生理学家不会接受这一点，因为他们会想确切地知道视网膜是如何计算这一项的。另一方面，受体化学家几乎不会承认这些思考与视网膜存在任何关系！每个观点对应于不同的解释层次，而最终所有这些层次都应得到合理的解释。

是的，我明白了。你只是在论述，从信息处理的角度来看，要做的事情及它们为什么具有最重要的意义——这是你的理论的最高层次。在这一视角，实现细节并不重要，只要它们做的是正确的事情即可。

我想进一步强调这一点。图 7-1 显示了对同一事物的三种描述。最上面的是我们非常熟悉的数学描述 $\nabla^2 G * I$。图 7-1 中的（b）显示了一片视网膜，我们相信它至少部分实现了这一点。图 7-1 中的（c）展示了由休斯研究实验室的 Graham Nudd 为我们制造的采用电荷耦合器件技术的硅芯片，该芯片实现了 $\nabla^2 G$ 卷积。因而实际上，这三样东西——公式、视网膜和芯片——在对其功能的最一般描述上都是相似的。

$$\nabla^2 G * I(x,y),$$

其中，$\nabla^2 G(r) = -\frac{1}{\pi\sigma^4}\left(1-\frac{r^2}{2\sigma^2}\right)\exp\left(\frac{-r^2}{2\sigma^2}\right)$

（a）

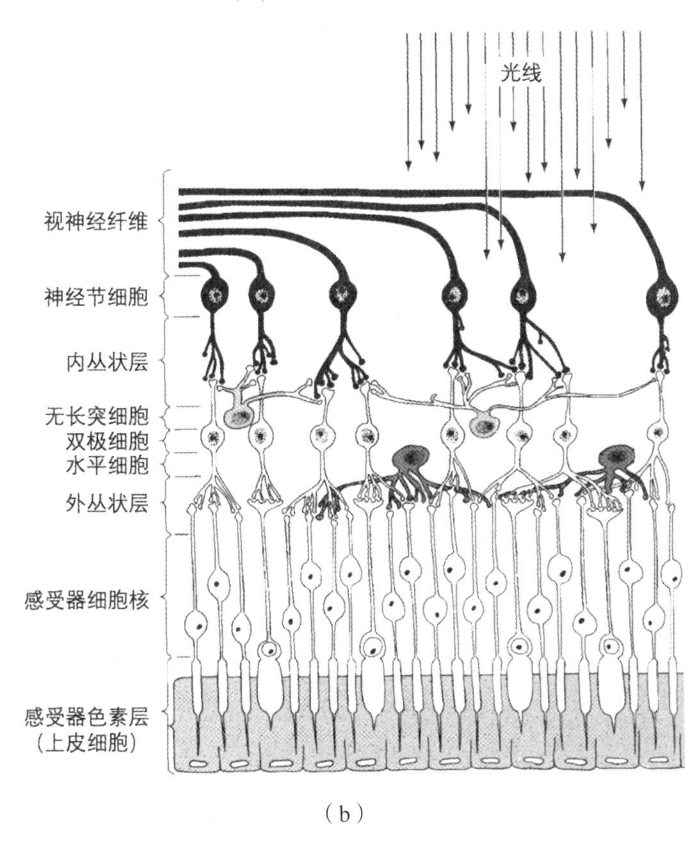

（b）

图 7-1　（a）描述图像初始滤波的数学公式。∇^2是拉普拉斯算子，G是高斯算子，$I(x,y)$代表图像，而*代表卷积运算。（b）视网膜的横截面，其一部分功能是计算（a）中的公式。（c）休斯研究实验室的 Graham Nudd 制造的硅芯片的电路图。该芯片能以电视所需的频率计算（a）中的公式。

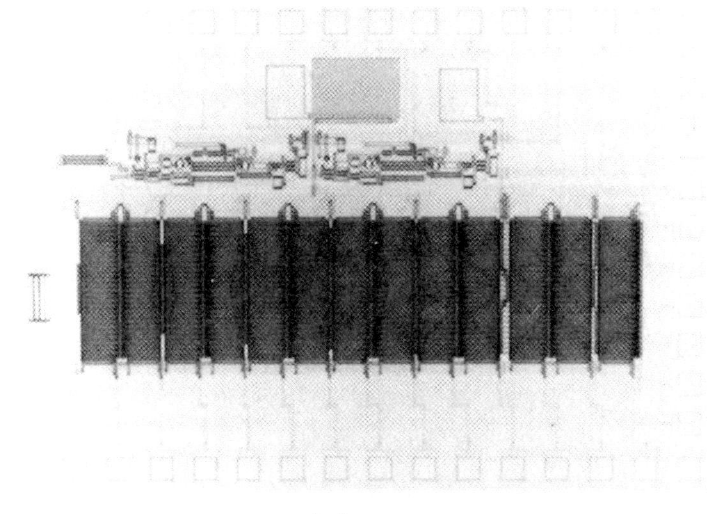

（c）

图 7-1 （续）

不同层次的解释真的独立吗？

并非完全如此。处理的计算理论完全由要解决的信息处理任务确定，因此它确实大致独立于算法或实现层次。算法则显然在很大程度上取决于计算理论，但也取决于实现算法的硬件的特性。例如，生物学组织更容易支持并行而非串行算法，而当今的数字电子技术则可能相反。

我真的不能接受计算理论如此独立于其他层次。确切地说，我可以想象一个处理过程可能存在的两种截然不同的理论。理论 1 可能在很大程度上比理论 2 优越，后者可能只是前者在某种意义上的低配版，但神经网络可能没有实现理论 1 的简便方法，但可以很好地完成理论 2。因此，详尽地发展理论 1 就是白费功夫。

是的，这肯定有可能发生，并且我认为它已经存在于从明暗中恢复形状的处理中。如果说从明暗中恢复形状的 Horn 的积分方程对人脑中的神经网络而言太难了，而电脑却可以求解这些方程的简单情形，我一点也不会感到意外。人类从明暗中恢复形状的能力非常有限，且它可能基于经常被违反的过于简单化的假设——这就是前面提到的理论 2。然而，我觉得即使在这种情况下，像 Horn 那样进行深入研究的努力也没有白费。尽管它不会提供有关人类如何从明暗中恢复形状的直接信息，但它可能会提供不可或缺的背景信息，使得我们能发现我们使用的那个低配版本。

那旧的特征检测器的思想如何？它们在你的理论中的位置是什么？

从历史上看，我认为特征的概念（我现在不打算精确定义它）在将我们的观念从 Lashley 的整体活动说转向更具体关注单神经元作用的现代观点中起了重要作用。Lashley 的学说认为人脑是一团能思考的糨糊，其中唯一的关键因素就是其在特定时刻正在工作的部分的占比。这一运动是由 Barlow（1953）、Kuffler（1953）、Lettvin 等人（1959），当然还有 Hubel 和 Wiesel（1962，1968）发起的。从本质上讲，这些发现最终导致一个想法，即单个神经细胞的功能之一就是，对输入中存在的特定的、非常具体的组态显式发出信号。这种想法就是根据特征来建模的。

但是，这里有许多引人关注的要点，主要由以下基本问题引起：图像中的特定组态何时暗示环境中的特定组态？我们在第 1 章中遇到过的第一个要点与实际如何描述环境有关。例如，从真实的意义上讲，青蛙没有检测到苍蝇——它检测到大小合适的小且运动的黑点。类似地，家蝇并不能真正表示它的视觉世界——它只计算几个参数 $(\psi, \dot{\psi})$，并将其代入快速的力矩产生器中，使其能以足够的成功率追赶其配偶。另一方面，我们绝对计算出了实际可见表面的显式属性。而视觉系统进化的一个有趣方面是其逐渐朝着表示视觉世界中更客观的方面这一艰巨任务发展。回报是系统的灵活性，而代价是分析的复杂性，以及因此所需的时间和脑容量。

但是特征这一概念似乎还不止于此？

是的，这也是一组有趣的问题。这些问题在某种程度上回溯到感知哲学家，他们将“感官原子”归类为更大的感官体验“分子”，即我们可以识别的事物。我们也许可以追究基于特征的识别的传统思想。这始于 Barlow（1953）的想法，涉及 Kruskal（1964）的多维标度技术，Jardine 和 Sibson（1971）关于聚类分析的出色工作，我对新皮层的早期想法（Marr，1970）和统计决策理论的海量文献。

这里的主要思想是什么？

它们寄希望于我们看见了图像，检测了图像上的特征，并使用发现的特征进行分类，从而识别出正在查看的内容。该方法基于一个假设，基本上是说，有用的物体类别在某个多维特征空间中定义了凸的或近似凸的区域，其中的维数对应于所测量的各个特征。也就是说，“相同”的物体（即属于同一类的成员）比不同的物体具有更多相似的特征。

这听起来完全合理。有什么问题吗？

很遗憾，这个想法本身就不对，因为视觉世界是如此复杂。特征是指图像还是物体？不同的照明条件或是不同的视角会产生根本不同的图像。即使我们限制世界中仅包含孤立的二维手工印制的字符，也很难决定特征应该是什么。想象一下 5 逐渐变成 6 时，角消失了，缝隙变窄了。几乎没有对任何数字都是必需的特征。解决此问题所需的视觉描述必须更加复杂，并且不与我们自然认为的其表示的是笔画运动序列有那么直接的关联。

所以，你的主要观点是世界太复杂，因而不能被特征检测器思想所建议的那种分析所解释？

对。当然，例外情况是我们可以严格限制视觉环境的时候——这包括光照、视角、可见元素的范围等。如果这样做，那就可以取得一些进展；否则就不行了。我们必须仔细阅读文献才能看到这一点。尽管负面结果在决定是否采用特定的研究路线时非常重要，但人们在文献中却不会报告它们。

那对于不能被严格限制的研究领域，我们还有哪些选择？

基本上有两个：使用更复杂的决策标准或使用更好的表示。使用更复杂的决策标准意味着放弃类别对应于特征的凸聚类的希望，并在决策过程中引入逻辑思想，从而在分类过程中的特定点提出的问题可以依赖于刚刚获得的答案。可以说，人工智能是从这种方法发展而来的。它导致将识别或分类视为解决问题的一种练习。解决方案的决策和路线敏感地依赖在此处理过程中发现的部分结果，而这些决策又决定了接下来部署的使处理得以继续的信息。我们在第 5 章中看到了这种思维的一些示例。另一种选择是使用更适合于当前问题的单个或一系列表示形式。在实践中，这对于特定的视觉情况来说是更重要的任务。尽管对于医学诊断等问题，研究解决问题的方法可能更有意义。

也许我们还有其他方法可以考虑这些事情？比如，Winograd（1972）的程序性知识表示如何？按照这种方法，程序可以代表诸如拾取或方块之类的术语。如果要拾取方块，只需按顺序运行两个程序即可。这在我看来好像很有道理。这与你上述的两个选择有何关系？

程序性表示并不是一种真正的表示；它是一种实现机制。表示是具有更精确定义的对象。例如，从来没有任何定义程序性表示的范围或建立其任何唯一性特征（参见第 5 章）的结果。从表示角度而言，它和属性列表没有区别！如我们所见，为了定义表示，我们必须定义其基元，它们的组织方式，等等。而这些程序性表示中的基元只是所用编程语言的基元——在 Winograd 的例子里就是 PLANNER 或 LISP 的基元。这样的基元在任何高级描述中都无法表示处理过程实际上在做什么，就像机器语言程序中用于快速傅里叶变换的各个指令对于理解该变换都毫无用处。要理解和操作代码，必须在代码中添加注释。在这一点上，从操纵者的角度来看，实际上是这些注释（而不是代码）提供了代码在做什么的表示。G. J. Sussman（1975）的 HACKER 程序本质上是在特定且受限制的编程域内编写有用的标准注释的练习。

为什么你说属性列表不是表示知识的方式？真的不是吗？

我没有这么说。我说的是它本身不是一种表示。属性列表是一种编程机制，它可以被用来实现表示，但它本身并不是表示。要说明这一点，只需要问一些简单的问题：属性列表可以表示什么，又表示不了什么，或者用我们之前的话说，其表示范围是什么？每个描述是否唯一？对属性列表或是程序提出这些问题毫无意义。这两者从表示论的观点来看是通用的，因为实际上它们都处于解释的下一层次，关乎于决策的实现。它们是实现机制，而不是表示形式。选择一种而非另一种机制将影响程序员使某条信息显式化的难易程度，但是要将哪些信息显式化或不显式化的决定则取决于表示本身，并且独立于执行机制。

好。那在这里让我们再次看看特征这个想法。肯定是特征的概念最终导致了这样的想法，即表示的作用包含将特定信息显式化，不是吗？

是这样的。但我确实认为，现在已经是时候放弃那些旧的思维方式了。首先关注可以充分描述图像，然后再描述视觉世界的其他方面的表示系统将会更加富有成果。我同样觉得重要的是，不要太着急将我们的想法立即与神经元联系起来。应该首先确保我们的表示和算法是合理的、稳健的，且得到了心理物理学证据的支持。然后，我们再深入研究神经生理学。

在离开这个话题之前，我觉得还有另一件事要讨论。这个问题关于特征——从现在开始，我们称它们为描述——及获取它们的度量。描述性元素（也许我们可以称其为断言）与度量之间到底有什么区别？这一点重要吗？

这件事涉及两个问题。第一个是我从 1974 年起就感到困惑的历史问题；第二个问题是现代问题。让我们首先看一下历史问题。简而言之，人们混淆了度量和断言。例如，一个具有中心-周边感受野的细胞将对斑点产生响应，但也会对许多其他事物产生响应：一条线、一条边、两个斑点等。实际上，人们通常只能说它发出了例如我们的老朋友 $\nabla^2 G * I$ 这样的卷积信号。然而，人们确实将这些细胞称为斑点检测器。

在视网膜上这还不那么糟糕，但是如果我们采用 Hubel 和 Wiesel（1962）对简单细胞的定义（即最简单的感受野类型），它确实也将对一个兴奋带和一个抑制带进行线性卷积，发出类似一阶方向导数的信号。我现在不相信这些细胞是线性卷积器（参见第 2 章），但要点是人们将它们同时视为线性卷积器和特征检测器，而这是一个智识上的谬误。当然，我们可以用此类卷积器的输出来找到边，但是这需要额外的工作。我们必须在一阶导数中找到峰值，或者在二阶导数中找到过零点。当然，我们现在自然认为简单细胞实际上是过零检测器。但关键是，仅仅由于计算机视觉研究者和生理学家的思考不够严密，他们错失了关于早期视觉的全部丰富的理论（参见第 2 章）。

第二个问题是现代的，我也已经在第 2 章中提到过。它与视觉何时及如何“变得符号化”有关。大多数人会同意强度阵列 $I(x,y)$ 甚至其卷积 $\nabla^2 G * I$ 并不是很符号化的对象的观点。它是一个连续的二维数组，几乎没有明显的兴趣点。然而，当我们谈论人、汽车、田野或树木时，我们的论述显然是相当符号化的。我再次认为，大多数人会在 Hubel 和 Wiesel（1962）的论述中找到关于符号的提议。我们的观点是，视觉几乎在过零点的层次就开始变得符号化了。这种观点的优点在于，完成从模拟的数组式表示到离散的、有朝向的、倾斜的过零段的过渡中几乎没有信息的损失（Marr, Poggio, and Ullman，1979；Nishihara，1981）。

符号的使用也不止于此。几乎整个早期视觉显相都具有很强的符号化的特征。终端、不连续点、位置标记、虚拟线、组、边界——所有这些都是非常抽象的构造。我们几乎没有发现过它们在神经生理学上的关联，但是像 Stevens（1978）著作中的实验告诉我们，这些东西一定存在（参见第 2 章）。

我们还能怎样解释这些现象呢？像 Chomsky 所用的那种基于转换或语法的方法怎么样？

人们已经试图写过图像的语法，包括线图所必须遵循的规则（Narasimhan，1970）。但是它们总体上是不成功的，而且在真实图像上从来没有成功过。我认为，最好的早期方法是 Guzman（1968）、Mackworth（1973）和 Waltz（1975）的著作中对积木世界的分析。遗憾的是，这些分析并没有办法泛化，因为就像人工智能的很多研究一样，它们受限于错误地选择了一个迷你世界。人工智能的最大价值在于它迫使人们通过编写程序来证实自己的观点，而在这样做的过程中，人们常常发现自己的观点是错误的。它迫使人们采用一种建设性的思维方式，而不允许如 Bertrand Russell 的那种对物体的感知的定义，即将其认为是该物体所有可能的显相的集合（Russell，1921）。但是也因为必须要进行编程，所以人工智能的研究常常仅限于一个迷你世界，其中许多因素仅以简单的形式出现。尽管这些程序没有解决任何单个问题，但它们总体上凭借运气还能运行。Winograd（1972）的积木世界的程序就属于这一类，其概念上的错误是忽略了模块性。而因为要对问题进行分解，所以模块性的存在是必需的。

我没有理解。为什么模块性是必需的？它又怎么被忽略了？

我还是觉得视觉的例子最清楚。早期的迷你世界（或研究领域）是由黑色背景前的白色哑光棱镜构成的积木世界。对这样的世界的研究使得 Waltz（1975）对各种类型的边的合法连接进行了仔细的分类（如图 1-3 所示）。Waltz 发现，可以无疑义地解释此类场景的大多数线图，同时允许阴影的存在。但是请注意，这种方法并未阐明任何第 3 章中列出的一般处理过程。这是因为当我们将自己局限于任何特定的迷你世界时，很难研究组成人类视觉的一般处理过程，除非我们针对已经估计与某个真实模块相对应的事物来精心选择要研究的迷你世界（例如，随机点立体图世界）。

意识到这两种迷你世界之间的区别至关重要。它们一个很特化，另一个很一般化。到目前为止，我们发现只有第二种才是有价值的，尽管 Waltz 式的约束可能对 2.5 维草图还是有用的（请参阅第 4 章）。这是因为对于具有普适而不是有限能力的真正的计算模块，我们实际上可以通过定理来证明这些模块将在现实世界中始终有效。

这是本书中描述的方法与人工智能的原始概念之间的真正区别。人工智能不懈努力于将整个可以运作的迷你世界打包到一个程序中。这项工作需要大量的付出，它被迫忽视并最终放弃了发展真正的理论，转而开发更好的计算机工具。这项努力收效甚微。因此，尽管人工智能方法帮助我们摆脱了把视觉简单化的错误观念，但它无法识别真正的计算理论是什么及应该如何被部署，所以反而自身变得局限和僵化。

有没有任何成功的规则呢？

我不这么认为。在这一点上我们容易犯错。之前提及的飞行的例子很好地解释了很多观点。首先，很明显，我们无法通过推测羽毛的精细结构来理解鸟类的飞行方式。那接下来的步骤自然是尝试复制鸟类的行为——我称之为模仿阶段。因此，人们仿制了翅膀，然后尝试让它们拍打起来。这也不起作用。此阶段实质上是在较低的两个层次（或许只有在第二层次）进行复制。真正的进步只有在我们了解到机翼能够按照伯努利方程式提供升力时才会出现。这就是第一层次——空气动力学。这就是为什么鸟和波音 747 相似的原因，也是它们不同于蚊蚋的原因，即前者通过翼来飞行，而后者通过在动荡的状态下“踩踏空气”来飞行。

但是在某个阶段，我们必须将第一层次的想法直接与神经机理联系起来，对吗？你谈到了眼睛（视网膜和 $\nabla^2 G$），但是眼动又如何解释？我了解到，从你的角度出发，或者说从信息处理和层次的角度来看，它们非常微不足道。但这并没有使我更容易地想到如何在神经机理中对它们进行补偿。

是的，我承认这是一个棘手的问题。但是首先，我希望我在第 4 章中已经明确指出眼动所涉及的不仅仅是减法。例如，我们看到了表面方向的表示如何紧密关联于你选择的是以视网膜为中心的极坐标系（就成像而言自然的选择），还是更具有不变性的以其他视网膜为中心的坐标系。

第二点是，通过延迟到视网膜中心坐标系之外的过渡，当最后执行过渡时所必需的算术难度也相应地降低了。按照第 5 章介绍的方式，我们可以直接过渡到三维模型表示，该表示位于观察者周围的稳定坐标系中；然后我们需要检查，相关的斑点是否在眼动时也按照预期移动。

最后，我认为在这里一如既往重要的是，不要被感知的表面的细节和丰富性所迷惑。我们很早就已经把它们和感知的直接性和生动性相关联了。如果能在眼动期间仍跟踪到多个物体，我会感到很意外，并且我预期我们在这方面的能力是非常有限的。

好，我认为你的论点合理。但这不需要层次分析，对吗？这似乎是一种完全不同的问题。

绝对正确。但这主要是因为眼动的第一层次的理论是如此简单，以至于我们都没有注意到它。事实上，我猜想这其中一般性的想法是 Gibson 的思想，而且在 20 世纪 60 年代末和 20 世纪 70 年代初，Marvin Minsky 和 Seymour Papert 也明确表达了这些想法。但是，这些一般性想法的细节始终是缺失的。这主要是因为人工智能仍然没有大脑。它从来没有意识到第一层次的理论尚待发现，现在它仍经常牢牢地停留在机械解释的泥潭中。在这里，记忆被认为是通过某种神经网络、计算机中的处理过程或一组程序来实现的。

我不明白为什么你觉得那些似乎能合理解释记忆的方法不对呢？

好吧，在诸如眼动之类的简单情况下，我们可以以一种直接的方式思考并解释它。但是，寄希望于这种思维能够启发神经机制正忙于解决的计算问题是非常危险的想法。

例如，我们可以简单讨论一下 Minsky 著名且论述优雅的框架理论。框架本质上是可以附加属性的对象。例如，考虑被视为框架的大象具有以下属性：

姓名	Clyde
颜色	粉色
重量	大
食欲	大

在框架上也可以附加处理过程，并且框架中的内容可以以各种方式互联或索引。Minsky（1975）在其最引人思考的文章中，描述了只要所涉及的概念单元足够“大”，那有多少“主观上合理的”现象就都可以被这样考量。但是我认为这种基于机制的思想方法存在根本缺陷。这可以追溯到我们之前的观点。如果框架真的提供了一种表示，而不仅仅是一种机制，那么我们应该能立即看到它们能够表示及不能够表示什么。这或许仍然是可能的，只是还未发生。但在此之前，我们必须警惕框架或属性列表之类的想法。原因是它实际上是在以比喻的方式思考，而不是在思考实际的事物。这就像对视觉而言，基于傅里叶光谱的不同部分来考察不同尺度下图像的描述是一种比喻的方式。它太不精确了，所以没什么用。要想在这些情况下真正取得进展，只有在第一层次的意义上精确地对涉及的信息处理问题进行建模。

但你的观点不只是关于框架的，对吧？它难道不适用于几乎全部人工智能吗？

是的，非常正确，基于机制的方法确实很危险。问题在于，此类研究的目标是模仿而不是真正的理解，并且这些研究很容易退化为编写程序，而这些程序仅以毫无启发性的方式模仿人类行为的某些小方面。Weizenbaum（1976）现在认为他的 ELIZA 程序就属于这一类，对此我没有任何不同意的理由。更有争议的是，我也会基于相同的理由批评 Newell 和 Simon（1972）在生产系统上的工作，以及 Norman 和 Rumelhart（1974）在长期记忆上的一些工作。

具体是为什么呢？

原因是这样的。如果我们认为信息处理研究的目的是建模和理解特定的信息处理问题，那么这些问题的结构是关键，而非实现问题解法的机制。因此，根据这一点，我们要做的第一件事就是找到已经可以很好解决的问题，找出它们的解法，并根据这种理解来检验我们的表现。选择此类问题才是最富有成效的，这是因为我们已经可以有效、流畅且无意识地执行解决这些问题的操作。而如果没有完备的解法，那就很难实现可靠性。

遗憾的是，出于明显的原因，对于解决问题的研究趋向于集中在我们在智力上能很好地理解但是实际表现却不佳的问题，例如，心算和密码算术[1]几何定理的证明，或棋类游戏。人类对这些问题的解决都谈不上好，并且良好的表现取决于广泛的知识和专业技能。

我认为这些是非常好的理由，它们说明了我们还不应该研究我们是如何执行此类

1　如 DONALD + GERALD = ROBERT。目标是要找到每个字母对应的数字。

任务的。我毫不怀疑，当进行心算时，我们正把某些事情做得很好，但这件事情不是算术。而且我们似乎都还远不了解这件事情的任何组成部分。因此，我认为我们应该首先集中精力于较简单的问题，因为在那里有真正进步的希望。

如果人们忽视了这种限制，那么我们只能得到一些看起来就不太对劲的机制，它们所能告诉我们的就只有它们也不能做一些我们自己做不到的事情。在我看来，生产系统就非常适合这一描述。即使以它们自己的术语作为机制，它们也有很多不足之处。作为编程语言，它们的设计欠佳而且难以使用。我不相信人脑可能会在如此基础的水平上承受如此糟糕的实现决策所带来的负担。

这个模仿的想法是不是就是你之前提到的以比喻的方式来进行思考？

非常对。实际上，我们可以在研究解决问题的学生所研究的生产系统与视觉神经生理学家进行的傅里叶分析之间得出另一个相似之处。对图像的空间频率表示进行的简单操作可以模仿一些似乎是由我们的视觉系统完成的有趣现象。这包括对重复的检测、某些视错觉、分离的独立通道的概念、对整体形状与精细局部细节的区分及尺寸不变性的简单表达。图像分析员忽略空间频域的原因是它对于视觉的主要任务是无用的。视觉的主要任务是建立强度阵列中存在的内容的描述。视觉生理学家缺乏的直觉关乎这一任务是如何实现的，而这一点其实非常重要。作为一种计算机制，生产系统中倒是有些有趣的想法：显式的子例程调用的缺失，类似黑板的信道及一些短期记忆的概念。

但是，即使生产系统有了这些次要效应（就好像傅里叶分析“显示”了一些视错觉），也不意味着它们与实际发生的事情有关。例如，我会认为短期内存可以充当存储寄存器这一事实可能是其功能中最不重要的。我预期有几种“智力反射”作用于在那里的对象。但我们对此尚无所知，而它们最终将是关于短期记忆的关键。

在我看来，与生产系统密切相关地研究我们的表现似乎是在浪费时间，因为这等于研究一种机制，而不是一个问题。再说一次，此类研究试图理解的机制将通过研究需要解决的问题来阐明。这就像视觉研究在做的一样，因为我们关注的是视觉问题，而不是神经视觉机制。

那人类的记忆呢？你的意思是那里存在类似的方向错误。这指的是什么？

我指的是 Norman 和 Rumelhart 在长期记忆中如何组织信息的工作。这里的危险同样在于提出的问题没有与明确的信息处理问题相联系。取而代之的是从机制的角度来提出问题和得到答案：在这种情况下，该机制被称为“主动结构网络”。它是如此简单和笼统，以致缺乏理论实质。Norman 和 Rumelhart 也许可以说这种“联系”似乎存在，但是他们既不能说出这个联系由什么构成，也不能说出为了解决（我们人类可以解决的）某问题，记忆应当以何种特定方法被组织；又或者如果这样的组织存在的话，那么某些明显的“联系”是不是就可以被看作是其带来的次要效应。

实验心理学的现象学方面可以在发现需要解释的事实方面做出有价值的工作。这也包括关于长期记忆的研究。例如在我看来，Shepard（1975）、Rosch（1978）和 Warrington（1975）的工作在这方面就非常成功。但是，就像实验神经生理学一样，除非信息处理研究已经发现并解决了潜在的信息处理问题，否则实验心理学将无法解释这些事实。而我认为这正是我们应该集中精力研究的地方。

那 Gunther Stent 在水蛭上的工作又如何呢？那不是也是基于机制的吗？

是，但它本就应该是。它与阐明水蛭游泳的精确机制有关。我非常重视他的工作，就像图宾根小组在家蝇上所做的那样。但是我认为早期我们对这些结果可以很好地泛化的希望并没有结果，而这再一次是由于层次理论。高等神经系统必须要做的事情取决于它们必须解决的信息处理问题。我们内部可能有一些简单的类似水蛭的振荡器，并且有点牵强地说，它们可能最终可以帮助我们了解呼吸的某些方面，但是这些结果不会帮助我们理解视觉。

受到分子生物学的影响，有人强烈希望最终将解释与结构联系起来。你不觉得这是必须要达成的吗？还是你认为这项努力完全没有希望？

是的，我同意这对中枢神经系统而言是必需的，但是我不确定它是否可以被完全达成。复杂性造成的障碍实在太大了。但别忘了我们已经开始这样做了！对过零点的检测和方向选择性与神经元非常接近。不要对后面的处理太没有耐心！正如我之前所说的，我敢打赌你永远无法从 IBM 370 的晶体管实现中理解快速傅里叶变换。我对傅里叶变换公式的理解每次只能维持大概 10 分钟，更不用说理解实现它们的电路图了。最后一句话，我不认为就潜在的机制而言，发育和遗传程序可以如此直接地被理解。因为发育很复杂，我猜想最终我们将需要一些层次结构来理解它。

让我们回到对视觉感知的具体思考，以及当我们看的时候实际会发生的事情。

好吧，您对初草图这个想法满意吗？

我认同。这里的关键点是，即使是很早期的视觉也是一种高度符号化的活动。在线的端点实际上就产生了论断（是的，我甚至接受了这个术语，并且在这里对神经元不太担心）！同时，客观的线和虚拟线同样“真实”。例如，两者都可以检测和操纵其

朝向。这些想法对吗？

非常对。另外，就像我们在图 2-3 中看到的那样，还有一个关键的想法，即位置标记这一概念及使用粗略的选择标准对这些标记分组并寻找模式的能力。

我对于图像中空间关系的表示还是有点不满意。我记得在第 2 章中有对关于坐标系的讨论，但总觉得不太能让人信服。我们如何确保重要的空间信息不会丢失呢？

好吧，我们在这里必须小心，因为我并不认为空间关系中的很大一部分在很早期就被显式化表示了。例如，肯定没有表示像两条线之间的夹角这样的信息的内在结构。这种信息在全初草图中都没有显式表示，而两个表面之间的角度也不在 2.5 维草图中。这些数量不属于感知；它们属于三维模型表示的范围。另一方面，一些显式的空间关系（例如，相邻位置标记之间的虚拟线）通常隐含地承载了图形的整体几何形状。即使是在长度测量非常不精确（如仅按大小排序）的情况下也是这样。

Flinders Petrie 的考古工作提供了一个引人注目的例子，即一些关于邻近性的线索包含了丰富的信息。他通过统计在尼罗河上游每座坟墓中发现的陶器共有的特征数量，来测量这些坟墓的相似性。通过使用这种相似性信息及多维尺度分析等技术就可以相当准确地推断坟墓埋葬的时间。这一故事使人着迷（Kendall，1969）。我们需要注意的是，仅有两个维度的情形的局限性更强。所以，我认为丢失信息的风险不大，但是我确实认为在早期阶段只有很少的空间信息是被显式化表示的。

我们因此就得出了全初草图，然后就执行了第 3 章介绍的所有处理过程来得到表面信息？粗略地说，它是以视网膜为中心的极坐标表示的，而每个处理过程得到的信息可能略有不同？

是的，的确如此，每个处理过程得到的表面信息都在 2.5 维草图中结合在一起。它仍然以视网膜为中心，但可能用了比极坐标更方便的坐标系。更深一层来看，这就是纯自主感知的终点。此时，信息已准备好转换为一种我们之后可以记住的描述，即真实的三维模型表示。

对这种环环相扣的处理过程，以及从如此丰富的细节中得到的仅是一个描述，我仍觉得有不妥的地方。这听起来太像大脑所做的了。

好吧，描述本身是可以非常丰富的，这只是在它上面花了多少时间和精力的问题。而视觉感知只是为了形成描述，这正是我想让读者所做的概念上的飞跃。我个人认为，没有什么要点是这种观点无法解释的。并且，由于我们可能已经了解了整个流程的 20% 至 25%，因而坦率地说，我准备打赌其余的处理过程也本质上相似。这当然是一个概念上的飞跃，但是我认为这种观点值得一试，因为通过形成特定种类的描述来思考视觉感知可以这么简单地解释如此多的问题。不要一直在神经元层面思考视觉！这几乎是不可能的——视觉结构在顶层已经足够复杂，而在神经元连接方面则更复杂。

第 3 章介绍的处理过程得到的结果都体现在 2.5 维草图中，这是直接感知的终点吗？

我认为这是进行划分的正确地方，因为到此为止的处理几乎不受高阶因素的影响，它们传达了计算得到的内容，不多也不少。直接感知这个术语有些误导性，因为这些处理可能会花费一些时间（想想融合随机点立体图），但它们不涉及 Julesz 式的主动智能图像检查并比较其部分检查。这与随机点立体图的情况没有冲突，因为我们认为，当感知时间较长时，大多数延迟是由于眼睛试图找到开始融合的位置而进行的类似随机行走的运动。

如果每次移动眼睛时 2.5 维草图都发生变化，则每次眼动都会导致 2.5 维草图的丢失（可能仅是深度上的微小移动除外）。这不是太浪费了吗？

这是很浪费，但是如果我们拥有能够实时重新计算场景的机制，那就不要紧了。实际上，事情几乎一定是这样的。这是因为 2.5 维草图的要点就是结合并表示，而非存储传入的感知信息。并且，通过使用更多记忆来节省计算能力的替代方案在这里实际上没有用。例如，假设一个 2.5 维草图处处都具有中央凹的分辨率，并以通常的方式由有中央凹的视网膜驱动，那存储器中的绝大部分容量包含的即刻就会是过时的信息（或没有信息）。这不是记忆的用途。在诉诸几乎任何实际存储之前，我们必须先将信息转换为类似三维模型的表示形式，该表示要比瞬息万变的世界中以观察者为中心的物体稳定得多。因此，来自不同来源的信息被结合在一起的表示形式必须是以视网膜为中心的，而且是瞬时的。它的中央凹区域应具有较高的分辨率，并且应该准确地反映且仅反映正在传入的信息。

这些区分似乎很有道理，但我很难将它们与自己的经历联系起来。问题在于这种感知模型中似乎发生了许多不同的事情，但我的感知却具有统一性。我认为这些想法与这种统一性不协调，或者它们至少没有反映出这样的统一性。所有这些信息是如何联系在一起的？我们如何解释视觉体验的统一性？

我们的基本思想确实是许多事情都是通过几乎独立的处理传达的。它们在 2.5 维草图层次上仅被隐式地统合在一起，而下一步是创建（可能在以观察者为中心的坐标系中被定位的）以物体为中心的可见形状的描述。此处的描述是一个统一的物体，它的构成只需在基本形状描述中添加属性即可，这多少就像小说家通过添加合适的形容词来完善描述一样。

“仅被隐式地”统合在一起是什么意思？

简而言之，尽管不同的处理的运行方式不同，但是有一种方法可以找出它们何时引用同一视觉对象。

你的意思是，如果原初草图处理找到了一条边，而色彩处理找到了它的颜色，那这两者之间的关系是隐式可获取的？我没太理解。

这是一个寻址问题。在大多数计算机中，通过指明在何处查找信息来进行寻址。在某些计算机中，可以通过指定信息块来访问它。那是内容可寻址的存储器，这种存储器很容易构建。我们在这里可能会遇到的是这两种寻址方式的混合——类似于“边缘大致位于视野中的 (x,y) 位置，其朝向在某个给定值的 $30°$ 以内”。这就可以同时为原初草图的表示和颜色处理的输出唯一地指定所关注的边缘。这样，至少原则上我们可以将这两者结合在一起。

那敢问皮层区域又如何解释呢？我们应当自然预期它们每个分别应对不同的处理吗？

我不会对此感到惊讶。

那你实际上暗示的是，到目前为止，每个处理都可能在不同的皮层区域中运行，这样的处理目前至少有 10 个，是吧？并且，仅通过向每个处理过程提供大致的信息（可能是粗略的位置和朝向），就可以精确定义所指向的视觉对象？

是的，这就是寻址问题。

然后，此外，你获得了与特定区域或处理过程有关的精确信息，例如特定的颜色或视差？

就是这样。而且我认为这里的关键在于信息的结合是符号化地完成的。

这是什么意思？

这和打印机将用于打印彩色页面的三种原色加在一起不同。除了在物体的边缘，我们不会看到不同物体的颜色混在一起。这里的关键是，将粗略的位置和朝向信息用作地址。如果你想知道对象的确切边界位置，就查看原初草图。如果你想知道它的颜色，就查看颜色处理。

我懂了。这个想法意味着结合信息必须是一个非常主动的处理过程，不是吗？除非特别注意立体视觉的过零点 x 也是一个棕色边界，否则这两条信息将保持分离？

是的，我认为必须询问 x 的颜色。而且我们必须期望大部分这样的操作会随着我们的视线移动而自动进行。毕竟这也是 2.5 维草图的部分目的，即将关于表面几何的信息从许多以视网膜为中心的处理过程归约为单一、更有用且以观察者为中心的形式。同时，到表面其他方面的描述的连接应该可以很容易地被访问，以备构造一个三维且以物体为中心的描述。

因此，你认为在开始构建三维模型之前，实际的结合可能没有完成？

是。

这就好像所有相关信息上都有了清晰的字符串标记，但直到开始构建三维模型时才把它们结合在一起？

这个模型可能很粗略，也可能很精细。同样，人们可能预期其他属性也是粗略的（如略呈绿色）或相当精细的（如特定的绿色阴影）。

但这与我的感知体验如何对应？我的经验似乎是完整的，而不是你所描述的半截的、定义不清的、零散的事情。

好吧，首先请记住我们的视觉处理过程是非常迅速的。从请求有关视野中的部分信息到将眼睛移到那里、获取它，并将它连接到三维模型之间的时间通常可能不到半秒。其次，如果只是短暂地看一眼，你能回忆起多少新场景中的内容呢？并不是很多！它的大致组织，或者可能有一两个细节。一旦闭上眼睛，丰富性就消失了，不是吗？我认为，丰富程度对应于现在在纯感知层次上可见的内容。而你可以立即记住的内容和你在眼睛睁开时为其创建的三维模型的描述紧密相关。

我开始更清楚地感受到感知是在构建描述这种想法的说服力。

是的，这是事情的核心，也是必须接受的非常重要的一点。

但是，让我们假设你是正确的，那么 2.5 维草图是以视网膜为中心的，而你可以从中计算出一些三维模型并将其放置于以你为中心的空间坐标系中。那当你大幅移动眼睛时会发生什么？

其中之一是你刚刚看着的精细形状（假设它是一只瓷猫），以及你刚刚为其建立的精细描述，在你转动眼球来研究它的邻居（如一只瓷狗）时简化成了图像中的斑点。如果可以在 2.5 维草图中可靠地区分斑点，那么我猜想有一个处理过程可以维护它与你刚刚完成构建的三维模型之间的连接。从而如果该斑点移动了，你就立即知道什么东西移动了。

但是到底如何用神经元来做到这一点呢？

稍等，我们接下来要讨论这一点。但这在计算上并不困难。

但将所有这些与我们对视觉的感受联系在一起似乎很难消化。

它会在你的身上成长。第一步是至关重要的，即视觉是对描述的计算。一旦你接受了这一点，就可以继续研究描述具体是什么及如何获取它。

我又一次觉得让你讨论这么多计算问题，对我来说也不是一件容易的事。毕竟，人脑是由神经元而非硅芯片组成的。但是我想我会习惯的。不过，如果视觉是对描述的构建，那描述必须在神经上实现，不是吗？所以我们难道不应希望寻找 2.5 维草图或三维模型的神经生理关联性吗？这是能说服我的证据。

如果它们的实现真是如此简单，就像 Barlow 的神经元法则那样，那就太棒了！我自己的猜测是它确实更像是这样的，而非 Hebb 细胞的组合。

还有一个更一般的观点仍然困扰着我，这与时间连续性的感知体验有关。我很好地理解了你认为在眼动时如何保持连续性，但是这回避了纯在时间上的连续性这一更大的问题。如果我看着一棵树，为什么我会连续地把它看作同一棵树？似乎我随时可以为它建立一个新的三维模型，这样我就应该在旧树的位置体验到一棵新树。但是我没有。你怎么看这一点？

视觉世界的恒常性——时间上物体的连续性——是视觉的一个非常重要的方面。我认为它只是作为我们成人的思考的一部分而被自然假定了。实际上，整个处理过程

（如第3章的对应处理）都基于发现和利用连续性关系。

另一个一般的观点。你只在这里考虑了形状。一种理论认为对形状不同但功能相同的两个物体（如两种不同类型的椅子）的识别是一样的。你怎么看？

我的理论不考虑语义识别及物体命名和功能，虽然在对外部世界的识别中，它们几乎肯定和确定形状一样有用（Warrington and Taylor，1978）。我认为理解物体的语义的问题很有意思，但我也认为它们确实非常困难，并且在目前相对于视觉感知问题更难解决。

如果您描述的总体方案是正确的，那么根据对视觉系统如何利用其输入的了解，我们能否给出关于绘画的任何论断？例如，它可能用来帮助教授这些技能吗？

也许吧，尽管我无法给出一个确定的观点。尽管如此，思考不同艺术家会专注于或者打乱哪些表示还是很有趣的。例如，点画家主要是在修改图像；而方案的其他部分则保持原样，而图片在其他方面也保持了常规的显相。另一方面，毕加索显然在打乱三维模型这一层次。他的人物的三维性是不真实的。主要操作表面表示这个层次的人要难找一些——可能塞尚算一个？

关于自然语言等其他问题，你主张的方法有多普适呢？它可能会在哪里失败？

非模块化的系统。诸如氨基酸链折叠形成蛋白质之类的处理过程，也即受到许多不可忽视的影响的复杂交互系统。当然，自然语言理解研究中一个亟待解决的问题是，它究竟有多模块化，以及模块是什么？

是，我想模块化是关键。但某种流畅性也一定很重要，不是吗？如果一个处理过程不能流畅、平稳、无须照看地运行，或是离不开有意识的干预来给它打补丁，那它可能就没有干净的理论。这可能会使它变成蛋白质折叠那类的难以理解的理论。但回到自然语言上，我们已经找到了哪些模块呢？

目前尚不清楚。有人声称它本质上就不是模块化的，而更应该从层级的角度来考虑。

这听起来不是有点像早期视觉研究吗？

是的，恐怕是这样。但是在自然语言的早期阶段似乎确实存在模块和对应的规则：关于音节形成、关于韵律及最著名的关于Chomsky的句法分析的规则。

但句法真的是一个模块吗？像 Schank 这些人工智能从业者不是认为句法根本就不是可分离的模块吗？

对。句子的句法解码显然不能完全独立于其语义分析而进行。但是我们正逐步发现两者之间必要的交互量很少，并且必须回答的关于句法的问题的形式似乎都很简单，如："某个特定从句指向的是名词短语一还是名词短语二"？Marcus（1980）是第一个详细探讨这些问题的人。他已经证明，在解析系统中可以非常成功地分离出这样的模块。不过，关于在句法层次之上的模块化是什么，我们目前仍所知甚少，但是我敢肯定它一定存在。

为什么人工智能对传统 Chomsky 式句法分析方法这样抵触？似乎只有 Marcus 接受了它。

我认为有两个原因。首先，我们很容易构造一些不进行并行的语义分析就无法分析句法的示例。因此，句法不是一个真正孤立的模块。这一事实使人工智能研究者直接得出了相反的结论，即句法根本不是一个模块。但这是不正确的——真实的情况似乎是，句法几乎是一个模块，它只需与语义进行很少几种交互。

第二个原因是我们的老朋友，层次。Noam Chomsky 的转换语法是第一层次的理论，它与怎样实现句法识别无关。它仅给出规则来说明任意句子的分解应该是什么。Chomsky 将其描述为能力理论。

然而，计算语言学家尚未正确理解层次的概念。实际上，Winograd 拒绝 Chomsky 的原因之一是他无法对转换结构进行逆向工程并将其变成解析器！只有没理解第一层次（做什么和为什么）和第二层次（如何做）之间的区别的人才会这么想。不过并不只有 Winograd 犯了这样的错误；人工智能领域的每个人都犯了错。现在，语言学家们开始注意到计算的意义，也自然陷入了同一个陷阱。我担心的是，处理自然语言的计算机程序对自然语言理解的贡献会很小。Marcus（1980）最近的工作是个例外，他已经开始为我们使用的解析算法构建真正的第二层次的理论。

你觉得在语义方向最有希望的方法是什么？

可能是我所说的对物体的多重描述问题，以及由多重描述而引入的共指消解问题。

能具体说说吗？

好吧，像该领域的许多其他人一样，我希望我们对智能的理解的核心包含至少一个也可能几个关于知识组织和表示的重要原则，且它们从某种意义上反映出我们智力的重要的一般性质。一些逐渐显现的、虽然还是有些模糊的想法如下：

1. 推理、语言、记忆和感知的主体应该比最新的心理学理论涉及的内容更广泛（Minsky，1975）。它们还必须非常灵活，精确地整合这一要求并不容易。
2. 对事件或物体的感知必须同时包括对其几种不同描述的计算，以反映事件或物体的用途、目的或环境的各个方面。
3. 第 2 点提到的各种描述包括粗略版本和精细版本。在把选择第 1 点中要求的适当总体方案和正确地建立导致选择这些方案的物体和动作所扮演的角色连接起来的过程中，粗略的描述至关重要。

具体的例子可以把这些观点讲清楚。如果读到

> 苍蝇在窗玻璃上恼人地嗡嗡作响。
> 约翰拿起报纸。

那直接的推断是约翰对苍蝇的意图从根本上来说是带有恶意的。但如果他拿起的是电话，那这个推断就不太对了。人们普遍认为，在阅读这些句子时会以某种方式搭建“伤害昆虫”这一场景，这是苍蝇恼人的嗡嗡声的最粗略的暗示。这种场景包含了对可以将昆虫压在易碎的玻璃表面上的东西的引用——报纸符合这种描述，但电话不符合。因此，我们可以得出这样的结论：当提到（或在视觉意义上看到）报纸时，它在内部描述中不仅被视为报纸及包含其形状和轴的粗略的三维模型，而且被描述为具有平面面积的轻巧的物体。因为第二句话也可以接上“坐下来阅读”，所以报纸也必须被描述为阅读材料；同样，它也必须被描述为可燃物品，可以沙沙作响，等等。由于我们通常不能预先知道物体或动作的哪个方面很重要，因此可以认为在大多数情况下，给定的物体会产生几种不同的粗略内部描述。对动作而言也一样。可能需要注意的是，不必在报纸上附加拍苍蝇、阅读或点火的描述——一种报纸的描述只需在与其作用相匹配的场景下存在即可。

为什么你认为必须如此？

因为原始、粗略的事件和物体的目录的重要性在于，这种粗略的描述会在最终访问和构建可能是量身定制的特定场景中起作用，而不是像普通的三维动物模型那样，

在图像和模型目录存储的信息之间进行适当的交互后，成为特定的柴郡猫[1]。在第一句话之后存在的只是对无辜的苍蝇的恶意，但加上报纸这一额外信息后，就变成了非常具体的压扁苍蝇的事例。究竟如何才能最好地做到这一点，以及伴随不同单词或感知到的物体的描述应该是什么，目前尚不清楚。

脑中进行的其他类型的处理（例如，行为的计划和执行）又如何呢？这些难道不是更容易找到模块的地方吗？毕竟，语义是人类能力中最高级的领域之一，因此可以合理预计它可能是复杂的。我会试试更简单的方向。

我认为这可能是一个很好的建议，它使我想起了 Stamm（1969）进行的一次有趣的实验。他正在执行所谓的延迟响应任务（参见图 7-2）。在此过程中，一小堆食物被放在两个孔中的一个里，屏幕随后降下并在一段延迟后升起，然后动物可以自由选择它认为隐藏食物的孔。已知前额叶皮层的某些部分参与了这项任务，而如果将它们切除，动物将无法执行该任务。Stamm 使用了去极化技术，从而可以在所需的精确时间内有效禁用这些区域。他关注的问题是：为了完成这项任务，这些区域究竟需要在哪些时间运作？事实证明，这一区域只需在延迟开始、屏幕下降时工作；在其他任何的时间，就算该区域没有工作，对任务的影响都很小或者根本没有！

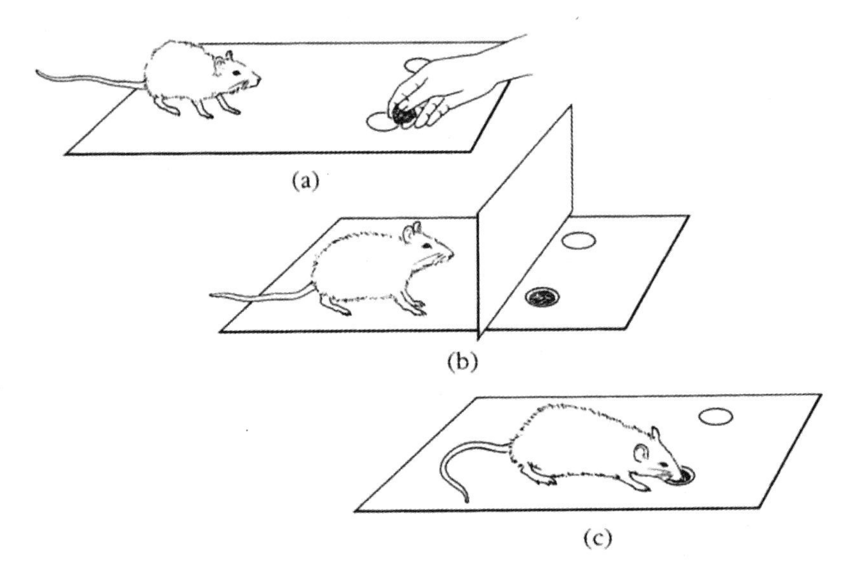

图 7-2　延迟响应任务。在动物的视线范围内将一小堆食物放在一个孔下方。然后屏幕下降一段时间。当屏幕升起时，动物必须选择其中一个孔。如果它选对了，就能获得食物。

1　《爱丽丝梦游仙境》中一种拥有特殊笑容的猫。——译者注

我们可以这么思考此实验。任何实时计算机都必须能构建计划，设置其在适当的条件下执行，并为它们设置触发器。一个人不可能每次都重新计算所有事情，而事实上，人的个性的构成就包含成千上万个这样的小计划，在适当的条件下，所有这些小计划都会影响一个人的行为。但是一定也有记录这些计划的事物。也许我们在 Stamm 的实验中看到了一个简单的例子。由于孔会从视线中消失，因此动物会把在可能的情况下前往适当的孔记录在它的计划中。这是一个简单的计划，但确实是一个计划。

如果进一步推广这一想法，我们会发现它将中央系统划分为可以被称为计划者和执行者的两部分。计划者将计划及其触发因素记录给执行者，而执行者在时间和条件成熟时执行它们。如果我说在催眠过程中执行者变得可以从外部进行编程，而这就是为什么可以在催眠状态下制订随后在满足指定条件时执行的计划的原因，这是不是太疯狂了？但这个想法值得考量。

这真是一个有趣的想法。我以前没有看到过任何关于对某个人进行“编程”的可能性的解释，而你的提议肯定是合理的。但程序本质上的死板又怎么解释？我们自己非常灵活，不是吗？这似乎有点难以和一组预编程的响应协调起来。

我认为这完全取决于响应最终能发展到多大、多丰富、有多少细节。如果存在各种各样的响应，并且它们有足够的能力在微妙的不同情况下采取不同的行动，那么这就可以让我们变得灵活，同时也更自由，因为我们会适当考虑广泛的相关信息。如果我们不接受任何信息（随机响应）或仅接受一种信息（强制性响应），那么我们肯定就不能灵活或自由地行动。

这种区分好像有道理。但是，当我们越来越接近于说人脑是一台计算机时，我必须说我的确越来越担心人类价值观的含义。

好吧，说人脑是一台计算机是正确的，但具有误导性。它实际上是一台或者许多台高度专业化的信息处理设备。将我们的脑视为信息处理设备并无贬义，也不会否定人类的价值观。如果真的有影响，它实际上会支持人类的价值观，并最终可以帮助我们从信息处理的角度理解人类的价值观实际上是什么，它们为什么具有适应值，以及它们如何编织成了基因所赋予我们的社会道德规范和社会组织。

英文第 2 版后记

Marr 的《视觉》和计算神经科学

三十年前：计算神经科学的愿景

计算和神经科学之间的联系——即认识到人脑是电脑——由来已久。图灵写了一篇关于这点的文章。McCulloch、Pitts 和 Lettvin 从计算和神经科学两个角度追寻了这个想法。这个想法的种子可以在数百年前的著作中找到。虽然本书或许并没有开创这个被称为计算神经科学的领域，但它确实在这个领域的起始和快速发展中发挥了关键作用。几年前，在计算神经科学的主要会议 Cosyne 上，我在主旨演讲中提到了 David Marr 的工作。随后几天，数目惊人的知名研究人员来找我讲述他们是如何在阅读 Marr 的书后进入这个领域的，并认为他们的职业生涯确实归因于本书！

三十年后

三十年后，我们仍然不了解脑。当然，这并不奇怪。关于智能的问题，即脑如何创造智能，以及如何制造智能机器，是科学中最重大的问题之一，或许是最根本的问题。1976 年，当我在麻省理工学院和 Marr 一起工作了三个月时，我们充分意识到，因为智能问题是如此深刻和困难，达成令人满意的理解还很遥远。然而，当时我们希望计算方面的洞察可以帮助解开神经科学中的难题，特别是在关于视觉系统的神经科学中。一个例子是我们在 1979 年与 Francis Crick 在拉霍亚索尔克研究所做的工作（我们三人加上 Leslie Orgel 之间的讨论最终成为《视觉》的第Ⅲ部分）。我们试图将初级皮层（V1）中的 4cβ 层细胞的数量和性质与基于采样定理的计算联系起来。直到现在，可以说计算神经科学界仍然对视觉皮层执行了哪些计算有不同意见。类似地，人们可能可以论证系统生理学几乎没有取得任何进展，而且事实上，也完全没有如我们和许多其他人所希望的那样，被计算神经科学所拯救。自从《视觉》出版以来发生了什么？接下来又会发生什么？

关于“理解层次”的宣言

我试图提供一些答案。我从 Marr 的《视觉》中提到的最持久的框架之一开始。该框架经常以多种方式被引用和重新表述。简单的观察是，一个诸如电脑和人脑这样的复杂系统应该在几个不同的层次上被理解。在这个简短的后记里，我只列出三个层次：硬件、算法和计算。在《视觉》中，Marr 强调不同层次的解释在很大程度上是相互独立的：软件工程师不需要非常详细地了解硬件。这条信息在当时很重要：对要解决的问题及相关计算的研究本身就是贴题的，并且是全面了解脑所必需的。然而，我认为，如果我们想在计算神经科学方面取得进展，现在是时候重新强调层次之间的联系了。

为了解释这一点，让我回顾一下争论的背景。《视觉》中关于理解层次的部分直接基于我们共同撰写的一篇论文（Marr and Poggio，1977）。这篇论文是为（由 Frank Schmitt 在麻省理工学院创立的有影响力的）神经科学研究计划的小册子所作。我受邀参与了这篇论文。它是我们对脑计算方法的原始“宣言”。它的内容是 Marr 和我在 1976 年春天就复杂系统的分析层次进行的一些长时间讨论的总结。我们从一篇关于苍蝇视觉系统的长文（Reichardt and Poggio，1976）中描述的论点开始。在那篇论文中，Reichardt 和我区分了三个层次：单细胞和回路、算法及（生物的）行为。Marr 正确地坚持要用计算和计算分析的层次代替行为层次。这对于定义计算神经科学的方法很重要。然而，Reichardt 和 Poggio（1976）的原始论点的一个关键方面在这个过程中几乎消失了。在那篇论文中，我们强调应该在不同的组织层次上研究脑，从整个动物的行为到信号流（即算法），再到回路和单个细胞。我们特别表达了 Reichardt 更早就写过的我们的信念：第一，在更高层次上获得的见解有助于在较低层次上提出正确的问题和做正确的实验，以及第二，有必要同时在所有层次研究神经系统。从这个角度来看，在神经科学中将实验和理论工作结合起来的重要性直接体现在这一点：即没有与实验的密切互动，理论很可能成为无根之木。

我相信，过去三十年的计算神经科学可以被（当然是近似地）描述为主要是在探索每一层次中独立于其他层次的理解。为了说明这一点，让我勾勒计算神经科学过去的一些研究趋势。

计算神经科学的最近发展趋势

人们在不同的层次上做了很多有趣的工作。最基础的可能是在生物物理学和基本回路层次。真实皮层网络的现有模型提供了一个很好的例子，在 gamma 频段中产生了振荡，并分析了能够产生它们的回路和通道动态。另一个例子是关于具有平衡的兴奋和抑制的回路，及其在传输和门控信息方面的性质的实验和理论工作。对其性质的分析与对许多脑区平衡的兴奋和抑制的实验刻画并行发展。另一项更高层次的计算工作的实例是在模拟的网络中分析诸如归一化之类的操作，以解释形状识别、运动估计和注意力的性质。

因此，在诸如计算和系统神经科学（即 Cosyne）这样的会议中找到不少这类的工作也就不足为奇了。同时也能发现，在 Cosyne 的计算层次的论文中，神经元根本没有被提及。最近一个明显的趋势是强调将贝叶斯推理作为对脑进行建模的框架：图模型和层级贝叶斯模型已被形容为合适的语言，用以描述神经系统使用的计算和算法。今天这种趋势的一个明显特征是缺失了神经元的联系（尽管已经做出了一些有意思的努力）。

总的来说，这些工作在最低和最高的层次正如 Marr 所要求的那样，并为这个领域提供了良好的基础。当然，Marr 的信息有时会丢失。例如，对皮层区域神经活动的振荡的生物物理学解释，似乎在几篇论文中被认为其本身就是完整的解释，然而，本着计算神经科学的精神，人们最终还必须了解振荡在计算上的作用是什么，以及控制它们的算法是什么。换句话说，振荡可能是一种症状或注意力机制，但它实际上执行了哪种计算？

理解层次这一哲学还表明，尝试完全以自底向上的方法来理解脑是不太可能成功的。从这个角度来看，虽然蓝脑计划出于许多原因当然是很有价值的，但它可能会被误解为试图重建皮层柱的每一个细节，以及误解为人们相信可以推断皮层执行的计算。在光谱的另一端，尽管对心理物理数据的贝叶斯解释有趣且成功，但它还不能被接受为一个完整的解释，因为与潜在神经回路的联系在大多数情况下是缺失的。

如何理解智能

对过去几十年计算神经科学的简要介绍表明，尽管问题远未解决，但在每个理解层次上都取得了重大进展。这在某种意义上遵循了 Marr 的方案。三十年后，现在是超越它并换路线的时候了。我觉得 Marr 也会认为是时候重新审视理解层次这一框架了——现在强调层次之间的联系及其协同作用。我尤其相信神经科学可以帮助计算理论，甚至是计算机科学，正如最近的视觉皮层模型导致了计算机视觉中的有趣方法所表示的那样。在 1979 年，当 Marr 撰写《视觉》时，我们相信计算理论将有助于神经科学家。过去几年计算神经科学的兴起表明，这确实在某种程度上发生了。重要的是，情况正在转变：在不久的将来，神经科学很可能会为人工智能提供新的思想和方法。

对层次之间的联系的强调，也是因为认识到了解释脑这一问题非常困难，我们需要使用我们具有的每一点信息、每一种方法、每一项技术。正如我提到的，同样重要的是要认识到，强调不同层次间的耦合，事实上意味着强调实验和模型之间非常密切的交互。这是使计算神经科学的未来工作富有成效的必要条件。

最后，让我评论一下学习问题，这是 Marr 的《视觉》对理解智能和脑的探索中一个引人思考而又有趣的遗漏，尤其是考虑到学习是他关于小脑和新皮层的著名论文（1969 年，1970 年）的重点。我确信如果 Marr 有时间的话，这个遗漏会得到填补。理解脑所使用的计算和表示当然很重要，这也是本书的主要目标，但理解个体生物，实际上是整个物种，如何从自然世界的经验中学习和发展它们也很重要。人们甚至可以说，对学习算法及其先验假设的描述比对实际学习内容的详细描述更深刻、更有用。在过去的二十年里，我一直在论述学习问题是智能和理解脑的问题的核心。我认为，学习应该明确被包含在图灵对智能的操作定义，即他著名的图灵测试之中。毫不奇怪，现代统计学习的语言，包括正则化、支持向量机、图模型、层级贝叶斯模型，正在渗透到计算机科学的各个领域，也是当今计算神经科学的关键组成部分。我不确定 Marr 会同意，但我很想把学习添加为最高层次的理解，比计算层次更高。我们不仅需要了解计算的目标和约束是什么，还需要了解儿童如何学习它，以及先天和后天在它的发展中的作用。只有这样，我们才能制造出不是被编程来执行，而是学会观察和思考的智能机器。

Tomaso Poggio
麻省理工学院 Eugene McDermott 讲席教授
美国艺术与科学院院士

中文版后记

从 Marr 的《视觉》到人类智能问题

《视觉》本书

计算和神经科学之间的联系——即认识到人脑是电脑——由来已久。图灵写了一篇关于这点的文章。McCulloch、Pitts 和 Lettvin 从计算和神经科学两个角度追寻了这个想法。这个想法的种子可以在数百年前的著作中找到。虽然本书或许并没有开创这个被称为计算神经科学的领域，但它确实在这个领域的起始和快速发展中发挥了关键作用。几年前，在计算神经科学的主要会议 Cosyne 上，我在主旨演讲中提到了 David Marr 的工作。随后几天，数目惊人的知名研究人员来找我讲述他们是如何在阅读 Marr 的书后进入这个领域的，并认为他们的职业生涯确实归因于本书！

四十年后

我们仍然不了解脑。当然，这并不奇怪。关于智能的问题，即脑如何创造智能，以及如何制造智能机器，是科学中最重大的问题之一，或许是最根本的问题。

1976 年，当我在麻省理工学院和 Marr 一起工作了三个月时，我们充分意识到，因为智能问题是如此深刻和困难，达成令人满意的理解还很遥远。然而，当时我们希望计算方面的洞察可以帮助解开神经科学中的难题，特别是在关于视觉系统的神经科学中。

当时，即使是对通过 2.5 维草图可以进行三维重建给出概念性的证明也是不可能的。然而，随着机器智能取得重大进展，这一情况在过去十年发生了巨大变化。我们有由吴佳俊设计的 MarrNet，它通过 2.5 维草图实现了三维形状重建。我们还有 Alexa、AlphaZero、AlphaFold 和 Mobileye。我们在自然语言处理方面有了 Transformer 和巨大的进步。工程界感到机器学习及其最近基于神经网络的架构是一个强大的范式，可能会导致智能机器的创建。那么，人类智慧呢？它是 Marr 和我的真正兴趣。

多种形式的智能

我相信有多种形式的“智能”。在国际象棋和围棋中击败人类的计算机是否比人类棋手更聪明？因为 20 世纪 50 年代的计算机可以更快地执行数值积分，它们是否就比数学家更聪明？因为残差网络可能可以对某些图像数据库进行更好的分类，它们是否就比我们更智能？智能是一个非常模糊的词，这是因为我们将它应用于不存在的系统，比如未来的机器。人类智能的定义很明确：它是生物脑产生的一种自然现象。对脑及其产生的行为的科学研究，可以通过实验和理论技术来进行。

解释生物智能

前面的论述表明，在物体识别方面表现良好的网络本身并不能解决视觉皮层如何工作的问题，尽管它们可能对此有所帮助。神经科学的最新发展趋势是将视觉皮层中神经元的活动与通过反向传播训练的 ReLU 网络（例如，AlexNet）中单元的活动进行拟合。这个优化过程已经给出了可观的一致性，这一点令人鼓舞，但在声称这些网络可能导向一个合理的皮层模型之前还有很长的路要走。我们需要澄清 ReLU 中的非线性的生物物理相关性是什么，它们在视觉皮层中的什么位置，权重在哪里，它们如何被修改，以及发放神经元的活动如何映射到当今深度网络的静态单元中。更重要的是，在生物学上，反向传播和对有标记数据的批量学习几乎肯定是不可能的。因此，我们需要用基于已知的突触的生物物理学的在线学习规则来代替梯度下降。所有这些及更多的内容都是必需的。这将是一个漫长而艰难但可行的努力过程。然而，如果最终模型表现得与今天的工程模型完全一样（在与 Hodgkin-Huxley 方程相当的生物学合理性水平上），那将是非常令人惊讶的。而如果在理解视觉皮层如何真正工作的过程中，我们没能发现新的有趣算法，那将同样令人惊讶。事实上，Marr 也许有点夸张地写道：

"……神经网络理论，除非它与脑中某些部分已知的解剖学和生理学密切相关，并做出一些出乎意料又可以测试的预测，否则它就没有价值。"（Marr，1975）。

理解层次

我刚刚强调了，对人类视觉和人类智能的理解的进展需要实验和模型之间非常密切的交互。人工视觉系统拟合神经活动数据的能力本身不太可能弥合我们对生物视觉的理解。要取得进展，需要能做出非凡的、可证伪的预测的模型，并且这样的模型不仅要与视觉表现密切相关，更要与其下的神经回路和生物物理学密切相关。

上述论断似乎与本书中描述的理解层次框架相矛盾，即对信息处理系统的分析，可以取决于它们解决的问题（计算层次）、它们解决问题所用的表示和处理过程（算法和表示层次），以及这些表示和处理过程的物理实现（实现层次）。这是因为我不相信理解层次框架严格适用于人脑。Marr 和我叙述过的一个简单的观察是，一个诸如电脑和人脑这样的复杂系统应该在几个不同的层次上被理解。在本书中，Marr 强调不同层次的解释在很大程度上是相互独立的：软件工程师不需要非常详细地了解硬件。四十年前，这条信息是新颖而重要的：对要解决的问题及相关计算的研究本身就是贴题的，并且是全面了解脑所必需的。然而，本书中关于理解层次的部分是基于 Werner Reichardt 和我自己关于苍蝇视觉系统的论断。我们强调应该在不同的组织层次上研究脑，从整个动物的行为到信号流（即算法），再到回路和单个细胞。我们特别表达了有必要同时在所有层次研究神经系统。从这个角度来看，在神经科学中将实验和理论工作结合起来的重要性直接体现在这一点：没有与实验的密切互动，理论很可能成为无根之木。

为什么是人类智能

对于许多研究人员来说，研究人类智能和人脑的一个原因是押注这是开发人工智能的最佳方式。然而，在过去的十年里，正如我之前提到的，情况发生了一些变化。我的朋友 Demis Hassabis 几个月前说，根据他的估计，工程师在没有神经科学帮助的情况下赢得智能竞赛的可能性从10%上升到了大约50%。我觉得这仍然是押注神经科学作为解决人工智能的好方法的一个很好的赔率！

但是，假设神经科学不会帮助人工智能，那么"投资"计算神经科学仍然是一个好主意吗？我的回答是肯定的。我来告诉你为什么。

第一点很明显，了解我们的脑如何创造人类智能至少与了解宇宙和其中的行星、恒星和黑洞一样令人着迷、兴奋和重要。由好奇心驱动的科学要求对我们的脑和思想的宇宙进行探索。毕竟，它们正是我们用来理解其他一切的工具。

第二点是基于我的信念，即存在各种形式的智能，很可能有无数种。除非我们知道进化在创造人类思维时的所有约束，否则我们不太可能构建与人类智能相同的人工智能。这正是我们今天看到在机器学习上发生的。卷积神经网络和 Transformer 显然与我们不同：两者都利用了人类产生的大量数据，这是进化所无法做到的。总而言之，这样的机器可能是"智能的"，但与人类智能有很大不同。

如何理解人类智能

对层次之间的联系的强调，也是因为认识到了解释脑这一问题非常困难，我们需要使用我们具有的每一点信息、每一种方法、每一项技术。正如我提到的，同样重要的是要认识到，强调不同层次间的耦合，事实上意味着强调实验和模型之间非常密切的交互。这是通过计算视角来理解脑能取得进展的必要条件。

Marr, D. 1969. A theory of cerebellar cortex. *The Journal of Physiology 202*, 437-470.

Marr, D. 1975. Approaches to Biological Information Processing. *Science 190(4217),* 875-876.

Marr, D., and T. Poggio. 1977. From Understanding Computation to Understanding Neural Circuitry. In *Neuronal Mechanisms in Visual Perception*, E. Poppel, R. Held and J.E. Dowling (eds.), *Neurosciences Research Program Bulletin 15,* 470-488.

Reichardt, W., and T. Poggio. 1976. Visual Control of Orientation Behavior in the Fly: A Quantitative Analysis. *Quarterly Review of Biophysics 3*, 311-375.

Wu, J., C. Zhang, T. Xue, W. T. Freeman, and J. B. Tenenbaum. 2017. MarrNet: 3D Shape Reconstruction via 2.5D Sketches. In *Proceedings of Advances in Neural Informational Processing Systems 30.*

Tomaso Poggio
麻省理工学院 Eugene McDermott 讲席教授
美国艺术与科学院院士

术语表

动作电位（action potential） 沿着轴突向下传播的自我再生的电发放，从而能通过突触将信号从一个细胞传递到下一个细胞。该信号的传导机制由 A. L. Hodgkin 和 A. F. Huxley 阐明。

附属关系（adjunct relation） 一种在三维模型中灵活指定两个轴的相对位置的方式，通常用于将组件轴与模型的主轴相关联（见图 5-4 和图 5-5）。

17 区（area 17） 纹状皮层。

带通通道（band-pass channel） 只允许特定频带通过的滤波器。

位图（bit map） 一种表示图像中粗略位置的便捷方式。对应图像中的 x 坐标和 y 坐标设置一个二维数组，通过对数组中适当的点标记 1 来表示对象的位置。

积木世界（blocks world） 在深色背景下观察哑光、白色、平面型积木的视觉领域。许多早期的机器视觉都是在这个领域进行的。

复杂细胞（complex cells） 一类由 Hubel 和 Wiesel 发现的视觉皮层中对朝向敏感的细胞。这些细胞比简单细胞更复杂，因为它们的响应不是相对于落入其感受野的空间刺激的线性函数。不过它们对边和条的终止没有表现出任何特别的敏感性。

成分轴（component axis） 三维模型的辅助轴，如四足动物三维模型中的颈部轴。

共轭眼动（conjunctive eye movements） 改变双眼的平均注视方向的眼动。

轮廓生成器（contour generator） 可见表面上的点的轨迹。这一轨迹在表面的图像中产生了轮廓。

卷积（convolution, $*$） 正式地，两个函数 $f(x)$ 和 $g(x)$ 的卷积由 $f * g(x) = \int f(x')g(x - x')\,\mathrm{d}x'$ 给出。对图像而言，可以更方便地用感受野来可视化其含义。假设我们在图像中的 (x, y) 位置放置一个或许有着中心—周边组织结构的加权感受野。该感受野会把通过它“看到”的图像的每个部分的贡献线性相加——也就是说，中心的点获得很强的正权重，而周边的点获得较弱的负权重。结果即是图像与由该特定点 (x, y) 的感受野的权重所代表的函数的卷积值。因此，直接对于每个点 (x, y) 来计算整张图像的卷积是一个计算成本很高的处理过程。

协作算法（cooperative algorithm） 一种非线性算法。在该算法中，纯局部运算看似以规整的方式协作，以产生全局范围上的有序性。它以物理学中的协同现象命名，例如铁磁性、超导性和一般相变的 Ising 模型。协作算法与这些现象具有许多共同特征。

$\nabla^2 G$ 应用于二维高斯分布的拉普拉斯算子。其结果具有墨西哥帽形状，可以如图 2-9 所示写成：

$$\nabla^2 G(r) = -1/\pi\sigma^4(1 - r^2/2\sigma^2)\exp(-r^2/2\sigma^2)$$

深度（depth） 观察者对可见表面的距离的主观印象。

描述（description） 描述是将表示应用于特定实体的结果（请参阅“表示”）。

微分算子（differential operator） 像 $\partial/\partial x$ 和 $\partial/\partial y$ 这样的空间微分算子可以通过具有近似形状的感受野的卷积算子来近似实现。其中一些如图 2-11 所示。

倾角（dip） 见“倾斜”。

非共轭眼动（disjunctive eye movements） 非共轭眼动改变双眼的相对注视方向，使其辐合或辐散，同时保持它们的平均注视方向不变。

视差（disparity） 如果两个对象被放置于距观察者不同的距离，则它们的图像在双眼中的相对位置也会有所不同。这种差异称为视差，通常以弧分来衡量。正前方 5 英尺距离处的 1 英寸的深度差异将产生大约 1 弧分的视差。

距离（distance） 通常是指观察者到可见表面的客观三维距离。

DOG 由两个高斯分布的差组成的函数。这些函数被认为描述了视网膜神经节细胞感受野的形状，以及与 Wilson 的早期视觉处理的四通道模型相关的感受野的形状。它们非常接近理想函数 $\nabla^2 G$（见图 2-16）。

离心率（eccentricity） 通常是指从视网膜中央凹处向外的角度。

出射角（emittance angle） 出射角 e 是表面反射的光线与表面法线之间的夹角。

熵（entropy） 粗略地说，概率分布的熵衡量分布的混乱程度。因此，如果分布集中在一个值附近，则熵很低；如果它集中在一个值上，则熵为零。均匀分布具有最大熵。正式地，对于结果为 $1,2,\ldots,i,\ldots$ 的概率为 $p_1,p_2,\ldots,p_i,\ldots$ 的离散分布，分布的熵 $q(p)$ 可通过 $q(p)=\sum_i -p_i \log_2 p_i$ 得到。

快速傅里叶变换（fast Fourier transform） 一种对维数为 2 的幂的离散阵列进行傅里叶变换的快速数字算法。它是由 J. M. Cooley 和 T. W. Tukey 设计的。最近 S. Winograd 设计了一种更快的算法，被称为超快速傅里叶变换（VFFT）。

正平面（frontal plane） 垂直于视线的平面。

高斯分布（Gaussian，G） 所谓的高斯分布或正态分布在二维中具有 $G(r)=(1/2\pi\sigma^2)\exp(-r^2/2\sigma^2)$ 的形式。

梯度空间（gradient space） 一种用二维图上的点表示三维表面朝向的方法，通常用 (p,q) 表示（参见 3.8 节，尤其是图 3-73）。

高通滤波器（high-pass filter） 仅允许信号中的高频（这些可能是高空间或时间频率）通过的滤波器。

双眼视界（horopter） 双眼视界有多种定义，但在本书中，它指的是眼睛当前位置的零视差表面。

超敏锐度（hyperacuity） 在一系列的任务上，人类可以达到比作为信息来源的视锥细胞的尺寸更精确的精度。中央凹处的视锥细胞的直径约为 27 弧秒，但人类在许多任务上取得的精度约为 5 弧秒，而立体敏锐度则可能可以达到 2 弧秒。此类任务被认为属于超敏锐度的范围。

入射角（incidence angle） 入射角 i 是入射光线与表面法线之间的夹角。

等辉度轮廓（isoluminance contour） 反射率图通常由绘制在 (p,q) 或梯度空间中的恒定辉度的等高线——即等辉度轮廓——组成。

各向同性（isotropic） 在各个方向上都一样。

最小可觉差（just noticeable difference，JND） JND 实验通过对在参数范围内的每个点，测量该参数在人类能注意到差异之前其必须改变的量，来测试人类对范围内该参数的辨别能力。两个测试刺激通常是并列放置的。

朗伯体（Lambertian） 朗伯表面是一个完美的漫反射体，是黑体辐射体的反射模拟。它的反射函数 $\phi(i,e,g)$ 是 $\cos i$，仅取决于光照的入射角 i。

拉普拉斯算子（Laplacian，∇^2） 正式地，$\nabla^2=\partial^2/\partial x^2+\partial^2/\partial y^2$。它是最低阶各向同性微分算子。

外侧膝状体（lateral geniculate body，LGN） 眼和脑之间的主要视觉核。它的信息来自由视网膜神经节细胞的轴突组成的视神经。从外侧膝状体发出的轴突称为视辐射，投射到猴子和人的纹状皮层。

低通滤波器（low-pass filter） 仅允许信号中的低频（这些可能是低空间或时间频率）通过的滤波器。

模型轴（model axis） 与三维模型关联的轴，用于定义模型表示的形状的整体范围。

调制传递函数（modulation transfer function, MTF） 滤波器或函数的傅里叶变换的幅值。MTF 很有用，因为通过查看它的图像，人们可以一目了然地知道哪些频率得以通过，而哪些频率被滤波器抑制了。

遮挡轮廓（occluding contour） 图像中由遮挡边缘形成的轮廓。

Panum 区（Panum's area） 无须眼动即可实现立体融合的视差范围。

Panum 极限情况（Panum's limiting case） 参见图 3-19。

相位角（phase angle） 相位角 g 是入射光线和出射光线之间的角度。

位置标记（place token） 记录图像中兴趣点的标记。这样的标记包含位置和其他各种可能的属性。它们被认为是在对图像的空间排布的早期分析中构建的。

初草图（primal sketch） 二维图像的表示，它明确了图像中强度变化的数量和配置。这一表示是有层级的，最低层次的基元表示原始强度变化及其局部几何结构，而较高层次的基元则抓住了较低层对象之间产生的聚合和对齐（见图 2-7）。

主轴（principal axis） 三维模型中与大多数组件轴相邻的轴，如四足动物三维模型的躯干轴。

反射函数（reflectance function） 与表面相关的反射函数通常由 $\phi(i,e,g)$ 表示。它指定了在不同的观察和光照条件下入射光的反射比例。参见图 3-75 和 3.8 节。

反射率图（reflectance map） 将图像强度与表面朝向相关联的图，通常不是以一对一的方式。图 3-76 到 3-79 显示了一些示例。

表示（representation） 一组实体 S 的表示是描述它们的正式方案，以及指定该方案如何应用于任何特定实体的规则。

视网膜神经节细胞（retinal ganglion cells） 视网膜处理中的最后一层细胞。这些细胞的轴突通过所谓的盲点离开视网膜并形成视神经。

视网膜—皮层（retinex） Edwin Land 用于特定图像处理的术语。这些图像处理去除了（如可能由光照变化引起的）所有图像强度的渐变，同时保留了（如可能由反射率变化引起的）所有图像强度的突变。

视网膜紫质（rhodopsin） 眼睛的受体（视杆和视锥细胞）中的光敏视色素。

扫视（saccade） 共轭眼动可以是平滑的，也可以发生在被称为扫视的预先编码的弹道式跳跃中。扫视大约需要 160 毫秒进行内部编码。另外，非共轭眼动始终是平滑的，且处于连续控制之下。这种连续控制基于与当前辐辏角和所期望辐辏角之间的视差相关联的反馈。

形状（shape） 物体物理表面的几何形状。

简单细胞（simple cells） 纹状皮层中的一类对朝向敏感的细胞，它们由 Hubel 和 Wiesel 发现，并根据它们对落在其感受野中的刺激的反应的线性被定义为简单细胞。

倾斜（slant） 平面相对于观察者的正平面倾斜的角度。也称为倾角。

空间频率（spatial frequency） 随时间变化的信号的傅里叶变换将该信号表示为正弦波和余弦波的总和，每个波都处于不同的时间频率。如果信号像单张图像那样在空间而不是时间上变化，则其傅里叶变换表示的分量是其空间频率，可以将其视为有向的正弦波光栅。

空间频率通道（spatial frequency channel） 只允许有限范围的空间频率通过的通道。人类视觉系统的早期部分包含许多空间频率通道。每个通道的实际宽度都小于两个倍频程，即通过的最大频率与最小频率之比小于 4∶1。

纹状皮层（striate cortex） 猴子和人的主要视觉皮层接收区。之所以这样称呼是因为 Genarii 纹，即一条只穿过皮层的这个区域的白质带。

表面轮廓（surface contour） 位于可见表面上的轮廓图像。

突触（synapse） 一个神经细胞的轴突和下一个神经细胞的树突或胞体（细胞体）之间的连接点。大多数突触是化学性的——也就是说，信息在其中通过轴突末端释放的化学物质传递——但也有些突触是电学性的。

视速仪（tachistoscope） 一种用于心理物理学实验的装置，以将受试者暴露于短暂的视觉刺激下。

三维模型（3-D model） 三维模型表示的基本组成部分。它指定了一个定义了形状的整体范围的模型轴、模型的（少量）组件轴的相对大小和空间排布，以及指向与这些轴关联的形状的指针（参见图 5-3 中的框）。

三维模型表示（3-D model representation） 一种以物体为中心的形状表示，包括对各种大小、以模块化层级组织方式排布的立体基元的使用（见图 5-3）。

偏转（tilt） 表面远离正平面的倾斜方向。

2.5 维草图（2.5D sketch） 以观察者为中心的可见表面深度和朝向的表示，包括这些参数中不连续点的轮廓（见图 3-12）。

辐辏眼动（vergence eye movements） 见“非共轭眼动”。

Volterra 级数（Volterra series） 一种表示某一类非线性系统的方法。如果函数足够光滑，即没有不连续点、阈值或决策点，则可以将其表示为多项式级数；例如，

$$f(x,y) = ax + by + cxy + dx^2y + \cdots$$

在家蝇飞行控制系统这一特殊情况下，只有低阶项是重要的。

***W* 细胞、*X* 细胞、*Y* 细胞（*W* cells, *X* cells, *Y* cells）** 三类视网膜神经节细胞。*X* 细胞和 *Y* 细胞的区别最初是由 C. Enroth-Cugell 和 J. D. Robson 发现的，而 *W* 细胞则在后来被发现。这些类别在解剖学和生理学上都是孤立的。*Y* 细胞具有最大的细胞体、最大的感受野并且出现频率最低（约占总神经节细胞的 4%）。它

们具有较高的传导速度和相对瞬态的响应，受到位移和 McIlwain 效应的影响，对颜色不敏感，且在外围相对更常见。X 细胞比 Y 细胞小，感受野更小，但比 Y 细胞出现的频率更高（大约 60% 的视网膜神经节细胞是 X 细胞）。它们具有中等传导速度和相对持续的反应，不受位移和 McIlwain 效应的影响，通常对颜色敏感，并且相对在中央凹处更常见。W 细胞是非常小的细胞，传导速度很慢，约占神经节细胞群的 40%。这些难以记录的细胞通常具有方向选择性，并且可能具有其他相当特定的属性。许多这些细胞投射到上丘。

过零（zero-crossing） 函数值改变其符号的点。

参考文献

Adrian, E. D. 1928. *The Basis of Sensation.* London: Christophers. (Reprint ed. New York: Hafner, 1964).

Adrian, E. D. 1947. *The Physical Background of Perception.* Oxford: Clarendon Press.

Agin, G. 1972. Representation and description of curved objects. Stanford Artificial Intelligence Project Memo AIM-173. Stanford, Ca.: Stanford University.

Anstis, S. M. 1970. Phi movement as a subtraction process. *Vision Res. 10*, 1411-1430.

Attneave, F. 1974. Apparent movement and the what-where connection. *Psychologia 17*, 108-120.

Attneave, F., and G. Block. 1973. Apparent motion in tridimensional space. *Percept. & Psychophys. 13*, 301-307.

Austin, J. L, 1962. *Sense and Sensibilia.* Oxford: Clarendon Press.

Barlow, H. B. 1953. Summation and inhibition in the frog's retina. *J. Physiol. (Lond.) 119*, 69-88.

Barlow, H. B. 1972. Single units and sensation: a neuron doctrine for perceptual psychology? *Perception 1*, 371-394.

Barlow, H. B. 1978. The efficiency of detecting changes in random dot patterns. *Vision Res. 18*, 637-650.

Barlow, H. B. 1979. Reconstructing the visual image in space and time. *Nature 279*, 189-190.

Barlow, H. B., C. Blakemore, and J. D. Pettigrew. 1967. The neural mechanism of binocular depth discrimination. *J. Physiol. (Lond.) 193*, 327-342.

Barlow, H. B., R. M. Hill, and W. R, Levick. 1964. Retinal ganglion cells responding selectively to direction and speed of image motion in the rabbit. *J. Physiol. (Lond.) 173*, 377-407.

Barlow, H. B., W. R. Levick. 1965. The mechanism of directional selective units in rabbit's retina. *J. Physiol. (Lond.) 178*, 477-504.

Beck, J. 1972. *Surface Color Perception*. Ithaca, N.Y.: Cornell University Press.

Berry R. N. 1948. Quantitative relations among vernier, real depth, and stereoscopic depth acuities. *J. Exp. Psychol. 38*, 708-721.

Binford, T. O. 1971. Visual perception by computer. Paper presented at the IEEE Conference on Systems and Control, December 1971, Miami.

Bishop, P. O., J. S. Coombs, and G. H. Henry. 1971. Responses to visual contours: Spatio-temporal aspects of excitation in the receptive fields of simple striate neurons. *J Physiol. (Lond.) 219*, 625-657.

Blomfield, S. 1973. Implicit features and stereoscopy. *Nature, New Biol. 245*, 256.

Blum, H. 1973. Biological shape and visual science, part 1. *J. Theor. Biol. 38*, 205-287.

Bouguer, P. 1757. Histoire de I'Academie Royale des Sciences, Paris; and *Traite d'Optique sur la Gradation de la Lumière* (Ouvrage posthume de M. Bouguer)., l'Abbé de Lacaille, Paris, 1760.

Braddick, O. J. 1973. The masking of apparent motion in random-dot patterns. *Vision Res. 13*, 355-369.

Braddick, O. J. 1974. A short-range process in apparent motion. *Vision Res. 14*, 519-527.

Braddick, O. J. 1979. Low- and high-level processes in apparent motion. *Phil. Trans. R. Soc. Lond. B 290*, 137-151.

Brady, M. 1979. Inferring the direction of the sun from intensity values on a generalized cone. *Proc. lnt. Joint Conf. Art. Intel., IJCAI-79*, 88-91.

Braunstein, M. L. 1962. Depth perception in rotation dot patterns: Effects of numerosity and perspective. *J. Exp. Psychol. 64*, 415-420.

Breitmeyer, B., and L. Ganz. 1977. Temporal studies with flashing gratings: Inferences about human transient and sustained channels. *Vision Res. 17*, 861-865.

Brindley, G. S. 1970. *Physiology of the Retina and Visual Pathway*. Physiological Society Monograph no. 6. London: Edwin Arnold.

Brodatz, P. 1966. *Textures: A Photographic Album for Artists and Designers*. New York: Dover.

Campbell, F. W. C. and J. Robson. 1968. Application of Fourier analysis to the visibility of gratings. *J. Physiol. (Lond.) 197*, 551-566.

Campbell, F. W. C. 1977. Sometimes a biologist has to make a noise like a mathematician. *Neurosciences Res. Prog. Bull. 15*, 417-424.

Carey, S., and R. Diamond. 1980. Maturational determination of the developmental course of face encoding. In *Biological Bases of Mental Processes*, D. Kaplan, ed., 1-7. Cambridge, Mass.: MIT Press.

Chomsky, N. 1965. *Aspects of the Theory of Syntax*. Cambridge, Mass.: MIT Press.

Chomsky, N., and H. Lasnik. 1977. Filters and control. *Linguistic Inquiry 8*, 425-504.

Clarke, P. G. H., I. M. L. Donaldson, and D. Whitteridge. 1976. Binocular mechanisms in cortical areas I and II of the sheep. *J. Physiol. (Lond.) 256*, 509-526.

Clocksin, W. F. 1980. Perception of surface slant and edge labels from optical flow: A computational approach. *Perception 9*, 253-269.

Corbin, H. H. 1942. The perception of grouping and apparent motion in visual space. *Arch. Psychol. Whole No. 273.*

Crick, F. H. C., D, Marr, and T. Poggio. 1980. An information processing approach to understanding the visual cortex. In *The Cerebral Cortex*, Ed. F. O. Schmitt and F. G, Worden. (The Proceedings of the Neurosciences Research Program Colloquium held in Woods Hole, Mass., May 1979.) Cambridge, Mass.: MIT Press.

Dev, P. 1975. Perception of depth surfaces in random-dot stereograms: A neural model. *Int. J. Man-Machine Stud. 7*, 511-528.

DeValois, R. L. 1965. Analysis and coding of color vision in the primate visual system. *Cold Spring Harbor Symp. Quant. Biol. 30*, 567-579.

DeValois, R. L., I. Abramov, and G. H. Jacobs. 1966. Analysis of response patterns of LGN cells. *J Opt. Soc. Am. 56*, 966, 977.

DeValois, R. L., I. Abramov, and W. R. Mead. 1967. Single cell analysis of wavelength discrimination at the lateral geniculate nucleus in the macaque. *J. Neurophysiol. 30*, 415-433.

Dreher, B. and K. J. Sanderson. 1973. Receptive field analysis: Responses to moving visual contours by single lateral geniculate neurons in the cat. *J. Physiol. (Lond.) 234*, 95-118.

Enroth-Cugel, C. and J. D. Robson. 1966. The contrast sensitivity of retinal ganglion cells of the cat. *J. Physiol. (Lond.) 187*, 517-522.

Evans, R. M. 1974. *The Perception of Color*. New York: Wiley.

Felton, T. B., W. Richards, and R. A. Smith, Jr. 1972. Disparity processing of spatial frequencies in man. *J. Physiol. (Lond.) 225*, 349-362.

Fender, D., and B. Julesz. 1967. Extension of Panum's fusional area in binocularly stabilized vision. *J. Opt. Soc. Am. 57*, 819-830.

Forbus, K. 1977. Light source effects. MIT A.I. Lab Memo 422.

Fram, J. R., and E. S. Deutsch. 1975. On the quantitative evaluation of edge detection schemes and their comparison with human performance. *IEEE Transactions on Computers C-24,* 616-628.

Freuder, E. C. 1974. A computer vision system for visual recognition using active knowledge. MIT A.I. Lab Tech. Rep. 345.

Frisby, J. P., and J. L. Clatworthy. 1975. Learning to see complex random-dot stereograms. *Perception 4*, 173-178.

Frisby, J. P., and J. E.W. Mayhew. 1979. Does visual texture discrimination precede binocular fusion? *Perception 8*, 153-156.

Galambos, K., and H. Davis. 1943. The response of single auditory-nerve fibres to acoustic stimulation. *J. Neurophysiol. 7*, 287-303.

Gibson, J. J. 1950. *The Perception of the Visual World*. Boston: Houghton Mifflin.

Gibson, J. J. 1958. Visually controlled locomotion and visual orientation in animals. *Brit. J. Psych 49*, 182-194.

Gibson, J. J. 1966. *The Senses considered as Perceptual Systems*. Boston: Houghton Mifflin.

Gibson, J. J. 1979. *The Ecological Approach to Visual Perception*. Boston: Houghton Mifflin.

Gibson, J. J., and E. J. Gibson. 1957. Continuous perceptive transformations and the perception of rigid motion. *J. Exp. Psychol. 54*, 129-138.

Gibson, E. J., J. J. Gibson, O. W. Smith, and H. Flock. 1959. Motion parallax as a determinant of perceived depth. *J. Exp. Psychol. 8*, 40-51.

Gibson, J. J., P. Olum, and F. Rosenblatt. 1955. Parallax and perspective during aircraft landings. *Am. J. Psychol. 68*, 372-385.

Gilchrist, A. L. 1977. Perceived lightness depends on perceived spatial arrangement. *Science 195*, 185-187.

Glass, L. 1969. Moire effect from random dots. *Nature 243*, 578-580.

Glass, L., and R. Perez. 1973. Perception of random dot interference patterns. *Nature 246*, 360-362.

Glass, L., and E. Switkes. 1976. Pattern perception in humans: Correlations which cannot be perceived. *Perception 5*, 67-72.

Goodwin, A. W., G. H. Henry, and P. O. Bishop. 1975. Direction selectivity of simple striate cells: Properties and mechanism. *J. Neurophysiol. 38*, 1500-1523.

Gordon, D. A. 1965. Static and dynamic visual fields in human space perception. *J. Opt. Soc. Am. 55*, 1296-1303.

Gouras, P. 1968. Identification of cone mechanisms in monkey ganglion cells. *J. Physiol. (Lond.) 199*, 533-547.

Granit, R., and G. Svaetichin. 1939. Principles and technique of the electrophysiological analysis of colour reception with the aid of microelectrodes. *Upsala Lakraef Fath. 65*, 161-177.

Green, B. F. 1961. Figure coherence in the kinetic depth effect. *J. Exp. Psychol. 62*, 272-282.

Gregory, R. L. 1970. *The Intelligent Eye*. London: Weidenfeld & Nicholson.

Grimson, W. E. L. 1979. Differential geometry, surface patches and convergence methods. MIT A.I. Lab. Memo 510. (Available as *From Images to Surfaces: A Computational Study of the Human Early Visual System*. Cambridge: MIT Press 1981.)

Grimson, W. E. L. 1980. A computer implementation of a theory of human stereo vision. MIT A.I. Lab. Memo 565. *Phil. Trans. Roy. Soc. Lond. B292*, 217-253.

Grimson, W. E. L., and D Marr. 1979. A computer implementation of a theory of human stereo vision. In *Proceedings of ARPA Image Understanding Workshop*, L. S. Baumann, ed., SRI, 41-45.

Gross, C. G., C. E. Rocha-Miranda, and D. B. Bender. 1972. Visual properties of neurons in inferotemporal cortex of the macaque. *J. Neurophysiol. 35*, 96-111.

Guzman, A. 1968. Decomposition of a visual scene into three-dimensional bodies. In *AFIPS Conf. Proc. 33*, 291-304. Washington, D.C.: Thompson.

Harmon, L. D., and B. Julesz. 1973. Masking in visual recognition: Effects of two-dimensional filtered noise. *Science 180*, 1144-1197.

Hartline, H. K. 1938. The response of single optic nerve fibres of the vertebrate eye to illumination of the retina. *Am. J. Physiol. 121*, 400-415.

Hartline, H. K. 1940. The receptive fields of optic nerve fibers. *Am. J. Physiol. 130*, 690-699.

Hassenstein, B., and W. Reichardt. 1956. Systemtheoretische Analyse der Zeit-, Reihenfolgen- and Vorzeichenauswertung bei der Bewegungsperzeption des Russelkafers. *Chlorophanus, Z. Naturf. 11b*, 513-524.

Hay, C. J. 1966. Optical motions and space perception---An extension of Gibson's analysis. *Psychol. Rev. 73*, 550-565.

Helmholtz, H. L. F. von. 1910. *Treatise on Physiological Optics*. Translated by J. P. Southall, 1925. New York: Dover.

Helson, H. 1938. Fundamental principles in color vision. I. The principle governing changes in hue, saturation, and lightness of non-selective samples in chromatic illumination. *J. Exp. Psychol. 23*, 439-471.

Hershberger, W. A., and J. J. Starzec. 1974. Motion parallax cues in one dimensional polar and parallel projections: Differential velocity and acceleration/displacement change. *J. Exp. Psychol. 103*, 717-723.

Hildreth, E. 1980. A computer implementation of a theory of edge detection. MIT A.I. Lab Tech. Rep. 579.

Harai, Y., and K. Fukushima. 1978. An inference upon the neural network finding binocular correspondence. *Biol. Cybernetics, 31*, 209-217.

Hochstein, S., and R. M. Shapley. 1976a. Linear and non-linear spatial subunits in Y cat retinal ganglion cells. *J. Physiol. (Lond.) 262*, 265-284.

Hochstein, S., and R. M. Shapley. 1976b. Quantitative analysis of retinal ganglion cell classification. *J. Physiol. (Lond.) 262*, 237-264.

Hollerbach, J. M. 1975. Hierarchical shape description of objects by selection and modification of prototypes. MIT A.I. Lab. Tech. Rep. 346.

Horn, B. K. P. 1973. The Binford-Horn LINEFINDER. MIT A.I. Lab. Memo 285.

Horn, B. K. P. 1974. Determining lightness from an image. *Computer Graphics and Image Processing 3*, 277-299.

Horn, B. K. P. 1975. Obtaining shape from shading information. In *The psychology of Computer Vision*, P. H. Winston, ed., 115-155. New York: McGraw-Hill.

Horn, B. K. P. 1977. Understanding image intensities. *Art. Intel. 8*, 201-231.

Horn, B. K. P., R. J. Woodham, and W. M. Silver. 1978. Determining shape and reflectance using multiple images. MIT A.I. Lab. Memo 490.

Hubel, D. H., and T. N. Wiesel. 1961. Integrative action in the cat's lateral geniculate body. *J. Physiol. (Lond.) 155*, 385-398.

Hubel, D. H., and T. N. Wiesel. 1962. Receptive fields, binocular interaction and functional architecture in the cat's visual cortex. *J. Physiol. (Lond.) 166*, 106-154.

Hubel, D. H., and T. N. Wiesel. 1968. Receptive fields and functional architecture of monkey striate cortex. *J. Physiol. (Lond.) 195*, 215-243.

Hubel, D. H., and T. N. Wiesel. 1970. Cells sensitive to binocular depth in area 18 of the macaque monkey cortex. *Nature 225*, 41-42.

Hueckel, M. H. 1973. An operator which recognizes edges and lines. *J. Assoc. Comput. Mach. 20*, 634-647.

Huffman, D. A. 1971. Impossible objects as nonsence sentences. *Machine Intel. 6*, 295-323.

Ikeda, H., and M. J. Wright. 1972. Receptive field organization of "sustained" and "transient" retinal ganglion cells which subserve different functional roles. *J. Physiol. (Lond.) 227*, 769-800.

Ikeda, H., and M. J. Wright. 1975. Spatial and temporal properties of "sustained" and "transient" neurons in area 27 of the cat's visual cortex. *Exp. Brain Res. 22*, 363-383.

Ikeuchi, K. Personal communication.

Ito, M. 1978. Recent advances in cerebellar physiology and pathology. In *Advances in Neurology*, R. A. P. Kark, R. N. Rosenberg, and L. J. Shut, eds., 59-84. New York: Raven Press.

Ittelson, W. H. 1960. *Visual Space Perception*. New York: Springer.

Jardine, N. and R. Sibson. 1971. *Mathematical Taxonomy*. New York: Wiley.

Johansson, G. 1964. Perception of motion and changing form. *Scand. J. Psychol. 5*, 181-205.

Johansson, G. 1975. Visual motion perception. *Sci. Am. 232*, 76-88.

Johnston, I. R., G. R. White, and R. W. Cumming. 1973. The role of optical expansion patterns in locomotor control. *Am. J. Psychol. 86*, 311-324.

Judd, D. B. 1940. Hue saturation and lightness of surface colors with chromatic illumination. *J. Opt. Soc. Am. 30*, 2-32.

Judd, D. B. 1960. Appraisal of Land's work on two-primary color projections. *J. Opt. Soc. Am. 50*, 254-268.

Julesz, B. 1960. Binocular depth perception of computer generated patterns. *Bell Syst. Tech. J. 39*, 1125-1162.

Julesz, B. 1963. Towards the automation of binocular depth perception (AUTO-MAP-1). In *Proceedings of the IFIPS Congress*, C. M. Popplewell, ed. Amsterdam: North Holland.

Julesz, B. 1971. *Foundations of Cyclopean Perception*. Chicago: University of Chicago Press.

Julesz, B. 1975. Experiments in the visual perception of texture. *Sci. Am. 232*, 34-43.

Julesz, B., and J. J. Chang. 1976. Interaction between pools of binocular disparity detectors tuned to different disparities. *Biol. Cybernetics 22*, 107-120.

Julesz, B., and J. E. Miller. 1975. Independent spatial-frequency-tuned channels in binocular fusion and rivalry. *Perception 4*, 125-143.

Kaufman, L. 1964. On the nature of binocular disparity. *Am. J. Psychol. 77*, 393-402.

Kelly, D. M. 1979. Motion and vision. II. Stabilized spatio-temporal threshold surface. *J. Opt. Soc. Am. 69*, 1340-1349.

Kendall, D. G. 1969. Some problems and methods in statistical archaeology. *World Archaeology 1*, 68-76.

Kidd, A. L., J. P. Frisby, and J. E. W. Mayhew. 1979. Texture contours can facilitate stereopsis by initiating appropriate vergence eye movements. *Nature 280*, 829-832.

Koenderick, J. J., and A. J. van Doorn. 1976. Local structure of movement parallax of the plane. *J. Opt. Soc. Am. 66*, 717-723.

Koffka, K. 1935. *Principles of Gestalt Psychology*. New York: Harcourt, Brace & World.

Kolers, P. A. 1972. *Aspects of Motion Perception*. New York: Pergamon Press.

Kruskal, J. B. 1964. Multidimensional scaling. *Psychometrika 29*, 1-42.

Kuffler, S. W. 1953. Discharge patterns and functional organization of mammalian retina. *J. Neurophysiol. 16*, 37-68.

Kulikowski, J. J., and D. J. Tolhurst. 1973. Psychophysical evidence for sustained and transient detectors in human vision. *J. Physiol. (Lond.) 232*, 149-162.

Land, E. H. 1959a. Color vision and the natural image. *Proc. Natl. Acad. Sci. 45*, 115-129, 636-645.

Land, E. H. 1959b. Experiments in color vision. *Sci. Am. 200*, 84-94, 96-99.

Land, E. H., and J. J. McCann. 1971. Lightness and retinex theory. *J. Opt. Soc. Am. 61*, 1-11.

Leadbetter, M. R. 1969. On the distributions of times between events in a stationary stream of events. *J. R. Statist. Soc. B 31*, 295-302.

Lee, D. N.,1974. Visual information during locomotion. In *Perception: Essays in Honor of James J. Gibson*, I. D. G. MacLed and O. Pick, eds. Ithaca, N.Y.: Cornell University Press.

Legge, G. E. 1978. Sustained and transient mechanisms in human vision: Temporal and spatial properties. *Vision Res. 18*, 69-81.

Lettvin, J. Y, R. R. Maturana, W. S. McCulloch, and W H. Pitts. 1959. What the frog's eye tells the frog's brain. *Proc. Inst. Rad. Eng. 47*, 1940-1951.

Logan, B. F, Jr. 1977. Information in the zero-crossings of bandpass signals. *Bell Syst. Tech. J. 56*, 487-510.

Longuet-Higgins, H. C., and K. Prazdny. 1980. The interpretation of moving retinal images. *Proc. R. Soc. Lond. B 208*, 385-387.

Longuet-Higgins, M. S. 1962. The distribution of intervals between zeros of a stationary random function. *Phil. Trans. R. Soc. Lond. A 254*, 557-599.

McCann, J. J., S. P. McKee, and T. H. Taylor. 1976. Quantitative studies in retinex theory: a comparison between theoretical predictions and observer responses to the color Mondrian experiments. *Vision Res. 16*, 445-458.

McCulloch, W. S., and W. Pitts. 1943. A logical calculus of ideas immanent in neural nets. *Bull. Math. Biophys. 5*, 115-137.

Mackworth, A. K. 1973. Interpreting pictures of polyhedral scenes. *Art. Intel. 4*, 121-137.

Marcus, M. P. 1980. *A Theory of Syntactic Recognition for Natural Language*. Cambridge, Mass.: MIT Press.

Marr, D. 1969. A theory of cerebellar cortex. *J. Physiol. (Lond.) 202*, 437-470.

Marr, D. 1970. A theory for cerebral neocortex. *Proc. R. Soc. Lond. B 176*, 161-234.

Marr, D. 1974a. The computation of lightness by the primate retina. *Vision Res. 14*, 1377-1388.

Marr, D. 1974b. A note on the computation of binocular disparity in a symbolic, low-level visual processor. MIT A.I. Lab. Memo 327.

Marr, D. 1976. Early processing of visual information. *Phil. Trans. R. Soc. Lond. B 275*, 483-524.

Marr, D. 1977a. Analysis of occluding contour. *Proc. R. Soc. Lond. B 197*, 441-475.

Marr, D. 1977b. Artificial intelligence---a personal view. *Art. Intel. 9*, 37-48.

Marr, D. 1978. Representing visual information. *Lectures on Mathematics in the Life Sciences 10*, 101-180. Reprinted in *Computer Vision Systems*, A. R. Hanson and E. M. Riseman, eds., 1979, 61-80. New York: Academic Press.

Marr, D. 1980. Visual information processing: the structure and creation of visual representations. *Phil. Trans. R. Soc. Lond. B 290*, 199-218.

Marr, D., and E. Hildreth. 1980. Theory of edge detection. *Proc. R. Soc. Lond. B 207*, 187-217.

Marr, D., and H. K. Wishihara. 1978. Representation and recognition of the spatial organization of three-dimensional shapes. *Proc. R. Soc. Lond. B 200*, 269-294.

Marr, D., G. Palm, and T. Poggio. 1978. Analysis of a cooperative stereo algorithm. *Biol. Cybernetics 28*, 223-229.

Marr, D., and T. Poggio. 1976. Cooperative computation of stereo disparity. *Science 194*, 283-287.

Marr, D., and T. Poggio. 1977. From understanding computation to understanding neural circuitry. *Neurosciences Res. Prog. Bull. 15*, 470-488.

Marr, D., and T. Poggio. 1979. A computational theory of human stereo vision. *Proc. R. Soc. Lond. B 204*, 301-328.

Marr, D., T. Poggio, and E. Hildreth. 1980. The smallest channel in early human vision. *J. Opt. Soc. Am. 70*, 868-870.

Marr, D., T, Poggio, and S. Ullman. 1979. Bandpass channels, zero-crossings, and early visual information processing. *J. Opt. Soc. Am. 69*, 914-916.

Marr, D., and S. Ullman. 1981. Directional selectivity and its use in early visual processing. *Proc. R. Soc. Lond. B 211*, 151-180.

Marroquin, J. L. 1976. Human visual perception of structure. Master's thesis, MIT.

Maturana, H. R., and S. Frenk. 1963. Directional movement and horizontal edge detectors in pigeon retina. *Science 142*, 977-979.

Maturana, H. R., J. Y. Lettvin, W. S. McCulloch, and W. H. Pitts. 1960. Anatomy and physiology of vision in the frog (*Rana pipiens*). *J. Gen. Physiol. 43* (suppl. no. 2, Mechanisms of Vision), 129-171.

Mayhew, J. E. W., and J. P. Frisby. 1976. Rivalrous texture stereograms. *Nature 264*, 53-56.

Mayhew, J. E. W., and J. P. Frisby. 1978a. Stereopsis masking in humans is not orientationally tuned. *Perception 7*, 431-436.

Mayhew, J. E. W., and J. P. Frisby. 1978b. Texture discrimination and Fourier analysis in human vision. *Nature 275*, 438-439.

Mayhew, J. E. W., and J. P. Frisby. 1979. Convergent disparity discriminations in narrow-band-filtered random-dot stereograms. *Vision Res. 19*, 63-71.

Metelli, F. 1974. The perception of transparency. *Sci. Am. 230*, 91-98,

Miles, W. R. 1931. Movement in interpretations of the silhouette of a revolving fan. *Am. J. Psychol. 43*, 392-404.

Minsky, M. 1975. A framework for representing knowledge. In *The Psychology of Computer Vision*, P. H. Winston, ed., 211-277. New York: McGraw-Hill.

Mitchell, D. E. 1966. Retinal disparity and diplopia. *Vision Res. 6*, 441-451.

Monasterio, F. M. de, and P. Gouras. 1975. Functional properties of ganglion cells of the rhesus monkey retina. *J. Physiol. (Lond.) 251*, 167-195.

Movshon, J. A., I. D. Thompson, and D. J. Tolhurst. 1978. Spatial and temporal contrast sensitivity of neurones in areas 17 and 18 of the cat's visual cortex. *J. Physiol. (Lond.) 283*, 101-120.

Nakayama, K., and J. M. Loomis. 1974. Optical velocity patterns, velocity sensitive neurons, and space perception: A hypothesis. *Perception 3*, 63-80.

Narasimhan, R. 1970. Picture languages. In *Picture Language Machines*, S. Kaneff, ed., 1-25. New York: Academic Press.

Nelson, J. I. 1975. Globality and stereoscopic fusion in binocular vision. *J. Theor. Biol. 49*, 1-88.

Neuhaus, W. 1930. Experimentelle Untersuchung der Scheinbewegung. *Arch. Ges. Psychol. 75*, 315-458.

Newell, A., and H. A. Simon. 1972. *Human Problem Solving*. Englewood Cliffs, N.J.: Prentice-Mall.

Newton, I. 1704. *Optics*. London.

Nishihara, H. K. 1978. Representation of the spatial organization of three-dimensional shapes for visual recognition. Ph.D. dissertation, MIT.

Nishihara, H. K. 1981. Reconstruction of $\nabla^2 G$ filtered images from gradients at zero-crossings. (In preparation.)

Norman, D. A., and D. E. Rumelhart. 1974. *Explorations in Cognition*. San Francisco: W H. Freeman and Company. See esp. 35-64.

Pearson, D. E., C. B. Rubinstein, and G. J. Spivack. 1969. Comparison of perceived color in two-primary computer generated artificial images with predictions based on the Helsen-Judd formulation. *J. Opt. Soc. Am. 59*, 644-658.

Pettigrew, J. D., and M. Konishi. 1976. Neurons selective for orientation and binocular disparity in the visual wulst of the barn owl (*Tyto alba*). *Science 193*, 675-678.

Poggio, G. E, and B. Fischer. 1978.Binocular interaction and depth sensitivity of striate and prestriate cortical neurons of the behaving rhesus monkey. *J. Neurophysiol. 40*, 1392-1405.

Poggio, T., and W. Reichardt. 1976. Visual control of orientation behavior in the fly. Part II. Towards the underlying neural interactions. *Quart. Rev. Biophys. 9*, 377-438.

Poggio, T., and V. Torre. 1978. A new approach to synaptic interactions. In *Approaches to Complex Systems*, R. Heim and G. Palm, eds. 89-115. Berlin: Springer-Verlag.

Potter, J. 1974. The extraction and utilization of motion in scene description. Ph.D. dissertation, University of Wisconsin.

Prazdny, K. 1980. Egomotion and relative depth from optical flow. *Biol. Cybernetics, 36*, 87-102.

Ramachandran, V. S., and R. L. Gregory. 1978. Does colour provide an input to human motion perception? *Nature 275*, 55-56.

Ramachandran, V. S., V. R. Madhusudhan, and T R. Vidyasagar. 1973. Apparent movement with subjective contours. *Vision Res. 13*, 1399-1401.

Rashbass, C., and G. Westheimer. 1961a. Disjunctive eye movements. *J. Physiol. (Lond.) 159*, 339-360.

Rashbass, C., and G. Westheimer. 1961b. Independence of conjunctive and disjunctive eye movements. *J. Physiol. (Lond.) 159*, 361-364.

Regan, D., K. I. Beverley, and M. Cynader. 1979. Stereoscopic subsystems for position in depth and for motion in depth. *Proc. R. Soc. Lond. B 204*, 485-501.

Reichardt, W., and T. Poggio. 1976. Visual control of orientation behavior in the fly. Part I. A quantitative analysis. *Quart. Rev. Biophys. 9*, 311-375.

Reichardt, W., and T. Poggio. 1979. Visual control of flight in flies. In *Recent Theoretical Developments in Neurobiology,* W. E. Reichardt, V. B. Mountcastle, and T. Poggio, eds.

Rice, S. O. 1945. Mathematical analysis of random noise. *Bell Syst. Tech. J. 24*, 46-156.

Richards, W. 1970.Stereopsis and stereoblindness. *Exp. Brain Res. 10*, 380-388.

Richards, W. 1971. Anomalous stereoscopic depth perception. *J. Opt. Soc. Am. 61*, 410-414.

Richards, W., and E. A, Parks. 1971. Model for color conversion. *J. Opt. Soc. Am. 61*, 971-976.

Richards, W. 1977. Stereopsis with and without monocular cues. *Vision Res. 27*, 967-969.

Richards, W., and D. Regan. 1973. A stereo field map with implications for disparity processing. *Invest. Opthal. 12*, 904-909.

Rigs, L. A., and E. W. Niehl. 1960. Eye movements recorded during convergence and divergence. *J. Opt. Soc. Am. 50*, 913-920.

Roberts, L. G. 1965. Machine perception of three-dimensional solids. In *Optical and electro optical information processing*, ed. J. T. Tippett et al., 159-197. Cambridge, Mass.: MIT Press.

Rock, I., and S. Ebenholtz. 1962. Stroboscopic movement based on change of phenomenal rather than retinal location. *Am. J. Psychol. 72*, 221-229.

Rodieck, R. W., and J. Stone. 1965. Analysis of receptive fields of cat retinal ganglion cells. *J. Neurophysiol. 28*, 833-849.

Rosch, E. 1978. Principles of categorization. In *Cognition and categorization*, E. Rosch and B. Lloyd, eds., 27-48. Hillsdale, N.J.: Lawrence Erlbaum Associates.

Rosenfeld, A., R. A. Hummel, and S. W. Zucker. 1976. Scene labelling by relaxation operations. *IEEE Trans. Man Machine and Cybernetics SMC-6*, 420-433.

Rosenfeld, A., and M. Thurston. 1971. Edge and curve detection for visual scene analysis. *IEEE Trans. Comput. C-20*, 562-569.

Russell, B. 1921. *Analysis of Mind*. London: Allen & Unwin.

Saye, A., and J. P. Frisby. 1975. The role of monocularly conspicuous features in facilitating stereopsis from random-dot stereograms. *Perception 4*, 159-171.

Schatz, B. R. 1977. The computation of immediate texture discrimination. MIT A.I. Lab Memo 426.

Schiller, P. H., B. L. Finlay, and S. F. Volman. 1976a. Quantitative studies of single-cell properties in monkey striate cortex. I. Spatiotemporal organization of receptive fields. *J. Neurophysiol. 39*, 1288-1319.

Schiller, P. H., B. L. Finlay, and S. F. Volman. 1976b. Quantitative studies of single-cell properties in monkey striate cortex. II. Orientation specificity and ocular dominance. *J. Neurophysiol. 39*, 1320-1333.

Shepard, R. N. 1975. Form, formation and transformation of internal representations. In *Information Processing and Cognition: The Loyola Symposium*, R. Solso, ed., 87-122. Hillsdale, N.J.: Lawrence Erlbaum Associates.

Shepard, R. N. 1981. Psychophysical complementarity. In *Perceptual Organization*, M. Kubovy and J. R. Pomerantz, eds. Hillsdale, N.J.: Lawrence Erlbaum Associates.

Shepard, R. N., and J. Metzler. 1971. Mental rotation of three-dimensional objects. *Science 171*, 701-703.

Shipley, W. G., F. A. Kenney, and M. E. King. 1945. Beta-apparent movement under binocular, monocular and interocular stimulation. *Amer. J. Psychol. 58*, 545-549.

Shirai, Y. 1973. A context-sensitive line finder for recognition of polyhedra. *Art. Intel. 4*, 95-120.

Sperling, G. 1970. Binocular vision: A physical and neural theory. *Am. J. Psychol. 83*, 461-534.

Stamm, J. S. 1969. Electrical stimulation of monkey's prefrontal cortex during delayed response performance. *J. Comp. Phys. Psych. 67*, 535-546.

Stevens, K. A. 1978. Computation of locally parallel structure. *Biol. Cybernetics 29*, 19-28.

Stevens, K. A. 1979. Surface perception from local analysis of texture and contour. Ph.D. dissertation, MIT. (Available as The information content of texture gradients. *Biol. Cybernetics 42* (1981), 95-105; also, The visual interpretation of surface contours. *Art. Intel. 17* (1981), 47-74.)

Sugie, N., and M. Suwa. 1977. A scheme for binocular depth perception suggested by neurophysiological evidence. *Biol. Cybernetics 26*, 1-15.

Sussman, G. J. 1975. *A Computer Model of Skill Acquisition*. New York: American Elsevier.

Sutherland, N. S. 1979. The representation of three-dimensional objects. *Nature 278*, 395-398.

Szentagothai, J. 1973. Synaptology of the visual cortex. In *Handbook of Sensory Physiology*, vol. 7/3B, R. Jung, ed., 269-324. Berlin: Springer-Verlag.

Tenenbaum, J. M., and H. G. Barrow. 1976. Experiments in interpretation-guided segmentation. Stanford Research Institute Tech. Note 123.

Tolhurst, D. J. 1973. Separate channels for the analysis of the shape and the movement of a moving visual stimulus. *J. Physiol. (Lond.) 231*, 385-402.

Tolhurst, D. J. 1975. Sustained and transient channels in human vision. *Vision Res. 15*, 1151-1555.

Torre, V., and T. Poggio. 1978. A synaptic mechanism possibly underlying directional selectivity to motion. *Proc. R. Soc. Lond. B 202*, 409-416.

Trowbridge, T. S., and K. P. Reitz. 1975. Average irregularity representation of a rough surface for ray reflection. *J. Opt. Soc. Am. 65*, 531-536.

Tyler, C. W. 1973. Stereoscopic vision: cortical limitations and a disparity scaling effect. *Science 181*, 276-278.

Tyler, C. W., and B. Julesz. 1980. On the depth of the cyclopean retina. *Exp. Brain Res. 40*, 196-202.

Ullman, S. 1976a. Filling-in the gaps: The shape of subjective contours and a model for their generation. *Biol. Cybernetics 25*, 1-6.

Ullman, S. 1976b. On visual detection of light sources. *Biol. Cybernetics 21*, 205-212.

Ullman, S. 1977. Transformability and object identity. *Percept. Psychophys. 22*, 414-415.

Ullman, S. 1978. Two dimensionality of the correspondence process in apparent motion. *Perception 7*, 683-693.

Ullman, S. 1979a. The interpretation of structure from motion. *Proc. R. Soc. Lond. B 203*, 405-426.

Ullman, S. 1979b. *The Interpretation of Visual Motion*. Cambridge, Mass.: MIT Press.

von der Heydt, R., Cs. Adorjani, P. Hanny, and G. Baumgartner. 1978. Disparity sensitivity and receptive field incongruity of units in the cat striate cortex. *Exp. Brain Res. 31*, 523-545.

Wallach, H., and D. N. O'Connell. 1953. The kinetic depth effect. *J. Exp. Psychol. 45*, 205-217.

Waltz, D. 1975. Understanding line drawings of scenes with shadows. In *The Psychology of Computer Vision*, P. H. Winston, ed., pp. 19-91. New York: McGraw-Hill.

Warrington, E. K. 1975. The selective impairment of semantic memory. *Quart. J. Exp. Psychol. 27*, 635-657.

Warrington, E. K., and A. M. Taylor. 1973. The contribution of the right parietal lobe to object recognition. *Cortex 9*, 152-164.

Warrington, E. K., and A. M. Taylor. 1978. Two categorical stages of object recognition. *Perception 7*, 695-705.

Watson, B. A., and J. Nachmias. 1977. Patterns of temporal interaction on the detection of gratings. *Vision Res. 17*, 893-902.

Weizenbaum, J. 1976. *Computer Thought and Human Reason*. San Francisco: W. H. Freeman and Company.

Wertheimer, M. 1912. Experimentelle Studien uber das Sehen von Bewegung. *Zeitschrift f. Psychol. 61*, 161-265.

Wertheimer, M. 1938. Laws of Organization in Perceptual Forms. Harcourt, Brace & Co., London. 71-88.

Westheimer, G., and S. P. McKee. 1977. Spatial configurations for visual hyperacuity. *Vision Res. 17*, 941-947.

Westheimer, G., and D. E. Mitchell. 1969. The sensory stimulus for disjunctive eye movements. *Vision Res. 9*, 749-755.

White, B. W. 1962. Stimulus-conditions affecting a recently discovered stereoscopic effect. *Am. J. Psychol. 75*, 411-420.

Williams, R. H., and D. H. Fender. 1977. The synchrony of binocular saccadic eye movements. *Vision Res. 17*, 303-306.

Wilson, H. R. 1979. Spatiotemporal characterization of a transient mechanism in the human visual system. Unpublished manuscript.

Wilson, H. R., and J. R. Bergen. 1979. A four mechanism model for spatial vision. *Vision Res. 19*, 19-32.

Wilson, H. R., and S. C. Giese. 1977. Threshold visibility of frequency gradient patterns. *Vision Res. 37*, 1177-1190.

Winograd, T. 1972. *Understanding Natural Language*. New York: Academic Press.

Woodham, R. J. 1977. A cooperative algorithm for determining surface orientations from a single view. *Proc. Int. Joint Conf. Art. Intel. IJCAI-77*, 635-641.

Woodham, R. J. 1978. Photometric stereo: A reflectance map technique for determining surface orientation from image intensity. *Image Understanding Systems and Industrial Applications, Proc. S.P.I.E. 155*. Also available as MIT A.I. Lab Memo 479.

Zeeman, W. P. C., and C. O. Roelofs. 1953. Some aspects of apparent motion. *Acta Psychol. 9*, 159-181.

Zucker, S. 1976. Relaxation labelling and the reduction of local ambiguities. University of Maryland Computer Science Center, Tech. Rep. 451.